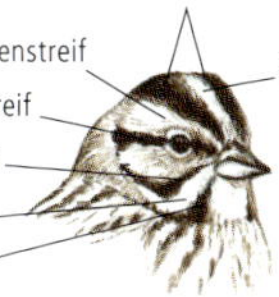

Oberflügel eines Sperlingsvogels

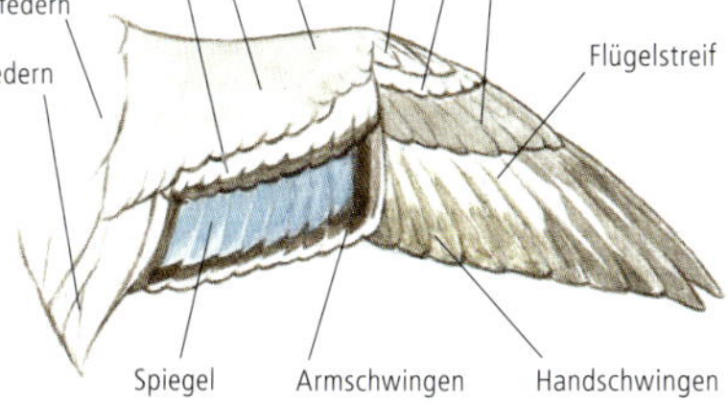

DAS KOSTENLOSE EXTRA: DIE APP „KOSMOS PLUS"

Dieses Buch bietet Ihnen mehr als 330 Vogelstimmen, die durch dieses Symbol **001** gekennzeichnet sind.

Und so geht's:

1. Besuchen Sie den App Store oder Google Play.
2. Laden Sie die kostenlose App „KOSMOS PLUS" auf Ihr Mobilgerät.
3. Öffnen Sie die App, schalten Sie die Inhalte mit dem Code „**Blutspecht**" frei und und laden Sie die Inhalte für das Buch „Vögel Österreichs" herunter.
4. Auf den Buchseiten mit dem Symbol **001** können Sie sich die Stimmen anhören. Dazu geben Sie den dort genannten Zahlencode, z. B. 001, in die App ein.

Mehr Informationen finden Sie unter plus.kosmos.de

LEANDER KHIL

—Vögel Österreichs

Verbreitungskarten von
Norbert Teufelbauer und Birgit Forthuber,
BirdLife Österreich

KOSMOS

Inhalt

Die Vogelarten

Vorwort und Dank

Ein Buch zu veröffentlichen, das sich gänzlich der Bestimmung der österreichischen Vogelarten widmet, schwebte mir seit einigen Jahren vor. Deshalb freue ich mich sehr, dass Sie es heute, bereits in der zweiten, vollständig überarbeiteten Auflage, in Händen halten. Es soll einen Beitrag dazu leisten, dass sich Menschen mit der Vogelwelt als Teil der heimischen Natur auseinandersetzen, selbst hinaus gehen und die zahlreichen Vogelarten Österreichs, ihre Lebensweise, aber auch ihre Gefährdungsursachen kennenlernen. „Man liebt nur was man kennt, und man schützt nur was man liebt." lautet ein beliebtes und in vielfältiger Weise abgewandeltes Zitat von Konrad Lorenz, das größte Gültigkeit besitzt. Eine mangelnde Kenntnis und Wertschätzung der Natur, ihrer Gefährdung und der ökologischen Zusammenhänge ist Ausgangspunkt für ineffizienten Schutz, weitere Zerstörung und einen fortschreitenden Verlust der Artenvielfalt.
Die Vogelwelt Österreichs ist in Gefahr. Besonders die Bestände der Arten in den Kulturlandschaften verringern sich durch die anhaltende Nutzungsintensivierung in der Landwirtschaft und dem einhergehenden Verlust von Lebensraum und Nahrung ständig. Manche Arten sind regional bereits völlig verschwunden. Die Versiegelung von Grünflächen, die Erschließung bisher ungestörter Bereiche im Gebirge und die Störung sensibler Lebensräume durch Freizeitnutzung sind nur einige der vielen anderen Gefährdungsfaktoren. Und sogar die direkte Verfolgung von Vögeln durch illegalen Abschuss und Giftköder ist weiterhin ein Thema in diesem Land.
Der Ausblick könnte positiver ausfallen und es bleibt zu hoffen, dass sich manche dieser Trends umkehren, bevor es zu spät ist. Eine bessere Umweltbildung kann sicher dazu beitragen.

Mein Dank gilt den vielen Unterstützern und Freunden, die mir geholfen haben, dieses Buchprojekt gelingen zu lassen, besonders den vielen Fotografen und Fotografinnen. Durch ihre Bilder fließen in dieses Werk unzählbare, geduldig im Freiland verbrachte Stunden ein. Die exzellenten Fotos bilden das Herzstück dieses Buches.

Ich danke Wolfgang Trimmel, Otto Samwald, Peter Frießer, Gerhard Loidolt, Michael Gerber, Barbara Aichner, Tormod Amundsen, Eva Artlieb, Hannah Assil, Hans-Martin Berg, Klaus Bjerre, Gebhard Brenner, Peter Buchner, Simon Carrington, Liliana und Klaus Cerjak, Paul Cools, Klaus Dichmann, Michael Dvorak, Steffen Fahl, Matthias Feldhoff, Johann Frießer, Thomas Hempelmann, Thomas Hochebner, Johannes Hohenegger, Hannu Huhtinen, Klaus Kastl, Richard Katzinger, Andreas Kirchner, Steve Klasan, Samuel Knoblauch, Barbara Kofler, Heinz Kolland, Franz Kovacs, Robert Kreinz, Johannes Laber, Ruben Lippuner, Merijn Loeve, James Lowen, Mateusz Matysiak, Jonathan Meyrav, Jozef Mihok, Klaus Mühlböck, Ewald Neffe, Daniel Pettersson, Norbert Pühringer, Reto Ricci, Christoph Roland, Johannes Salcher, Hubert Salzgeber, Renate Samwald, Anton Slepicka, Andreas Tiefenbach, Michael Tiefenbach, Magnus Ullman, Daniel López Velasco, Allan Kjaer Villesen, Jessica Winter und Tobias Zimmermann.

Szabolcs Kókay möchte ich für seine großartigen, naturgetreuen Illustrationen danken, von denen viele speziell für dieses Buch angefertigt wurden.

Für fachlichen Austausch, wertvolle Anmerkungen und Korrekturen zum Manuskript danke ich sehr herzlich Hans-Martin Berg, Martin Brader, Michael Dvorak, Alfred Grüll, Johannes Laber, Remo Probst, Andreas Ranner, Hubert Salzgeber und Günther Wöss.

Zudem danke ich allen ornithologischen Wegbegleitern. Denen, mit denen ich kurze Strecken gehen durfte genauso wie jenen, die das gemeinsame Beobachten und Erkunden, Hinterfragen und Lernen immer noch so spannend und lehrreich machen.

Meinen Eltern Eva und Wolfgang, die mein Interesse an der Vogelwelt ganz wesentlich gefördert haben, danke ich besonders.

Leander Khil

Einleitung

Einige Arten, wie die Alpendohle, kommen in Österreich nur im Alpenraum vor und fehlen in den Tieflagen fast gänzlich.

Sie halten das erste Bestimmungsbuch in den Händen, das sich gezielt mit der gesamten Vogelwelt Österreichs auseinandersetzt. Behandelt werden darin sämtliche, regelmäßig in Österreich auftretenden Vogelarten. Die Auswahl umfasst dabei alle Brutvögel, Durchzügler, Sommer- und Wintergäste, die alljährlich innerhalb der Landesgrenzen festgestellt wurden. Zudem werden einige Ausnahmeerscheinungen, also nur selten in Österreich auftretende sowie besonders häufig aus Haltung entwichene oder freigesetzte Arten, vorgestellt. Gerade bei der letzten Gruppe ist es aber unmöglich, die ganze Fülle der gehaltenen und daher immer wieder entflogenen Arten vollständig abzudecken. Die gesamte österreichische Artenliste enthält zusätzlich auch alle Irrgäste, die nur sehr vereinzelt festgestellt werden (s. S. 346).

ÖSTERREICHS VOGELWELT

Seit es ornithologische Aufzeichnungen gibt, wurden in Österreich rund 430 Vogelarten nachgewiesen. Diese Zahl beinhaltet zu etwa zwei Drittel regelmäßig, also üblicherweise mehrmals pro Jahr in Österreich beobachtete Vogelarten. Das verbleibende Drittel stellt unregelmäßig auftretende Arten (nicht jedes Jahr) oder überhaupt nur Ausnahmeerscheinungen dar. Regelmäßige Brutvögel machen etwa die Hälfte der Gesamtartenzahl aus. Im Vergleich zu ähnlich großen europäischen Binnenländern verfügt Österreich damit über eine durchaus reichhaltige Vogelwelt.

DIE NATURRÄUME ÖSTERREICHS

Die Vielfalt unterschiedlicher Lebensräume über einen großen Höhengradienten ist ursächlich für die hohe Artenvielfalt Österreichs verantwortlich. Das gesamte Land erstreckt sich zwar nur über rund 84.000 km², zwischen dem tiefsten Punkt im nördlichen Burgenland (114 m ü. A.), am Rand der ungarischen Tiefebene, bis zur höchsten Erhebung in den Zentralalpen, dem Gipfel des Großglockners (3798 m ü. A.), liegen aber mehr als 3600 Höhenmeter. Die drei großen Naturräume Österreichs sind das Gebiet der Alpen (rund 63 % der Fläche), das Granit- und Gneishochland (11 %) im Norden und die Vorländer und Becken (26 %) an den Rändern der Alpen. Jeder dieser Naturräume mit seinen unterschiedlichen Höhenstufen beherbergt verschiedene, mehr oder weniger stark durch menschliche Nutzung geprägte Lebensräume, die von unterschiedlichen Vogelarten besiedelt werden. Besonders vogelartenreiche Gebiete Österreichs sind das nördliche Burgenland (mit dem Neusiedler See), das Wiener Becken (mit den Donau-Auen), die March-Auen, das Waldviertel, das Ennstal und das Rheintal (mit dem Bodensee).

Soda-Lacke im Seewinkel: Ein akut bedrohter Lebensraum

BELIEBTE BEOBACHTUNGSGEBIETE

Die beliebtesten und ergiebigsten Vogelbeobachtungsgebiete Österreichs liegen erwartungsgemäß an den zuvor erwähnten Brennpunkten der Vogelartenvielfalt. Insgesamt haben sich nur wenige Gebiete als dauerhafte und weitreichend bekannte Beobachtungsziele etabliert. Besonders innerhalb der Alpen fehlen Punkte, an denen verlässlich eine hohe Zahl verschiedener Arten beobachtet werden kann. Wohl auch deswegen werden die Bergregionen deutlich seltener von Vogelbeobachtern aufgesucht und das Wissen über ihre Vogelwelt ist dadurch auch geringer als in den außeralpinen Bereichen. Generell beherbergen Feuchtgebiete, mit ihrer Mischung aus verschiedenen Lebensräumen, eine besonders hohe Artenvielfalt. Die unten angeführten Regionen (allesamt Feuchtgebiete in Grenznähe) sind auch im mitteleuropäischen Vergleich als besonders lohnende Beobachtungsplätze zu nennen und immer einen Ausflug, wenn nicht sogar eine Reise wert.

Das **Neusiedler-See-Gebiet** mit seinem gewaltigen Schilfgürtel und insbesondere die als Seewinkel bekannte Region östlich des Sees sind für Vogelbeobachter die wohl lohnendsten Ziele. In diesem Gebiet brüten sehr viele Vogelarten (z.B. Zwergscharbe, Kleines Sumpfhuhn, Löffler, Silberreiher, Rohrdommel, Säbelschnäbler, Seeregenpfeifer, Mariskensänger u.v.m.), die man andernorts in Österreich meist vergeblich sucht, in zum Teil beachtlichen Beständen. Auch an Gastvögeln übertrifft der Seewinkel (vor allem Dank der seichten, sodahaltigen Lacken und der beweideten Seerandzone) andere Gebiete in Österreich. Insgesamt wurden mehr als 80 % der im Land nachgewiesenen Arten auch und zum kleineren Teil nur um den Neusiedler See beobachtet. Ein hervorragendes Beobachtungsgebiet im Westen Österreichs ist das **Rheindelta** in Vorarlberg. Das Mündungsgebiet des Rheins in den Bodensee sowie die nahe gelegenen Riede sind vor allem für zahlreiche Durchzügler ein wichtiger Rastplatz. Am Bodensee überwintern einige Wasservögel in besonders großen Beständen und die verschiedenen Wasserflächen um die Rheinmündung bieten Habitate für seltene Brutvogelarten wie Kolbenente, Purpurreiher, Zwergdommel oder Flussseeschwalbe.

Eine gute Anlaufstelle um die Vogelwelt der Alpen zu erkunden sind die **Hohen Tauern**. In Österreichs größtem Nationalpark, der sich über Kärntner, Tiroler und Salzburger Gebiet erstreckt, leben hochalpine Arten wie z.B. Alpenschneehuhn, Mauerläufer, Alpenbraunelle und Schneesperling. Im Krumltal gelingen regelmäßig Beobachtungen der wiederangesiedelten Bartgeier und im Sommerhalbjahr können dort auch Gänsegeier gesehen werden.

Im Nordosten Österreichs liegen die niederösterreichischen **March-Thaya-Auen**. In dieser vielfältigen Region sind vor allem die Überschwemmungswiesen, Altarme, Auwälder sowie die vom Menschen geschaffenen Absetzbecken der ehemaligen Zuckerfabrik bei Hohenau beliebte Beobachtungsplätze. Der naturnahe Auwaldbestand beherbergt unter anderem wichtige Brutvorkommen seltener Greifvogelarten wie Seeadler, Kaiseradler, Rotmilan und Schwarzmilan.

Die unter Vogelbeobachtern als **Unterer Inn** bekannten Stauseen rund um Obernberg am Inn in Oberösterreich sind ein weiterer, national bedeutender Wasservogelrastplatz. Hier ziehen vor allem die im gestauten Flusslauf entstandenen Inseln besondere Arten und große Ansammlungen von Wasservögeln an. An seltenen Brutvögeln kommen hier z.B. Schnatterente, Kolbenente, Nachtreiher und Zwergdommel vor.

Eine wunderbare Eigenheit der Vogelbeobachtung ist, dass man sie – vor allem als Hobby – im Prinzip zu jeder Zeit, an fast jedem Ort ohne oder mit nur wenigen Hilfsmitteln betreiben kann. Natürlich gibt es aber große Unterschiede zwischen den verschiedenen Jahres- und Tageszeiten sowie zwischen den unterschiedlichen Beobachtungsorten.

WETTER

Das Wetter hat große Auswirkungen auf die Vogelwelt und die Möglichkeiten, sie zu beobachten. Nicht nur die Sichtbedingungen, sondern auch die Aktivität der Vögel ist eng mit Temperatur, Wind und Niederschlag verknüpft.
Dass Schwalben (und Segler) vor und bei **Regen** gern knapp über Gewässern nach Insekten jagen und dann leicht zu beobachten sind, ist allgemein bekannt. Regenperioden können, besonders nach längeren Schönwetterphasen, Zugbewegungen stoppen und ziehende Vögel in großer Zahl zur Landung zwingen. Viele Kleinvögel, denen Nässe und Kälte schnell gefährlich werden können, suchen bei Regen aber Unterschlupf und sind dann schwieriger zu sehen. Ähnlichen Einfluss hat starker **Wind**. Während kleine Singvögel Zuflucht suchen und gegebenenfalls aufhören zu singen, beeinflusst die Windrichtung ebenfalls die Wanderbewegungen. Gegenwind hält, wie Regen, ziehende Vögel vom Weiterflug ab. So kann sich bei anhaltendem Schlechtwetter sogenannter „Zugstau" entwickeln – oft warten dann unzählige Vögel in Rastgebieten auf den Weiterflug.
Bei **Sonnenschein** herrschen in der Regel gute Beobachtungsbedingungen. Wenn das Wetter warm und trocken ist, sind auch Beutetiere und damit jene Vögel aktiv, die auf sie Jagd machen. Bei warmem Wetter entwickeln sich Thermiken (Aufwinde), die von Großvögeln genutzt werden, um höher zu kreisen.

TAGESZEIT

Viele Vögel sind besonders **frühmorgens** aktiv. Wenn sie der Nahrungssuche, Balz oder Revierverteidigung nachgehen und dabei umherfliegen, sind sie daher oft leichter zu entdecken. Außerdem wird der Reviergesang vieler Arten (vorwiegend im Frühling und Frühsommer) besonders intensiv und langanhaltend in den ersten Morgenstunden vorgetragen.
Eine Ausnahme sind große Greifvögel, die man frühmorgens meist vergeblich am Himmel sucht. Je nach Jahreszeit zeigen sich Adler, Geier, aber auch Bussarde (und andere, segelfliegende Vogelarten während der Zugzeit) oft erst am Vormittag hoch in der Luft und sind erst dann leichter zu entdecken. Die Thermiken, auf die solche Arten angewiesen sind, bilden sich erst, wenn sich der Boden durch die Sonneneinstrahlung ausreichend erwärmt hat.
Während der **Mittagszeit** flaut die Aktivität der meisten Arten ab. Zu dieser Tageszeit ist bei warmen Temperaturen und auf größere Distanz zudem die Sicht oft schlecht, weshalb dann auch der Vogelbeobachter ruhig eine Pause einlegen kann. Den Himmel sollte man in dieser Zeit aber nicht ganz aus den Augen lassen.
Am **Abend** werden die Vögel noch einmal richtig aktiv. Gute Beobachtungsmöglichkeiten ergeben sich dann z.B. an Schlafplätzen von Sing- und

Überwinternde Bläss- und Graugänse

Wasservögeln, Möwen, aber auch Greifvögeln, die sich dann in großen Gruppen auf engstem Raum sammeln können. Die **Nacht** ist naturgemäß für die Beobachtung nachtaktiver Arten interessant. Meist wird man sich dabei zwar auf die Lautäußerungen der Vögel und sein eigenes Gehör beschränken – nächtliches „Verhören" von singenden Vögeln ist aber nicht weniger interessant! Nicht nur mehr oder weniger gänzlich nachtaktive Gruppen wie die Eulen, sondern auch Rallen, Dommeln, manche Schnepfenvögel, der Ziegenmelker und zahlreiche Singvögel nutzen die Stille der Nacht, um selbst lautstark miteinander zu kommunizieren.

Vogelbeobachter mit Fernglas und Spektiv

JAHRESZEIT

Jede Jahreszeit hat ihre ornithologischen Reize. Zwar gibt es richtige Stoßzeiten, zu denen viele Vogelbeobachter ihrem Hobby deutlich mehr Zeit widmen als sonst. Jedoch ist kein Abschnitt des Jahres zu verschmähen – Überraschungen und Entdeckungen warten immer und überall.

Im **Winter**, wenn die Tage kurz sind und die Temperaturen zum Zuhausebleiben einladen, ist ein großer Teil unserer (vor allem Insekten fressender) Brutvögel nach Süden abgezogen und nicht in unseren Breiten anzutreffen. Manche Arten aus nordischen Brutgebieten, darunter Greif- und Sperlingsvögel, überwintern allerdings bei uns, und so sind Wälder und Kulturlandschaften auch dann einen Besuch wert. An den Gewässern trifft man häufig große Ansammlungen verschiedener Entenvögel, Möwen und in kleinerer Zahl See- und Lappentaucher. Erst wenn sie zufrieren, verlieren die dann vogelarmen Wasserflächen deutlich an Reiz für den Beobachter. Wer es sich leicht machen will, kann sich aber auch mit dem Futterhaus im Garten begnügen und vom Fenster aus beobachten – ein buntes und häufig artenreiches Treiben ist an einer Futterstelle mit vielfältigem Angebot fast garantiert.

In Mitteleuropa ist der **Frühling** der Höhepunkt des Vogeljahres. Während uns die Wintergäste wieder verlassen, kommen die Sommergäste aus dem Süden zurück. Zudem können zahlreiche durchziehende Arten beobachtet werden, die ihre Reise nur für einen Zwischenstopp unterbrechen, um dann weiter nach Norden zu ziehen. Außerdem kommt zur erhöhten Artenvielfalt in den Monaten April und Mai noch die besondere Schönheit dieser Zeit hinzu. Fast alle heimischen Arten sind jetzt in ihren oft farbenfrohen Prachtkleidern zu sehen. Dank der beginnenden Brutsaison umwerben allerorts männliche Vögel balzend ihre Weibchen, Reviere werden gegründet und verteidigt.

Wenn im **Sommer** die Brutsaison in vollem Gange ist und die Durchzügler ihre Reise nach Norden fortgesetzt haben, wird es wieder etwas ruhiger. Zwar geht es für die Brutvögel – Dank ihres Nachwuchses – nicht weniger geschäftig zu, aber genau deshalb wenden sie weniger Zeit dafür auf, sich zu präsentieren und zu singen. Im Lauf des Sommers beginnt der Großteil der Arten zudem mit der Mauser, die einige mit einem Wechsel vom Pracht- in das weniger auffällige Schlichtkleid verbinden. Wegen des Federwechsels begegnet man im Hochsommer deshalb häufig zerzausten und gescheckten Vögeln, deren Artbestimmung dadurch schwieriger sein kann. Noch im Sommer fängt bei einigen Vogelgruppen der Abzug aus den Brutgebieten an und leitet damit in den **Herbst** über. Diese Jahreszeit ist, ähnlich dem Frühjahr, von durchziehenden Vogelarten und einer großen Vielfalt geprägt. Mit dem bedeutenden Unterschied, dass viele Arten ihr frisches Schlichtkleid und die diesjährigen Individuen oft ihr ebenfalls unauffälligeres Jugendgefieder tragen. Die Bestimmung ähnlicher Arten wird dadurch zu einer deutlich größeren, für viele Beobachter willkommenen Herausforderung.

BEOBACHTUNGSOPTIK

Um Vögel „näher" zu sehen als nur mit dem bloßen Auge, ist vergrößernde Beobachtungsoptik ein Muss für jeden Vogelbeobachter. Das Fernglas ist dabei der unverzichtbare Begleiter – viele Hobby-Ornithologen führen eines mit, wo immer sie auch gerade sind.

Es empfehlen sich Produkte mit acht- oder zehnfacher Vergrößerung, wobei Personen mit eher unruhiger Hand in der Regel zur geringeren greifen. Der vielleicht beliebteste Typ ist das „10 × 42", wobei die erste Zahl für die Vergrößerung und die zweite für den Durchmesser des Objektivs in Millimeter steht. Durch letzteren entscheidet sich, wie viel Licht durch das Fernglas bis an unsere Augen kommt und damit, praktisch gesagt, wie früh oder spät wir in der Dämmerung schon bzw. noch ein ausreichend helles Bild durch das Fernglas sehen. Wer also häufig zu Tagesrandzeiten, unter schlechten Lichtbedingungen beobachtet, kann über ein lichtstarkes (aber auch schwereres und teureres) Fernglas mit 50 mm Objektivdurchmesser nachdenken. Solche mit 30 mm sind für Tageslichtbedingungen vollkommen ausreichend und empfehlen sich als guter Kompromiss zwischen leichtem Gewicht und vernünftiger Lichtstärke. Sehr praktisch, beispielsweise für Bergtouren oder um „immer" ein Fernglas dabeihaben zu können, sind kleine, faltbare Taschenferngläser. Wer sein Fernglas aber regelmäßig nutzt, wird sich damit auf Dauer – z.B. wegen des kleineren Sehfeldes – nicht zufriedengeben. Weiterhin ist bei der Auswahl eines Fernglases auf die Naheinstellgrenze zu achten, also die geringste Distanz, auf die noch fokussiert werden kann.

Um Vögel auf größere Distanzen zu beobachten, verfügen die meisten leidenschaftlichen Vogelbeobachter über ein sogenanntes Spektiv (Beobachtungsfernohr), das stärker vergrößert als ein Fernglas. In Kombination mit einem stabilen Stativ ist es unerlässlich um z.B. weit entfernte Vögel in großen Feuchtgebieten oder Greifvögel hoch am Himmel zu bestimmen. Auch hier stehen verschiedene Vergrößerungen, Objektivdurchmesser und Ausführungen zur Auswahl.

Die Anschaffung dieser Geräte ist durchaus kostspielig, es gibt aber Produkte in unterschiedlichen Preisklassen. Der Kauf von Beobachtungsoptik im oberen Preissegment empfiehlt sich für Personen, die sie regelmäßig, häufig und über viele Jahre verwenden wollen. Der höhere Preis macht sich häufig durch bessere Verarbeitung und dementsprechende Langlebigkeit bezahlt. Auf jeden Fall sollten die unterschiedlichen Optionen vor dem Kauf getestet werden – am besten im Feld und an „realen" Objekten, z.B. bei einer der Vogelbeobachtungsmessen, die alljährlich auch im deutschsprachigen Raum stattfinden.

WEITERE AUSRÜSTUNG

Eine Möglichkeit, sich Notizen zu machen, sollte man im Feld immer haben. Aufzeichnungen über die eigenen Beobachtungen zu machen, ist aus mehreren Gründen sinnvoll. Wenn man einen Vogel nicht sofort bestimmen kann und kein Bestimmungsbuch bei sich hat, können Notizen über die gesehenen Merkmale helfen, später eine korrekte Bestimmung zu erreichen. Es macht auch Spaß, später in alten Beobachtungstagebüchern zu stöbern, und man kann anhand der eigenen Aufzeichnungen vielleicht sogar Veränderungen (z.B. frühere Ankunftsdaten von Zugvögeln) dokumentieren. Und nicht zuletzt können Beobachtungsdaten einen wichtigen Beitrag zur Erforschung und letztlich auch zum Erhalt der Vogelwelt leisten! In vielen Ländern, so auch in Österreich, existieren Beobachtungsdatenbanken (z.B. von BirdLife Österreich), die mit Daten von Ehrenamtlichen und Hobbybeobachtern gefüllt werden und so ein immer vollständigeres Bild von Vogelverbreitungen zeichnen.

Ein klassisches Notizbuch ist schon längst nicht mehr der einzige Weg, seine Beobachtungen festzuhalten. Notizbuchfunktionen auf Mobiltelefonen werden dazu ebenso eingesetzt wie spezielle Apps, mit denen direkt in die Beobachtungsdatenbanken eingetragen werden kann. Zur Vogelart sollte man immer zumindest auch Datum, Ort, Anzahl, Geschlecht, Uhrzeit und eventuell die vorherrschende Wetterlage notieren.

Eine Fotokamera ist ebenfalls Teil der Ausrüstung der allermeisten Vogelbeobachter geworden. Nicht nur als Erinnerung, sondern vor allem als wertvolle Dokumentation haben Fotos (und Videos) an Stellenwert gewonnen. Nicht selten kann bei kniffligen Fällen im Nachhinein eine Bestimmung vorgenommen werden. Um Vögel zu fotografieren, empfehlen sich Teleobjektive mit mindestens 400 mm Brennweite. Die Qualitäts- und Preisspanne bei Fotoausrüstung ist riesig, und so ist es vor allem eine Frage des persönlichen Anspruchs an die eigenen Fotos bzw. des Budgets, welche Ausrüstung man sich zulegt.

Eine günstige Alternative ist das sogenannte „Digiscoping", bei dem Kompakt-, Spiegelreflex- und sogar Handykameras mit dem Spektiv verbunden werden können. Das Fernrohr fungiert dabei als sehr starkes Teleobjektiv – es können Brennweiten jenseits der 3000 mm erreicht werden. So spart man sich ein schweres, zusätzliches Gerät, und mit der richtigen Abstimmung erzielt diese Technik durchaus brauchbare Ergebnisse. Digiscoping eignet sich jedoch in erster Linie für Belegaufnahmen bzw. ruhige Motive – Aufnahmen von fliegenden oder sich schnell bewegenden Objekten gelingen deutlich seltener.

Um Gesänge und Rufe von Vögeln zu dokumentieren, empfiehlt es sich auch, ein Tonaufnahmegerät mitzuführen. Manche Vögel bekommt man im Zuge der Registrierung überhaupt nie zu Gesicht, während man aber klar und deutlich die Lautäußerungen aus dem Dickicht hören kann. Wie auch bei der Fotografie gibt es Aufnahmegeräte und Richtmikrofone in unterschiedlichen Preisklassen. Die meisten Handys verfügen ebenfalls über eine Sprachaufzeichnung, mit der eini-

germaßen laute Vogelstimmen zu Belegzwecken oft gut aufgenommen werden können.
Ein Abspielgerät für Vogelstimmen sollte man nur verwenden, um Stimmen anzuhören und eine Bestimmung vorzunehmen. Das „Locken" von Vögeln sollte vermieden werden, da Vögel unter erhöhten Stress gesetzt werden, wenn man ihnen regelmäßig den arteigenen Reviergesang vorspielt.

SCHWERPUNKTE SETZEN

Die Vogelbeobachtung hat unterschiedlichste Facetten, in die man sich vertiefen kann. Natürlich steht für jeden Hobbybeobachter die Freude an der Sache im Vordergrund und für viele reicht diese vollends aus, um sich über viele Jahre mit der Vogelwelt zu beschäftigen.
Zahllose Birdwatcher stecken aber so viel Herzblut in ihre Passion, dass ihnen das „bloße" Beobachten irgendwann nicht mehr genügt. Manche widmen sich ganz oder über einen gewissen Zeitraum einer bestimmten Artengruppe oder einer einzelnen Art, betreiben aus eigenem Interesse Forschungsprojekte oder setzen sich für ihren Schutz ein.
Andere suchen Vogelansammlungen (z.B. Schwäne, Gänse oder Möwen) nach beringten, also von Fachleuten mit Fußringen markierten Individuen ab. Hat man den Code auf dem Ring erfolgreich abgelesen, kann man sich mit der nationalen Vogelwarte in Verbindung setzen und die Daten melden. Als „Dank" erhält man nach gewisser Zeit in der Regel die Eckdaten zu dem Vogel und erfährt, wann er beringt wurde, wo er herkommt und vielleicht sogar, wo er noch gesichtet wurde.
Die Suche nach Ausnahmeerscheinungen, also Vogelarten, die üblicherweise nicht an einem Ort oder in einem Land vorkommen, ist für viele das „Salz in der Suppe". Besonders zu den Zugzeiten begegnen dem fleißigen Beobachter immer wieder Exemplare unerwarteter Arten, die einen anderen Weg als ihre Artgenossen eingeschlagen haben oder verdriftet wurden. Unter dem sportlichen Aspekt, möglichst viele dieser Seltenheiten zu entdecken, werden Listen darüber geführt, wie viele verschiedene Arten man in seinem bevorzugten Beobachtungsgebiet, im eigenen Garten oder in einem Land beobachtet hat. Es werden sogar „Bestenlisten" geführt, in denen sich enthusiastische Beobachter vergleichen oder verglichen werden.

BEOBACHTERVERHALTEN

Es versteht sich von selbst, dass wir Vogelbeobachter in der Natur vorbildlich und rücksichtsvoll agieren müssen. Dank der auffälligen Geräte und unserem eigenen, manchmal ungewöhnlichen Verhalten, werden auch wir von unserem Umfeld beobachtet und sollten uns im sorgsamen Umgang mit der Natur beispielhaft benehmen. Stören oder gefährden Sie niemals Lebewesen oder ihre Lebensräume. Halten Sie den nötigen Abstand zu Tieren, um keine Fluchtreflexe auszulösen. Besondere Rücksicht ist an Orten geboten, an denen sich Tiere fortpflanzen, rasten oder nächtigen.

Eine Lachmöwe mit Metallring am Tarsus.

Vögel bestimmen

Die Bestimmung von Vögeln erfordert Geduld, Ausdauer und eine intensive Beschäftigung mit der Materie. Es dauert seine Zeit, bis man eine größere Anzahl der Arten zuordnen und Vögel unter den wechselnden Bedingungen im Freiland sicher bestimmen kann. Das mag fordernd und manchmal schwierig erscheinen, der Fleiß lohnt sich aber auf alle Fälle! Wichtig ist, nie zu vergessen, dass nicht jede Beobachtung eines Vogels zu einer Artbestimmung führen kann. Sieht man einen Vogel zu kurz, bei schlechten Bedingungen oder zeigt er keine eindeutigen Merkmale, muss die Artzugehörigkeit manchmal offen bleiben. Auch sollte man stets offen für Abweichungen, Neues und Unbekanntes sein. Nur so kann man dazulernen und die eigenen Fähigkeiten weiter verbessern.

Es gibt verschiedene Herangehensweisen und Möglichkeiten, Bestimmungsprobleme zu lösen. Manchmal scheint und ist es tatsächlich leicht – in vielen Fällen müssen aber verschiedene Details beachtet werden, um einen Vogel zu bestimmen. Folgend werden nur die wichtigsten Kriterien genannt, die in Betracht gezogen werden müssen, um zu einer Lösung zu kommen. Achten Sie darauf, wie variabel manche der folgend angeführten Merkmale und Parameter sein können und wie wichtig es ist, sich nie auf nur ein bestimmtes Merkmal zu verlassen.

JAHRESZEIT

Wie keine andere Tiergruppe führen Vögel im Lauf ihres Lebens oft weite Wanderungen durch, z.B. zwischen Brutgebieten und Überwinterungsquartieren. Die Kenntnis der Ortswechsel und Zugwege der verschiedenen Arten hilft schnell dabei, einzuschätzen, mit welchen Arten man es zu einem bestimmten Zeitpunkt an einem gewissen Ort zu tun haben kann, und ermöglicht im besten Fall gewisse Arten schnell auszuschließen. Hat man im Winter eine kleine Ente so weit bestimmt, dass man sich nur noch zwischen Krick- und Knäkente entscheiden muss, ist das Problem in der Regel schon gelöst. Während die Krickente an unseren Gewässern auch in der kalten Jahreszeit beobachtet werden kann, verbringt die Knäkente den Winter in Afrika (Ausnahmen, z.B. verletzte Vögel, vorbehalten). Beachten Sie die römischen Ziffern, die im Abschnitt „Vorkommen" bei jedem Arttext jene Monate angeben, in denen eine Art in der Regel in Österreich anzutreffen ist. Auch die Verbreitungskarten geben mit den verschiedenen Farbcodes (S. 19) einen schnellen, groben Überblick darüber, ob sich eine Vogelart im Sommer, im Winter oder zu Zugzeiten in Österreich aufhält.

LEBENSRAUM

Vögel haben bestimmte Ansprüche an ihren Lebensraum. Natürlich sind manche Arten anspruchsloser und daher weiter verbreitet als andere. Viele Arten halten sich aber an bestimmte Landschaftstypen, in denen sie sich wohl fühlen, die Nahrung und Nistplätze bereitstellen sowie andere, artspezifische Anforderungen erfüllen. Versucht man also beispielsweise im Sommer eine gelbe Stelze im Seewinkel zu bestimmen, ist es sehr viel wahrscheinlicher, dass man es mit einer Schaf- und nicht mit einer Gebirgsstelze zu tun hat. Während Schafstelzen unter anderem Weiden und Wiesen bewohnen, trifft man die Gebirgsstelze fast nur an Fließgewässern an, die im Seewinkel aber fehlen.

VOGELVERHALTEN

Mindestens so wichtig wie die oben beschriebenen Eigenschaften ist es, die Verhaltensweisen eines Vogels genau zu beachten. Bestimmte Vogelarten zeigen ganz spezifische, immer wiederkehrende Bewegungsabläufe, die bei der Bestimmung ungemein hilfreich sein können. Man sollte beachten, wie ein Vogel läuft, fliegt, nach Nahrung sucht und wo er sich aufhält. Im besonderen Fall, dass eine Eule am helllichten Tag über einer Wiese jagt, ist es viel wahrscheinlicher, dass man es mit der seltenen Sumpfohreule und nicht mit der häufigeren Waldohreule zu tun hat. Während letztere nur selten und dann meist kurz unter Tags fliegend gesehen werden kann, jagen Sumpfohreulen auch bei Tageslicht.

STIMMEN

Neben den sichtbaren Kennzeichen eines Vogels sind Gesänge und Rufe vielleicht die wichtigsten Merkmale, die bei der Bestimmung helfen. Dennoch werden Stimmen in diesem Buch nur am Rande behandelt – es gehört leider nicht zu den Stärken von Druckwerken, komplexe Laute wiederzugeben. Diesen Zweck erfüllen Tonträger, Apps (s. KOSMOS-PLUS-App auf der Klappe vorne) und Vogelstimmen-Sammlungen im Internet besser. Anfänger verzweifeln häufig an der Vielfalt der Vogelstimmen, und es dauert tatsächlich noch länger, bis man eine größere Zahl an Vogelarten an der Stimme als anhand optischer Merkmale voneinander unterscheiden kann. Aber auch hier wird sich die Mühe lohnen: Erfahrene Beobachter hören Vögel in vielen Fällen schon lange bevor sie sichtbar werden oder begnügen sich überhaupt damit, in einem uneinsehbaren Lebensraum oder in der Nacht die Ohren zu spitzen und so die Präsenz verschiedener Arten nachzuweisen. Verfügt eine Art über sehr charakteristische, regelmäßig hörbare Lautäußerungen, werden diese unter „Merkmale" beschrieben. Vereinfachend wird dabei zwischen Gesängen und Rufen unterschieden. Während der Gesang (vor allem bei Singvögeln) in unseren Breiten ganz überwiegend den Männchen dazu dient, ein Revier akustisch abzugrenzen und Weibchen zu umwerben, sind als Rufe alle anderen hörbaren Lautäußerungen zusammengefasst. Gesänge sind häufig melodisch und einprägsam, z.B. bei den Drosseln, können aber auch monoton und wenig auffällig sein, wie es bei den Schwirlen der Fall ist. Rufe sind immer kürzer und meistens unauffälliger und sind daher auch schwerer zu merken. Aber auch sie sind für die einzelnen Arten charakteristisch und ermöglichen oft eine sichere Bestimmung.

LICHTBEDINGUNGEN

Bei unterschiedlicher Beleuchtung kann ein und derselbe Vogel sehr verschieden erscheinen. Die vorherrschenden Lichtbedingungen sollte man bei der Vogelbestimmung daher stets mit in Betracht ziehen. Während ein Krickenten-Männchen im Prachtkleid bei Rückenlicht ein überaus farbenfroher Vogel mit auffälligen Farbpartien ist, wirkt es bei Gegenlicht lediglich dunkel – am auffälligsten ist dann der weiße Flankenstreif. Bei schlechten Lichtbedingungen ist es oft hilfreicher, nach bestimmten Kontrasten als nach Farbfeldern im Gefieder zu suchen und verstärkt auf Silhouette, Proportionen und Verhalten zu achten. Im Gegenlicht wirken Vögel zudem oft kleiner und schlanker als bei Rückenlicht. Dies ist dem Sonnenlicht geschuldet, das von vorn kommend die Ränder des Vogels hell überstrahlt und daher „ausblendet". Auch der Hintergrund des Vogels kann dessen Erscheinungsbild stark beeinflussen. Ein männlicher Steinschmätzer kann mit seinem grauen Gefieder vor dunklem Hintergrund auf den ersten Blick „schneeweiß" wirken. Setzt sich ein Vogel vom Hintergrund optisch stark ab, wirkt er größer als vor ähnlich hellem Umfeld. So können z.B. gegen einen weißen Himmel die hellen Altvögel großer Möwenarten zierlicher wirken als die braunen Jungvögel, die stärker zum hellen Hintergrund kontrastieren.

KÖRPERHALTUNG

Auch die Haltung eines Vogels kann enorme Auswirkungen auf den uns vermittelten Eindruck haben. Das erschwert den Abgleich eines beobachteten Vogels mit Bildern im Bestimmungsbuch. Beziehen Sie in Ihre Bestimmung also auch die Situation mit ein, in der sich der Vogel befindet. Körperteile wie Kopf und Flügel können eng angelegt oder vom Körper abstehend gehalten werden. Der Hals eines ruhenden Reihers ist s-förmig eingezogen und kaum wahrnehmbar. Der Vogel wirkt kompakt und rund. Aufmerksame Individuen mit gestrecktem Hals wirken dagegen schlank und elegant. Auch die Haltung des Gefieders kann sich, beispielsweise je nach Witterung oder Wohlbefinden, ändern. Sich wärmende oder schlafende Vögel plustern sich gern auf und erscheinen dann „dicker" und „flauschiger". Bei Erregung oder Hitze werden die Federn hingegen eng angelegt, was vielen Vögeln eine schlanke, langbeinige Figur verleiht. Das Gefieder am Scheitel kann häufig aufgestellt werden, wodurch Arten wie die Feldlerche manchmal ganz rundköpfig aussehen, in anderen Situationen aber einen sichtbaren Schopf tragen.

Graureiher in unterschiedlicher Körperhaltung

FEDERKLEIDER

Viele Vogelarten sehen im Lauf ihres Lebens ganz unterschiedlich aus, sie entwickeln verschiedene Federkleider. Sehr häufig unterscheidet sich das Gefieder von Männchen und Weibchen. Zur Brutzeit wird häufig (überwiegend von Männchen) ein farbintensives, auffälliges Prachtkleid angelegt, das danach durch ein Schlichtkleid ersetzt wird, welches zur nächsten Brutzeit wieder dem Prachtkleid weicht. Während einige Arten schon im ersten Herbst ihres Lebens, nachdem sie das Jugendkleid durch neue Federn ersetzt haben, kaum mehr von älteren Vögeln zu unterscheiden sind, brauchen besonders größere Arten (z.B. Möwen, manche Greifvögel) mehrere Jahre, bis sie das Alterskleid angelegt haben. Bis dahin wechseln sie regelmäßig in neue, dem Alterskleid immer ähnlicher werdende Kleider. Diese werden dementsprechend erstes Winterkleid, erstes Sommerkleid, zweites Winterkleid etc. genannt.

GEFIEDERABNUTZUNG UND MAUSER

Der regelmäßig wiederkehrende Federwechsel wird Mauser genannt. Er dient nicht nur dazu, ein dem Jahreslauf oder Alter entsprechendes Gefieder anzulegen, das wichtige Signalfunktionen erfüllen muss, sondern ist schlichtweg überlebenswichtig. Federn sind totes, unveränderliches Gewebe, das im Lauf der Zeit Abnutzung und Verschleiß ausgesetzt ist. Durch Sonneneinstrahlung und Abrieb wird eine Feder nach gewisser Zeit durchlässig und kann ihre Funktionen (Wärmeisolation, Schutz vor Feuchtigkeit, Flugfähigkeit) nicht mehr ausreichend erfüllen. Die Mauser folgt je nach Vogelart unterschiedlichsten Strategien, findet zu verschiedenen Zeiten statt und kann größere oder kleinere Teile des Gefieders umfassen. Im Zuge einer Teilmauser wird in der Regel nur das Kleingefieder ersetzt, während eine Vollmauser zum Tausch des gesamten Gefieders führt, inklusive der Schwung- und Schwanzfedern. Die Mauser wird häufig noch vor oder erst nach weiten Wanderungen durchlaufen bzw. für den Zug unterbrochen. Ihr Ablauf ist in der Regel auf ein gutes Nahrungsangebot und jene Zeiten abgestimmt, in denen eine durch den Verlust von Schwungfedern eventuell eingeschränkte Flugfähigkeit verkraftet werden kann. Manche große Arten (z.B. Adler, Geier, Störche) sind auf ihr durchwegs uneingeschränktes Flugvermögen angewiesen und mausern die sehr langen Federn ihres Großgefieders daher kontinuierlich, über Jahre hinweg.

Kenntnis über die verschiedenen Mauserstrategien können auch in der Vogelbestimmung von großer Bedeutung sein. So ist das Gefieder kurz nach der Mauser immer besonders frisch und makellos, während es vor der Mauser schon sehr zerschlissen und ausgeblichen sein kann. Wenn also frisch flügge Jungvögel im Sommer ein perfektes Gefieder aufweisen, macht das Federkleid der Altvögel meist einen abgenutzten Eindruck und ist beispielsweise an den zerfransten Spitzen der Schwung- und Schirmfedern zu erkennen. Nach der Mauser der Altvögel im Spätsommer kann dieses Kriterium aber vorerst nicht mehr angewendet werden, da auch sie dann wieder über frische Federn verfügen.

Kleiderfolge am Beispiel eines Alpenstrandläufers. Auf das bald nach dem Schlüpfen (bei Nesthockern im Nest) gewachsene Jugendkleid folgt durch Teilmauser im Herbst das erste Winterkleid. Das Großgefieder und einige Flügeldecken werden dabei nicht gewechselt. Durch eine weitere Teilmauser im Spätwinter erhält der Vogel in seinem zweiten Lebensjahr das erste Sommerkleid, das dem Prachtkleid bereits ähnelt. Im Herbst wird das erste Schlichtkleid durch eine Vollmauser erworben, darauf folgt im Frühling das Prachtkleid des Altvogels, für das nur das Kleingefieder im Zuge einer Teilmauser getauscht wird. In allen weiteren Jahren wird nur noch zwischen Schlicht- und Prachtkleid gewechselt.

Manche Teile eines Vogels haben für die Bestimmung erhöhte Relevanz. Es lohnt sich, diesen Bereichen besondere Aufmerksamkeit zu schenken, besonders wenn es schnell gehen muss, bevor der beobachtete Vogel wieder verschwunden ist:

SCHNABEL

Neben dem Gesamteindruck und der Färbung der verschiedenen Gefiederpartien sind Form und Farbe des Schnabels bei vielen Vogelgruppen wichtige Merkmale. Besonders bei Wat- und Sperlingsvögeln, aber auch bei Möwen und Seeschwalben kann die Schnabelform den entscheidenden Hinweis auf die Artzugehörigkeit geben. Sie ist in der Regel viel weniger variabel als die Färbung und ändert sich im Lauf des Jahres nicht. So mag die Unterscheidung von Rotschenkel und Dunklem Wasserläufer im Schlichtkleid auf den ersten Blick schwierig erscheinen – ein genauer Blick auf die Schnabelform schafft in der Regel aber schnell Klarheit. Beachten Sie die Länge (z.B. im Verhältnis zu der des Kopfes) und Höhe, den genauen Verlauf (ist der Schnabel nach oben oder unten gebogen?) und die Form der Spitze. Die Farbe des Schnabels kann sich zwar zwischen verschiedenen Altersklassen unterscheiden und im Lauf des Jahres verändern, gibt aber auch sehr häufig wichtige Hinweise. Beachten Sie immer unterschiedliche Färbungen an Teilen des Schnabels (Basis und Spitze, Ober- und Unterschnabel).

BEINE

Nicht immer gelingt ein genauer Blick auf die Beine eines Vogels. Haben Sie aber die Möglichkeit dazu, sollten Sie die Färbung und Länge genau betrachten. Besonders bei fliegenden Vögeln ist der Überstand der Beine über den Schwanz (Beinprojektion) oft ausschlaggebend. Auch das Verhältnis der Längen zwischen Tibia und Tarsus kann für eine Artbestimmung (z.B. bei Watvögeln) wichtig sein. Die Länge der Krallen, insbesondere der Hinterzehe, ist z.B. bei Piepern und Baumläufern relevant.

SCHWANZ

Achten Sie bei einem unbekannten Vogel bewusst auf Form und Färbung des Schwanzes. Die einzelnen Federn können spitz oder gerundet sein – in der Gesamtheit kann der Schwanz ebenfalls spitz oder rund, keilförmig, gegabelt oder eingekerbt sein. Auch kann das Verhältnis zu anderen Körperteilen bei der Bestimmung helfen. Bei stehenden Vögeln kann der Schwanz die Flügelspitzen überragen oder umgekehrt (Flügelprojektion). Ebenso verhält es sich im Flug zwischen Beinen und Schwanz (Beinprojektion). Die Färbung der Schwanzfedern kann bei kreisenden Vögeln oft gut beurteilt werden. Achten Sie auf eine etwaige Bänderung (wie viele Bänder?) und das Vorhandensein oder Fehlen einer Endbinde. Auch bei auffliegenden Kleinvögeln kann die Schwanzfärbung meist gut beurteilt werden. Manche Arten oder Gruppen zeigen weiße Schwanzkanten, gestreifte oder ganz einfarbige Schwanzfedern.

AUGE

Auch das Auge verdient genaue Beachtung. Gelingt es, die Farbe der Iris zu erkennen, kann das sehr hilfreich sein. Manchmal ist die Färbung nicht nur für die Art-, sondern auch für die Alters- oder sogar Geschlechtsbestimmung von Vögeln relevant. Das Auge wird von einem unbefiederten, sehr schmalen Lidring umgeben, der manchmal eine kontrastierende Färbung zeigt. Der Federkranz um das Auge ist der Augenring, der oft auffällig und für die Bestimmung wichtig sein kann.

Die Zehen des Seidenreihers (links) sind gelb gefärbt. Beim größeren Silberreiher (rechts) überragen die Beine den Schwanz noch weiter.

HYBRIDEN

Gelegentlich kommt es zu gemischten Bruten zweier unterschiedlicher Arten. Die Nachkommen solcher Paare werden Hybriden genannt und zeigen meist Merkmale beider Elternarten. In manchen Fällen (z.B. bei männlichen Entenhybriden) sind die Merkmale der beteiligten Arten relativ klar ersichtlich, in anderen Fällen – wenn sich sehr ähnliche Arten kreuzen – kann die Bestimmung sehr schwer, wenn nicht sogar unmöglich werden. Eine Abbildung aller möglichen bzw. bekannten Hybridkombinationen ist in diesem Werk nicht möglich. Einige typische und relativ häufige Hybriden finden sich im Artkapitel (z.B. Grau- × Kanadagans).

FARBABWEICHUNGEN

Ungewöhnlich gefärbte Individuen gehen häufig auf Farbmutationen zurück. Neben dem eher seltenen Albinismus, bei dem ein Vogel keine dunklen Farbpigmente aufweist (meist ganz weißes Gefieder und rote Augen), treten in der Natur eine Reihe weiterer Mutationen und Pigmentstörungen auf, die z.B. zu besonders dunklem, fahlem, ganz oder teilweise weißem Gefieder mit normal gefärbten Augen führen können. Werden betroffene Vögel im Verband mit Artgenossen beobachtet oder ist die Fehlfärbung nur teilweise ausgeprägt, fällt die Bestimmung meist leicht. Einzelne und gänzlich anders gefärbte Individuen sind aber manchmal schwer zuzuordnen. Hier sollte genau auf Lautäußerungen, Verhalten und Lebensraum geachtet werden.

GEFANGENSCHAFTSFLÜCHTLINGE

Entweichen Käfigvögel aus Gefangenschaft, kann das im Freiland ebenfalls für Verwirrung sorgen. Ist die Herkunft eines bunten Papageis oder Kanarienvogels meist noch relativ klar, bereiten andere Gefangenschaftsflüchtlinge den Ornithologen durchaus Kopfzerbrechen. Viele Arten, die bei uns als Wildvögel vorkommen (insbesondere Wasservögel), werden auch in Gefangenschaft gehalten und entweichen von dort regelmäßig. So ist es beispielsweise nicht immer leicht festzustellen, ob es sich bei einer Weißwangengans in Österreich um einen Wildvogel, einen Gehegeflüchtling oder Nachkommen solcher handelt. Manchmal verraten farbige Züchterringe am Bein des Vogels, oder besonders vertrautes Verhalten, die Herkunft aus Gefangenschaft. Andererseits können sich aber auch Wildvögel unter das halbzahme Geflügel an Futterplätzen mischen und weit entfernte Gefangenschaftsflüchtlinge einen „wilden" Eindruck machen. Zur Beurteilung der wahrscheinlichen Herkunft eines fraglichen Vogels sollte auch die Jahreszeit (Tritt die Art zu einer gewissen Jahreszeit überlicherweise auf?) und der Lebensraum beachtet werden.

Fehlfarbener Flussregenpfeifer (dahinter ein normal gefärbtes Individuum)

SELTENHEITEN

Beobachtet man häufig Vögel, ist es nur eine Frage der Zeit, bis man einer Besonderheit begegnet – einem Vogel, der am Beobachtungsort üblicherweise nicht vorkommt. Durch ihre Flugfähigkeit und häufigen Wanderungen sind sie natürlich auch in der Lage, an unerwarteten Plätzen, fernab ihrer Brutgebiete oder in ungewöhnlichen Lebensräumen aufzutauchen. Gehen Sie dennoch erst dann von einer Seltenheit aus, wenn Sie die häufigeren Möglichkeiten genau geprüft haben. Für die meisten Bestimmungsprobleme findet sich eine Lösung, die nicht ganz aus dem Rahmen fällt (s. auch Abschnitte Hybriden und Gefangenschaftsflüchtlinge). Sind Sie sich aber sicher, dass keine der gängigen Arten in Frage kommt, ist es natürlich möglich, dass Sie es mit einem seltenen Gast zu tun haben. Dann ist eine genaue Dokumentation durch Fotos oder Videos, Tonaufnahmen, Notizen oder Skizzen besonders wichtig. Wenn es sich um eine österreichweit seltene Art handelt, sollte die Dokumentation an die Avifaunistische Kommission Österreich geschickt werden. Ein Meldeformular und die Liste jener Arten, die von dieser Arbeitsgruppe bearbeitet werden, findet sich auf www.birdlife-afk.at.

Artbeschreibungen

Der Artenteil dieses Buches setzt sich klassisch aus Text und Bild zusammen. Naturgemäß wird den Abbildungen meist mehr Aufmerksamkeit geschenkt, und häufig wird versucht, einen Vogel nur durch Abgleich der Bilder zu bestimmen. Das wird auch häufig gelingen. Ein Blick auf den Text ist aber dennoch immer sinnvoll, ganz besonders dann, wenn die Abbildungen zu keiner befriedigenden Lösung führen. Sie werden in den Texten viele weitere Hinweise finden, die zu einer erfolgreichen Bestimmung führen können.
Zur Bedeutung der verwendeten Abkürzungen siehe Umschlag-Innenseite.

SYSTEMATIK UND NOMENKLATUR

Jede Vogelart ist mit ihrem deutschen, wissenschaftlichen (kursiv gedruckt) und englischen Namen angeführt. Wenn im deutschen Sprachraum ein weiterer Name für eine Vogelart breite Verwendung findet, steht dieser in Klammern. Die in diesem Buch verwendete Systematik orientiert sich an der von BirdLife International herausgegebenen Artenliste der Vogelarten der Welt (BirdLife International, 2017). Um eine bessere Vergleichbarkeit ähnlicher Arten zu gewährleisten, wurde deren Reihenfolge aber an manchen Stellen geändert. Eine vollständige Artenliste aller als Wildvögel in Österreich nachgewiesenen Vogelarten finden Sie im Internet (s. S. 346)

GRÖSSENANGABEN

Die Angabe **L** bezieht sich auf die Länge des gestreckten Vogels, gemessen von der Schnabel- bis zur Schwanzspitze. Die Spannweite **S** gibt die Distanz von einer Flügelspitze zur anderen an, wenn der Vogel die Flügel ganz ausbreitet. Angegeben sind Werte, die vom Vogel selbst erreicht werden, ohne die Flügel künstlich zu strecken. Die Werte beschreiben jeweils die Variationsbreite einer Art – und stammen aus dem „Kosmos-Vogelführer" (Svensson et al., 2017).

MERKMALE

Die beschriebenen Merkmale sind auf jene reduziert, die am einfachsten sichtbar sind und am schnellsten und sichersten zur Bestimmung einer Vogelart führen. Dementsprechend muss aus Platzgründen manchmal auf die Beschreibung weiterer Detailmerkmale verzichtet werden. Es wird immer jenen Kleidern (Pracht- und Schlichtkleid bzw. verschiedene Altersklassen und Geschlechter) besonderes Gewicht gegeben, die am häufigsten in Österreich zu sehen sind, während im mitteleuropäischen Binnenland seltene Kleider (z.B. adulte Männchen von Meeresenten) kürzer abgehandelt werden. Wird ein Kleid oder eine Position (z.B. Flug) beschrieben, die auf der rechten Seite abgebildet ist, befindet sich in Klammer die Nummer des dazugehörigen Fotos.
Da eine schriftliche Wiedergabe von Lautäußerungen nach der Ansicht des Autors nur begrenzten Wert besitzt und es zudem zahlreiche Tonträger bzw. Vogelstimmen-Sammlungen im Internet gibt (z.B. www.xeno-canto.org), die ein Erkennen von gehörten Stimmen viel besser ermöglichen, werden Stimmen nur in geringem Ausmaß beschrieben. Gesänge und Rufe, die oft zu hören und für eine Art sehr typisch sind, werden angeführt. Bei Arten, die selten in Hörweite kommen, selten rufen oder keine für die Bestimmung besonders hilfreichen Töne hören lassen, fällt diese Beschreibung kurz aus oder wird weggelassen.

HÖHENANGABEN

Die **Höhenangaben** (ü.A., Meter über Adria) geben jene Höhenstufen an, in denen die Art in der Regel anzutreffen ist, schließt aber auch die Höhenbereiche ein, die bei wandernden Arten im Jahresverlauf aufgesucht werden. So heißt die Höhenangabe bei der Alpenbraunelle, die nur im Hochgebirge brütet, „500–3000 m", da sie im Winter auch in tiefer gelegene Regionen vordringt. Bei seltenen Arten oder solchen, die nur sehr lokal vorkommen, wird auf eine Höhenangabe verzichtet. Bei nicht in Österreich brütenden, aber durchziehenden oder überwinternden Arten wird grob die Herkunft beschrieben. Weiter finden sich kurze Anmerkungen zum typischen Lebensraum der Art.

VERBREITUNGSKARTEN

Für Arten, die in Österreich ein charakteristisches Verbreitungsmuster zeigen, wurde eine Verbreitungskarte erstellt. Die dort eingefärbten Flächen zeigen jene Gebiete an, in denen eine Art vorkommt. Innerhalb dieser Gebiete ist jede Art natürlich noch auf das Vorhandensein ihres Lebensraums angewiesen. Durch die verwendete Kartengröße kann die Verbreitung nur grob skizziert werden. Deswegen und weil sie sehr mobil sind, können Vögel manchmal auch an Orten angetroffen werden, an denen sie laut Karte nicht vorkommen. Besonders die zahlreichen Alpentäler Österreichs, die eine andere Vogelwelt aufweisen als die Berge in ihrer unmittelbaren Nähe, setzen der Aussagekraft von kleinen Verbreitungskarten Grenzen. Schmale, am Rand von Österreich liegende Vorkommen wurden fallweise größer dargestellt, um deren Sichtbarkeit zu verbessern. Bei vielen Wasservögeln werden die Brutgebiete betont, obwohl die Vögel an diesen Gewässern auch durchziehen und überwintern.

Damit sollen die oftmals wenigen Brutplätze gegenüber dem verbreitet stattfindenden Durchzug bzw. der Überwinterung hervorgehoben werden. Schraffierte Flächen bedeuten z.B., dass eine Art sowohl am Durchzug als auch überwinternd angetroffen werden kann, oder wenn eine Art nur sehr selten in diesem Bereich vorkommt.
Auf eine Karte wurde u.a. dann verzichtet, wenn eine Art flächendeckend vorkommt oder wenn sich die kleinräumige Verbreitung einer Art sehr leicht in Worten beschreiben lässt.

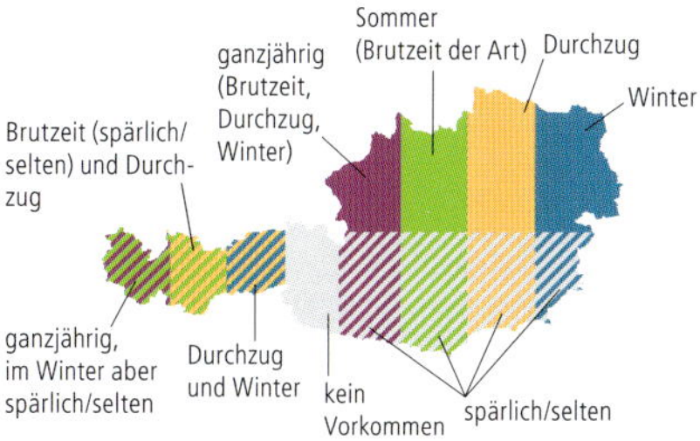

FOTOAUSWAHL UND ILLUSTRATIONEN

Bei den Fotos wurde, wenn sie in ausreichender Qualität zur Verfügung standen, Bildern von Wildvögeln aus Österreich oder Europa der Vorzug gegeben. Nur selten musste auf Bilder aus anderen Erdteilen oder aus Gefangenschaft zurückgegriffen werden – die Repräsentationskraft der Abbildung wurde dann aber genau geprüft. Bei den Bildern ist neben der Nummerierung auch der **Aufnahmemonat in römischen Ziffern** angeführt. Dies soll dem Leser dabei helfen, ein Gefieder oder eine Färbung im Kontext des Jahreslaufs zu beurteilen, da sich jeder Vogel durch fortschreitendes Alter, Gefiederabnutzung, Mauser und Verfärbung unbefiederter Körperteile ständig mehr oder weniger stark verändert. Natürlich haben Zeichnungen auch große Vorteile – deswegen sind bei einigen Arten, die schwer zu bestimmen sind, zusätzlich Zeichnungen zu finden. Vergleiche zwischen diesen „Problemarten" werden entweder gesammelt nach einer Vogelgruppe oder direkt auf der betreffenden Seite dargestellt.

Fachbegriffe

Für alle Begriffe, die Körperteile des Vogels betreffen, siehe auch Illustrationen in der vorderen Umschlag-Innenseite.

1. Winter, 2. Winter ... Erstes Winterkleid; Federkleid, das bei vielen Arten (je nach Mauserstrategie!) durch Wechsel des Kleingefieders auf das Jugendkleid folgt und im ersten Winter des Lebens eines Vogels getragen wird. Wird häufig im folgenden Sommer ersetzt. Zweites Winterkleid; folgt auf das erste Sommerkleid und wird durch Teil- oder Vollmauser angelegt.
1. Sommer, 2. Sommer ... Erstes Sommerkleid; manchmal durch Teilmauser angelegtes Kleid, das auf das erste Winterkleid folgt, bzw. Bezeichnung für das Gefieder nach dem ersten Winterkleid (2. Kalenderjahr). 2. Sommerkleid; folgt auf das zweite Winterkleid.
adult Ausgefärbt, erwachsen (ad.) Das Adultkleid (Alterskleid) ist jenes, das ab einem gewissen Alter Jahr für Jahr erneuert wird, sich aber optisch nicht mehr bedeutend verändert.
Albinismus, Albino Mutation, die sich durch Fehlen dunkler Farbpigmente auszeichnet. Albinos sind selten und haben meist ein reinweißes Gefieder (rote, orange und gelbe Farbpartien sind aber nicht betroffen), rote Augen, rosa Füße und Haut sowie einen rosa Schnabel. Häufiger sind andere Mutationen (fortschreitendes Ausbleichen, Leuzismus, Melanismus etc.) für Fehlfärbungen verantwortlich.
Alterskleid Siehe adult.
Alula Auch Daumenfittich; Gruppe kleiner, steifer Federn am Flügelbug bzw. Daumen, die im Flug besonders dem Manövrieren dienen.
Armdecken Siehe Flügeldecken.
Armflügel Körpernaher Teil des Flügels.
Armschwingen Großgefieder des Armflügels, siehe Schwungfedern.
Art Nach unterschiedlichen Kriterien abgegrenzte Gruppe von Populationen, deren Individuen sich (theoretisch) nur mit Mitgliedern der eigenen Art fortpflanzen.
Ästling Nicht flügge Jungvögel (v.a. Greifvögel und Eulen), die bereits das Nest verlassen haben.
Augenring Befiederter Ring um das Auge, manchmal farblich kontrastierend.
Augenstreif Streifen im Gefieder, der waagrecht auf Höhe der Augen verläuft.

Bartstreif Streifen, der zwischen Wangen- und Kinnstreif von der Schnabelbasis abwärts führt.
Beinprojektion, auch Fußprojektion Überstand der Beine über die Schwanzspitze (beim fliegenden Vogel).
Blässe Weiße Befiederung an der Stirn.
Brutvogel Ein Brutvogel eines bestimmten Gebietes ist eine Vogelart, die dort auch brütet.
Bürzel Gefiederpartie am unteren Rücken, oberhalb der Oberschwanzdecken.
Carpalfleck Farblich abgesetzte Federn am Handgelenk der Flügelunterseite.
Dunen, Daunen Weiche, simpel gebaute Federn ohne festen Schaft, die überwiegend der Wärmeisolation dienen. Das erste Federkleid eines Kükens bilden ausschließlich Dunen. Altvögel tragen Dunen unterhalb der Konturfedern.
Durchzug Auftreten von Arten oder Individuen, die in einem Gebiet nicht brüten. Z.B. während der Wanderung zwischen Brutgebiet und Winterquartier.
Finger Einzeln erkennbare Spitzen der längsten Handschwingen bei großen Vögeln im Flug.
Flanken Kleingefieder an der Seite eines Vogels, unterhalb des Flügels bzw. oberhalb des Bauchs.
Flügelbinde Durch andersfarbige Spitzen der Flügeldecken gebildetes Band.
Flügeldecken Sammelbegriff für die in Reihen angeordneten Hand- und Armdecken, die z.B. die Schäfte der Schwungfedern überdecken.
Flügelprojektion Überstand der Flügelspitzen über die Schwanzspitze (beim sitzenden Vogel).
Flügelstreif Durch andersfarbige Basen der Schwungfedern gebildetes Band.
Gesang Lautäußerung, die v.a. der Revierabgrenzung und der Partnerwerbung dient. Bei Vögeln auf der Nordhemisphäre v.a. von Männchen vorgetragen.
Geschlechtsdimorphismus Äußerliche Unterschiede zwischen Männchen und Weibchen.
Gonyseck Markantes Eck am Unterschnabel nahe der Schnabelspitze, z.B. bei Möwen und Seeschwalben. Manchmal farblich kontrastierend („Gonysfleck").
Großgefieder Sammelbegriff für Schwung- und Schwanzfedern. Teil des Konturgefieders neben dem Kleingefieder.
Habitus Gesamteindruck (z.B. Proportionen, Körperhaltung, Bewegungsweise) eines Vogels.
Handdecken Siehe Flügeldecken.
Handflügel Körperferner Teil des Flügels.
Handschwingen Großgefieder des Handflügels, siehe Schwungfedern.
Handschwingenprojektion Überstand der Handschwingen über die Spitzen der Schirmfedern (am sitzenden Vogel).
Hassen Lautstarkes Aufmerksammachen von Vögeln auf einen Fressfeind (z.B. Greifvogel, Eule) in dessen unmittelbarer Nähe oder Versuche, diesen zu vertreiben.
Hosen Befiederung der Tibia.
Hybride Nachkomme der Kreuzung zweier Arten oder Unterarten.
immatur Unausgefärbt (immat.). Ungenauer Begriff für einen Vogel, der nicht mehr im Jugendkleid, aber noch nicht im Alterskleid ist.
Jugendkleid Erstes, aus Konturfedern bestehendes Federkleid eines Jungvogels. Wird bei vielen Arten nur für wenige Wochen nach dem Flüggewerden getragen und bald durch Mauser zumindest teilweise ersetzt. Darauf kann je nach Art das erste Winterkleid oder bereits ein Alterskleid folgen.
juvenil Im Jugendkleid befindlich (juv.).
Kinnstreif Streifen, von der Schnabelbasis abwärts. Liegt zwischen Bartstreif und Kehle.
Kleid Gefieder zu einem bestimmten Zeitpunkt, wird durch Mauser oder Abnutzung erlangt. Unterschiedliche Altersklassen und Geschlechter tragen häufig unterschiedlich gefärbte Kleider.
Kleingefieder Gesamtheit der Federn, die der Körperbedeckung dienen (mit Ausnahme der Dunen). Teil des Konturgefieders neben dem Großgefieder.
Konturfedern Im Gegensatz zu Dunen dichter gebauter Federtyp mit festem Schaft und geschlossener Fahne. Das sichtbare Federkleid flügger Vögel besteht überwiegend aus Konturfedern. Das Konturgefieder wird unterteilt in Klein- und Großgefieder.
Leuzismus Mutation, die zu teilweise oder ganz weißem Gefieder führt. Augen, Schnabel, Beine und Haut sind dabei aber normal gefärbt – vgl. Albinismus.
Lidring Unbefiederter, schmaler Ring um das Auge.
Limikolen Auch Watvögel. Sammelbezeichnung für die meist an Gewässern lebenden Gruppen der Regenpfeifer- und Schnepfenverwandten.
Mantel Gefieder oberhalb des Rückens, zwischen den Schulterfedern.
Mauser Periodischer Wechsel des Gefieders.
Mausergrenze Sichtbare Grenze zwischen zwei Federgenerationen.
Melanismus Mutation, die durch vermehrte Einlagerung von Melanin zu dunkleren Körperpartien (insbesondere Federn), im Extremfall zu ganz schwarzem Gefieder führt.
Morphe Farbvariante, der ein bestimmter Anteil einer Population angehört.
Nagel Verdickte Stelle an der Spitze des Oberschnabels (v.a. bei Entenvögeln).

Nominatform Jene Unterart, die auch den gleichlautenden Namen der Art trägt (z.B. *Motacilla flava flava*).
Oberflügel Flügeloberseite.
Oberschwanzdecken Gefiederpartie, von der oberseits die Schäfte der Schwanzfedern abgedeckt werden.
Occipitalgesicht Musterung am Hinterkopf mancher Eulen, die an ein Gesicht erinnert.
Ohrdecken Gefiederpartie an den Kopfseiten, von der bei Vögeln die Ohren verdeckt werden.
Paläarktis Faunenregion der Nordhemisphäre der Alten Welt (Europa, Nordafrika, Teile Asiens).
Pelagisch Überwiegend auf offenem Meer lebend.
Prachtkleid Gefieder, das sich meist durch besondere Farben oder Kontraste auszeichnet und von Altvögeln für die Balz- bzw. Paarungszeit angelegt wird.
Randdecken Kleinste Flügeldecken am Flügelbug des Armflügels.
Rosen Stark rot pigmentierte Strukturen oberhalb der Augen von Hühnervögeln, die durch Anschwellen hervortreten und als Signal bei der Balz dienen.
Rüttelflug, rütteln Stationäre Flugweise, die dem Ausschauhalten nach Beute dient.
Schaftstrich Farblich abgesetzter Strich in der Federmitte, entlang des Federschafts.
Scheitel Oberster Bereich des Kopfes.
Scheitelseitenstreif Streifen beidseitig des Scheitelstreifs.
Scheitelstreif Zentraler Streifen am Scheitel.
Schirmfedern Gruppe der innersten Armschwingen, die am geschlossenen Flügel die übrigen Armschwingen abdecken und daher früher verschleißen.
Schlichtkleid Im Gegensatz zum Prachtkleid gedeckter gefärbtes Gefieder von Altvögeln, das außerhalb von Balz- und Paarungszeit angelegt wird.
Schnabelfirst Oberster Bereich des Oberschnabels.
Schnabelhöcker Verdickung/Schwellung an der Basis des Oberschnabels.
Schulterfedern Gefiederpartie im Schulterbereich, zu beiden Seiten des Mantels.
Schwanzprojektion Überstand des Schwanzes über die Flügelspitzen (beim sitzenden Vogel).
Schwungfedern Teil des Großgefieders, Sammelbegriff für Arm- und Handschwingen.
Sperlingsvögel Die artenreichste Vogelordnung (*Passeriformes*), der unter anderem die Singvögel angehören.
Spiegel Kontrastierend (häufig glänzend) gefärbtes Feld auf den (inneren) Armschwingen, besonders bei Enten.
Spotten Imitation der Lautäußerungen anderer Arten sowie anderer Geräusche durch ein singendes Männchen.
Standvogel Vogelart, die ganzjährig im selben Gebiet bleibt.
Steiß Bereich auf der Unterseite zwischen Bauch und Unterschwanzdecken, hinter den Beinen.
Steuerfedern Schwanzfedern. Teil des Großgefieders.
subadult Nahezu ausgefärbter (adulter) Vogel.
Subapikalfleck Andersfarbiger Fleck vor der Spitze einer Feder.
Subterminalbinde Andersfarbige Binde vor dem Rand einer Feder, des Flügels oder des Schwanzes.
Tarsus Der meist unbefiederte Fuß des Vogels, fälschlich oft als „Unterschenkel" wahrgenommen.
Teilzieher Vogelart, bei der ein Teil der Population das Brutgebiet über den Winter verlässt und ein anderer Teil nicht abzieht.
Tibia Unterschenkel des Vogels, fälschlich gern als „Oberschenkel" wahrgenommen. Bei kurzbeinigen Arten überwiegend verborgen.
Tränenstreif Senkrechter Streifen, der sich vom Auge nach unten zieht.
Überaugenstreif Waagrechter Streifen, der über dem Auge verläuft.
unausgefärbt Siehe immatur.
Unterart Geografisch mehr oder weniger abgrenzbare Population einer Art, die sich z.B. optisch, akustisch oder genetisch unterscheiden lässt.
Unterflügel Flügelunterseite.
Unterschwanzdecken Gefiederpartie, die unterseits die Schäfte der Schwanzfedern abdeckt.
Wachshaut Unbefiederter Bereich an der Schnabelbasis mancher Vogelgruppen, der auch die Nasenlöcher umgibt.
Wangenstreif Mehr oder weniger waagrechter Streif unterhalb des Auges.
Warte Exponierter Sitzplatz eines Vogels.
weibchenfarbig Individuum, das wie ein Weibchen gefärbt ist, dessen Alter und Geschlecht aber nicht sicher bestimmt werden kann, z.B. da bei manchen Arten die Jungvögel den Weibchen stark ähneln.
Wintergast Vogelart, die nur im Winter in einem bestimmten Gebiet auftritt.
Zug Wanderbewegungen von Arten und Populationen, z.B. zwischen Brut- und Winterquartier.
Zügel Andersfarbiger Bereich zwischen Auge und Schnabelbasis.

Die Vogelarten

1 Auerhuhn
— *Tetrao urogallus* Western Capercaillie

001 | L ♂ 74–90 cm ♀ 54–63 cm

MERKMALE Sehr großes Raufußhuhn mit mächtigem Schnabel. Fliegt (**1A**) mit lautem Flügelgeräusch und zeigt durch langen Hals und langen Schwanz (besonders ♂) ein gestrecktes Flugbild. ♂ (**1B,D**) überwiegend schwarz, mit braunen Flügeln und grünem Glanz an den Brustseiten. Weißes Feld nahe des Flügelbugs und weiße Flecken an Flanken und Unterseite. Schnabel weißlich, dunkelrote Rosen meist gut sichtbar. Größer und langschwänziger als ♀. Während der Balz (**1B**) wird der Schwanz zu einem Rad gefächert und senkrecht aufgestellt, das Nackengefieder gesträubt. ♀ (**1A,C**) sind warm braun gescheckt. Kehle und obere Brust sind ungefleckt beigebraun (vgl. Birkhuhn ♀, **2C**). Der Schwanz ist besonders lebhaft gefärbt, grob schwarz gebändert und kontrastiert zu grauerem Rücken. Die Flügeldecken und Schulterfedern haben weiße Spitzen. Rosen unauffällig. Schnabel grau, manchmal mit dunkler Spitze. Ruft tief, rau und leise. Die Balzstrophe des Männchens ist eine einzigartige Serie gluckender, klickender und zischender Laute.

VORKOMMEN B, W I–XII 600–1900 m; Standvogel in strukturierten, alten Nadel- und Mischwäldern mit beerenreicher Krautschicht. In tieferen Lagen nur noch sehr selten, überwiegend über 1000 m anzutreffen.

WISSENSWERTES Die spektakuläre Balz der Auerhähne findet im Morgengrauen zuerst auf Bäumen, später am Boden statt und gehört wohl zu den größten Naturschauspielen im Bergwald. Auerhennen hybridisieren selten mit Birkhähnen. Hybride („Rackelhühner") stehen mit ihrer mittleren Körpergröße zwischen den beiden Elternarten. ♂ zeigen deutliche Mischmerkmale: Gefieder ganz schwarz, mit leicht rötlichem Glanz. Die Flügel zeigen einen schmalen weißen Flügelstreif, am Flügelbug sitzt ein kleiner weißer Fleck. Unterschwanzdecken teilweise weiß, Kehlgefieder verlängert. Der Schwanz ist kurz und nur die äußeren Schwanzfedern sind leicht nach außen gebogen. Schnabel schwärzlich. Hybrid-♀ ähneln stark den ♀ des Auerhuhns.

2 Birkhuhn
— *Lyrurus tetrix* Black Grouse

002 | L ♂ 49–58 cm ♀ 40–45 cm

MERKMALE Mittelgroßes Raufußhuhn mit kleinem Kopf. Im Flug (**2A**) beide Geschlechter mit weißem Flügelstreif (bei ♂ breiter). ♂ (**2A,B,D**) sind schwarz mit bläulichem Glanz. Die Federn des langen Schwanzes sind leierförmig seitwärts gebogen. Unterschwanzdecken und Steiß sowie kleine Flecken am Flügelbug und Flügelunterseite weiß. Auffällige Rosen. Im Spätsommer auch auf Kopf und Hals bräunlicher und evtl. an ♀ erinnernd, aber immer ohne weiße Fleckung. Während der Mauser ist die Form des Schwanzes zudem zeitweise weniger typisch gebogen. ♀ (**2C**) ähnlich Auerhuhn ♀, sind aber kleiner, mit weißer Flügelunterseite (bei Auerhuhn dunkler), dunklerem, kleinerem Schnabel und kürzerem Schwanz. Kehle und Brust ebenfalls gefleckt, Schulterfedern ohne weiße Spitzen. Weißer Flügelstreif fehlt bei Auerhuhn. Der Balzlaut der Hähne ist ein blubbernd gurrender Ton, der langanhaltend vorwiegend vom Boden (aber auch aus Bäumen) vorgetragen wird. Dazwischen werden kurze, zischende Rufe eingestreut.

VORKOMMEN B, W I–XII 1100–2200 m; lebt in halboffenem Gelände mit lockerem Baumbestand, überwiegend im Gebirge über 1400 m, meist entlang der Waldgrenze. Populationen in tieferen Lagen besiedeln z.B. Moore und Heidelandschaften.

WISSENSWERTES Übernachtet, wie auch das Alpenschneehuhn, im Winter manchmal in selbst gegrabenen Schneehöhlen. Die Balz der Birkhähne (**2D**) findet unter anderem in traditionellen Balzarenen auf offenen Plätzen statt, wo sich mehrere Männchen im Morgengrauen zu Schaukämpfen am Boden treffen.

1A
IV

2A
IV

1B
IV

2B
V

1C
IX

2C
IV

1D
II

2D
XI

1 | Alpenschneehuhn — *Lagopus muta* Rock Ptarmigan

003 | L 31–35 cm

MERKMALE Kompaktes, kleines Raufußhuhn. Flügel (**1A**), Bauch, Unterschwanzdecken und Befiederung der Beine und Zehen immer weiß. Schwanz schwärzlich. ♂ (**1A–D**) mit dunklem Zügel und besonders zur Balzzeit mit auffälligen roten Rosen. Im Frühjahr und Sommer (**1B**) Kopf, Hals und obere Brust dunkelgraubraun und mit weißen Flecken übersät. Teilweise grob weiß gefleckt. Von Hochsommer bis in den Herbst (**1C**), bis auf Bauch und Beine, kalt graubraun und durchwegs hell wellig gemustert. Dunkler Zügel dann weniger auffällig. Im Winter (**1D**) bis auf Schwanz, schwarzen Zügel und rote Rosen ganz weiß. ♀ (**1E**) ohne schwarzen Zügel und mit kleinen, unauffälligeren Rosen, die manchmal kaum oder nur als schmale rote Linie oberhalb des Auges sichtbar sind (kann auch bei ♂ der Fall sein). Der Wechsel der Gefiederfärbung folgt demselben Schema wie beim ♂. Im Sommer (**1E**) Grundfarbe wärmer gelblich braun und Musterung gröber als beim ♂. Im Winter anhand von fast immer weißem Zügel vom ♂ unterschieden. Äußerst verschiedene, trocken knarrende Rufe. ♂ balzt „arrrr-oorrr-kakarr".

VORKOMMEN B, W I–XII 1600–2800 m; verbreiteter Standvogel im Hochgebirge. Besiedelt vegetationsarme, steinige Hänge. Besucht im Winter manchmal kleine Baumbestände an der Waldgrenze.

2 | Haselhuhn — *Bonasa bonasia* Hazel Grouse

004 | L 34–39 cm

MERKMALE Recht kleines braunes Raufußhuhn mit Federschopf, der aber häufig angelegt getragen wird. Mantel, Rücken und Schwanz grau, Flügel braun. Flanken und Unterseite grob braun-weiß-schwarz geschuppt. Schwanz mit weißer Spitze und schwarzer Subterminalbinde. ♂ (**2A**) mit schwarzer, weiß eingerahmter Kehle. Rote Rosen manchmal deutlich sichtbar. ♀ (**2B**) mit gefleckter Kehle. Weiße Einrahmung ebenfalls vorhanden, aber weniger breit. Ruft und balzt mit sehr hohen, sowohl langgezogenen als auch kurzen Tönen. In der Tonlage sogar an Wintergoldhähnchen erinnernd.

VORKOMMEN B, W I–XII 500–1900 m; versteckt lebender Standvogel im Alpenraum sowie im Granit- und Gneishochland. Besiedelt gut strukturierte Misch- und Laubwälder im Hügel- und Bergland.

3 | Steinhuhn — *Alectoris graeca* Rock Partridge

005 006 | L 33–36 cm

MERKMALE Kleiner grauer Hühnervogel. Ad. (**3**) mit rotem Schnabel und Beinen und breit schwarz-weiß-braun gebänderten Flanken. Der weiße (manchmal hellbeige) Kehllatz wird durch ein breites schwarzes Band begrenzt, das sich über die Halsseiten nach oben zu einem Augenstreif auszieht. Darüber liegt ein schmaler weißer Überaugenstreif. Bauch und Unterschwanz beige, Schulter- und Mantelfedern bräunlich. Im JK unscheinbar graubraun, mit dunkelgrauem Schnabel. Besonders im Frühling und Herbst recht stimmfreudig. Ruft eine recht hohe Serie heiserer und abgehackter Töne, die sich manchmal aufgeregt steigert und am Höhepunkt überschlägt.

VORKOMMEN B, W I–XII 1700–2200 m; seltener Standvogel im Südwesten und Westen, genaue Verbreitung unzureichend bekannt. Bewohnt steile, steinige, südexponierte Berghänge an oder über der Baumgrenze.

WISSENSWERTES Das sehr ähnliche **Chukarhuhn** (*A. chukar*, **4**) kommt in Südosteuropa vor und wurde (wird?) vereinzelt als Jagdwild in Österreich ausgesetzt bzw. in Gefangenschaft gehalten. Unterscheidung durch gelblichere Kehle, breiten und verwaschenen Überaugenstreif, der v.a. hinter dem Auge liegt. Zudem ein kleines braunes Feld im schwarzen Streifen auf den Ohrdecken. Seiten der Schnabelbasis nicht schwarz. Die schwarzen Bänder der Kopfseiten laufen auf der Brust spitz zu.

1A V

1B VII

1C VIII

1D XI

1E VI

2A V

2B V

3 VI

4 III

Fasanenartige

1 | Wachtel — *Coturnix coturnix* Common Quail

007 | L 16–18 cm

MERKMALE Sehr kleiner Hühnervogel mit braun längsgestreifter Oberseite, hellem Überaugenstreif und hellerer Unterseite. Selten zu sehen, deutlich häufiger im Frühling und Sommer zu hören. Fliegt geradlinig und mit schnellen Flügelschlägen. Flügel lang und spitz, Schwanz und Hals kurz. ♂ (**1A**) zeigt dunkelbraune bis schwärzliche Kehle. Die Färbung kann sich auf die Kehlmitte beschränken, aber auch das ganze Gesicht umfassen. Flanken und Brust mit warm brauner Grundfärbung. Brust mit wenigen hellen Stricheln, ohne dunkle Flecken. ♀ (**1B**) mit heller Kehle. Brust und Flanken beige, dicht dunkel gefleckt. ♂ im 1. W zeigen meist ebenfalls eine helle Kehle, Brust aber höchstens mit wenigen dunklen Flecken. Ruft im Frühling und Sommer mit dem typischen blubbernden „Wachtelschlag" aus der Vegetation.

VORKOMMEN B, D IV–IX 100–1100 m; Sommergast, überwintert in Afrika. Brütet in offenen Landschaften, v.a. außerhalb der Alpen in hohen Wiesen und Feldern.

2 | Rebhuhn — *Perdix perdix* Grey Partridge

008 | L 28–32 cm

MERKMALE Rundlicher Hühnervogel mit kurzem Schwanz. Ad. (**2A, B**) zeigen braungraue Oberseite. Hals, Brust und Scheitel fein grau gemasert, Flanken rotbraun gebändert. Stirn, Gesicht und Kehle sind rotbraun, der Schnabel hellgrau. Fliegt nur über kurze Strecken, zeigt beim Landen rostbraunen Schwanz. ♂ (**2A** links) mit schwarzbraunem, oft hufeisenförmigem Bauchfleck. ♀ (**2A** rechts) ähnlich ♂, aber weniger klar gezeichnet und etwas matter gefärbt. Rotbraune Kopfpartie weniger ausgedehnt. Bauchfleck unauffällig und kleiner oder ganz fehlend. Im JK (**2C**) kalt dunkelbraun, mit hell längsgestreiften Flanken und dunklerem Schnabel. Kann an jungen Fasan oder Wachtel erinnern. Ruft rau und heiser, besonders auffällig zweisilbig mit kurzer erster und ausgezogener zweiter Silbe.

VORKOMMEN B, W I–XII 100–700 m; Standvogel, im Bestand stark abnehmend. Besiedelt offene, abwechslungsreiche Kulturlandschaften in Tieflagen. Schwerpunkt der Verbreitung nördlich und östlich der Alpen.

3 | Jagdfasan — *Phasianus colchicus* Common Pheasant

009 | L ♂ 70–90 cm
♀ 55–70 cm

MERKMALE Dank langer, spitzer Schwanzfedern höchstens mit anderen nicht heimischen Fasanarten zu verwechseln. Fliegt schwerfällig und geradlinig mit lautem Flügelgeräusch, besonders beim Abfliegen. ♂ (**3A, B**) sind farbenprächtig mit grün und blau glänzendem Kopf, waagrecht abstehender Haube und großen, roten Hautlappen im Gesicht, die zur Balzzeit stark anschwellen (**3B**). Viele zeigen weißen Halsring (**3A**). Das Körpergefieder ist rotbraun bis kupferfarben glänzend und verschieden gefleckt und geschuppt. ♀ (**3C**) sind gänzlich sandbraun mit schwarzer Fleckung. Juv. ähneln ♀ und bergen in jungem Alter ein gewisses Verwechslungspotential (z.B. Rebhuhn), sind aber an den spitzen, verlängerten Schwanzfedern erkennbar. Warnrufe typisch krächzend, meist zweisilbig. Der Gesang des ♂ ist ein sehr charakteristischer, langgezogen zweisilbiger Ruf, der von kurzem, aber heftigem Flügelschlagen gefolgt wird, das weithin hörbar ist.

VORKOMMEN B, W I–XII 100–600 m; Standvogel. In den Tieflagen überwiegend außerhalb der Alpen durch Aussetzung als Jagdwild angesiedelt und wohl je nach klimatischen Bedingungen mehr oder weniger selbsterhaltend. Bewohnt vor allem Kulturlandschaften mit offenen Flächen wie Wiesen oder Feldern.

WISSENSWERTES Die in Mitteleuropa ausgesetzten Fasane stammen von unterschiedlichen Unterarten der über weite Teile Asiens verbreiteten Wildform ab. Das Aussetzen von Fasanen zum Zweck des Abschusses ist in manchen Bundesländern weiterhin erlaubt.

1A IV

1B X

2A III

2B III

2C IX

3A XI

3C III

3B V

Schwäne

1 | Höckerschwan — *Cygnus olor* Mute Swan

010 | L 140–160 cm
S 200–240 cm

MERKMALE Sehr großer, gänzlich weißer Entenverwandter mit sehr langem Hals, schwarzer Schnabelbasis und schwarzem Schnabelhöcker. Schnabelkanten, Nasenlöcher und Nagel schwarz. Schwanz länger als bei Sing- und Zwergschwan. Ad. (**1A, B**) mit orangerotem Schnabel. ♂ mit größerem Höcker als ♀. JK (**1C, D**) mit gräulichem Schnabel ohne Höcker, färbt sich im Lauf des ersten Winters grau-rosa. Gefieder im JK entweder graubraun oder bereits ganz weiß, Beine dann rosa („*immutabilis*"-Mutante). Dunkle juv. werden im Lauf des ersten Winters zunehmend weiß.
VORKOMMEN B, D, W I–XII 100–800 m; regelmäßig an größeren Gewässern, außerhalb der Brutzeit auch fern von Wasser auf Ackerflächen und Wiesen. Brütet überwiegend an großen Stillgewässern mit Flachwasserbereichen. In deutlich größerer Zahl Durch- und Zuzügler, zu großen Teilen aus nordöstlicher Richtung. Gern in der Nähe des Menschen, z.B. an städtischen Gewässern. Am Brutplatz und mit Küken manchmal aggressiv. Im Winter gern in teils großen Gruppen an nahrungsreichen Gewässern, häufig an Futterplätzen.
WISSENSWERTES Höckerschwäne können in freier Wildbahn mehr als 28 Jahre alt werden. Die Brutpopulation des Höckerschwans in Österreich geht auf freigekommene Ziervögel zurück. Häufig kann man Individuen mit wissenschaftlichen Markierungen (meist mit Fuß- oder Halsringen) entdecken und so Genaueres über ihre Herkunft und Wanderungen erfahren. Der schwarze, aus Australien stammende **Trauerschwan** (*C. atratus*) entweicht gelegentlich aus Gefangenschaft.

2 | Singschwan — *Cygnus cygnus* Whooper Swan

011 | L 140–160 cm
S 205–235 cm

MERKMALE Wie Höckerschwan, aber stets ohne Schnabelhöcker, mit hellem Zügel und kürzerem Schwanz. Kopfprofil flacher, dreieckig. Ad. (**2A, B, D** links oben, **3** rechts) mit großem, gelbem Feld am Schnabel, das vom Auge bis unter das Nasenloch reicht. JK (**2C**) recht eintönig grau, Schnabel blass zweifarbig, mit grau-gelber Basis und rosa Spitze (wird im Lauf des Winters schwarz). Im Vergleich zu dunklen juv. des Höckerschwans grauer und im Flug weniger kontrastreich gefärbt. Zügel hell (bei Höckerschwan schwarz). Im Gegensatz zu Höckerschwan recht ruffreudig. Äußert ein lautes, mehrsilbiges Trompeten.
VORKOMMEN D, W XI–III 100–400 m; brütet überwiegend in Nord- und Nordosteuropa. Regelmäßiger Überwinterer am Bodensee in stark schwankender Zahl. Andernorts seltener Gast, einzeln oder in kleinen (Familien-)Gruppen. V.a. in den Wintermonaten, sehr selten auch im Sommer. Aktuell Arealexpansion, Brutnachweise bereits im benachbarten Ungarn und Tschechien.
WISSENSWERTES Ablesungen beringter Singschwäne im Vorarlberger Rheindelta belegen eine Herkunft der hier überwinternden Vögel z.B. aus Polen, Lettland und Ostdeutschland.

3 | Zwergschwan — *Cygnus columbianus* Tundra Swan

012 | L 115–127 cm
S 170–195 cm

MERKMALE Ähnlich Singschwan, aber kleiner und gedrungener. Hals und Schnabel kürzer. Ad. (**2D** rechts, **3** Mitte) mit zweifarbigem Schnabel wie Singschwan (**3** rechts), gelber Bereich aber kleiner, erreicht das Nasenloch nicht. Insgesamt mehr schwarz als gelb am Schnabel (bei Singschwan umgekehrt). JK (**3** links) wie Singschwan gefärbt, unterschiedliche Farbverteilung am Schnabel aber ebenfalls bereits angedeutet.
VORKOMMEN W XI–III 100–300 m; brütet in der Tundra Russlands, überwintert v.a. in Küstenregionen Nordeuropas, zunehmend aber auch in Südosteuropa. In Österreich seltener Wintergast. Nur am Bodensee regelmäßig in kleiner Zahl unter Singschwänen, sonst Ausnahmeerscheinung. Einzelvögel sind meist mit anderen Schwänen vergesellschaftet.

1A IX

2A II

1B IX

2B II

1C IX

2C II

1D IX

2D II

3 II

1 | Graugans
— *Anser anser* Greylag Goose

013 | L 74–84 cm
S 149–168 cm

MERKMALE Große Gans mit graubraunem Gefieder und rosarotem (östliche ssp. *rubirostris*) oder orangem Schnabel (in Europa weiter verbreitete ssp. *anser*). Schnabelfarbe aber nicht immer eindeutig und nicht alle Vögel sind einer Unterart zuordenbar. Beine rosa. Gefieder im Vergleich zu anderen Gänsearten relativ hellgraubraun. Oberseite mit breiten hellen Federrändern. Im Flug (**1A**) hellgraue Vorderflügel, die mit schwärzlichen Schwungfedern und braunem Mantel kontrastieren. Bürzel und Rücken ebenfalls heller grau. Flügelunterseite ebenso zweifarbig. Schwanz mit breiter weißer Endbinde. Ad. (**1A–C**) mit wenigen dunklen Flecken am Bauch. Manche Vögel mit angedeuteter Blässe (vgl. Blässgans). ♂ und ♀ wie bei allen Gänsen gleich gefärbt, im direkten Vergleich bei Paaren ♂ aber etwas größer und kräftiger als ♀. Im JK (**1D**) oberseits geschuppt, Schnabel weniger kräftig gefärbt, Nagel dunkel. Furchen an den Halsseiten vorerst fehlend bzw. schwach ausgebildet. Durch fortschreitende Mauser wird die Bestimmung diesjähriger Individuen im Lauf des Winters schwieriger. Ruft laut und nasal. Meist mehrsilbig, mit Betonung auf erster Silbe. Zudem eine Reihe weiterer rauer, krächzender und schriller Lautäußerungen.
VORKOMMEN B, D, W I–XII 100–700 m; bedeutendster Brut- und Winterbestand am Neusiedler See und im Seewinkel (ssp. *rubirostris*). Kleinere Vorkommen aber auch an anderen größeren Gewässern im Tiefland, die zum Teil aber wohl auf ausgesetzte Vögel zurückgehen. Durchzügler aus nördlicher Richtung an unterschiedlichsten Gewässern sowie auf Ackerflächen. Österreichische Brutvögel ziehen im Winter vereinzelt bis Nordafrika.

2 | Saatgans
— *Anser fabalis* Bean Goose

014 | L 69–88 cm
S 140–174 cm

MERKMALE In Größe und Erscheinung ähnlich Graugans, aber Schnabel schwarz mit unterschiedlich großen, orangen Abzeichen. Gefieder brauner und, besonders am Kopf, dunkler als bei Graugans. Helle Ränder von Flügeldecken und Schirmfedern sehr deutlich. Flügel im Flug wenig kontrastierend, besonders unterseits recht dunkel (**2A**). Rücken und Bürzel ebenfalls dunkel. Weiße Schwanzendbinde schmal, Beine orange. Federn am Rücken bei ad. (**2B**) gerade abgeschnitten mit gerader, heller Endbinde. Furchen am Hals tief und auffällig. Manche Vögel mit weißer Befiederung um die Schnabelbasis. Im JK sind die Mantelfedern aus dem Jugendkleid leicht gerundet und deren schmale, braune Ränder weniger auffällig. Die Furchen am Hals fehlen zuerst bzw. sind schwächer ausgeprägt. Die hauptsächlich auftretende ssp. *rossicus* („Tundrasaatgans") zeigt meist eine schmale orange Binde am kurzen, dicken Schnabel. Die sehr seltene, größere ssp. *fabalis* („Waldsaatgans") ist langhalsiger und hat einen längeren, schlankeren Schnabel. Ruft seltener als andere Gänse. Flugruf ähnlich Graugans, aber flacher und nasaler.
VORKOMMEN D, W X–III 100–500 m; brütet in der Tundra in Nordskandinavien und Russland. Tritt als Durchzügler und Wintergast von Oktober–März an größeren Gewässern, gehäuft im Seewinkel, entlang von March und Thaya und am Unteren Inn, spärlicher auch andernorts auf. Meist in kleineren Gruppen, selten auch in Trupps von über 100 Individuen.

3 | Kurzschnabelgans
— *Anser brachyrhynchus* Pink-footed Goose

015 | L 64–76 cm
S 137–161 cm

MERKMALE Ähnlich der größeren Saatgans, aber schwarzer Schnabel kürzer und mit rosaroter Binde oder manchmal größerem rosa Abzeichen am Oberschnabel. Brauner Kopf sehr dunkel, Hals kurz. Rückengefieder und Flügeldecken mit deutlichem, grauen Anflug (bei manchen Individuen aber stärker braun getönt) und zu dunkelbraunen hinteren Flanken kontrastierend (vgl. Saatgans). Beine rosa. Im Flug Oberflügel hellblaugrau, Rücken ebenfalls recht hell. Unterflügel einfarbig dunkel. Weiße Schwanzendbinde breit. Ad. (**3**) nach selben Merkmalen von JK/1. W zu unterscheiden, wie bei Saatgans. Zudem sind Jungvögel an Schnabel und Beinen matter gefärbt und oberseits weniger grau.
VORKOMMEN A; brütet auf Island, Grönland und Spitzbergen und überwintert in Nordwesteuropa. In Österreich seltene, nicht alljährliche Ausnahmeerscheinung im Durchzug und im Winter meist einzeln unter anderen Gänsen. Gelegentlich auch Gehegeflüchtlinge und in Gefangenschaft erbrütete Hybriden mit anderen Gänsearten.
WISSENSWERTES Die leicht bestimmbare **Streifengans** (*A. indicus;* **4**) stammt aus Asien und tritt in Österreich gelegentlich als Gefangenschaftsflüchtling auf.

1D
VI

1C
V

1A
V

1B
VI

2A
XI

2B
IV

4
V

3
III

1 Blässgans
— *Anser albifrons* Greater White-fronted Goose

016 | L 64–78 cm
S 130–160 cm

MERKMALE Nach der Graugans die häufigste „graue" Gans. Überwiegend braun, kleiner und mit kürzerem Schnabel als Graugans. Schnabel rosa, Beine orange. Im Flug (**1A**) recht dunkel, Schwanzendbinde schmal. Ad. (**1A, B, C** – im Hintergrund zwei Graugänse) mit weißem Feld um die Schnabelbasis, das bis auf die Stirn reicht („Blässe"). Zudem unregelmäßige, große schwarze Flecken am Bauch, die bei manchen zu schwarzem Bauchschild zusammenfließen. Im 1. W (**1D**) noch ohne Blässe und ohne Bauchfleckung. Kann dann an Graugans erinnern, zeigt aber dunkle Befiederung um die Schnabelbasis und einen dunklen Nagel. Außerdem schmale helle Federränder des Rückengefieders. Im Spätwinter entsteht eine kleine Blässe, erste Flecken am Bauch werden sichtbar und der Nagel färbt sich hell. Ruft höher, fröhlicher und quietschender als andere Gänse, meist zwei oder dreisilbig.

VORKOMMEN D, W X–IV 100–500 m; Brutvogel der russischen Tundra (ssp. *albifrons*). Häufiger Herbstdurchzügler und Wintergast von Oktober–April im Seewinkel (bis zu 30.000 Individuen), andernorts seltener und in kleinerer Zahl. Vereinzelt Übersommerungen, wohl überwiegend von verletzten oder angeschossenen Individuen. Die ssp. *flavirostris* aus Grönland zeigt einen längeren, orangen Schnabel und wurde nur als extreme Ausnahmeerscheinung nachgewiesen.

WISSENSWERTES V.a. im Neusiedler-See-Gebiet wird die Art (ebenso wie die Graugans) im Winter nach wie vor bejagt. Leider muss davon ausgegangen werden, dass dadurch auch bedrohte Arten wie Zwerggans oder Rothalsgans getötet werden, da eine sichere Bestimmung der fliegenden Vögel, die in der Dämmerung beschossen werden, nicht sicher möglich ist.

2 Zwerggans
— *Anser erythropus* Lesser White-fronted Goose

017 | L 56–66 cm
S 115–135 cm

MERKMALE Ähnlich der etwas größeren Blässgans (siehe auch S. 60), aber durch kürzeren Hals und Schnabel mit niedlichem Gesichtsausdruck. Gefieder etwas dunkler braun. Am Boden überragen die Schwungfedern den Schwanz etwas weiter. Im Flug spitzflügelig und mit schnellem Flügelschlag. Dunkle Schwungfedern kontrastieren stärker zu den Flügeldecken als bei der Blässgans. Ad. (**2A**) am sichersten anhand des gelben Lidrings zu bestimmen. Vorsicht, auch Blässgänse können einen schwach ausgeprägten Lidring zeigen. Blässe zudem meist ausgedehnter, etwas zugespitzt und weiter auf die Stirn, oft bis über die Augen reichend (bei manchen Vögeln, z.B. vorjährigen, aber kleiner). Bauchfleckung spärlich. Vögel im 1. W (**2B**) zeigen zuerst einen weniger auffälligen, aber immer vorhandenen Lidring und keine Blässe und sind daher schwerer von diesjähriger Blässgans zu unterscheiden. Nagel hell oder dunkel. Zur Bestimmung von Vögeln im 1. W unbedingt auf strukturelle Merkmale achten.

VORKOMMEN D, W X–IV; sehr seltene Gans mit Brutgebieten im arktischen Russland sowie ausgesetzter Population im nördlichen Skandinavien. In Österreich nur im Seewinkel regelmäßiger Durchzügler und Wintergast in stets kleiner Zahl, andernorts extrem selten.

3 Rothalsgans
— *Branta ruficollis* Red-breasted Goose

018 | L 54–60 cm
S 110–125 cm

MERKMALE Unverwechselbare, sehr kleine und kurzschnäblige Gans. Gefieder auffällig schwarz-weiß, Hals und Kopfseiten rotbraun. Beine und Schnabel schwarz. Im Flug (**3A**), unter anderen Gänsen und bei schlechten Lichtbedingungen aber überraschend unauffällig. Dann ist der breite weiße Flankenstreif zwischen schwarzem Bauch und Unterflügeln am auffälligsten. Ad. mit zwei klar definierten weißen Binden am Flügel und tiefschwarzem Mantel. Im JK (**3A, B**) sehr ähnlich, aber etwas matter gefärbt. Rücken nicht tiefschwarz, mit drei bis fünf schmutzig weißen, verwascheneren Flügelbinden. Wangenfleck kleiner und blasser gefärbt. **3B** zeigt einen Vogel im 1. S mit verwaschenen Flügelbinden des JK, aber bereits kontrastreichem Kopfmuster von ad. Ruft schrill, prägnant quiekend.

VORKOMMEN D, W X–IV; brütet in der russischen Tundra. In Mitteleuropa selten, in Österreich nur im Seewinkel regelmäßiger Durchzügler und Wintergast in kleiner Zahl, häufig unter Blässgänsen. Wird auch gern in Gefangenschaft gehalten.

1A
XII

1C
I

1D
XII

1B
XI

2B
XII

2A
II

3A
II

3B
V

1 Weißwangengans (Nonnengans)

— *Branta leucopsis* Barnacle Goose

019 | L 58–70 cm
S 120–142 cm

MERKMALE Kleine, kurzschnäblige Gans mit kurzem Hals. Gefieder grau-schwarz, Rücken gebändert. Hals und Brust schwarz, scharf zum hellgrauen Bauch begrenzt. Schwarz des Halses zieht sich bis auf den Scheitel. Kehle, Wangen und Stirn weiß. Zügel schwarz, wobei der Schwarzanteil (auch um die Augen) variabel ist. Beine und Schnabel schwarz. Im Flug (**1A**) hellgraue Flügeloberseite. Kontrast zwischen schwarzem Hals und heller Unterseite sehr auffällig. Schwanz und Bürzel schwarz, dazwischen stark kontrastierende weiße Oberschwanzdecken. Ad. (**1B**) mit kräftig schwarz-weiß-grau gebänderter Oberseite und zartgrau gebänderten Flanken. Manche mit cremefarbenem Gesicht. 1. W sehr ähnlich ad., aber durch braun gerandete Mantelfedern weniger kontrastreich gebändert, Flankenbänderung verwaschen. Hybridisiert mit anderen Gänsen (**1C**, Hybride aus Weißwangen- und Graugans).

VORKOMMEN D, W, b, G I–XII 100–500 m; Brutvogel arktischer Küsten, mittlerweile aber auch teils große Brutvorkommen in Nord-, West- und Mitteleuropa, die zumindest teilweise auf Gefangenschaftsflüchtlinge zurückgehen. In Österreich spärlicher bis seltener Durchzügler und Wintergast, meist mit anderen Gänsen vergesellschaftet. Aber auch gelegentliches Auftreten halbwilder Trupps aus deutschen Parkpopulationen, Gefangenschaftsflüchtlinge sowie vereinzelte Brutnachweise.

2 Kanadagans

— *Branta canadensis* Canada Goose

020 | L 80–105 cm
S 155–180 cm

MERKMALE Ähnlich Weißwangengans, aber deutlich größer, mit längerem Hals und längerem schwarzen Schnabel. Gefieder überwiegend graubraun, mit schwarzem Hals. Kopf ebenfalls schwarz mit charakteristisch geformtem weißen Feld, das von der Kehle auf die Wangen reicht. Im Flug (**2A**) sehr langflügelig. Schwarzer Hals und Schwanz kontrastieren zum braunen Körper. Ad. (**2B**) mit hell gebänderter Oberseite. Im JK Oberseite weniger kontrastreich gebändert, schwarz von Kopf und Hals sowie weißes Gesichtsfeld mit Braunstich. Hybridisiert mit anderen Arten. Hybride aus Kanada- und Graugans (**2C**) zeigen Mischmerkmale, mit brauner Ober- und Unterseite, dunklerem Hals ohne scharfe Begrenzung zur braunen Brust und graubeigem Gesichtsfeld. Schnabel meist verwaschen zweifarbig rosa-schwarz.

VORKOMMEN D, b, G I–XII 100–600 m; ursprünglich aus Nordamerika, aber zahlreiche verwilderte Populationen in Europa. In Österreich überwiegend Gefangenschaftsflüchtlinge, aber auch Gäste aus selbstständigen Populationen der Nachbarländer. Vereinzelt auch Bruten im Freiland.

3 Ringelgans

— *Branta bernicla* Brent Goose

021 | L 55–62 cm
S 105–117 cm

MERKMALE Sehr kleine, kurzschnäblige und dunkel gefärbte Gans mit kleinem Kopf. Gefieder düster graubraun, Brust, Hals und Kopf schwarz. Charakteristischer weißer Fleck an den Halsseiten. Flanken verwaschen aufgehellt, Beine und Schnabel schwarz. Im Flug (**3A**) einheitlich dunkel, weißer Steiß kontrastiert stark zum restlichen Vogel. Ad. (**3B**) haben eine einheitlich dunkelgraue Oberseite. Vögel im 1. W (**3A**) zeigen hellspitzige Flügeldecken, daher weiße Bänderung der Flügel. Der weiße Halsfleck entwickelt sich erst im Laufe des Winters.

VORKOMMEN U; enger an Meeresküsten gebunden als andere Gänse, daher sehr seltener Gast in Österreich. Dann oft mit anderen Gänsen vergesellschaftet, aber auch allein. In Österreich nur „Dunkelbäuchige Ringelgans" (ssp. *bernicla*; brütet im arktischen Russland) als Wildvogel nachgewiesen, überwiegend im November/Dezember, aber auch Frühlingsbeobachtungen. Ssp. *hrota* (Grönland, Spitzbergen) hat einen helleren Bauch. Die gern in Gefangenschaft gehaltene ssp. *nigricans* (Nordamerika) hat einen dunkleren Bauch und Rücken, stärker weiß kontrastierende Flanken und einen größeren Halsseitenfleck.

1A
V

1B
VI

2A
IX

2B
III

3A
V

3B
V

2C
I

1C
III

1 Schwarzkopfruderente
— *Oxyura jamaicensis* Ruddy Duck

022 | L 35–43 cm

MERKMALE Größe ähnlich Reiherente. Kompakt, mit langem Schnabel und sehr langem Schwanz, der gern aufrecht stehend getragen wird. ♂ im PK (**1A** links) mit kastanienbraunem Gefieder. Oberkopf bis zum Auge sowie Nacken schwarz, Kopfseiten und Kehle weiß. Schnabel hellblau. ♀ (**1A** rechts) und JK mit mattbraunem, hell gemustertem Körpergefieder. Brust heller, Schnabel grau. Unsauberer Wangenstreif auf den helleren Kopfseiten. ♂ im SK (**1B**) wie ♀/JK, aber dunkler und mit klarem Kopfkontrast ähnlich PK.
VORKOMMEN A, G; nordamerikanische Art, die in Westeuropa (besonders Großbritannien) etabliert wurde. Wohl von dort früher regelmäßig Gäste, v.a. in den Wintermonaten. Durch gezielte Dezimierung des Bestandes auch bei uns drastischer Rückgang der Nachweise.

2 Schellente
— *Bucephala clangula* Common Goldeneye

024 | L 40–48 cm
S 62–77 cm

MERKMALE Sehr kompakt, Größe wie Reiherente. Typisch sind der kurze, hohe Schnabel, die eiförmige Kopfform und der kurze Hals. Im Flug (S. 59) innere Armschwingen weiß, kontrastieren zu dunklen Unterflügeln. ♂ im PK (**2A**) mit dunklem, grün (manchmal violett) glänzendem Kopf. Ein weißer, ovaler Fleck an der Schnabelbasis ist charakteristisch. Iris gelb, Schnabel schwarz. Hals, Brust und Flanken weiß, Oberseite und Heck schwarz. Schulterfedern weiß mit schwarzem Linienmuster. ♀ (**2B**) hat braunen Kopf und meist eine orange Binde nahe der Schnabelspitze. Körpergefieder grau, durch diffuses weißes Halsband vom Kopf getrennt (nur bei gestrecktem Hals gut sichtbar). Beim schwimmenden Vogel meist weißer Spiegel und weiße Flügeldecken als kontrastierende Felder sichtbar. Iris gelb. ♂ im SK ähnlich ♀, aber mit mehr Weiß im Armflügel. Im JK (**2C**) ähnlich ♀, aber mit gänzlich grauem Schnabel und dunklerem Auge sowie weniger Weiß im Armflügel und ohne weißes Halsband. Auffälligste Lautäußerung ist das Flügelklingeln, ein lautes, helles Geräusch, das durch die Flügelschläge v.a. der ♂ erzeugt wird und im näheren Vorbei- oder Überflug gehört werden kann.
VORKOMMEN D, W, b I–XII 100–600 m; brütet v.a. im nördlichen Europa. In Österreich überwiegend Durchzügler und Wintergast an großen Seen und langsam fließenden Flüssen. In den letzten Jahren aber Brutansiedlungen in Salzburg, Ober- und Niederösterreich, die nun zu den südlichsten Brutgebieten Europas gehören.

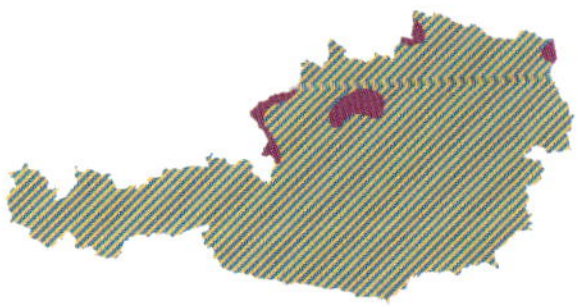

3 Eiderente
— *Somateria mollissima* Common Eider

025 | L 60–70 cm
S 95–105 cm

MERKMALE Sehr große Ente mit mächtigem, keilförmigem Schnabel und langem, flachem Kopfprofil. ♂ im PK (**3A** – Vogel im 2. S, mit grauen Schirmfedern) unverwechselbar: überwiegend schwarz-weiß, mit schwarzem Oberkopf, Flanken, Bauch und Steiß. Oberseite und Gesicht weiß, Brust lachsfarben getönt, Nacken und Kopfseiten mit blassgrünem Feld. Im Flug (S. 59) schwerfällig, überwiegend weiß, mit schwarzen Flügeln und schwarzem Heck. ♀ (**3B**) kalt graubraun und durchwegs fein schwarz gebändert. Weiße Spitzen der großen Armdecken und Armschwingen ergeben dunklen, weiß gerandeten Spiegel. Im Flug überwiegend einheitlich graubraun, mit weißlichen Unterflügeln. ♂ im SK unsauber schwärzlich gefärbt. Weiße, gebogen herabhängende Flügeldecken erlauben Altersbestimmung (ebenso wie im PK, vgl. **3A**). Im JK wie ♀, aber matter, auf Oberseite und Flanken weniger klar gebändert und ohne helle Begrenzung des Spiegels. ♂ im 1. W (**3C**) bereits sehr dunkel schwärzlich, mit diffusem braunem Überaugenstreif und fleckig weißlichen Aufhellungen auf Brust und Oberseite. Unterscheidung auch im 1. S von älteren ♂ im SK anhand kurzer dunkelgrauer Flügeldecken (diese sind im 2. W/2. S zwar schon lang und herabhängend, aber noch teilweise grau gefärbt, s. **3A**).
VORKOMMEN D, W I–XII 100–700 m; brütet an Küsten, überwiegend in Nordeuropa. In Österreich vereinzelt als Durchzügler oder Überwinterer, ausnahmsweise sogar brütend. Regelmäßig nur am Bodensee, dort auch in kleinen Gruppen und manchmal Übersommerer.

1A
VII

1B
XII

2A
I

3A
XI

2B
II

3B
VIII

2C
VIII

3C
XII

1 Trauerente
— *Melanitta nigra* Common Scoter

026 | L 44–54 cm
S 70–84 cm

MERKMALE Mittelgroße dunkle Ente mit langem Schwanz und großem keilförmigen Schnabel. Im Flug (S. 59) ganz dunkel, nur Handschwingen etwas heller grau. Taucht mit geschlossenen Flügeln und kleinem Sprung ab. Senkt den Kopf beim Flügelschlagen zum Wasser. ♂ im PK (**1A**) ganz schwarz. Schnabel mit Höcker und gelb-orangem Feld am First. ♀ ganz dunkelgraubraun (auch Schnabel), nur Kopfseiten aufgehellt (ähnlich Kolbenenten ♀, diese aber insgesamt heller und mit Gelb am Schnabel). Helle Wangen durch dunkle Mitte manchmal zweigeteilt. JK (**1B, C**) sehr ähnlich ad. ♀, aber mit hellem Bauch und bräunlicherem Gefieder. Junge ♂ werden im Lauf des Winters ganz schwarz (heller Bauch bleibt erhalten).
VORKOMMEN D, W X–V 100–500 m; skandinavischer Brutvogel, überwintert überwiegend an Küsten Europas. In Österreich spärlicher Wintergast (meist einzeln) an großen Gewässern, insbesondere am Bodensee und an der Donau.

2 Samtente
— *Melanitta fusca* Velvet Scoter

027 | L 51–58 cm
S 79–97 cm

MERKMALE Mittelgroße, kompakte, dunkle Ente mit dickem Hals und breitem Schnabel. Insgesamt ähnlich Trauerente, aber anderes Kopfprofil und im Flug (S. 59, 2C) weiße Armschwingen, die an schwimmenden Vögeln häufig als weißer Spiegel sichtbar sind. Öffnet beim Abtauchen die Flügel. ♂ im PK (**2A**) ganz schwarz, nur Spiegel und kleiner Fleck unter dem Auge weiß. Schnabel geschwollen, mit breiten orangen Seiten. ♀ dunkelgraubraun, mit typischem Kopfmuster: Diffuse Aufhellung an der Schnabelbasis und weißlicher Fleck auf den Ohrdecken. Ausprägung aber variabel! Schnabel ganz dunkelgrau und nicht geschwollen. JK (**2B, C**) sehr ähnlich ♀, aber mit hellem Bauch und kontrastreicherem Kopfmuster. Bei ♂ im JK (**2C**) wird schon im Herbst das orange Schnabelmuster sichtbar und das Gefieder wird im Lauf des Winters zunehmend schwarz,
VORKOMMEN D, W XI–V 100–500 m; brütet in Skandinavien, überwintert überwiegend an Küsten Europas. In Österreich spärlicher Wintergast (häufiger als Trauerente) an größeren Gewässern, manchmal in Trupps. Am regelmäßigsten am Bodensee und anderen großen Seen sowie an der Donau.

3 Eisente
— *Clangula hyemalis* Long-tailed Duck

028 | L 39–47 cm
S 65–82 cm

MERKMALE Relativ kleine und kompakte Meeresente mit kurzem breiten Schnabel. Im Flug (S. 59) Oberseite und Flügel ganz dunkel, Unterseite kontrastierend weiß. Geschlechtsbestimmung anhand der Schnabelfärbung meist einfach, Altersbestimmung bereitet aber oft Schwierigkeiten. ♂ im PK (**3A**) unverwechselbar schwarz-weiß, mit extrem langen Schwanzspießen – Vögel dieser Altersklasse treten in Österreich aber kaum auf. ♀ im PK (**3B**) mit brauner Oberseite und weißer Unterseite. Kopf weiß mit dunkelbraunem Scheitel und großem braunen Wangenfleck. Schnabel grau, kleine schwarze Spitze hebt sich nicht immer ab. Schulterfedern mit rotbraunen Säumen. Im 1. W (**3C, D**) sehr ähnlich ♀. Kopf vorerst brauner und daher kontrastärmer, im Lauf des Winters aber heller werdend und auch insgesamt sehr variabel! Schulterfedern diesjähriger Vögel sind kurz, stumpf und relativ einheitlich dunkelgraubraun. Schnabel verwaschen grau. Junge ♂ (**3C, D**) zeigen zunehmend weiße Federn auf der Oberseite und entwickeln im Lauf des Winters ein anderes Schnabelmuster mit breiter, rosaroter Binde. Die Altersbestimmung von ♂ ist anhand fehlender Schwanzspieße wohl auch noch im 2. W möglich.
VORKOMMEN D, W XI–V 100–500 m; hochnordischer Brutvogel, überwintert an Küsten Nord- und Westeuropas. Tritt in Österreich im Winter nur in kleiner Zahl, aber alljährlich auf Seen und großen, langsam fließenden Flüssen auf.

1A IX

2A XI

1B XI

2B III

1C XI

2C XI

3C XII

3D II

3B XII

3A II

Säger

1 Gänsesäger
— *Mergus merganser* Goosander

029 | L 58–68 cm
S 78–94 cm

MERKMALE Großer, schlanker, langhalsiger Entenvogel mit langem, schmalem, rotem Schnabel mit deutlichem Haken an der Spitze. Besonders im Flug (S. 59) gestrecktes Aussehen, ähnlich Kormoran oder Seetaucher, aber immer große, weiße Partien im Flügel. Iris bei ad. dunkel. ♂ im PK (**1A**) mit schwarz-weißem Gefieder und schwarzem, grün glänzendem, charakteristisch geformtem Kopf. Weiße Bereiche der Unterseite sind im Winter lachsfarben oder gelblich getönt. Im Flug viel Weiß, insbesondere am Armflügel. ♀ (**1B**) haben graue Ober- und weißliche Unterseite, einen weißen Spiegel und einen scharf abgesetzten, braunen Kopf mit weißem Kinn. Der Schopf ist kompakt und hängt vom Hinterkopf herab, kann aber struppig abstehen oder zweiteilig wirken. Zur Unterscheidung von ♀ des Mittelsägers (s.a. S. 60). ♂ im SK (**1C**) wie ♀, aber weißer Armflügel auch am schwimmenden Vogel als großes weißes Feld auf der Seite sichtbar. JK ähnlich ♀, brauner Kopf aber heller und mit kürzerem Schopf. Helles Kinn und Kehle verwaschen, streifiger Zügel und helle Iris. ♂ bereits im 1. W mit größerem weißem Flügelfeld.

VORKOMMEN B, D, W I–XII 100–700 m; häufigster Säger in Österreich. Brütet besonders an Flüssen, aber auch an Seen, gern mit Baumbestand. Im Winter wohl auch Zuzug aus nördlichen Populationen, mit zum Teil großen Winteransammlungen an verschiedenen, fischreichen Gewässern. Brütet in großen Baumhöhlen und Nischen, nimmt auch geeignete Nistkästen an.

2 Mittelsäger
— *Mergus serrator* Red-breasted Merganser

030 | L 52–58 cm
S 67–82 cm

MERKMALE Etwas kleiner als der ähnliche Gänsesäger. Der rote Schnabel ist schlanker, mit konkaverem Oberschnabel und mit kleinerem (kaum sichtbarem) Haken an der Spitze. Federschopf strähniger und unordentlicher. Die weißen Flügelfelder sind durch dünne schwarze Linien geteilt (**2C**). Iris rot. ♂ im PK (**2A**) mit grün glänzendem Kopf und sehr langem, zerzaustem Schopf. Die Brust ist beige-schwarz gefleckt und durch einen breiten weißen Halsring vom Kopf getrennt. Oberseite schwarz, Flanken grau gewellt. Dazwischen liegt ein langgezogenes weißes Feld. Zeigt im Flug (S. 59) ein großes, dreiteiliges weißes Feld am Armflügel. ♀ (**2B, C**) ähnlich ♀ des Gänsesägers (s.a. S. 60), aber mit heller braunem Kopf, der ohne scharfe Grenze in das graue Körpergefieder übergeht. Außerdem Streifung am Zügel und unscharf begrenzte helle Kehle. Schopf kürzer, dünner und struppiger als bei Gänsesäger. JK wie ♀. ♂ entwickeln im Lauf des Winters aber geschlechtsspezifische Merkmale (z.B. dunkler Kopf). ♂ im SK (in Österreich in der Regel nicht zu sehen) wie ♀, aber mit großem weißen Flügelfeld.

VORKOMMEN D, W X–V 100–500 m; brütet v.a. in Nordeuropa und überwintert an Küsten. In Österreich überwiegend spärlicher Durchzügler in kleiner Zahl (v.a. im Herbst), selten als Wintergast.

3 Zwergsäger
— *Mergellus albellus* Smew

031 | L 38–44 cm
S 56–69 cm

MERKMALE Kleiner Säger mit kompakter Gestalt und grauem Schnabel. Im Flug (S. 59) gerundetes weißes Feld am Armflügel, Handflügel dunkel. ♂ im PK (**3A**) unverwechselbar, überwiegend weiß gefärbt. Schwarzes Feld zwischen Schnabel und Auge und einzelne schwarze Linien am Hinterkopf und Körper. Rücken schwarz. Federschopf kann angelegt werden. ♀/1. W (**3B**) haben grauen Körper, braunen Kopf und ausgedehnt weißes Feld über Kehle und Wangen. Schopf kaum merkbar, Zügel oft dunkler. Junge Männchen mausern im Spätwinter in das erste Alterskleid. Kopf, Flanken und Oberseite werden dann mit weißen Federn durchsetzt.

VORKOMMEN D, W XI–IV 100–500 m; Brutvogel im nördlichsten Europa. In Österreich Durchzügler und Wintergast, v.a. an großen Fließgewässern.

WISSENSWERTES Der aus Nordamerika stammende **Kappensäger** (*Lophodytes cucullatus*) ist etwas größer (aber immer noch deutlich kleiner als Gänse- und Mittelsäger) und tritt gelegentlich als Gefangenschaftsflüchtling an Gewässern auf. Beide Geschlechter haben eine lange Federhaube (bei ♂ weiß, schwarz umrandet und mit schwarzer Stirn, bei ♀ braun) die meist nach hinten angelegt ist, aber auch aufgerichtet werden kann.

1A
I

2A
IV

1B
VI

2B
XII

1C
VIII

2C
II

3A
I

3B
I

1 Brandgans

— *Tadorna tadorna* Common Shelduck

032 | L 55–65 cm
S 110–120 cm

MERKMALE Unverwechselbare Halbgans mit langem Hals und plumpem Körper. Schnabel entenartig konkav. Ad. (**1A, B**) mit großen, flächigen Farbfeldern. Kopf und oberer Hals schwarz mit grünem Glanz. Kleingefieder überwiegend weiß, mit breitem rotbraunen Brustband, schwarzen Schulterfedern und schwarzem, schmutzig wirkendem Bauchstreif. Schnabel knallig rot, Beine rosa. ♂ (**1A**) mit Schnabelhöcker. ♀ (**1B**) kleiner und matter gefärbt und ohne Schnabelhöcker. Am Kopf, insbesondere am Schnabelgrund, einige helle Flecken. Ad. im Flug (**1C**) mit schwarzen Handschwingen, Armschwingen dunkelgrün glänzend. Im JK (**1D**) überwiegend weiß mit verwaschen graubrauner Färbung am Kopf, Hals und an den Schulterfedern. Schwungfedern ebenfalls dunkel, aber Armschwingen mit weißem Hinterrand. Schnabel rosa, Beine grau. Im 1. W/1. S ähnlich ad., zeigt aber noch juvenile Schwungfedern mit weißem Flügelhinterrand.

VORKOMMEN B, D, W I–XII 100–600 m; brütet regelmäßig im Seewinkel und am Unteren Inn, wobei diese Brutpopulationen wohl zumindest teilweise auf Gefangenschaftsflüchtlinge zurückgehen. Als Durchzügler und Wintergast an vielen größeren Gewässern. Hauptverbreitung in Europa entlang von Küsten, im Osten in Salzsteppen. Brütet in Hohlräumen, gern unterirdisch, z.B. in Kaninchenbauten, auch weiter vom Wasser entfernt.

2 Rostgans

— *Tadorna ferruginea* Ruddy Shelduck

033 | L 58–70 cm
S 110–135 cm

MERKMALE Halbgans mit orangebraunem Gefieder, Kopf heller. Schnabel und Beine schwärzlich. ♂ im PK (**2A, B**) mit schwarzem Halsring. Im SK ohne oder mit sehr schmalem, unterbrochenem Halsring. Bei ♀ (**2C**) fehlt der Halsring. Um die Schnabelbasis und Augen häufig ausgedehnte, relativ scharf begrenzte weiße Partien. Ad. im Flug (**2B**) mit schwarzem Bürzel, Schwanz und Schwungfedern. Armschwingen grün glänzend. Vorderflügel kontrastierend weiß. Im JK ähnlich ♀, aber weniger kräftig gefärbt, mit schmutzig weißem Vorderflügel und ohne grünen Glanz der Armschwingen.

VORKOMMEN G, D, b I–XII 100–500 m; ursprünglich in Steppen und Halbwüsten im östlichsten Europa, in Asien und Nordafrika beheimatet. Beobachtungen dieser östlichen Art in Österreich gehen überwiegend sicher auf Gefangenschaftsflüchtlinge bzw. verwilderte Populationen in Deutschland und der Schweiz zurück. Regelmäßige Beobachtungen am Bodensee, am Unteren Inn und um den Neusiedler See, andernorts vereinzelt. Erst wenige Brutnachweise, aber auf dem Weg der Etablierung.

3 Nilgans

— *Alopochen aegyptiaca* Egyptian Goose

034 | L 63–73 cm
S 134–154 cm

MERKMALE Überwiegend braune, langbeinige Halbgans, etwas größer als Brand- und Rostgans. Bei ad. (**3A, B**) Oberseite dunkelgraubraun. Unterseite und Flanken heller. Kopf und Hals schmutzig braunweiß und durch ein schwach ausgeprägtes braunes Halsband begrenzt, das auf der Hinterseite zu einem diffusen Fleck vergrößert ist. Dunkelbraunes Feld um bernsteinfarbenes Auge diagnostisch. Schnabel und Beine hellrosarot. Individuell variabel, manche Ind. z.B. sehr hell, mit fast fehlendem Augenfeld. Im JK (3A, Hintergrund) ohne braunes Augenfeld, mit weitgehend braunem Kopf und dunkler Iris. Im Flug (**3B**) ähnlich Rostgans, mit selbem Flügelmuster, aber weißes Armflügelfeld durch dünne schwarze Linie zweigeteilt.

VORKOMMEN G, D, b I–XII 100–600 m; afrikanische, in Europa eingebürgerte Art auf dem Weg der Etablierung in Österreich. Beobachtungen immer regelmäßiger an vielen größeren Gewässern, Brutnachweise zunehmend.

1A VI

1B VI

2C XI

1D VIII

2A II

3A IV

2B II

3B II

1C IX

1 Kolbenente
— *Netta rufina* Red-crested Pochard

035 | L 53–57 cm S 85–90 cm

MERKMALE Große Ente mit rundem Kopf und langem Hals, die sowohl tauchend als auch an der Wasseroberfläche nach Nahrung sucht. Im Flug (S. 58) mit breitem weißem Flügelstreif und hellen Unterflügeln. ♂ im PK (**1A**) unverwechselbar durch orangen Kopf mit hellrotem Schnabel. Hals, Brust und Heck schwarz. Oberseite graubraun, Flanken heller weißlich. ♀ (**1B**) sind unscheinbar graubraun und im Vergleich zu anderen Entenweibchen kaum gezeichnet. Nur obere Kopfhälfte inklusive Augenregion dunkler, Kopfseiten heller grau. Schnabel dunkelgrau mit rosaroten oder orangen Schnabelkanten und gleich gefärbtem, verlaufendem Feld an der Spitze. Verwechslungsmöglichkeit mit weibchenfarbiger Trauerente, diese aber mit dunklerem Körper und größerem, ganz dunklem Schnabel. ♂ in SK (**1C**) an ♀ erinnernd, aber weiterhin mit rotem Schnabel und rotem Auge. Im JK (**1D**) wie ♀, Schnabel aber vorerst fast ganz dunkel bzw. mit verwaschener Aufhellung. Ruft eher selten, v.a. im Brutgebiet aber gern kurz, nasal und rau.

VORKOMMEN B, D, W I–XII 100–500 m; brütet an Stillgewässern mit Schilfbestand im Tiefland (insbesondere im Schilfgürtel des Neusiedler Sees). Am Durchzug und im Winter auf einer Vielzahl von Gewässern anzutreffen. Besonders am Bodensee und am Neusiedler See auch teils große Ansammlungen von überwinternden bzw. durchziehenden und mausernden Trupps. Hauptdurchzug von März–Juni. Die Art hat sich in den letzten Jahrzehnten ausgebreitet und brütet zunehmend (aber immer noch selten) auch abseits der etablierten Brutgebiete am Neusiedler See, Bodensee und Unteren Inn.

2 Pfeifente
— *Mareca penelope* Eurasian Wigeon

036 | L 42–50 cm S 71–85 cm

MERKMALE Mittelgroße Gründelente, die sich zum Äsen gern auch an Land aufhält. Hals kurz, Kopf rund, Schwanz spitz und relativ lang. Schnabel blaugrau, mit schwarzer Spitze. Im Flug (S. 58) sind der spitze Schwanz, die spitzen, abgewinkelten Flügel und der weiße Bauch auffällig. ♂ im PK (**2A**) haben rostbraunen Kopf mit gelber Stirn, altrosa Brust, fein grau gemustertes Körpergefieder und schwarz-weißes Heck. Manche zeigen ein grün glänzendes Feld um den Augenbereich. Im Flug werden das große weiße Armflügelfeld und der eher unauffällige grüne Spiegel sichtbar. ♀ (**2B**) sind graubraun (manche rötlicher) und fein dunkel marmoriert. Spiegel im Flug dunkel, ohne grünen Glanz. Von anderen Enten durch Schnabelmuster, Gesamtfärbung und abgesetzt weißem Bauch zu unterscheiden. ♂ im SK (**2C**) sind überwiegend düster rotbraun und von ♀ auch durch das weiße Armflügelfeld zu unterscheiden (im Foto verdeckt). ♂ im 1. W (**2D**) ähnlich ad. ♂, zeigt aber verstreut schmal hellbraun gerandete Federn des JK auf Oberseite, Brust und Flanken. Flügel noch ohne weißes Armflügelfeld (manchmal hellgrau angedeutet). Der namensgebende Ruf der ♂, ein hoher, erst anschwellender und schnell wieder abfallender Pfiff („WII-u") ist regelmäßig zu hören. Zu beachten ist eine gewisse Ähnlichkeit zu Rufen balzender Stockenten. Des Weiteren leise, grummelnde Rufe beider Geschlechter.

VORKOMMEN D, W VIII–V 100–600 m; brütet überwiegend in Nordeuropa und besucht Österreich am Durchzug bzw. als Wintergast. Größte Ansammlungen im Herbst und Winter am Bodensee und im Seewinkel, in kleinerer Zahl aber in vielen Regionen entlang größerer Flussläufe und an offenen Gewässern.

WISSENSWERTES Die **Nordamerikanische Pfeifente** (*M. americana*) wurde als Ausnahmeerscheinung in Österreich nachgewiesen – s. S. 342.
Die **Chilepfeifente** (*M. sibilatrix*) entweicht gelegentlich aus Gefangenschaft. Sie ähnelt der zuvor genannten Art, ♂ haben eine schwärzliche Oberseite mit breiten, hellen Federrändern und orange Flanken. Scheitel, Hinterkopf und Nacken schillern grün, die vordere Kopfhälfte ist weißlich. ♀ unterscheiden sich wenig von ♂.

1A
V

1C
IX

1B
IV

1D
VII

2A
II

2C
IX

2B
XII

2D
I

1 | Löffelente

— *Spatula clypeata* Northern Shoveler

037 | L 44–52 cm
S 73–82 cm

MERKMALE Mittelgroße Gründelente mit namensgebendem, sehr großem und breitem Schnabel. Im Flug (S. 58) dadurch vorderlastig wirkend, am Flügel mit schmaler weißer Binde. Unterflügel weiß. Ad. mit grünem Spiegel. ♂ im PK (**1A**) mit dunklem, grün glänzendem Kopf, gelber Iris und schwarzem Schnabel. Brust weiß, Flanken und Bauch ausgedehnt rotbraun, Heck weiß-schwarz. Rücken überwiegend weiß gestreift. Die hellblauen Vorderflügel sind am schwimmenden Vogel nur teilweise sichtbar. ♀ (**1B**) hellbraun und schuppig gemustert. Schnabel heller olivbraun als bei ♂, Iris dunkelbraun. Vorderflügel blaugrau. ♂ im SK (**1C**) ähnlich ♀, aber mit typischer gelber Iris. Ab Spätsommer zeigen (alle?) ♂ ein „Zwischenkleid“, mit dunklerem Kopf und häufig einer ovalen Aufhellung zwischen Schnabel und Auge. Im JK (**1D**) ähnlich ♀, aber dunkler, besonders auf der Halshinterseite. Federn der Oberseite nur sehr schmal hell gerandet, daher gleichmäßig gefärbter Eindruck. Selten zu hören, manchmal ähnlich ♀ der Stockenten „KWÄ-kwä-kwä-kwä“.
VORKOMMEN B, D, W I–XII 100–600 m; brütet in Österreich selten an flachen, vegetationsreichen Gewässern. Regelmäßig nur im Seewinkel und vereinzelt nördlich der Alpen. Deutlich häufiger am Durchzug (v.a. im Frühling, März–Mai) und in kleinerer Zahl als Wintergast (insbesondere am Bodensee und am Unteren Inn) an unterschiedlichsten Gewässern zu beobachten.

2 | Spießente

— *Anas acuta* Northern Pintail

038 | L 51–62 cm
S 79–87 cm

MERKMALE Relativ große, elegante Ente mit kleinem Kopf. Langer Hals, schlanker Schnabel und zugespitzter Schwanz in allen Kleidern typisch. ♂ im PK (**2A**) unverwechselbar mit stark verlängerten mittleren Steuerfedern, überwiegend grauem Gefieder und dunkelbraunem Kopf. Ein schmaler weißer Streifen zieht sich vom weißen Hals hinauf auf den braunen Kopf. Der grün glänzende Spiegel ist vorn zimtfarben und hinten weiß gerandet. Schnabel hellgraublau mit klar definiertem, schwarzem First. ♀ (**2B**) sind hellbraun geschuppt mit schwach gezeichnetem Kopf, der zum Körper etwas kontrastiert. Die Schwanzspieße sind viel kürzer als bei ♂ und der Schnabel ist vergleichsweise einfarbig grau (Schnabelmuster des ♂ oft angedeutet, aber verwaschener). Spiegel bronzefarben und ebenfalls vorn zimtfarben (aber schmäler als bei ♂) und hinten weißlich begrenzt. ♂ im SK ähnlich ♀, aber mit typischem Schnabel- und Flügelmuster. Kleingefieder schwächer gezeichnet, Schulterfedern dunkel, länger und einfarbiger als bei ♀. Schwanzspieße kürzer als im PK, aber länger als bei ♀. Im 1. W sehr ähnlich Weibchen, ♂ aber bereits am Flügelmuster von ♀ zu unterscheiden. Altersbestimmung bei ♀ im Freiland schwierig.
VORKOMMEN D, W, b VIII–III 100–800 m; in Österreich nur sehr seltener, unregelmäßiger Brutvogel im Seewinkel. Sonst Durchzügler und Wintergast in relativ kleinen Zahlen, v.a. am Bodensee, Unteren Inn und im Seewinkel, spärlicher auf anderen Gewässern.

3 | Mandarinente

— *Aix galericulata* Mandarin Duck

039 040 | L 41–49 cm
S 134–154 cm

MERKMALE Kleine Ente mit langem Schwanz, großem Kopf und grünem Spiegel. ♂ im PK (**3A**) unverwechselbar schillernd bunt, mit kontrastreichem Gefieder in orange, violett, dunkelblau und weiß sowie rotem Schnabel. Kopf mit breitem weißem Überaugenstreif und langem, strukturiertem, orangem Wangengefieder. Vergrößerte orange, senkrecht stehende Schirmfedern („Segel“) typisch. ♀ (**3B**) überwiegend graubraun, mit stark hellbraun gefleckter Brust und Flanken. Weißer Augenring zu schmalem Streifen hinter dem Auge ausgezogen. Schnabel matter graurosa. ♂ im SK sehr ähnlich ♀, aber am roten Schnabel (Vorsicht, Überschneidung mit ♀) bzw. an verbliebenen Federn des Prachtkleids zu unterscheiden.
VORKOMMEN G, B, W I–XII 100–600 m; ostasiatische Art, die gern in Gefangenschaft gehalten wird und in manchen europäischen Ländern in verwilderten Populationen vorkommt. In Österreich besonders in und um Wien etabliert, Brutnachweise aber auch aus anderen Bundesländern. Bevorzugt waldumstandene Stillgewässer und brütet in Baumhöhlen, manchmal in mehreren Metern Höhe.
WISSENSWERTES Die aus Nordamerika stammende **Brautente** (*A. sponsa*, **4**) tritt als Gefangenschaftsflüchtling auf. ♂ im PK (**4A**) sind unverwechselbar, ♀ (**4B**) ähnlich denen der Mandarinente, aber mit dunklerem Kopf, breitem weißen Ring um das Auge und dunklem Nagel.

1A
V

1B
IV

1C
X

1D
VIII

2A
XII

2B
III

3A
XII

3B
XII

4A
I

4B
XI

1 Stockente
— *Anas platyrhynchos* Mallard

041 | L 50–60 cm
S 81–95 cm

MERKMALE Massige Ente mit großem Schnabel, kurzem Schwanz und orangen Beinen. Im Flug (S. 58) werden der blauviolette, beidseitig breit weiß eingerahmte Spiegel und die helle Flügelunterseite sichtbar. ♂ im PK (**1A**) unverwechselbar mit grün schillerndem Kopf, gelbem Schnabel, weißem Halsring über brauner Brust und grauem Gefieder. Der weiße Schwanz kontrastiert mit dem schwarzen Steiß, wobei die zentralen Steuerfedern schwarz und halb zu den charakteristischen „Erpellocken" eingerollt sind. ♀ (**1B**) überwiegend braun und kräftig gemustert, mit einem dunklen Augenstreif. Die Kehle ist ungezeichnet hellbraun, der Schnabel recht variabel orange mit unregelmäßig definiertem, dunklem First (manchmal fast nur orange oder braun). Die Schwanzfedern sind beige und sanft gezeichnet. ♂ im SK (**1C**) ähnlich ♀, aber mit gelbem Schnabel. Außerdem schwächer gemustert und mit rötlich brauner Brust, die leicht zum Kopf kontrastiert. Schwanz auch im SK weißlich, mit dunklem mittleren Steuerfederpaar. Im JK (**1D**) ähnlich ♀, aber mit verwaschener Schnabelfärbung, die gegen Herbst das Geschlecht der Jungvögel offenbart. Äußert gern unterschiedliche Rufe. ♂ ruft tief und langsam aneinandergereiht „räb". ♀ oft schneller und aufgeregter „KWA-kwa-kwa-kwa". Balzende Männchen pfeifen hoch „PI-u", kann an Pfeifente erinnern.
VORKOMMEN B, D, W I–XII 100–1200 m; in Österreich am weitesten verbreitete und häufigste Ente. Brütet in der Nähe unterschiedlichster Gewässer (auch Fließgewässer) und an einer Vielzahl von Standorten, gern auch im Siedlungsgebiet. Im Winter teilweise Abzug nach Süden und Südwesten sowie starker Zuzug aus nordöstlichen Populationen.
WISSENSWERTES In freier Wildbahn können Stockenten mehr als 23 Jahre alt werden. Stammform unserer Hausente und vieler Zuchtformen. Besonders an Futterplätzen kommt es regelmäßig zu Rückkreuzungen und daraus resultierenden Mischformen und Farbvarianten (**1E**).

2 Schnatterente
— *Mareca strepera* Gadwall

042 | L 46–56 cm
S 78–90 cm

MERKMALE Kleiner als Stockente, mit schlankerem Schnabel und kleinerem Kopf. ♀ denen der Stockente relativ ähnlich, aber in allen Kleidern kleiner weißer Spiegel (s.a. S. 61). ♂ im PK (**2A**) im Gegensatz zu anderen Entenarten sehr farblos, fein grau meliert. Kopf mit bräunlicher Grundfärbung, Schnabel schwarz. Schwarzes Heck kontrastiert stark zu weißem Spiegel. Ein rotbraunes Feld am Armflügel wird v.a. im Flug sichtbar (S. 58). ♀ (**2B**) von denen der Stockente unterschieden durch farblich hell abgesetzten Kopf und orangen Schnabel mit klar definiertem schwarzen First. Im Flug weißer Spiegel und weißlicher Bauch (bei Stockente beige). ♂ im SK (**2C**) ähnlich ♀ (auch Schnabelmuster, aber matter), aber Federn an Brust und Flanken mit gerundetem Muster, das mehr schuppig erscheint (bei ♀ streifig). Zudem rotbraunes Flügelfeld. Im JK sehr ähnlich ♀, aber Kopf kontrastiert noch stärker zum Körpergefieder.
VORKOMMEN B, D, W I–XII 100–700 m; brütet v.a. im Seewinkel und in kleinerer Zahl in verschiedenen Feuchtgebieten außerhalb bzw. am Rand der Alpen. Stärkstes Auftreten am Durchzug im Frühling und Herbst. Überwintert in steigender Zahl.

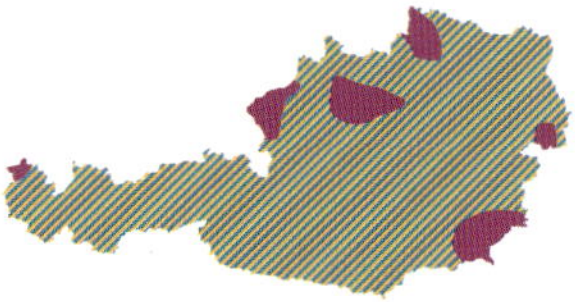

1A
II

2A
I

1B
XI

2B
IV

1C
VII

2C
VIII

1D
IX

1E
XII

1 Knäkente

— *Spatula querquedula* Garganey

043 L 37–41 cm
S 59–67 cm

MERKMALE Kleine Gründelente mit langem dunklen Schnabel. Im Flug (S. 58) mit hellem Handflügel, Spiegel recht farblos und nur bei richtigem Lichteinfall grünlich blau glänzend. ♂ im PK (**1A**) mit braun meliertem Kopf und sehr breitem, weißem Überaugenstreif, der sich am Hinterhals nach unten zieht. Brust braun, Flanken fein hellgrau gewellt, Schulterfedern gestreift und zum Teil lang herabhängend. Im Flug hellgrauer Vorderflügel und breit gestreifte Armschwingen typisch. ♀ (**1B**) wie viele weibliche Gründelenten grob braun geschuppt. Kontrastreiches Kopfmuster mit breitem, hellem Überaugenstreif und dunklem Augenstreif sowie hellem Fleck an der Schnabelbasis typisch. Kinn und Kehle ungezeichnet beige. Im Flug bleigrauer Vorderflügel. Armschwingen mit breitem weißen Hinterrand, aber Spiegel vorn dünner weiß begrenzt. Zur Unterscheidung von ♀ der Krickente (s. S. 61). ♂ im SK ähnlich ♀, aber Vorderflügel heller blaugrau. JK sehr ähnlich ♀, aber etwas dunkler. Hinterrand der Armschwingen schmaler weiß. Balzruf des ♂ trocken rollend.

VORKOMMEN D, B III–X 100–800 m; spärlicher Brutvogel, überwiegend nördlich und nordöstlich der Alpen in flachen, vegetationsreichen Gewässern und Feuchtwiesen (vor allem im Seewinkel). Am zahlreichsten am Frühlingsdurchzug (März–Mai) an verschiedensten Gewässern. Langstreckenzieher, überwintert südlich der Sahara und tritt nur ausnahmsweise einzeln im Winter auf.

2 Krickente

— *Anas crecca* Common Teal

044 L 34–38 cm
S 53–59 cm

MERKMALE Kleinste heimische Ente mit kompaktem Körperbau und rasantem Flugstil. Spiegel grün (kann blau wirken!), beidseitig weiß bzw. gelblich begrenzt. ♂ im PK (**2A**) unverwechselbar mit rotbraunem Kopf und großem, grün schillerndem Augenfeld, das durch feine gelbe Linien begrenzt wird. Brust gelblich, Körper fein grau gezeichnet, mit charakteristischem weißem Längsstreif und schwarz eingefasstem, gelblichem Steiß. ♀ (**2B**) graubraun und grob geschuppt. Kopfzeichnung gleichmäßig und unauffällig. Schmaler dunkler Augenstreif vor dem Auge unterbrochen. Kinn und Kehle setzen sich farblich nicht ab. Schnabel grau, mit orangen oder gelblichen Kanten. Ähnlich dem ♀ der etwas größeren Knäkente, aber durch Kopfmuster, Schnabelfärbung, flaschengrünen Spiegel und waagrechten weißen Fleck am Steiß unterschieden (s.a. S. 61). ♂ im SK (**2C**) sehr ähnlich ♀, aber oft an Prachtkleidresten erkennbar. JK (**2D**) ebenfalls ähnlich ♀, aber dunkler und mit anderem Muster der Flankenfedern. Diese sind ganz dunkel und hell gerandet, während sie bei Altvögeln ein helles Zentrum aufweisen. ♂ rufen hoch und klar „krig" oder „trig".

VORKOMMEN B, D, W I–XII 100–900 m; recht seltener und lokaler Brutvogel an deckungsreichen und oft kleinen, nährstoffarmen Gewässern. Vereinzelt an Gebirgsseen. Aber häufiger Durchzügler und Wintergast an vielen Gewässertypen.

WISSENSWERTES Die **Amerikanische Krickente** (*A. carolinensis,* **3**) wurde als Irrgast nachgewiesen. ♂ im PK (**3**) zeigen anstatt des waagrechten weißen Streifens an den Seiten einen ebenso weißen senkrechten Streifen an den Brustseiten. ♀ sind im Freiland kaum unterscheidbar. Die **Blauflügelente** (*Spatula discors,* **4**) stammt ebenfalls aus Nordamerika und wird gelegentlich als Irrgast nachgewiesen, entweicht aber auch aus Gefangenschaft. Die Vorderflügel sind intensiv hellblau. ♂ im PK (**4** links) haben einen blaugrauen Kopf mit weißer vorderer Gesichtshälfte. Brust und Flanken sind gepardenartig gepunktet, an der hinteren Flanke sitzt ein großer weißer Fleck. ♀ (**4** rechts) ähneln stark denen von Knäk- und Krickente, haben aber eine rundliche Aufhellung an der Schnabelbasis und einen hellen Augenring.

1A
V

2A
I

1B
III

2B
IV

2D
VIII

2C
IX

4
V

3
XII

1 | Tafelente
— *Aythya ferina* Common Pochard

045 | L 42–49 cm
S 67–75 cm

MERKMALE Kompakte Tauchente mit langem, sanft konkavem Schnabel und kurzem Schwanz. Kopf groß und oval mit leicht zugespitztem Scheitel. Im Flug (S. 58) mit breitem, grauem Flügelstreif. ♂ im PK (**1A**) mit braunrotem Kopf und hellroter Iris. Brust, Steiß und Rücken schwarz. Oberseite und Flanken gleichfarbig hellgrau und fein meliert. Schnabel schwarz, mit charakteristischem, großem hellgrauem Feld, das die Nasenlöcher nicht einschließt. ♀ im PK (**1B**) mit grauer Oberseite und Flanken (ähnlich ♂), Brust und Steiß braun. Kopf warmbraun, mit brauner Iris und hellem Augenring sowie diffusem Augenstreif hinter dem Auge. Helles Oval zwischen Auge und Schnabelbasis. Schnabelfärbung ähnlich ♂, aber kontrastärmer und mit schmaler heller Binde vor der schwarzen Spitze. ♂ im SK (**1C**) ähnlich PK, aber matter. Brust und Steiß graubraun meliert, Schnabelzeichnung verwaschen. ♀ im SK ähnlich PK, aber Körpergefieder lebhafter braun oder grau, mit unregelmäßigen braunen Flecken. Augenstreif undeutlich oder fehlend. Schnabelmuster ähnlich ♂ SK. JK (**1D**) ähnlich ♀ SK, aber Oberseite und Flanken grau- bzw. beigebraun. Kopfmuster weniger kontrastreich, Iris hellbraun (färbt im Lauf des Sommers um).

VORKOMMEN B, D, W I–XII 100–900 m; spärlicher Brutvogel, v.a. an größeren Stillgewässern (z.B. Fischteiche). Häufiger Durchzügler und Wintergast an unterschiedlichsten Gewässern.

WISSENSWERTES Ernährt sich v.a. im Sommer überwiegend pflanzlich. Im Winter stellt, wie auch bei der Reiherente, die Wandermuschel wohl die Hauptnahrung dar, deren Vorkommen folgend sich Schwärme im Winter verteilen.

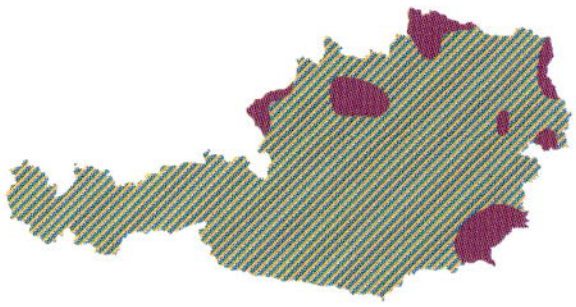

2 | Moorente
— *Aythya nyroca* Ferruginous Duck

046 | L 38–42 cm
S 60–67 cm

MERKMALE Proportionen und Erscheinung ähnlich der etwas größeren Tafelente. Von dieser aber durch überwiegend dunkelbraunes Gefieder und schwarz begrenzten weißen Steiß unterschieden. Im Flug (S. 58) breiter weißer Flügelstreif über den gesamten Flügel, abgesetzt weißer Bauch und blendend weiße Unterflügel. ♂ im PK (**2A**) mit dunkelrotbraunem Kopf, der häufig durch ein schwarzes Halsband von der Brust getrennt ist. Flanken heller braun. Oberseite, Schwanz und Rücken schwarzbraun. Schnabel grau, mit schwarzem Nagel und davor meist verwaschener, heller grauer Binde (Schnabelmuster in allen Kleidern recht variabel). Iris weißlich. ♀ (**2B**) ähnlich ♂, aber farbloser graubraun und mit dunkler Iris. Brust und Flanken diffus hell gezeichnet und häufig mit aufgehellten Ohrdecken. Am ehesten mit ♀ der Reiherente zu verwechseln, die manchmal auch Weiß am Steiß zeigt. Diese aber mit anderer Kopfform (zumindest angedeuteter Schopf), helleren Flanken, mehr schwarz an der Schnabelspitze und gelber Iris. Im SK matter gefärbt als im PK, Schnabel ohne helles Band und mit aufgehellten Bereichen am Kopf, insbesondere Schnabelbasis und Ohrdecken. ♂ aber weiterhin anhand der weißen Iris von ♀ unterschieden. Im JK (**2C**) sehr ähnlich ♀. Der Bauch ist aber nur wenig (oder gar nicht) heller und unscharf begrenzt, der Steiß noch überwiegend dunkel. Beachte daher Ähnlichkeit mit Tafelenten im JK, die aber insgesamt mehr grau- als kastanienbraun gefärbt sind, eine etwas hellere Oberseite, eine hellere Iris und einen stärker konkaven Oberschnabel zeigen. Hybride aus Moor- und Tafelente treten vereinzelt, aber regelmäßig auf. ♂ (**2D**) sind recht auffällig und erinnern an beide Elternarten. Sie zeigen einen rotbraunen Kopf mit oranger Iris, eine fein gemusterte dunkelgraue Oberseite und heller graue Flanken. Die Brust ist dunkelbraun. Der weiße Fleck am Steiß ist kleiner als bei reinen Moorenten oder fehlt.

VORKOMMEN B, D, W I–XII 100–500 m; Teilzieher, überwintert im Mittelmeergebiet, aber auch in Österreich. Brütet regelmäßig nur im Schilfgürtel des Neusiedler Sees, wo eines der wichtigsten europäischen Vorkommen besteht. Brutnachweise sonst sehr selten und vereinzelt im Osten des Landes. Als Durchzügler und Wintergast aber auch andernorts regelmäßig in kleiner Zahl in Tauchententrupps.

1A
XI

2A
I

1B
I

2B
X

1D
IX

2C
VIII

1C
VIII

2D
XI

1 Reiherente
— *Aythya fuligula* Tufted Duck

047 | L 40–47 cm
S 65–72 cm

MERKMALE Tauchente mit kurzem Körper und großem runden Kopf mit steiler Stirn. In allen Kleidern sitzt am Hinterkopf ein Federschopf unterschiedlicher Länge, der je nach Haltung und Mauserzustand aber schwach ausgeprägt sein kann (besonders bei ♀ im Sommer und im JK). Im Flug (S. 58) mit weißem Flügelstreif ähnlich Moorente, der aber etwas weniger kontrastreich und kürzer ist. ♂ im PK (**1A**) zeigt schwarzes Gefieder mit reinweißer Flanke, die sich in geschwungener Linie zum schwarzen Rücken absetzt. Der Kopf glänzt violett und zeigt einen langen, herabhängenden Schopf. Iris leuchtend gelb, Schnabel blaugrau mit scharf und geradlinig abgesetzter schwarzer Spitze sowie davorliegendem, diffusem hellen Band. ♀ (**1B**) sind graubraun, mit dunkler brauner Oberseite und helleren Flanken. Iris gelb, Schnabelmuster wie ♂, aber matter grau. Der Federschopf ist deutlich kürzer als beim ♂. Gelegentlich meist kleines weißes, unregelmäßig begrenztes Feld an der Schnabelbasis, das an ♀ der Bergente erinnern kann. Beachte aber dunkler braunen Rücken, schwarze Schnabelspitze (bei Bergente nur Nagel schwarz) und feine Unterschiede in Kopf- und Schnabelform (s. S. 61). Auch die Unterschwanzdecken können ein kleines weißes Feld zeigen, das dann an ♀ der Moorente erinnert. Unterscheidung aber wieder anhand von Kopfform und Schnabelmuster sowie helleren Flanken, kürzerem Flügelstreif, gelber Iris und immer vorhandenem Schopf. ♂ im SK (**1C**) ähnlich ♀, aber mit grauen Flanken, braunschwarzem Kopf und kurzem, struppigem Schopf. Auch im JK ähnlich ♀, aber heller braun und kontrastarm gefärbt. Der Schopf ist in diesem Kleid am unauffälligsten (meist nur kleine Spitze am Hinterkopf), an der Schnabelbasis ist die Befiederung diffus aufgehellt. Iris graubraun, Schnabel verwaschen grau mit diffuser dunkler Spitze. Juv. ♂ behalten im Lauf des ersten Jahres ein brauneres Gefieder und legen erst im 2. W das ausgefärbte PK an. Hybride aus Tafel- und Reiherente treten regelmäßig auf und können unterschiedlich aussehen. Ein auffälliger Typ (**1D**) zeigt einen schwarzen Kopf mit rötlichem Schimmer und gelb-oranger Iris. Die Kopfform ist nach oben leicht oval, der Schopf kompakt und kurz. Brust und Heck sind schwarz, die Flanken hellgrau und die Oberseite dunkelgrau und fein gemustert. Das Schnabelmuster ist ähnlich dem der Reiherente. Dieser Hybrid hat gewisse Ähnlichkeiten mit der aus Nordamerika stammenden Kleinen Bergente (*A. affinis*), die in Österreich aber noch nicht nachgewiesen wurde. Andere Hybriden ähneln sehr dem ♂ der Reiherente im SK, zeigen aber ein dunkler oranges Auge und einen sehr kurzen, kompakten Schopf.
VORKOMMEN B, D, W I–XII 100–1100 m; brütet über ganz Österreich verteilt und an unterschiedlichen Gewässern. Kommt von allen heimischen Entenarten mitunter am höchsten vor und brütet vereinzelt auf bis zu 1900 m. Häufiger Durchzügler und Wintergast an vielen Gewässern.

2 Bergente
— *Aythya marila* Greater Scaup

048 | L 42–51 cm
S 71–80 cm

MERKMALE Etwas größer als ähnliche Tauchenten. Großer, runder Kopf und lang ausgezogenes Heck mit häufig flach am Wasser liegendem Schwanz sind typisch. In vielen Kleidern (auch im Flug, S. 58) ähnlich der Reiherente, aber nie mit Schopf und mit nur kleiner schwarzer Schnabelspitze (überwiegend auf den Nagel beschränkt). ♂ im PK (**2A**) haben einen schwarzen Kopf mit grünlichem Glanz und gelber Iris. Brust und Heck sind schwarz. Der Rücken ist hellgrau und fein wellig gemustert, die Flanken sind weiß und nahezu ungezeichnet. Im Flug ist der starke Kontrast von heller Oberseite zu schwarzer Brust, Hals und Kopf kennzeichnend. Ad. ♀ (**2B, D** rechts – mit Reiherenten im Vordergrund) haben eine grau melierte, teils fleckig braune Oberseite und Flanken sowie eine braune Brust und einen braunen Kopf mit unterschiedlich ausgeprägtem hellen Ohrdeckenfleck. Um die Schnabelbasis zieht sich ein großes, klar weiß begrenztes Feld, das bei ♀ der Reiherente nur selten in dieser Größe auftritt. Iris gelb, Schnabel grau aber häufig mit dunklem Sattel und dunklerer Fleckung. Zur Unterscheidung von ♀ der Reiherente (s.a. S. 61). Im JK (**2C**) ähnlich ♀, aber auch ähnlich Reiherente im JK. Weiß an der Schnabelbasis diffuser begrenzt als bei ad. ♀. Flanken im Herbst wärmer braun, Oberseite dunkelbraun, zu Beginn des Winters noch gänzlich ohne graue Musterung (ähnlich Reiherente). Typisches Kopfmuster mit großem, aufgehelltem Fleck auf den Ohrdecken. In Österreich im Herbst schon in das erste Alterskleid mausernd, aber v.a. an den Flanken noch bis in den Frühling an ungemusterten braunen Federn des JK erkennbar (**2D**, ♂ links). Hybride mit der Reiherente ähneln Bergenten stark. Beachte aber Abweichungen in der Musterung von Oberseite, Flanken und Schnabelmuster. Die Kopfform ist bei Hybriden immer spitzer.
VORKOMMEN D, W X–IV 100–500 m; brütet in Nordeuropa und überwintert überwiegend an Küsten. In Österreich spärlicher Durchzügler und Wintergast an größeren Gewässern. Einzeln oder in kleinen Trupps, gern unter Reiherenten. Größte Ansammlungen am Bodensee.

1A XII

2A II

1B XI

2B I

1C IX

2C II

1D III

2D I

♂ jeweils oben, ♀ unten abgebildet

Reiherente
Eiderente
Bergente
Schellente
Eisente
Trauerente
Samtente
Gänsesäger
Mittelsäger
Zwergsäger

Zwerggans, ad.

Blässgans, ad.

Gänsesäger, ♀

Mittelsäger, ♀

Krickente, ♀

Knäkente, ♀

Stockente, ♀

Schnatterente, ♀

Reiherente, ♀

Bergente, ♀

1 | Haubentaucher
— *Podiceps cristatus* Great Crested Grebe

049 | L 46–51 cm
S 59–73 cm

MERKMALE Größter heimischer Lappentaucher, mit relativ langem Schnabel und langem Hals. Zeigt in allen Kleidern dunkelgraubraune Oberseite, hellere Flanken und weißen Vorderhals. Im Flug (**1A**) sehr langgestreckt, mit weit überstehenden Füßen. Die Flügel zeigen einen weißen Vorderrand, der über weiße Schulterfedern mit den weißen Armschwingen verbunden ist. Der Kopf wird häufig abwärts gehalten (verleiht buckligen Eindruck). Im PK (**1A, B**) unverwechselbar, mit zweigeteiltem schwarzem Federschopf (kann angelegt werden) und braunorangen, von den Kopfseiten herabhängende Wangenfedern. Gesicht und Überaugenstreif weiß. Schnabel schwärzlich. Im SK (**1C**) fehlen Federhaube und verlängerte Wangenfedern, der Schnabel ist hellgraurosa. Gewisse Verwechslungsgefahr dann mit Rothalstaucher (dieser aber mit dunklerem Kopf, ohne Überaugenstreif, mit dunklem Vorderhals und gelbem Schnabel) und Sterntaucher (zeigt hell gesprenkelte Oberseite und Grau hinter dem Auge). Zur Unterscheidung von anderen Tauchern, s. S. 70. Im JK (**1D**) wie SK, aber mit schwarz gestreiften Kopfseiten, die bis in den Herbst erhalten bleiben. Vögel im 1. S zeigen auch zur Brutzeit keine vollständig entwickelte Federhaube. Äußert zur Brutzeit häufig raue, krächzende Rufe.

VORKOMMEN B, D, W I–XII 100–900 m; Teilzieher, überwintert vor allem im Mittelmeergebiet, aber auch in Österreich (größere Ansammlungen am Bodensee). Brütet an verschilften Stillgewässern mit reichem Fischbestand. Bevorzugt zur Brutzeit größere und tiefere Gewässer als andere Lappentaucher. Errichtet ein schwimmendes Nest aus Wasserpflanzen.

WISSENSWERTES Im Frühjahr zeigt der Haubentaucher eine sehenswerte Balz, bei der die Partner ein Ritual von fest definierten, aufeinanderfolgenden Elementen zeigen. Die auffälligsten Teile sind das Kopfschütteln und die Pinguin-Pose, bei der sich ♂ und ♀ gemeinsam mit Wasserpflanzen im Schnabel und mit Blick zueinander am Wasser hoch aufrichten.

2 | Rothalstaucher
— *Podiceps grisegena* Red-necked Grebe

050 | L 40–46 cm

MERKMALE Etwas kleiner und kompakter als Haubentaucher. Mit dickerem und kürzerem Hals und kräftigerem Schnabel, der immer eine gelbe Basis zeigt. Im Flug (**2A**) ebenfalls kürzer und kompakter. Weiße Armschwingen sind nicht mit weißem Flügelvorderrand verbunden. Im PK (**2B**) sind Hals und Brust rotbraun, die Oberseite dunkelgraubraun, die Flanken heller. Wangen und Kehle sind silbrig grau, der Oberkopf schwärzlich mit kurzem, nach hinten gerichtetem oder angelegtem Schopf. Die gelbe Schnabelbasis ist scharf zum sonst dunklen Schnabel abgegrenzt. Im SK/1. W (**2C**) überwiegend graubraun, mit verwaschenen Aufhellungen an Kehle, hinteren Kopfseiten, Brust und Flanken. Schnabel mit gelber Basis, dunklem First und diffusen Kontrasten. An Schnabelfärbung und Kopfmuster von Haubentaucher (zeigt weißen Überaugenstreif und Vorderhals sowie blassrosa Schnabel) und Ohrentaucher (zeigt scharf begrenzte weiße Wangen) unterschieden. Zur Unterscheidung von anderen Lappentauchern, s.a. S. 70. Alterbestimmung im Winter meist nicht leicht. Ind. im 1. W (**2C**) zeigen blassere und weiter ausgedehnte Gelbfärbung am Schnabel und helle Iris (meist nur aus kurzer Distanz als schmaler heller Rand um dunkle Pupille erkennbar). Im JK (**2D**) mit rostbraunem Hals und gestreiften Kopfseiten, die bis in den Herbst erhalten bleiben.

VORKOMMEN D, W VIII–V 100–600 m; brütet in Nord- und Osteuropa auf stark verkrauteten, stehenden Gewässern. In Österreich spärlicher Durchzügler und Wintergast in kleiner Zahl an verschiedenen Gewässertypen, gern auf größeren Seen. In der Vergangenheit gelangen auch vereinzelte Brutnachweise.

1A V

2A V

1B VI

2B IV

1C XI

2C I

1D VIII

2D IX

1 | Schwarzhalstaucher

— *Podiceps nigricollis* Black-necked Grebe

051 | L 28–34 cm

MERKMALE Etwas größer als Zwergtaucher. Typisches Kopfprofil mit hoher, steiler Stirn und rundem Kopf sowie dünnem, spitzem, scheinbar aufwärtsgebogenem Schnabel. Im Flug mit ausgedehnt weißem Feld auf Arm- und Handschwingen, aber dunklem Vorderflügel. Im PK (**1A**) unverwechselbar durch überwiegend schwarzes Gefieder, kastanienbraune Flanken und dünne gelbe Federbüschel an den Kopfseiten, hinter den Augen. Verlängerte Scheitelfedern erzeugen ein spitzes Kopfprofil oder (wenn Federn angelegt sind) einen nach hinten abstehenden, kurzen Schopf. Im SK (**1B**) grau-schwarz mit heller Kehle, Brust und Kopfseiten, wobei sich die graue Färbung des Oberkopfes verwaschen auf die Wangen zieht und einen halbmondförmigen hellen Fleck am Hinterkopf erzeugt (vgl. Ohrentaucher, S. 70). Im JK erst sehr braun (kann an Zwergtaucher erinnern), später ähnlich SK, aber mit braun überhauchten Kopfseiten. Diese Färbung ermöglicht bis in den Herbst die Altersbestimmung als 1. W (**1C**).

VORKOMMEN b, D, W I–XII 100–600 m; sehr seltener, unregelmäßiger Brutvogel an vegetationsreichen, flachen Gewässern. Als Durchzügler und Wintergast häufiger, aber in meist kleinen Zahlen an größeren Gewässern.

2 | Ohrentaucher

— *Podiceps auritus* Horned Grebe

052 | L 31–38 cm

MERKMALE Ähnlich dem häufigeren Schwarzhalstaucher und nur wenig größer als dieser. In allen Kleidern durch flacheres Kopfprofil und erst am Hinterende zugespitzten Scheitel erkennbar, dadurch Kopf manchmal kantig wirkend. Schnabel oft mit weißer Spitze. Im Flug weißes Feld nur auf Armschwingen, aber meist auch Flügelvorderrand weiß. Im PK (**2A**) selten zu sehen. Dann unverkennbar mit hoch aufragenden, gelben Federbüscheln an den Kopfseiten und sonst schwarzem Kopf. Vorderhals und Flanken rostbraun. Mausernde Vögel können schwieriger zu unterscheiden sein, beachte dann Kopfform und Halsfärbung. Im SK (**2B**) sehr ähnlich Schwarzhalstaucher, aber mit klarem Kontrast zwischen schwarzem Scheitel und ausgedehnt weißen Wangen und häufig rundlichem, hellem Fleck vor dem Auge (kann bei Schwarzhalstaucher auch angedeutet sein). Vorderhals meist heller als bei Schwarzhalstaucher. Zur Unterscheidung (s.a. S. 70). Im 1. W wie SK, aber hinterer Wangenbereich grau verwaschen.

VORKOMMEN D, W IX–IV 100–600 m; spärlicher Durchzügler und Wintergast aus Nord- und Nordosteuropa. Gern auf großen Gewässern, manchmal in kleinen Gruppen.

3 | Zwergtaucher

— *Tachybaptus ruficollis* Little Grebe

053 | L 23–29 cm

MERKMALE Kleinster Lappentaucher mit gedrungener Statur, kurzem Schnabel und Hals. Federn am Hinterende bei entspannter Haltung hoch aufragend. Im Flug Oberseite überwiegend dunkel, seltener mit weißem Feld auf den Armschwingen. Im PK (**3A**) dunkel, mit rostbraunen Kopf- und Halsseiten und helleren Flanken. Schnabel schwarz mit hellgelblichen Schnabelwinkeln, die rundlichen Fleck bilden. Im SK (**3B**) an Kopfseiten, Hals und Flanken hellbraun, Schnabel überwiegend hell. Zur Unterscheidung von anderen Lappentauchern, s. S. 70. Im JK/1. W (**3C**) wie SK, aber mit diffusen, kurzen, waagrechten Streifen an den Kopfseiten. Zur Brutzeit ruffreudig. Sehr hoher, langer Triller typisch.

VORKOMMEN B, D, W I–XII 100–700 m; Brutvogel verschiedener, stets verkrauteter und teils sehr kleiner Gewässer. Im Winter auch auf großen Wasserflächen.

1A IV

2A VI

1B XII

2B I

1C X

3B I

3A IV

3C X

1 Sterntaucher
— *Gavia stellata* Red-throated Loon

054 | L 55–67 cm
S 91–110 cm

MERKMALE Kleinster Seetaucher, hält den geraden Schnabel beim Schwimmen häufig angehoben. Flacheres Kopfprofil als andere Arten, Hinterkopf kann eckig wirken. Wenig hervortretende Brust lässt Kopf groß erscheinen. Schwimmende Vögel zeigen eine weißliche Flankenlinie, die sich schmal entlang des Vogels erstreckt (kann auch ganz verdeckt sein). Im Flug (**1A**) wird der Kopf oft tief gehalten bzw. auf und ab bewegt. Die Füße überragen den Schwanz vergleichsweise wenig. Im PK (**1B**) am seltensten zu sehen (Spätfrühling). Dann durch graue Gesichts- und Halsseiten sowie rostbraunes Feld über Kehle und Vorderhals (erscheint auf Distanz dunkel) und fein gestreiften Scheitel und Hinterhals leicht bestimmbar. Im SK (**1A**) sehr hell. Gesicht, Vorderhals und Brust reinweiß. Nur obere Kopfhälfte und schmaler Bereich am Hinterhals sowie Oberseite grau. Von hinten betrachtet sind die weißen Halsseiten am schwimmenden Vogel sichtbar (bei Prachttaucher nicht). Grenzen zwischen dunklen und hellen Partien sehr klar. Vor dem Auge weiß. Oberseite fein weiß gesprenkelt. JK (**1C** rechts) ähnlich SK, aber insgesamt braungrauer und mit verwascheneren Kontrasten. Grau erstreckt sich diffus auf den Vorderhals. Kehle und Brust weißlich, Sprenkelmuster der Oberseite beigegrau. Meist schmaler weißlicher Augenring.
VORKOMMEN D, W X–V 100–800 m; brütet in Skandinavien, überwintert an den Küsten Europas. Regelmäßig als Durchzügler und seltener als Überwinterer an großen, tiefen und fischreichen Stillgewässern.

2 Prachttaucher
— *Gavia arctica* Arctic Loon

055 | L 63–75 cm
S 100–127 cm

MERKMALE Häufigster Seetaucher. Ähnlich Sterntaucher, aber etwas größer (s.a. S. 70). Der Schnabel wird meist waagrecht gehalten, hat einen konvexen First und wirkt daher gerader und weniger aufgeworfen als beim Sterntaucher. Hinterkopf rund, Stirn oft steil, kann aber auch ganz flach sein. Dicker Hals und volle, hervortretende Brust. Wirkt gleichmäßiger proportioniert als Sterntaucher. Am schwimmenden Vogel ist die Flanke am Hinterende breit weiß, davor nur schmaler Streifen. Im Flug werden Hals und Schnabel gerade gehalten, Füße stehen etwas weiter über die Schwanzspitze als bei Sterntaucher. Im PK (**2A**) selten zu beobachten. Dann mit dunkler, weiß karierter Oberseite. Kopf seidig grau, Kehle und Vorderhals schwarz. Hinterhals und Brustseiten mit feinem Zebramuster, Brust weiß. Im SK (**2B**) mit schwärzlicher Oberseite. Hinterhals und Oberkopf dunkelgrau, scharf von weißem Vorderhals, Wangen und Kehle abgegrenzt. Grenzlinie zum weißen Vorderhals noch dunkler. Dunkler Anteil am Hals viel höher als bei Sterntaucher im SK, von hinten sind weiße Halsseiten daher nicht sichtbar. Vor dem Auge nicht weiß. Schnabelspitze dunkel. Im JK (**1C** links) ähnlich SK, aber mit sanft hell geschuppter Oberseite und weniger dunkler Schnabelspitze.
VORKOMMEN D, W X–V 100–800 m; s. Sterntaucher.

3 Eistaucher
— *Gavia immer* Common Loon

056 057 | L 73–88 cm
S 122–148 cm

MERKMALE Größer (und seltener) als die beiden oben beschriebenen Arten und am leichtesten mit dem Prachttaucher zu verwechseln. Zeigt aber meist einen Buckel an der Stirn (kann auch Prachttaucher zeigen) und flachen Scheitel. Flanken meist dunkel oder schmales weißes Band sichtbar, ohne großes weißes Feld am Heck (vgl. Prachttaucher). Mächtiger Schnabel wird meist waagrecht oder leicht angehoben gehalten. Im Flug mit vergleichsweise langsamen Flügelschlägen und sehr weit überstehenden Füßen. Im PK (**3A**) sehr selten zu sehen und unverwechselbar: schwarzer Kopf mit unvollständigem gestreiftem Halsband und schwarz-weiß gewürfelter Oberseite. Im SK (**3B**) dunkel braunschwarz, nur Kehle und Vorderhals weiß. Ein schwarzes, vorn offenes Halsband setzt sich schwach ab, darüber reicht ein weißer Keil in den dunklen Hinterhals. Schnabelfirst ganz dunkel, manchmal auch Spitze schwarz. Im JK (**3C**) sehr ähnlich SK, aber heller und bräunlicher, mit deutlich hell geschuppter Oberseite.
VORKOMMEN D, W XI–V 100–600 m; brütet v.a. auf Island und Svalbard und überwintert u.a. an den Küsten Westeuropas. In Österreich sehr seltener Durchzügler und Wintergast, erscheint einzeln an großen stehenden Gewässern.
WISSENSWERTES Der nah verwandte **Gelbschnabeltaucher** (*G. adamsii*, **4** – im JK) brütet in Sibirien und tritt als sehr seltene Ausnahmeerscheinung auf. Er ist noch etwas größer und zeigt einen helleren Kopf sowie einen elfenbeinfarbenen Schnabel.

1B
V

1A
XI

1C
XII

2A
IV

2B
IX

3B
II

3C
I

3A
V

4
II

1 | Kormoran

— *Phalacrocorax carbo* Great Cormorant

058 | L 77–94 cm
S 121–149 cm

MERKMALE Großer Wasservogel mit dunklem Gefieder und kräftigem, langem Schnabel. Die flache Stirn und der kantige Hinterkopf ergeben ein typisches Kopfprofil. Die gelbe Gesichtshaut ist von einem weißen oder beigen Feld umgeben, das Kehle und Teile der Wangen miteinschließt. Der dicke, lange Hals wird an Land oft eingezogen. Im Flug (**1A**) mit langem, nicht vollständig gestrecktem Hals und etwas kürzerem Schwanz – erinnert auf den ersten Blick an eine Gans (fliegt auch in Formation). Bei schwimmenden Vögeln (**1B**) ragt oft nur wenig des Körpers aus dem Wasser, kann an Seetaucher erinnern. Der Hals ist aber meistens gestreckt. Im PK (**1C** rechts, **1A**) mit fast ganz schwarzem Gefieder, das grünlich und kupferfarben glänzt. Nur Scheitel, Hinterkopf und Halsseiten mit weißen Bereichen sowie ein weißer Fleck an der hinteren Flanke. Die Augen sind smaragdgrün. Im SK (**1D**) fehlen diese weißen Partien und das Gefieder ist matter, die Gesichtszeichnung verwaschener. Im JK (**1B, C** links) ähnlich SK, aber mit weißlicher Unterseite variabler Ausdehnung. Bei einigen Vögeln ist nur der Bauch, bei anderen auch große Teile von Hals und Kopf hell. Jüngere Vögel zeigen auch in den Folgejahren noch matteres Gefieder und im PK weniger Weiß am Kopf.

VORKOMMEN B, D, W I–XII 100–600 m; einzelne Brutkolonien bestehen nur am Bodensee, am Neusiedler See und in den March-Thaya-Auen. Sonst regelmäßiger, teilweise häufiger Durchzügler und Wintergast an Flüssen, Seen und Teichen. Ringfunde belegen eine Herkunft vieler Vögel von der Ostsee. Im Winter bilden sich an großen Gewässern Ansammlungen und Gruppenschlafplätze.

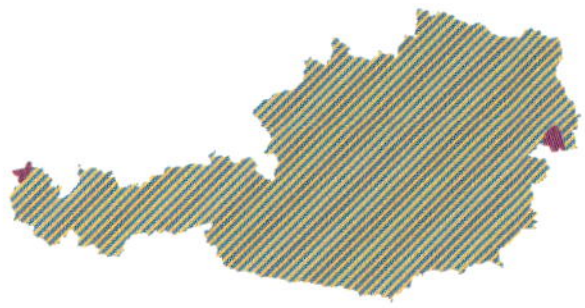

2 | Zwergscharbe

— *Microcarbo pygmaeus* Pygmy Cormorant

059 | L 45–55 cm
S 75–90 cm

MERKMALE Deutlich kleiner als Kormoran, etwa stockentengroß (s.a. S. 70). Schnabel deutlich kürzer, Schwanz aber länger. Gefieder schwarzbraun, schwächer glänzend. Die Stirnbefiederung kann aufgerichtet werden und verleiht dann ein eckiges Kopfprofil mit steiler Stirn. Im Flug (**2A**) ausgeglichenes Flugbild, Schwanz und Hals etwa gleich lang (bei Kormoran Schwanz kürzer). Fliegt mit schnellen Flügelschlägen. Schwimmend (**2B**) wirkt der Körper sehr klein, der am Wasser liegende Schwanz ist meist nicht zu sehen. Im PK (**2A, C**) ganz schwarz, bis auf dunkelbraunen Kopf und oberen Hals (im Sommer ausgeblichen beige). Auf Kopf und Unterseite fein weiß gestrichelt. Schnabel im Frühling glänzend schwarz. Im SK mit hellem Kinn und einheitlich dunkelbrauner Unterseite. Weiße Strichelung fehlt. Schnabel rosa-hornfarben. Im JK/immat. (**2D**) ähnlich SK, aber Bauch deutlich heller.

VORKOMMEN B, D, W I–XII 100–600 m; brütet seit 2007 im Schilfgürtel des Neusiedler Sees. Seither außerhalb der Brutzeit auch vermehrt Beobachtungen in ganz Ostösterreich, wo die Art meist einzeln oder in kleinen Gruppen an mittleren und großen Stillgewässern und Stauseen auftritt. Im Westen weiterhin nur sehr selten.

3 | Rosapelikan

— *Pelecanus onocrotalus* Great White Pelican

060 | L 140–175 cm
S 245–295 cm

MERKMALE Riesiger, weißer Wasservogel mit typischem Schnabel und schwarzen Schwungfedern. Zeigt auf große Entfernung fliegend ähnliches Flügelmuster wie Weißstorch, beachte dann kurze Beine, angezogenen Hals, Hängebauch und gewaltigen Schnabel. Ad. (**3**) mit ganz weißem, oft gelb überhauchtem Gefieder, im PK mit hängendem Federschopf. JK und immat. ohne Schopf, mit braungrauer Oberseite und Schwanz. Verwechslungsmöglichkeit auch mit anderen Pelikan-Arten (s.u.).

VORKOMMEN U; sehr lokaler Brutvogel in Osteuropa. In Österreich sehr seltener Gast, sowohl natürlicher Herkunft als auch aus Gefangenschaft.

WISSENSWERTES Der nahe verwandte **Krauskopfpelikan** (*P. crispus*) wurde als extreme Ausnahmeerscheinung ebenfalls in Österreich nachgewiesen. Ad. unterscheiden sich vom Rosapelikan durch einen rötlichen Kehlsack und unterseits helle Schwungfedern. Der aus Afrika stammende **Rötelpelikan** (*P. rufescens*) entweicht gelegentlich aus Gefangenschaft.

1A IV

2A IV

1B II

2B I

1C II

2C IV

3 VIII

1D XII

2D I

Haubentaucher, SK

Rothalstaucher, SK

Schwarzhalstaucher, SK

Zwergtaucher, SK

Ohrentaucher, SK

Sterntaucher, JK
rund
flach
dünn, nach oben gerichtet
gesprenkelt
kein weißes Feld
diffus grau
Prachttaucher, JK
steil
gerade
geschuppt, bei ad. dunkel
weißes Feld
klarer Kontrast, Grenzlinie noch dunkler
Eistaucher, JK
flach
Buckel, steile Stirn
mächtig, gerade
geschuppt, bei ad. SK dunkel
kein weißes Feld
unvollständiges Halsband
Zwergscharbe, JK
steil
kurz
lang
Kormoran, JK
flach
lang
gelbe Haut
kürzer

1 | Ringeltaube
— *Columba palumbus* Common Woodpigeon

061 | L 38–43 cm
S 68–77 cm

MERKMALE Größte Taube mit massigem Körper und langem Schwanz. Gefieder grau, mit altrosa Brust. Im Flug (**1A**) mit auffälliger Flügelzeichnung: Handflügel dunkelgrau, durch breites weißes Band von heller grauem Armflügel getrennt. Das Flügelband ist auch bei stehenden Vögeln am Bug sichtbar. Schwanz mit breiter schwarzer Endbinde. Bei gespreiztem Schwanz wird das davorliegende, ebenso breite, helle Band sichtbar. Unterflügel kontrastarm hellgrau. Ad. (**1B**) zeigen an den Halsseiten einen Doppelfleck, oben hellgrün schimmernd, unten auffällig weiß. Iris hellgelb, Beine rötlich. Schnabel gelb mit roter Basis. Im JK (**1C**) ohne Halsseitenflecken. Vorerst außerdem mit braun gerandeten Federn der Oberseite, grauem Schnabel und grauer Iris. Singt tief, heiser und fünfsilbig „GRU-gruu-gru...gru-gru". Der auffällige Balzflug wird mit lautem Flügelklatschen eingeleitet.

VORKOMMEN B, D, W I–XII 100–1700 m; Teilzieher. Häufiger Brutvogel in Wäldern und Agrarlandschaften. Vor allem in östlichen Landesteilen auch auf Grünflächen in urbanen Gebieten. Brutzeit März–September. Überwintert zum größeren Teil in Südeuropa (Abzug im Oktober), verbleibt aber zunehmend auch im Winter bei uns. Rückkehr aus den Wintergebieten im Februar/März. Brütet in losem Nest aus wenigen Zweigen, meist in Bäumen.

2 | Hohltaube
— *Columba oenas* Stock Dove

062 | L 28–32 cm
S 60–66 cm

MERKMALE Blaugraue Taube mit großem, dunklem Auge und graurosa getönter Brust. Am häufigsten im Flug zu sehen oder zu hören. Etwa so groß wie Straßentaube und mit ähnlicher Halszeichnung, aber durch Schnabelfärbung und Flügelzeichnung unterschieden. Im Flug (**2A**) mit dunklen Schwungfedern und hellgrauem Armflügelfeld, das die inneren Handschwingen erreicht. Sehr kurze, dunkle Flügelbinde am inneren Armflügel (bei Straßentaube länger). Schwanz mit breiter schwarzer Endbinde. Ad. (**2B**) zeigt gelben Schnabel mit rötlicher Basis und großem, grün schillerndem Halsseitenfleck. Beine rötlich. Im JK (**2C**) Hals ganz grau, Schnabel vorerst dunkel. Singt monoton, dumpf bellend und zweisilbig „U-u U-u U-u ...".
VORKOMMEN B, D, W I–XII 100–1100 m; Teilzieher. Recht scheuer Bewohner strukturierter Laub- und Mischwälder, besonders am Alpenrand und im Flachland. In manchen Regionen bzw. v.a. im Winter, aber auch (in teils großen Trupps) in offenen Landschaften. Brütet anders als andere Tauben in Hohlräumen in Bäumen (z.B. Schwarzspecht-Höhlen).

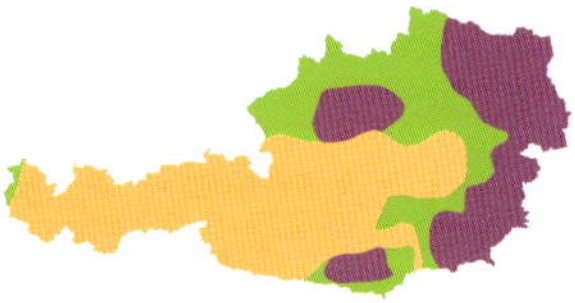

3 | Straßentaube
— *Columba livia „domestica"* Feral Pigeon

063 | L 29–35 cm
S 60–68 cm

MERKMALE Häufigste Taube, stets in der Nähe von Siedlungen. Unzählige Farbschläge und Varianten mit grauer (**3B**), schwarzer, rotbrauner und weißer Grundfärbung (**3A, C**). Einige sehen der Felsentaube, von der alle Straßentauben abstammen, noch sehr ähnlich. Dieser „Wildtyp" (**3B**) zeigt eine hellgraue Oberseite mit schwarzem Flügelhinterrand und deutlicher schwarzer Flügelbinde (vgl. Hohltaube). Manchmal noch mit dem für die Stammart typischen, weißen Rücken. Kopf und Hals dunkler grau. Oberschwanzdecken und Schwanz grau, mit eher schmaler schwarzer Endbinde. An den Halsseiten grün und violett schillernd. Iris orange, Schnabel dunkelgrau, Beine rötlich. Singt gurrend „drruo-drruo-drruo ...".
VORKOMMEN B I–XII 100–800 m; Standvogel. Sehr häufig in oder nahe menschlicher Siedlungen. Brütet vorwiegend an oder in Gebäuden, mitunter rund ums Jahr.

1B
VI

1C
VII

2B
V

2C
VIII

3B
II

3C
III

1A
V

2A
III

3A
II

1 | Türkentaube
— *Streptopelia decaocto* Eurasian Collared-dove

064 | L 29–33 cm
S 48–53 cm

MERKMALE Kleine, schlanke Taube mit einheitlichem, hellbeigegrauem Gefieder (**1A**). Am Hinterhals mit dünnem, schwarzem, vorn offenem Halsband (fehlt im JK). Mantel und Oberflügel stärker braun getönt. Schnabel dunkelgrau, Beine rötlich. Iris dunkelrotbraun. Im Flug (**1B**) mit breit weißer Schwanzspitze (auf der Oberseite nur an den Schwanzseiten, unterseits mit breiter Endbinde). Oberflügel mit dunkelbraungrauen Schwungfedern, die durch ein gräuliches Band vom beigen Armflügel getrennt werden. Unterseits Armflügel hellgrau (vgl. Turteltaube). Singt dreisilbig „du-DUU-du du-DUU-du ...".
VORKOMMEN B, W I–XII 100–1000 m; Standvogel. Häufig in Siedlungsgebieten mit ausreichend Grünflächen (Parks, Gartenanlagen, Stadtränder). Besonders zahlreich in Ortschaften im ländlichen Raum. Brütet in losem Nest in Bäumen und an Gebäuden.
WISSENSWERTES Erst im 20. Jahrhundert aus Südosten eingewandert, erste Brut 1943. Brütet heute in ganz Europa.

2 | Turteltaube
— *Streptopelia turtur* European Turtle-dove

065 | L 25–28 cm
S 45–50 cm

MERKMALE Kleinste heimische Taube, nur (im Flug) mit Türkentaube zu verwechseln. Bunt gefärbt, mit schlanker Gestalt und großer Handschwingenprojektion. Ad. (**2A**) mit kontrastreicher Oberseite. Flügeldecken, Schirm- und Schulterfedern mit dunklen Zentren und breiten, orangebraunen Rändern. An den Halsseiten auffälliger Fleck, der sich aus schwarz-weißen Streifen zusammensetzt. Brust graurosa. Auge rotbraun mit rotem Lidring. Im JK (**2B**) oberseits matter graubraun gefärbt und ohne Halsseitenfleck. Im rasanten Flug sind die dunkelgrauen Unterflügel (aus der Distanz schwärzlich wirkend) und der schwarze Schwanz mit weißer Spitze sichtbar. Oberflügel dreifarbig, mit dunkelgrauem Handflügel und geteilt grauem bzw. orangebraunem Armflügel. Bauch weiß. Singt hell rollend „turrr-turrr-turrr...".
VORKOMMEN B, D IV–IX 100–800 m; Zugvogel, überwintert in Afrika südlich der Sahara. Spärlicher und stark abnehmender Bewohner von wärmebegünstigten, halboffenen Landschaften im Tiefland.

3 | Kuckuck
— *Cuculus canorus* Common Cuckoo

066 | L 32–36 cm
S 54–60 cm

MERKMALE Etwas kleiner als Turmfalke, mit kurzem, leicht abwärtsgebogenem Schnabel. Im Flug (**3A**) schlank, mit langen, spitzen Flügeln. Schwanz lang und gerundet. Fliegt in gestreckter Haltung und mit tief gehaltenen Flügeln, gleitet selten. Erinnert dann an kleine Falkenarten. Scheu, aber v.a. im Frühling bei Verfolgungsjagden auffällig. Ad. ♂ (**3A, B**) überwiegend mittelgrau. Nur Unterschwanzdecken und Bauch weiß, dunkel gebändert. Zum grauen Brustlatz scharf abgesetzt. Ad. ♀ (**3C, D**) kommt in zwei Morphen vor. Graue Morphe (**3C**) ähnlich ♂, Brustlatz aber bräunlich getönt und verwaschen in gebänderte Brust übergehend. Die rotbraune Morphe (**3D**) ist deutlich seltener und auch auf der Oberseite dunkel gebändert. Im JK (**3E**) Oberseite und Kopf fleckig, kalt schwarz-braun gebändert und mit weißem Nackenfleck. Gesang des ♂ namensgebend, voll hallend „GU-ku GU-ku GU-ku ...", ♀ ruft durchdringend, trillernd. Weitere heisere, krächzende Laute.
VORKOMMEN B, D IV–IX 100–2100 m; Zugvogel, überwintert in Afrika südlich der Sahara. Weit verbreiteter Bewohner von Wäldern, halboffenen Landschaften und Feuchtgebieten, der häufiger zu hören als zu sehen ist.
WISSENSWERTES ♀ legen einzelne Eier in die Nester kleiner Sperlingsvögel, die den jungen Kuckuck großziehen.
Der **Häherkuckuck** (*Clamator glandarius*) brütet in Südeuropa und tritt in Österreich als seltene Ausnahmeerscheinung auf (s. S. 342).

1A II

1B IV

2A V

2B IX

3A V

3B V

3C IV

3D IX

3E VI

Segler

1 | Mauersegler — *Apus apus* Common Swift

067 | L 17–18,5 cm
S 40–44 cm

MERKMALE Einheitlich schwarzbraun mit (nur aus der Nähe sichtbarer) hellerer Kehle (**1A–C**). Größer als Rauchschwalbe, mit längeren, schmaleren und stärker gebogenen Flügeln. Schwanz mittellang und gegabelt, aber häufig zusammengelegt. Im JK noch dunkler als ad., mit unterseits hellen Federsäumen und ausgedehnterem Kehlfleck, der diffus bis über den Schnabel reicht. Fliegt mit langen Gleit- und Segelstrecken, beschleunigt aber auch mit raschen Flügelschlägen auf beachtliches Tempo. Jagt hoch am Himmel, aber auch knapp über Dächern oder über dem Boden. Häufig in Gruppen, die (besonders im Sommer mit juv.) auch akustisch auffällig sind. Ruft typisch, schrill „sriiii", in Trupps gern lärmend durcheinander.
VORKOMMEN B, D IV–IX 100–2000 m; Zugvogel, überwintert in Afrika, südlich der Sahara. Verlässt größtenteils schon früh (im Juli/August) unsere Breiten. Weit verbreiteter Brutvogel im Siedlungsgebiet, besonders in Altstädten. Eher in tiefen und mittleren Lagen, v.a. am Durchzug aber auch im Hochgebirge. Brütet in Kolonien, fast ausschließlich in Gebäudenischen, meist unter dem Dach bzw. in speziellen Nistkästen. Selten in Baumhöhlen.
WISSENSWERTES Mauersegler können mehr als 20 Jahre alt werden und vollbringen rekordverdächtige fliegerische Leistungen. Ein fester Untergrund wird nur zur Brutzeit aufgesucht, den Rest des Lebens verbringt die Art in der Luft. Mauersegler schlafen, fressen, trinken und paaren sich im Flug. Um Schlechtwetter (und die damit verbundene Nahrungsknappheit) zu vermeiden, flüchten Mauersegler häufig vor Gewitterfronten. Diese „Wetterflucht" kann eine mehrere tausend Kilometer lange Wanderung umfassen, die oft erst nach Tagen zurück zum Nest führt. Küken überdauern die Zeit bis zur Rückkehr der Eltern in einem Hungerschlaf.
Der sehr ähnliche **Fahlsegler** (*A. pallidus*, **3**) brütet in Südeuropa, auch in der Schweiz und in Südtirol. In Österreich wurde die Art bislang noch nicht sicher dokumentiert, was aber wohl auch an der schwierigen Bestimmung liegt. Fahlsegler sind v.a. am Kopf heller braun und zeigen einen größeren, hellen Kehlfleck sowie eine recht helle Stirn sowie eine kleine, dunkle Augenmaske. Die Körperunterseite ist diffus schuppig gemustert. (Vorsicht: Auch Mauersegler zeigen helle Federränder der Unterseite, v.a. im JK.) Die Flügel sind etwas breiter und wirken oft weniger spitz.

2 | Alpensegler — *Tachymarptis melba* Alpine Swift

068 | L 20–23 cm
S 51–58 cm

MERKMALE Deutlich größer und noch langflügliger als Mauersegler, erinnert im Flug an einen kleinen Falken (**2A–B**). Gefieder überwiegend dunkelbraun. Unterseits mit ganz weißem Bauch und ausgedehnt weißer Kehle, die durch ein dunkles Band voneinander getrennt sind. Ruft oft extrem schnell, trillernd „tititititi trrriititititi ...".
VORKOMMEN B, D IV–IX 300–2500 m; Zugvogel, überwintert in Afrika, südlich der Sahara. Lokaler Brutvogel in den Alpen Südwestösterreichs, andernorts seltener Gast. Brütet in Kolonien in sonnenbeschienenen Felsnischen (**2C**), aber auch in hohen Bauwerken.

Mauersegler, ad.

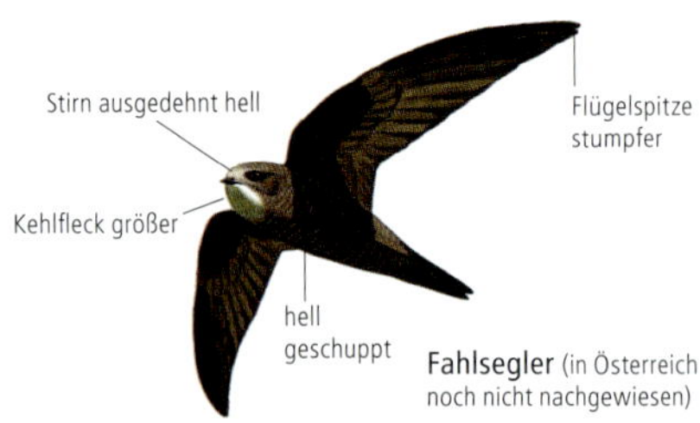

Fahlsegler (in Österreich noch nicht nachgewiesen)

1A IV

1B VI

1C VII

2A VIII

2B IV

3 III

2C V

1 | Tüpfelsumpfhuhn — *Porzana porzana* Spotted Crake

069 | L 19–22,5 cm

MERKMALE Etwas größer und kompakter als das Kleine Sumpfhuhn, aber kleiner als die Wasserralle. Gelber Schnabel kurz und hoch. Zeigt keine Handschwingenprojektion. Gefieder überwiegend graubraun und durchwegs weiß gesprenkelt, Flanken gebändert. Oberseits große dunkle Flecken. Schirmfedern mit feinen weißen Zickzackbändern. Unterschwanzdecken meist ungezeichnet cremegelb. Ad. (**1A**) mit blaugrauem Überaugenstreif, der auf den Hals reicht, sowie blaugrauer Kehle. Schnabel gelb mit oranger Basis. Im JK (**1B**) wie ad., aber ohne oder mit sehr schwach blaugrauer Färbung am Kopf und heller Kehle. Schnabel mattgelbbraun und kaum orange an der Basis. Der Gesang ist eine Reihe peitschender, tropfender Töne „pUit – pUit – pUit ..." und wird nachts vorgetragen.

VORKOMMEN B, D III–X 100–600 m; Zugvogel, überwintert in Afrika. Sehr seltener Brutvogel auf nassen Seggenwiesen und vegetationsreichen Überschwemmungsflächen. Die Bestände sind von ausreichend hohen Frühjahrswasserständen abhängig. Als Durchzügler auch in anderen Feuchtgebieten, z.B. an Schilfrändern.

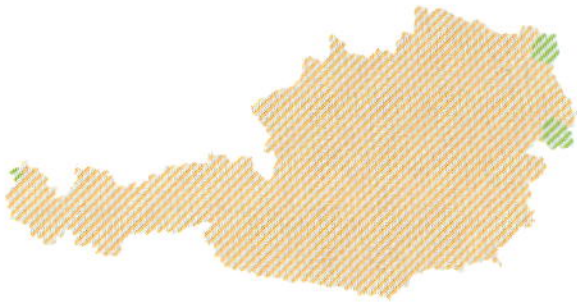

2 | Kleines Sumpfhuhn (Kleinsumpfhuhn) — *Zapornia parva* Little Crake

070 071 | L 17–19 cm

MERKMALE Kleine Ralle mit großer Handschwingenprojektion (mind. fünf Handschwingenspitzen sichtbar), kurzem Schnabel und recht langem Schwanz, der häufig aufgestellt getragen wird. Ad. ♂ (**2A**) mit einheitlicher, blaugrauer Färbung auf Bauch, Flanken, Brust, Hals und Gesicht. Scheitel und Hinterhals graubraun. Ebenso Mantel und Flügeldecken, diese mit schwarzen Feldern und wenigen weißen Sprenkeln. Unterschwanzdecken schwarz-weiß gebändert. An den Flanken ohne oder mit höchstens angedeuteter Bänderung. Beine und Schnabel grünlich, Schnabelbasis und Iris rot. Ad. ♀ (**2B**) wie ♂, aber ohne blaugraue, sondern mit warm beigebrauner Unterseite. Nur grauer Überaugenstreif. Kehle, Brust und Bauch weißlich. Im JK (**2C, D**) ähnlich ♀, aber unterseits weißlicher, ohne grauen Überaugenstreif und mit gebänderten Flanken. Ohrdecken mit diffusem braunem Fleck. Schnabelbasis ohne oder mit sehr wenig Rot, Iris bräunlich. Im 1. S wie ad., aber noch mit einigen, weiß getupften Flügeldecken (und Schulterfedern) aus dem Jugendkleid. Männchen im 1. S zeigen auch weniger Rot an der Schnabelbasis. Im Brutgebiet am einfachsten (v.a. nachts) anhand des weittragenden Gesangs des ♂ festzustellen. Die nasale Rufreihe beginnt lauter und langsam, fällt dann ab und beschleunigt sich „KWA-kwa-kwa-kwa-kwa..."oder „POK-pok-pok...". Das ♀ ruft mit ähnlicher Stimme, die Rufe umfassen aber auch rollende Töne.

VORKOMMEN B, D III–X 100–600 m; Zugvogel, überwintert in Afrika. Lokal häufiger Brutvogel in Altschilfbeständen des Neusiedler Sees (wichtigster Bestand Mitteleuropas, der aber in den letzten Jahren um mehr als 90% abgenommen hat), aber auch dort wegen der heimlichen Lebensweise sehr selten zu sehen. Andernorts nur vereinzelt Brutnachweise. Als Durchzügler in Feuchtgebieten mit Röhrichten spärlich, aber weit verbreitet.

WISSENSWERTES Das sehr ähnliche **Zwergsumpfhuhn** (*Z. pusilla*, **3**) brütet lokal in West- und Osteuropa und tritt in Österreich als Ausnahmeerscheinung auf, wird wegen seiner ebenso heimlichen Lebensweise aber wohl übersehen. Bestes Unterscheidungsmerkmal ist die sehr kurze Handschwingenprojektion. Ad. (**3A**) sehr ähnlich ♂ des Zwergsumpfhuhns, aber ohne rote Schnabelbasis, mit schwarz-weiß gebänderten Flanken und stärkerer weißer Sprenkelung der Oberseite. Im JK (**3B**) dunkler und unterseits stärker gebändert als Kleines Sumpfhuhn. Der Gesang besteht aus monotonen, kurzen, knarrenden Rufen (ähnlich dem Ruf der Knäkente, diese aber mit stärkeren Wechseln in der Tonhöhe).

1A
III

1B
VIII

2A
IV

2B
IV

3A
VI

2C
IX

3B
X

2D
IX

1 Wasserralle — *Rallus aquaticus* Western Water Rail

072 | L 23–26 cm

MERKMALE Etwas größer als die Sumpfhühner, mit langem Hals, langem abwärtsgebogenem Schnabel und fleischfarbenen Beinen. Oberseite braun, stark schwarz gemustert. Flanken schwarz-weiß gebändert. Unterschwanzdecken cremefarben, durch meist aufrecht getragenem Schwanz häufig sichtbar. Ad. (**1A, B**) mit blaugrauer Unterseite, die das Gesicht miteinschließt. Schnabel rot, mit dunklem First und dunkler Spitze. Iris rotbraun bis rot. Im JK (**1C**) ohne blaugraue Färbung, stattdessen mit schmutzig weißer Unterseite, ausgedehnter gebänderten Flanken und verwaschenem, hellem Überaugenstreif (besonders vor dem Auge). Schnabel rötlich braun, Iris meist kälter braun als bei ad. Im 1. W (**1D**) bereits wie ad., aber oft an hellem Überaugenstreif vor dem Auge, weißlicher Kehle und häufig braunen Ohrdecken bestimmbar. Äußert eine Reihe verschiedener Rufe, am häufigsten ist auch untertags ein schrill grunzender Laut zu hören. Der Gesang des ♂ ist eine monotone Rufreihe „küpp-küpp-küpp...".
VORKOMMEN B, D, W I–XII 100–900 m; lokal verbreiteter Brutvogel in geeigneten, überfluteten Feuchtlebensräumen, bevorzugt in dichten Schilfbeständen. Der Großteil der Brutpopulation zieht im Winter ab, daneben aber auch stets Überwinterer. Als Durchzügler in einer Vielzahl unterschiedlicher, zum Teil auch sehr kleiner Feuchtlebensräume, z.B. an vegetationsreichen Gräben oder in überschwemmten Gebüschen.

2 Wachtelkönig — *Crex crex* Corncrake

073 | L 22–25 cm

MERKMALE Bewohnt Wiesenlebensräume und ist, im Gegensatz zu anderen Rallen, weniger stark auf Wasser angewiesen. Kann nur extrem selten beobachtet werden, verrät sich zur Brutzeit abends und nachts aber durch den typischen, monotonen Gesang der ♂ („crex-crex-crex..."). Gestalt ähnlich Wasserralle, aber mit kurzem, kräftigem, rosa Schnabel und schwarzem Knopfauge. Schwanz wird nicht aufgestellt. Im Flug sind die einfarbig rotbraunen Flügel, der lange Hals und die langen, den Schwanz überragenden Füße typisch. Ad. (**2A, B**) oberseits kontrastreich rotbraun, schwarz und beige gefleckt. Helle Flecken erzeugen manchmal lange Längsstreifen (ähnlich Wachtel). Flanken und Unterschwanzdecken weißlich gebändert. Gesicht, Kehle und Brust grau. Hinter dem Auge zieht sich ein diffuser brauner Augenstreif bis auf den Hals. Die rotbraunen Flügel sind auch am stehenden Vogel sichtbar. Im JK wie ad., aber noch ohne graue Färbung und oberseits brauner. Kopf, Hals und Brust einfarbig, warm braun.
VORKOMMEN B, D V–IX 100–1400 m; Zugvogel, überwintert in Afrika. Gefährdeter Brutvogel mit stark schwankenden Beständen. Besiedelt wenig gestörte, hochwüchsige Wiesenflächen im Tiefland, aber stellenweise auch in höheren Lagen (z.B. Ennstal).
WISSENSWERTES In den Medien tritt der Wachtelkönig manchmal dann in Erscheinung, wenn es um Bauprojekte (z.B. Straßenausbau) durch seine Brutgebiete geht. Das Gesetz bzw. die EU-Vogelschutzrichtlinie verlangen einen besonderen Schutz der Wachtelkönig-Vorkommen. Die Vogelart wird dann zum Spielball von Befürwortern und Gegnern dieser Projekte, was mitunter zu erstaunlichen Meldungen führt, bis hin zur Anzweiflung der Existenz des Wachtelkönigs. Beobachtungen des Wachtelkönigs sind wegen seiner äußerst versteckten Lebensweise tatsächlich sehr selten und gelingen kaum beiläufig.

Wachtelkönig, ad.

1A I

1B I

1C VIII

1D VIII

2A V

2B V

1 | Blässhuhn
— *Fulica atra* Common Coot

074 | L 36–42 cm

MERKMALE Größte Ralle mit schwarzem Gefieder und hühnerartigem, spitzem und kräftigem Schnabel. Verbringt viel Zeit schwimmend am Wasser, taucht häufig und ist seltener an Land zu sehen als das Teichhuhn. Körper massig, Schwanz kurz, kann schwimmend an Tauchenten erinnern. Beine dunkel grünlich mit seitlichen Schwimmlappen entlang der Zehen (wie bei Lappentauchern). Nimmt langen Anlauf, um vom Wasser abzuheben. Im Flug (**1A**) mit weißem Armflügelhinterrand. Ad. (**1A, B**) mit schwarzgrauem Gefieder und noch dunklerem Kopf und Hals. Schnabel und Stirnschild weiß, Schnabelspitze oft rosa überhaucht. Iris rotbraun. Im JK (**1C**) sind Kehle, Vorderhals und Brust weißlich, Schnabel und Stirnschild graurosa. Im 1. W (**1D**) zunehmend wie ad., im Gefieder bleibt am längsten die helle Kehle erhalten. Später manchmal noch an dunklem Fleck nahe der Schnabelspitze erkennbar. Ruft durchdringend, scharf „pix" und rau „krö" und nachts im Flug trompetend „kö-ö".

VORKOMMEN B, D, W I–XII 100–1600 m; häufige Art an vielen Gewässern, im Winter zusätzlich starker Zuzug aus Nordosten. Sehr anpassungsfähig und manchmal zutraulich. Benötigt zur Brut nur kleinflächige Ufervegetation, wo das große Nest aus Pflanzenmaterial angelegt wird. Besonders im Winter aber auch häufig in großen Gruppen auf dem offenen Wasser, wo es sich u.a. von Wasserpflanzen und Wandermuscheln ernährt.

WISSENSWERTES Blässhühner können in freier Wildbahn mehr als 20 Jahre alt werden. In der Regel verpaaren sie sich jedes Jahr aufs Neue, Partnertreue über mehrere Jahre hinweg kommt aber ebenso vor.

2 | Teichhuhn
— *Gallinula chloropus* Common Moorhen

075 | L 27–31 cm

MERKMALE Große Ralle mit plumpem Körper, langen Beinen, dunklem Gefieder und weißer, durchbrochener Flankenlinie. Unterschwanzdecken weiß, mit zentralem schwarzen Dreieck (anders als bei übrigen Rallen). Der lange Schwanz wird häufig aufgestellt. Nickt im Wasser schwimmend unentwegt mit dem Kopf. Ad. (**2A**) sehr dunkel, mit rotem Schnabel mit gelber Spitze und rotem Stirnschild. Kopf, Hals, Mantel und Unterseite schwarz, Rücken und Flügeldecken dunkelolivbraun. Beine grünlich, mit roten Flecken an der Tibia. Im JK (**2B, C**) graubraun, mit weißlicher Kehle und Brust. Schnabel braun, rötlich überhaucht. Im 1. W (**2D**) sind Kopf und Unterseite noch deutlich brauner als bei ad. Der Schnabel ist häufig schlammfarben mit heller Spitze (auch bei manchen ad.). Die verschiedenen Rufe umfassen ein häufig hörbares, rollendes „Grüüür" sowie ein aufgeregt zweisilbiges „Ke-keck".

VORKOMMEN B, D, W I–XII 100–1100 m, häufiger Brutvogel in verschiedenen Feuchtgebieten, aber stärker an Ufervegetation gebunden als Blässhuhn. Wird im Siedlungsgebiet oft recht zutraulich oder sogar futterzahm. Brütet versteckt.

WISSENSWERTES Zieht, wie auch das Blässhuhn, nachts und kann deshalb bei Tageslicht nur selten über größere Strecken fliegend beobachtet werden.

1B XII

2A VIII

1A I

2B IX

1C IX

2C VIII

1D IX

2D I

1 Kranich — *Grus grus* Common Crane

076 | L 96–119 cm S 180–222 cm

MERKMALE Sehr großer, an Störche oder Reiher erinnernder Vogel (mit diesen aber nicht verwandt). Sehr elegant, mit langen Beinen, langem Hals und Schnabel. Im Flug (**1A, B**) wird der Hals gestreckt gehalten wie bei Störchen, die Beine überragen den Schwanz weit. Flügel lang und tief gefingert. Die Schwungfedern kontrastieren schwarz zum grauen Körpergefieder. An der Handwurzel sitzt ein weißer Fleck (wie bei Graureiher). Ziehende Trupps bilden charakteristische Keil- oder Linienformationen, die z.T. hunderte Vögel umfassen können. Äußert im Flug (aber manchmal auch am Boden) typischen trompetenden Ruf „krru", wodurch herannahende Zugtrupps lautstark auf sich aufmerksam machen. Die juv. rufen darunter hoch „tschirp". Ad. (**1A** rechts, **1C**) zeigen graues Gefieder mit schwarzem Vorderhals und Gesicht. Oberseite manchmal bräunlich. Hinterhals und hintere Gesichtshälfte weiß, Scheitel mit rotem Fleck. Die verlängerten buschigen Schirmfedern scheinen fülligen „Schwanz" zu bilden. Dieser ist aber kurz und liegt darunter. Im JK (**1A** links, **1D** links) sind Kopf und Hals verwaschen braungrau. Das Hinterende wirkt durch die kürzeren Schirmfedern kompakter. Die Merkmale des JK bleiben bis in den 1. S erhalten.

VORKOMMEN D II–V/X–XII 100–1100 m; weit verbreiteter Brutvogel Nordeuropas, überwintert in Südeuropa und Nordafrika. In Österreich v.a. Durchzügler im Frühling und Herbst, Einzelbeobachtungen gelingen mittlerweile rund ums Jahr. In besonders großen Zahlen im Spätherbst nördlich und östlich der Alpen. Am Ostufer des Neusiedler Sees rasten in vielen Jahren mehrere tausend Individuen. Trupps durchfliegen aber auch regelmäßig größere Alpentäler und gelangen so auch in stattlicher Anzahl z.B. nach Kärnten. Rastet auf Wiesen und Äckern.

WISSENSWERTES Der Kranich brütete bis ins 19. Jahrhundert vereinzelt in Österreich. Seit den 1990ern nehmen die Beobachtungen durchziehender Trupps wieder stark zu. Nach jüngsten Brutnachweisen in mehreren Nachbarländern brütete im Jahr 2018, erstmals seit 133 Jahren, auch in Österreich (Waldviertel) wieder ein Kranich-Paar.

2 Großtrappe — *Otis tarda* Great Bustard

077 078 | L 75–105 cm S 170–240 cm

MERKMALE Mächtiger Bodenvogel mit kräftigen Füßen, langem Hals und derbem Schnabel. Gefieder oberseits braun mit schwarzer Zeichnung, unterseits weiß. Kopf grau. Im Flug (**2A**) sehr schwerfällig, mit hängender, kantig hervortretender Brust und gestrecktem Hals. Die tief gefingerten Flügel sind kontrastreich gefärbt, mit schwarzen Armschwingen und großen weißen Feldern auf Arm- und Handflügel. Ad. ♂ (**2B**) sind viel größer als ♀. Der Kopf und der dicke Hals sind überwiegend grau gefärbt und kontrastieren stark zum lebhaft braunen unteren Hals. Weiße Federbüschel am Kinn bilden einen langen „Schnurrbart", der bei älteren Ind. besonders ausgeprägt ist. Während der sehenswerten Balz im Frühling verwandeln sich ♂ in weiße Federkugeln (**2C**). Durch Hochklappen des Schwanzes, Hängenlassen der Flügel und Aufblasen der Luftsäcke im Hals werden weiße Gefiederpartien hervorgekehrt. Jüngere ♂ ähneln ♀. Ad. ♀ (**2A, D**) sind kleiner und schmächtiger als ♂, ohne starken Farbkontrast am verwaschen braungrauen Hals und mit weniger Weiß im Flügel.

VORKOMMEN B, W I–XII 100–200 m; sehr lokaler, seltener Brutvogel in offenem, brachenreichem Agrarland und in Wiesengebieten Nordostösterreichs (Nordburgenland, Weinviertel). Dank intensiver Schutzbemühungen umfasst die westpannonische Population wieder rund 500 Vögel, die v.a. im Winter zu großen Teilen auch in Nordostösterreich angetroffen werden können.

WISSENSWERTES Mit bis zu 16 kg zählen die Hähne der Großtrappen zu den schwersten flugfähigen Vögeln der Welt.

Die viel kleinere **Zwergtrappe** (*Tetrax tetrax*) brütet in Südwest- und Osteuropa. Sie brütete einst auch in Österreich und wurde seither vereinzelt als Irrgast nachgewiesen.

1C
X

1D
X

1B
XI

1A
X

2B
IV

2D
IV

2C
IV

2A
XII

1 Weißstorch
— *Ciconia ciconia* White Stork

079 | L 95–110 cm
S 180–218 cm

MERKMALE Sehr großer Schreitvogel mit langem Hals, schmutzig weißem Gefieder und schwarzen Schwung- und Schirmfedern, Arm- und Handdecken. Im Flug (**1A, B**) überragen die Beine den Schwanz, der Hals bleibt gestreckt. Ad. (**1A, C**) mit kräftig rotem Schnabel und roten Beinen. Diese werden im Hochsommer zur Thermoregulation häufig mit eigenem Kot „geweißelt". Im JK (**1B, D**) Schnabel vorerst schwärzlich mit braunroter Basis, die sich zunehmend ausdehnt, bis im Spätsommer nur noch eine dunkle Spitze bleibt. Beine blassrot. Einzige Lautäußerung ist das charakteristische Schnabelklappern, das besonders am Nest vorgetragen wird.
VORKOMMEN B, D, w III–IX 100–700 m; Zugvogel, überwintert in Afrika. In kleiner Zahl und lokal gehäuft kommt es aber zu Überwinterungen in Österreich. Weit verbreiteter Brutvogel im Flachland Ostösterreichs sowie seltener im Waldviertel, in Kärnten, Vorarlberg und in wenigen, höher liegenden Tälern. Brütet in offenen Kulturlandschaften, häufig in Gewässernähe. Nistet in Österreich überwiegend auf Häusern, zu großen Teilen auf künstlich errichteten Plattformen. Bei Marchegg existiert eine Baumbrüter-Kolonie. Zur Nahrungssuche nach Kleintieren wie Amphibien, Kleinsäugern und Insekten bevorzugt in feuchten Wiesen.
WISSENSWERTES Weißstörche zeigen eine hohe Nistplatztreue. Sie kehren im Frühling also häufig zu dem Horst zurück, in dem sie auch im vergangenen Jahr gebrütet haben. Somit brüten auch regelmäßig die gleichen Partner in mehreren Jahren miteinander, obwohl keine echte Partnertreue besteht – ♂ und ♀ können viele tausend Kilometer voneinander entfernt überwintern. Österreichische Weißstörche ziehen im Herbst überwiegend über den Bosporus und Israel nach Südostafrika. Deutlich weniger Individuen wählen die Westroute über die Meerenge von Gibraltar. In freier Wildbahn können Weißstörche über 39 Jahre alt werden.

2 Schwarzstorch
— *Ciconia nigra* Black Stork

080 | L 90–105 cm
S 173–205 cm

MERKMALE Ähnlich Weißstorch, aber mit überwiegend schwarzem Gefieder. Im Flug (**2A, B**) unterseits nur Bauch, Achseln und Steiß weiß. Hals etwas kürzer als bei Weißstorch. Ad. (**2A–C**) mit rotem Schnabel und roten Beinen sowie nackter roter Augenpartie. Das schwarze Gefieder glänzt im Sonnenlicht grün oder violett. Im JK (**2D**) Gefieder matt grünlich schwarz, Hals und Brust weiß gesprenkelt. Beine, Schnabel und Augenpartie graubraun.
VORKOMMEN B, D III–IX 100–700 m; Zugvogel, überwintert in Afrika. Als Brutvogel in größeren Waldgebieten Nord- und Ostösterreichs weit verbreitet, aber scheuer und daher viel seltener zu sehen als der Weißstorch. Brütet in ausgedehnten, mit Gewässern durchsetzten Wäldern, besonders im Hügelland. Horste werden auf großen Bäumen, Felsvorsprüngen und künstlichen Plattformen errichtet.
WISSENSWERTES Der Schwarzstorch etablierte sich in Österreich als Brutvogel zuletzt während einer Ausbreitungsphase ab den 1930ern. Beringungsdaten zeigen, dass österreichische Schwarzstörche das Mittelmeer auf ihrem Weg nach Afrika sowohl westlich als auch östlich umfliegen.

1A
IV

1B
VIII

1C
VIII

1D
VII

2A
VII

2B
VII

2C
IV

2D
VII

1 Rosaflamingo
— *Phoenicopterus roseus* Greater Flamingo

081 | L 120–145 cm
S 140–170 cm

MERKMALE Groß, mit sehr langen Beinen und extrem langem, dünnem Hals. Schnabel typisch gekrümmt. Im Flug (**1A**) extrem langgestreckt. Ad. (**1A, B**) mit weißlichem, rosa getöntem Gefieder. Schwungfedern schwarz, Flügeldecken rot. Beine rosa bis rot, Schnabel rosa mit schwarzer Spitze. Iris gelblich weiß. Im JK (**1C**) dunkelgraubraun, Beine hellgrau, Schnabel grau mit schwarzer Spitze. Iris dunkel. 1. S wie JK, aber stark ausgeblichen oder mit einigen erneuerten weißen Federn und ersten roten Flügeldecken.

VORKOMMEN G, A; Gefangenschaftsflüchtlinge treten vereinzelt, aber regelmäßig auf (insbesondere im Raum Oberösterreich/Salzburg). Selten auch Vögel wilder Herkunft aus Südeuropa.

WISSENSWERTES Der **Chileflamingo** (*P. chilensis*) entweicht ebenso aus Gefangenschaft und brütet sogar vereinzelt in Mitteleuropa. Etwas kleiner als Rosaflamingo und mit roten Fersengelenken („Knie"), die zu den grauen Beinen kontrastieren, sowie mehr Schwarz am Schnabel (mehr als die Hälfte).

2 Löffler
— *Platalea leucorodia* Eurasian Spoonbill

082 | L 80–93 cm
S 120–135 cm

MERKMALE Etwas kleiner als Grau- und Silberreiher, mit überwiegend weißem Gefieder und sehr langem, an der Spitze löffelartig verbreitertem Schnabel. Kehle nackt. Hält bei der watenden oder laufenden Nahrungssuche den Schnabel geöffnet ins Wasser. Zeigt ruhend eine horizontalere Körperhaltung als der Silberreiher. Im Flug (**2A, B**) mit gestrecktem Hals und weniger weit überstehenden Beinen als die weißen Reiher. Im PK (**2C**) mit langem, herabhängendem und manchmal gelblichen Federschopf am Hinterkopf und breitem gelblichen Brustfleck. Beine schwarz. Schnabel schwarz, an der Spitze mit gelbem Fleck. Im SK ohne Schopf und Brustfleck. Im JK (**2B**) ebenfalls ohne Schopf und Gelbfärbung. Schnabel und Beine hellgraurosa. Spitzen der äußeren Handschwingen und Handdecken sowie Schäfte von Schirmfedern, Hand- und Armschwingen schwarz. Im 1. S/2. W ähnlich JK, aber mit schwächer kontrastierenden dunklen Federteilen. Schnabel bereits dunkler und mit gelber Spitze. Federschopf manchmal angedeutet.

VORKOMMEN B, D III–X 100–300 m; brütet mit weniger als hundert Brutpaaren nur im Schilfgürtel des Neusiedler Sees. An anderen, größeren Gewässern seltener Durchzügler, v.a. im Frühling. Nahrungssuche in vegetationsarmen Flachwasserzonen.

3 Sichler
— *Plegadis falcinellus* Glossy Ibis

083 | L 55–65 cm
S 88–105 cm

MERKMALE Mittelgroßer Schreitvogel mit überwiegend dunkelbraunem Gefieder. Beine und Hals lang, Schnabel lang und abwärtsgebogen. Im PK (**3A**) lebhaft braun, mit schwarzen, grün und violett glänzenden Flügeln. Ober- und unterhalb des Zügels schmale weiße Linien. Im SK matter graubraun (Flügeldecken aber glänzend), Kopf und Hals weiß gesprenkelt. Im JK/immat. (**3B**) wie SK, aber Gefieder noch matter grünlich braun, ohne glänzende Flügeldecken. Im Flug (**3A**) wird der Hals weit vorgestreckt, die Beine überragen den Schwanz deutlich.

VORKOMMEN U; Brutvogel Süd- und Osteuropas, bis in die 1930er auch am Neusiedler See. Heute seltener Gast in großen Feuchtgebieten, meist im Frühjahr.

WISSENSWERTES Der **Waldrapp** (*Geronticus eremita*, **4**) ist in Mitteleuropa ausgestorben. Vögel eines Auswilderungsprojekts in Bayern und Salzburg sowie Tiere freifliegender Gruppen in Unterkärnten und Oberösterreich können in diesen Regionen immer wieder beobachtet werden. Der **Heilige Ibis** (*Threskiornis aethiopicus*, **5**) tritt selten als Gefangenschaftsflüchtling und Gast aus etablierten Populationen in Südeuropa bei uns auf.

1C
IV

1B
II

1A
IV

2C
VI

2A
IV

2B
VIII

3B
V

3A

5
IX

4
II

1 | Silberreiher
— *Ardea alba* Great White Egret

084 | L 85–100 cm
S 143–169 cm

MERKMALE Großer, ganz weißer Reiher mit langem, stark geschwungenem Hals. Beine lang, mit schwärzlichem Tarsus und aufgehellter Tibia. Jagt lauernd und mit langsamen Bewegungen im Flachwasser. Im Flug (**1A**) überragen die Beine den Schwanz sehr weit. Ad. zeigen zur Paarungszeit (**1B**) einen nahezu vollständig schwarzen Schnabel und intensiv blaugrüne Zügel. Die Färbung der Tibia ist unterschiedlich weit ausgedehnt und variiert von hellbraun bis tiefrot. Lange Schmuckfedern an Brust und Schultern. Noch während der Brutzeit färbt sich der Schnabel gelb und das Rot der Beine verschwindet. Außerhalb der Brutzeit (**1A, C, D** links) und bei juv./1. S Schnabel überwiegend gelb, Zügel gelbgrün oder gelb. Beine manchmal überwiegend braun. Schmuckfedern fehlen.
VORKOMMEN B, D, W I–XII 100–600 m; brütet mit mehreren hundert Brutpaaren im Schilfgürtel des Neusiedler Sees sowie sehr selten und vereinzelt in anderen großen Schilfgebieten. Weicht im Winter v.a. Richtung Mittelmeer aus, überwintert aber auch in Österreich. Als Durchzügler (und Wintergast) in weiten Teilen Österreichs, v.a. im Alpenvorland und in größeren Tälern. Tritt sowohl einzeln als auch in Gruppen (je nach Nahrungsangebot manchmal mehr als 100 Ex.) auf. Nahrungssuche in flachen Gewässern, auf Wiesen und in Ackerlandschaften.

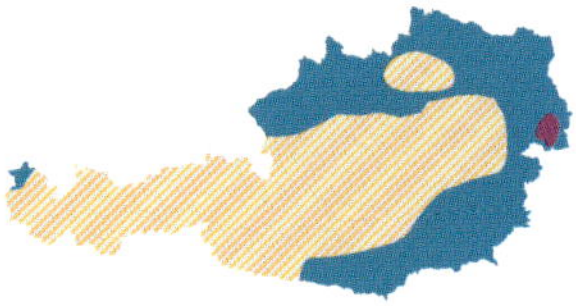

2 | Seidenreiher
— *Egretta garzetta* Little Egret

085 | L 55–65 cm
S 88–106 cm

MERKMALE Kleiner, ganz weißer Reiher mit sehr langem, überwiegend schwarzem Schnabel und aufgehellter Schnabelbasis. Agiler Jäger, der seiner Beute im flachen Wasser – häufig mit geöffneten Flügeln – nachläuft (**2D**). Sehr elegant, mit langem Hals und Beinen, die im Flug (**2A**) den Schwanz deutlich überragen. Ad. mit schwarzen Beinen und gelben Zehen, im PK (**2B**) außerdem zwei verlängerte Schmuckfedern am Hinterkopf und feine Schmuckfedern am Rücken. Zügel zur Paarungszeit rötlich blau (**2A**). Im SK (**2C**) und JK ohne Schmuckfedern auf Rücken und Kopf, im JK außerdem grün-graue Beine. Der augenscheinlich ähnliche Silberreiher ist wesentlich größer (**1D**), mit im Flug noch weiter den Schwanz überragenden Beinen. Schnabel außerhalb der Brutzeit gelb, Zehen immer schwarz. Trägt nie Schmuckfedern am Kopf. Der Kuhreiher ist nur wenig kleiner, hat aber einen kürzeren und dickeren Schnabel, der bei ad. immer gelb gefärbt ist. Beine heller und einfarbig.
VORKOMMEN B, D III–XII 100–500 m; seltener Brutvogel im Schilfgürtel des Neusiedler Sees (seit 1998) und am Unteren Inn (seit 2003), vereinzelt auch andernorts. V.a. entlang größerer Gewässer im Alpenvorland auch Durchzügler von Mai–Oktober. Im Sommer Zuzug aus anderen Gebieten und teilweise größere Ansammlungen. Jagt an flachen Gewässern, auch an Gräben und Kanälen. Kaum abseits des Wassers anzutreffen.

3 | Kuhreiher
— *Bubulcus ibis* Cattle Egret

086 | L 45–52 cm
S 80–90 cm

MERKMALE Noch kleiner und kompakter als Seidenreiher, mit kürzerem Hals, Schnabel und Beinen. Im Flug (**3A**) mit nur wenig überstehenden Beinen, weniger hervortretendem Hals, aber dafür bauchiger als andere Reiher. Im PK (**3A, B**) mit oranger Färbung an Scheitel, Brust und Mantel. Schnabel meist gelb, Beine hell. Nur zur Paarungszeit färben sich Schnabel und Beine rötlich. Im SK ohne auffällige Orangefärbung des Gefieders, Beine dunkler. Im JK wie SK, vorerst aber noch mit dunklem Schnabel. Vorjährige Ind. zeigen im Frühling noch keine oder kaum orange Partien im Gefieder und häufig eine dunkle Schnabelspitze.
VORKOMMEN D; brütet überwiegend in Südeuropa. Erreicht Österreich als seltener Gast, v.a. im Frühling. Mittlerweile alljährlich.

1A XII

2A IV

3A III

1B IV

2C II

1C IV

2B III

3B II

1D VIII

2D VIII

1 Graureiher

— *Ardea cinerea* Grey Heron

087 | L 84–102 cm
S 155–175 cm

MERKMALE Häufigster und größter Reiher mit überwiegend grauem Gefieder. Lange, hornfarbene Beine, kräftiger Schnabel und langer, s-förmig gekrümmter Hals sind typisch. Bietet gewisse Verwechslungsmöglichkeit mit dem größeren Kranich, der aber den Hals meist (im Flug immer) gestreckt hält. Im Flug (**1A**) dunkel, mit lang überstehenden Beinen. Dunkle Schwungfedern kontrastieren zu grauem Kleingefieder. Am Flügelbug nahe der Handwurzel sitzen zwei weiße Flecken. Der angezogene Hals erweckt einen brustlastigen Eindruck. Typisches Flugbild mit sehr stark gebogenen Flügeln und langsamen Flügelschlägen. Ad. (**1A, B**) mit dunkelgelbem Schnabel, weißem Gesicht, hellgrauen Halsseiten und schwarzen „Augenbrauen", die in verlängerte Schmuckfedern übergehen und am Hinterkopf hinabhängen. JK/1. W (**1C**) mit dunkler grauem Hals und Kopf sowie dunkel abgesetztem Oberkopf, ohne Schmuckfedern. Oberschnabel dunkelgrau, Unterschnabel grau-orange. Im 2. W (**1D**) bereits kurze schwarze Schmuckfedern am Kopf. Kopf- und Halsseiten aber noch recht dunkelgrau, Schnabel mit dunklem First. Ruft im Flug laut und krächzend.

VORKOMMEN B, D, W I–XII 100–1000 m; verbreiteter Brutvogel in allen Bundesländern. Brütet in Kolonien, v.a. auf Bäumen. Nahrungssuche in Gewässern aller Art, auch in Menschennähe, sowie auf Wiesen und Feldern. Brutvögel ziehen im Winter teilweise bis Westafrika. Zudem überwintern Ind. aus nördlichen und nordöstlichen Populationen in Österreich.

WISSENSWERTES Der älteste bekannte Graureiher erreichte in freier Wildbahn ein Alter von über 37 Jahren. Wie auch um andere fischfressende Arten, ergeben sich um den Graureiher Konflikte zwischen Fischerei und Naturschutz. Abschüsse werden v.a. im Herbst und Winter in vielen Bundesländern bewilligt.

2 Purpurreiher

— *Ardea purpurea* Purple Heron

088 | L 70–90 cm
S 120–138 cm

MERKMALE Oberflächlich ähnlich dem Graureiher, aber etwas kleiner und in Braun- statt Grautönen gehalten. Insgesamt schlanker, mit dünnerem Hals und längerem Schnabel. Im Flug (**2A**) ergibt der eingezogene Hals eine kantigere Form, die Flügelschläge sind unsteter und ruckartig. Die beiden Abzeichen am Flügelbug sind braun (bei Graureiher weiß). Ad. (**2A, B**) haben rostbraunen Hinterhals und Kopf, mit schwarzen Längsstreifen und dünnen schwarzen Schmuckfedern. Die Halsvorderseite ist weißlich und fein schwarz liniert. Mantel, Rücken und Flügeldecken grau. Bauch und Schenkelbefiederung rostbraun. Im JK (**2C**) insgesamt weniger bunt und fast vollständig beigebraun, mit diffus dunkel gezeichneter Oberseite. Halsvorderseite weißlich und fein gestrichelt.

VORKOMMEN B, D IV–X 100–600 m; Zugvogel, überwintert in Afrika. Brütet v.a. am Neusiedler See, aber selten auch am Bodensee, am Unteren Inn und vereinzelt in anderen Landesteilen. Vor allem zur Brutzeit auf Gewässer mit ausgedehnten Schilf- oder Röhrichtbeständen spezialisiert.

3 Rallenreiher

— *Ardeola ralloides* Squacco Heron

089 | L 40–49 cm
S 71–80 cm

MERKMALE Kleiner, beigebrauner Reiher. Im Flug (**3A**) kontrastieren die weißen Flügel und der weiße Schwanz zu braunem Mantel und Schulterfedern. Im PK (**3A, B**) mit fein gestreiftem Kopf und stark verlängerten Schmuckfedern am Hinterkopf, die weit auf den Rücken hinabhängen. Brustseiten gelblich. Schnabel blaugrau mit schwarzer Spitze. Beine gelblich, zur Paarungszeit rot. Im JK/SK (**3C**) ohne Schmuckfedern und mit stärker gestreiften Halsseiten. Oberseite graubraun, gelbliche Bereiche fehlen.

VORKOMMEN D IV–IX 100–600 m; brütet in Südeuropa. In Österreich seltener, aber alljährlicher, manchmal brutverdächtiger Gast. Sucht seine Nahrung an verschiedenen Gewässern (gerne an Schilfrändern oder entlang von Gräben).

1B IV

1C VIII

1D VIII

1A II

2B V

2C VIII

2A IV

3A VI

3B IV

3C XI

1 Nachtreiher
— *Nycticorax nycticorax* Black-crowned Night-heron

090 | L 58–65 cm
S 90–100 cm

MERKMALE Kleiner, bulliger Reiher mit großen Augen. Verbringt den Tag in Bäumen und Gebüschen. Fliegt besonders in der Dämmerung (**1A**). Wirkt dann sehr kompakt, durch kurzes Hinterende und großen Kopf vorderlastig. Schnabel zeigt abwärts. Ad. (**1A, B**) haben graues Gefieder mit schwarzem Rücken und schwarzer Kopfplatte. Lange dünne Schmuckfedern hängen vom Nacken am Rücken hinab. Iris dunkelrot, Beine gelb (zur Paarungszeit rot). Schnabel schwarz. Im Flug sind schwarze Partien der Oberseite oft kaum zu sehen, Unterseite ganz hellgrau. Im JK (**1C**) kalt graubraun und durchwegs kräftig gescheckt und gestrichelt. Unterseite beigebraun. Auf Mantel und Flügeldecken weiße, dreieckige und tropfenförmige Flecken. Iris orange. Wird in diesem Kleid manchmal mit Rohrdommel verwechselt. Diese ist wärmer braun, oberseits fein schwarz gezeichnet und hat eine dunkle Kopfplatte und Bartstreif. Steht im Gegensatz zu Nachtreiher nie auf Bäumen oder in Büschen. Im 1. S noch sehr ähnlich JK, mit stark gefleckten Flügeln, aber weniger stark oder ganz ungemustertem Rücken. Im 2. W/2. S ähnlich ad., aber braunstichig, ohne Schmuckfedern und mit sanft gestreiften Halsseiten und Unterflügeln. Handdecken noch mit weißen Spitzen. Ruft im Flug laut und nasal „kwak" und macht so häufig auf sich aufmerksam.
VORKOMMEN B, D III–X 100–400 m; lokaler Brutvogel an Gewässern mit reichem Baum- und Buschbestand außerhalb der Alpen. Brutnachweise vor allem im nördlichen Alpenvorland, im Weinviertel, im Burgenland und am Bodensee. Überwintert in Afrika. Als Durchzügler im Frühling und Spätsommer auch abseits der Brutgebiete.

2 Rohrdommel
— *Botaurus stellaris* Eurasian Bittern

091 | L 69–81 cm
S 100–130 cm

MERKMALE Mittelgroßer, kompakter Reiher mit dickem, kurzem Hals und relativ kurzen Beinen. Lebt sehr versteckt im Schilf und ist selten (meistens im Winter) offen zu sehen. Im Flug (**2A**) mit breiten Flügeln, überstehenden Beinen und buckeliger Erscheinung. Erinnert an Nachtreiher, hat aber längere Beine, gebänderte Schwungfedern und hält Schnabel gerade. In allen Altersklassen (**2B**) Gefieder braun mit feiner schwarzer Musterung (erinnert an Greifvögel), dunkler Kopfkappe und dunklem Bartstreif. Kehle hell weißlich, Halsgefieder locker und grob gestreift (besonders in „Pfahlstellung" auffällig). Schnabel und Beine hornfarben bis gelblich grün. Verrät sich im Frühling und Sommer überwiegend durch typischen dumpfen und weittragenden Balzruf des Männchens. Klingt, als würde man über die Öffnung einer leeren Flasche blasen: „Uuump".
VORKOMMEN B, D, W I–XII 100–500 m; Brutvogel am Neusiedler See und im Seewinkel in großen Altschilfbeständen, gelegentlich auch andernorts Brutverdacht. Sonst als Durchzügler und seltener als Wintergast, v.a. in Schilfbeständen. Am häufigsten im Sommerhalbjahr anhand der Stimme festzustellen.

3 Zwergdommel
— *Ixobrychus minutus* Common Little Bittern

092 | L 33–38 cm
S 49–58 cm

MERKMALE Kleinster Reiher. Lebt versteckt in Röhrichtbeständen, kann aber öfter als Rohrdommel fliegend oder am Wasserrand in der Vegetation beobachtet werden. Im Flug mit schnellen Flügelschlägen und (besonders ♂) mit markantem Flügelmuster. Ad. ♂ (**3A, B**) sind kontrastreich gefärbt. Oberseite, Schwungfedern und Kopfkappe schwarz. Das große, sandbraune Flügelfeld ist sowohl beim stehenden Vogel als auch im Flug auffällig. Ad. ♀ (**3C**) mit Farbverteilung wie ♂, aber weniger kontrastreich. Der Rücken ist braun gemustert, Flügelfeld, Kopf- und Halsseiten sind etwas düsterer. Die Kopfkappe ist dunkelbraun und die Streifung am Hals kräftiger. Im JK (**3D**) ähnlich ♀, aber auf Flügelfeld, Hals und Gesicht stärker gemustert. Dunkle Kopfkappe wenig auffällig. Der Gesang wird bei Tag und in der Nacht vorgetragen. Erinnert an gedämpftes Hundegebell oder Froschquaken: „wru, wru, wru ...".
VORKOMMEN B, D IV–IX 100–800 m; besiedelt Gewässer mit dichtem Schilf- oder Rohrkolbenbestand in Tieflagen. Überwintert in Afrika.

1B
IV

1A
VII

1C
VIII

2B
II

3A
VII

2A
V

3B
VI

3C
VIII

3D
VIII

1 Triel
— *Burhinus oedicnemus* Eurasian Thick-knee

093 | L 38–45 cm
S 76–88 cm

MERKMALE Sehr große, dämmerungs- und nachtaktive Limikole mit kräftigen gelben Beinen und großem gelben Auge. Das Gefieder ist oberseits sandfarben und schwarz gestrichelt. Der Schnabel ist kurz und gelb, mit ausgedehnt schwarzer Spitze. Der lange Schwanz überragt am stehenden Vogel die Flügelspitzen. Am Tag entdeckt, drücken sich Triele auf den Boden oder schleichen gebückt davon. Im Flug (**1C**) mit langen, spitzen, häufig angewinkelten Flügeln und typischem Flügelmuster. Die Handschwingen sind schwarz und zeigen weiße Abzeichen. Am Armflügel sitzen zwei helle, beidseitig dunkel eingerahmte Flügelbinden. Diese sind bei ad. (**1B, C**) stärker ausgeprägt als im JK. Ruft zur Brutzeit nachts hoch und flötend, z.B. „Küü-LII".
VORKOMMEN B, D III–X 100–200 m; Zugvogel, überwintert in Afrika. Sehr seltener, lokaler Brutvogel an wenigen Stellen in Niederösterreich. Sonst vereinzelt als seltener Durchzügler. Besiedelt karge, sandige oder steinige Flächen wie Sandgruben oder trockene Weideflächen.

2 Rotflügel-Brachschwalbe
— *Glareola pratincola* Collared Pratincole

094 | L 24–28 cm
S 60–70 cm

MERKMALE Relativ kurzbeinige und langflüglige Limikole mit kurzem, gebogenem Schnabel und gegabeltem Schwanz. Erinnert entfernt an eine Seeschwalbe, hat aber oberseits sandbraunes, ungezeichnetes Gefieder, das zu den schwärzlichen Schwungfedern und an der Brust scharf zum weißen Bauch kontrastiert. Im Flug (**2B, C**) werden zusätzlich der breit weiße Bürzel, der schmale weiße Hinterrand der Armschwingen und die unterseits rostbraunen Flügeldecken sichtbar. Typisch ist der wendige Flugstil, der bei der Insektenjagd im offenen Luftraum gezeigt wird. Ad. im PK (**2A, B**) zeigen einen deutlichen roten Fleck an der Schnabelbasis und eine dunkel eingefasste, cremefarbene Kehle. Im SK fehlt der rote Schnabelfleck und die Kehle ist höchstens fleckig umrandet. Im JK (**2C**) wie SK, aber mit dunkel fleckig gezeichneter Oberseite und Brust.
VORKOMMEN U; brütet in Südeuropa, überwintert in Afrika. In Österreich sehr seltener Durchzugsgast, meist in großen Feuchtgebieten (Rheindelta, Seewinkel), insbesondere im Mai und Juni.

3 Schwarzflügel-Brachschwalbe
— *Glareola nordmanni* Black-winged Pratincole

095 | L 24–28 cm

MERKMALE Sehr ähnlich der Rotflügel-Brachschwalbe, aber in allen Kleidern mit schwarzen Unterflügeln und ohne weißen Flügelhinterrand. Im Flug außerdem mit oberseits geringerem Kontrast zwischen Schwungfedern und den recht dunkelgraubraunen Flügeldecken. Der Schwanz ist kürzer und überragt am stehenden Vogel die Flügelspitze nicht. Die Beine sind etwas länger. Im PK mit weniger Rot an der Schnabelbasis als Rotflügel-Brachschwalbe und ausgedehnt dunkler Stirn und dunklem Zügel. Im SK und JK (**3**) nur anhand der schwarzen Unterflügel und des fehlenden Flügelhinterrandes sicher zu unterscheiden.
VORKOMMEN A; brütet im östlichsten Europa und in Asien, überwintert in Südafrika. In Österreich noch seltener als die Rotflügel-Brachschwalbe. Nachweise gelangen v.a. im Spätsommer und Herbst im Osten des Landes.

1A
I
1B
VII
2A
V
1C
II
2B
VIII
2C
VII
3
XI

1 | Stelzenläufer

— *Himantopus himantopus* Black-winged Stilt

096 | L 33–36 cm
S 72 cm

MERKMALE Extrem lange, hellrote Beine, weißes Körpergefieder und schwarzer Mantel und Flügel lassen kaum Verwechslungen zu. Der Schnabel ist nadelfein, gerade und schwarz. Im Flug (**1A**) sehr weit überstehende Beine und spitze, dreieckige, ober- und unterseits schwarze Flügel sowie vorgestreckter Hals. Die schwarzen Flügel werden von einem großen weißen Keil am Rücken geteilt. Ad. (**1A, B**) mit einfarbig schwarzer Oberseite. Kopf und Nacken mit variablem Schwarzanteil, der oft bei ♂ größer, aber kein zuverlässiges Geschlechtsmerkmal ist. Einige Individuen sind ganz weißköpfig, andere zeigen schwarzen Scheitel, hinteren Nacken und Ohrdecken. Ad. ♂ (**1B**) mit samtschwarzem Mantel, von gleicher Farbe wie die Flügel. Ad. ♀ (**1A**) mit etwas hellerem, braun getöntem Mantel, der leicht zu den schwarzen Flügeln kontrastiert. Im JK (**1C**) mit dunkelbrauner Oberseite, hell gerandeten Fügeldecken sowie blassorange Beinen. Anfangs mit rosa Unterschnabelbasis. Ein weißer Flügelhinterrand lässt die Altersbestimmung bis in den 1. S zu. Äußert zur Brutzeit heisere Rufreihen wie „kjück-kjück-kjück…" oder „kritt-kritt-kritt…".
VORKOMMEN B, D III–IX 100–500 m; Zugvogel, überwintert vorwiegend in Afrika. In Österreich lokaler Brutvogel an geeigneten, vegetationsreichen Flachgewässern. Brütet regelmäßig nur im Neusiedler-See-Gebiet, vereinzelt auch andernorts. Als spärlicher Durchzügler, besonders im Frühjahr, an verschiedenen Gewässern. Unternimmt in manchen Jahren Ausbreitungsvorstöße und vermag spontan neue Gebiete zu besiedeln.

2 | Säbelschnäbler

— *Recurvirostra avosetta* Pied Avocet

097 | L 42–46 cm
S 72 cm

MERKMALE Unverwechselbarer Watvogel mit schwarz-weißem Gefieder, dünnem, schwarzem, stark nach oben gebogenem Schnabel und langen, blaugrauen Beinen. Ad. (**2A, B**) mit weißem Körpergefieder, schwarzem Oberkopf und Nacken und großen schwarzen Feldern auf Schultern, Flügeldecken und an der Flügelspitze. ♀ zeigen Braunstich in den schwarzen Gefiederpartien und haben einen etwas kürzeren, stärker gebogenen Schnabel. Im JK (**2C**) sind die dunklen Bereiche brauner und unscharf begrenzt und besonders die Schultern und Schirmfedern verwaschen graubraun gefärbt. Ruft am Brutplatz bei Erregung weicher als Stelzenläufer „plütt-plütt-plütt…".
VORKOMMEN B, D III–XI 100–400 m; Zugvogel, überwintert im Mittelmeerraum. Brütet regelmäßig nur an den vegetationsarmen Sodalacken des Seewinkels und in der Verlandungszone des Neusiedler Sees, sehr selten und vereinzelt andernorts.
WISSENSWERTES Die Nahrungssuche in Flachwasserzonen erfolgt häufig mit leicht geöffnetem Schnabel und pendelnden Kopfbewegungen. Im Brutgebiet bilden Kiemenfußkrebse (Branchiopoden) die Hauptnahrung. Säbelschnäbler können in freier Wildbahn mehr als 27 Jahre alt werden.

3 | Austernfischer

— *Haematopus ostralegus* Eurasian Oystercatcher

098 | L 39–44 cm
S 78 cm

MERKMALE Sehr kompakter, kräftiger Watvogel mit schwarz-weißem Gefieder, starken, fleischfarbenen Beinen und rotem, sehr langem, geradem Schnabel. Kopf, Hals, Brust und Mantel schwarz. Flügel oberseits schwarz, mit breitem weißen Flügelstreif. Unterseite weiß. Schwanz weiß mit breiter schwarzer Endbinde. Ad. im PK (**3A, B**) mit glänzend schwarzen Gefiederpartien, roter Iris und rotem Lidring sowie ganz rotem Schnabel. Im SK wie PK, aber mit weißem Kehlband. Im JK mit braunschwarzem Gefieder, grauen Beinen und ausgedehnter, verwaschen dunkler Spitze des braunroten Schnabels sowie dunkler Iris. Im 1. W/1. S ähnlich JK, aber mit weißem Kehlband.
VORKOMMEN D; brütet überwiegend entlang der Küsten, v.a. in Nordosteuropa auch weiter im Binnenland. In Österreich seltener Durchzügler an verschiedenen Gewässern, meist einzeln oder in kleinen Gruppen.

1B
IV

2A
VI

1A
V

2B
VI

1C
IX

2C
IX

3A
V

3B
VI

1 Goldregenpfeifer
— *Pluvialis apricaria* Eurasian Golden Plover

099 | L 25–28 cm
S 53–59 cm

MERKMALE Großer Regenpfeifer mit schlankem, dunklem Schnabel, kleinem Kopf und stets fein goldgelb und schwärzlich gezeichneter Oberseite. Rastet mitunter fernab von Gewässern im Ackerland. Im Flug (**1A**) mit eher schwach ausgeprägtem weißen Flügelstreif und heller Flügelunterseite mit weißen Achselfedern. Im PK (**1B**) Gesicht, Vorderhals, Brust und Bauch schwarz, durch breiten weißen Streifen von stark gemusterter Oberseite getrennt. ♂ sind kontrastreicher gefärbt als ♀, allerdings sind weiter südlich brütende Vögel generell weniger klar gezeichnet als nördlichere, daher große Überschneidungen zwischen Geschlechtern. Im JK/SK (**1C, D**) ohne schwarze Gefiederpartien. Hals und Brust fein beige gestrichelt. An den Ohrdecken sitzt ein isolierter, dunkler rundlicher Fleck. Ruft flötend, melancholisch „püüh". Länger ausgezogen als bei Mornellregenpfeifer und ohne raue Elemente.

VORKOMMEN D II–IV/VIII–XII 100–700 m; Brutvogel Nordeuropas, überwintert in Westeuropa und im Mittelmeerraum. In Österreich regelmäßiger Durchzügler im frühen Frühling und Herbst (auch unter Kiebitzen), vereinzelt rund ums Jahr. Rastet besonders auf Acker-, Wiesen- oder Weideflächen im Tiefland (aber auch direkt an Gewässern), dort aber oft schwer zu entdecken. In manchen Jahren in großen Trupps mit mehreren hundert Individuen.

WISSENSWERTES Sowohl der **Amerikanische Goldregenpfeifer** (*P. dominica*), als auch der **Pazifische Goldregenpfeifer** (*P. fulva*) wurden als extreme Ausnahmeerscheinungen in Österreich nachgewiesen. Beide Arten sind nur sehr schwer voneinander bzw. vom Goldregenpfeifer zu unterscheiden, zeigen aber graubraune Achselfedern (bei Goldregenpfeifer weiß) und gröber gezackte Schirmfedern.

2 Kiebitzregenpfeifer
— *Pluvialis squatarola* Grey Plover

100 | L 26–29 cm
S 56–63 cm

MERKMALE Etwas größer als Goldregenpfeifer, mit längerem, kräftigerem Schnabel, größerem Kopf und grau-schwarz gemusterter Oberseite (im JK aber mit gelblichen Tönen). Anders als Goldregenpfeifer fast immer an Gewässern rastend. Im Flug (**2A**) mit auffälligen schwarzen Achseln, breitem weißen Flügelstreif im schwarzen Handflügel und weißem Bürzel. Im PK (**2B, C**) Gesicht, Vorderhals, Brust und Bauch schwarz, von grob silbrig schwarz gefleckter Oberseite durch breiten weißen Streifen getrennt, der an den Brustseiten endet. ♂ (**2B**) sind klarer und kontrastreicher gefärbt als ♀, Geschlechtsbestimmung mauserbedingt aber nicht immer möglich. Im SK (in Österreich in der Regel nicht zu sehen, da die Mauser erst im Winterquartier abgeschlossen wird) ohne schwarze Unterseite, Federn der Oberseite recht einheitlich grau, mit diffus hell gezackten Rändern. Im JK (**2D**) ähnlich SK, aber oberseits kräftig grau und beige gemustert und heller Überaugenstreif deutlich. Brust fein gestrichelt. Ohrdecken etwas dunkler, aber kein isolierter runder Fleck wie bei Goldregenpfeifer. Im 1. S wie JK, manchmal mit einigen schwarzen Federn der Unterseite. Ruft gedehnt flötend, melancholisch „plüü-U-üüi".

VORKOMMEN D IV–XII 100–600 m; brütet in der arktischen Tundra, überwintert an Küsten Europas und Afrikas. In Österreich Durchzügler im Frühling, Spätsommer (ad.) und Herbst (juv.) an verschiedenen Gewässern. Meist einzeln oder in kleinen Trupps.

Goldregenpfeifer, JK/SK

Kiebitzregenpfeifer, JK

1A
III

1B
VI

1C
XI

1D
IX

2A
XII

2B
V

2C
VIII

2D
I

Regenpfeifer

1 | Kiebitz
— *Vanellus vanellus* Northern Lapwing

101 | L 28–31 cm
S 67–72 cm

MERKMALE Größter Regenpfeifer. Unverwechselbar dank langer schwarzer Federhaube, dunkelgrüner und an den Schultern purpurn glänzender Oberseite, weißer Unterseite und schwarzem Brustband. Unterseite weiß. Im Flug (**1A**) sind die sehr breiten Flügel, die schwarze Oberseite, die weißen Unterarmdecken und Handschwingenspitzen typisch. ♂ im PK (**1B**) mit kontrastreichem Kopfmuster, ganz schwarzer, mit Brustband verbundener Kehle und sehr langer, gebogener Federhaube. Handflügel durch verlängerte innere Handschwingen deutlich breiter als Armflügel. ♀ im PK (**1C**) ähnlich ♂, aber etwas matter gefärbt, mit weiß gefleckter Kehle und kürzerer Federhaube. Handflügel schmaler. Im SK mit ausgedehntem beigem Hinterkopf, braun gerandeten Flügeldecken und weißer Befiederung um die Schnabelbasis und am Vorderhals. Im JK (**1D**) oberseits stärker braun getönt, stark hell gemustert und mit steifer kurzer Federhaube. Ruft krächzend, zweisilbig. Gesang des Männchens während der Flugbalz unverkennbar, einzigartig und buchstäblich unbeschreiblich.

VORKOMMEN B, D, w I–XII 100–900 m; Zugvogel, überwintert v.a. in West- und Südwesteuropa. Rückkehr ab Mitte Februar. In vielen Regionen stark abnehmende Zahl an Brutvögeln in offenen, baumarmen Wiesengebieten, Ackerlandschaften und Feuchtgebieten der Tieflagen. Brütet auf kurzrasigen oder vegetationslosen Flächen. Als Durchzügler und vereinzelter Wintergast in Feuchtgebieten und auf Feldern weit verbreitet.
WISSENSWERTES Der älteste bekannte Kiebitz wurde in freier Wildbahn mehr als 24 Jahre alt.

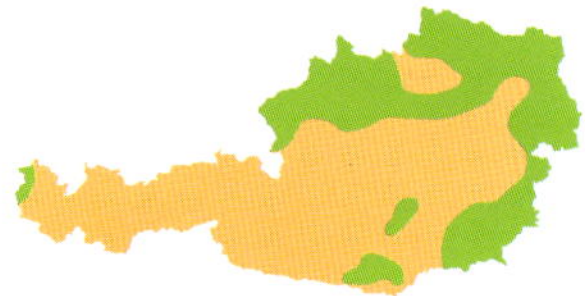

2 | Mornellregenpfeifer
— *Eudromias morinellus* Eurasian Dotterel

102 | L 20,5–24 cm

MERKMALE Mittelgroßer Regenpfeifer mit breitem hellen, im Nacken zusammenlaufendem Überaugenstreif und schmalem weißen Brustband. Kopf groß, Schnabel schlank und schwarz, Beine gelbgrün. Im Flug (**2A**) mit einheitlich graubrauner Oberseite, Handflügel etwas dunkler, ohne Flügelstreif. Bei guten Beobachtungsbedingungen ist der weiße Schaft der äußersten Handschwinge sichtbar. Ad. PK (**2B**) mit rotbraunem Bauch, Zentrum schwärzlich. Brust und Oberseite grau, Flügeldecken rotbraun gerandet. Kehle und Überaugenstreif weiß. Scheitel dunkel, Steiß weiß. ♀ sind kontrastreicher und intensiver gefärbt als ♂. Im Spätsommer (**2C**) mausern ad. ins SK und zeigen dann zunehmend einfarbig graubraune Federn auf Ober- und Unterseite. Im JK (**2D**) wie ad. SK, aber mit fleckigen Brustseiten und anderer Oberseitenzeichnung: Flügeldecken und Schulterfedern haben einen hellbeigen Rand, der an der Federspitze durchbrochen ist. Juv. im Spätsommer zeigen meist einzelne vermauserte Federn mit rotbraunem Rand. Ruft im Flug häufig sanft, abfallend „pjü(rr)" oder auch schärfer „bütt-bütt-bütt...".
VORKOMMEN B, D IV–X 100–2500 m; Zugvogel, überwintert in Afrika und im Nahen Osten. Lokaler, sehr seltener und unregelmäßiger Brutvogel in den Zentralalpen auf baumlosen, alpinen Rasen. Weiter verbreitet in der Tundra Skandinaviens. Als spärlicher bis seltener Durchzügler im Frühling und Spätsommer meist in kleinen Trupps sowohl auf kurzrasigen Bergkuppen als auch auf Äckern im Tiefland.

Mornellregenpfeifer, JK

Goldregenpfeifer, JK/SK

1B
IV

1C
V

1D
VIII

1A
III

2A
IX

2D
IX

2B
IV

2C
VIII

1 | Flussregenpfeifer — *Charadrius dubius* Little Ringed Plover

103 | L 15,5–18 cm
S 32–35 cm

MERKMALE Kleiner, schlanker Regenpfeifer mit lang ausgezogenem Hinterende. Zeigt dünnen, ganz dunklen Schnabel und hellen Lidring. Oberseite ungezeichnet sandfarben, Unterseite weiß. Handschwingenprojektion sehr gering. Im Flug (**1A**) mit sehr dünner, kaum sichtbarer Flügelbinde. Ad. PK (**1B**) mit schwarzer Augenmaske und auffälligem gelben Lidring. Kopfmuster mit weißem Stirnfleck und schwarzem Stirnband, das zum braunen Scheitel weiß begrenzt ist. Breites, geschlossenes, schwarzes Brustband. Beine fleischfarben. ♂ zeigen schwärzeres, schärfer begrenztes Kopfmuster, ♀ z.B. schmaleres Stirnband und braune Ohrdecken. Auch bei ♂ im 1. S sind schwarze Abzeichen mit braunen Federn durchsetzt. Ad. SK (**1C**) wie PK, aber schwarze Bereiche heller braun. Brustband manchmal offen. Das schwarze Stirnband fehlt, dadurch erreicht der diffuse Überaugenstreif den Schnabel. Im JK (**1D**) ohne schwarzes Kopfmuster, aber mit etwas dunkler brauner Maske und dunklen Brustseitenflecken (kein geschlossenes Brustband). Stirn gelblich. Überaugenstreif vor dem Auge, hinter dem Auge nur diffus angedeutet. Heller Lidring sehr schmal und wenig kontrastierend, aber vorhanden. Oberseite mit dünnen hellen Federrändern. Beine gelb oder orange. Zur Unterscheidung von anderen kleinen Regenpfeifern im JK (s. S. 134). Ruft im Flug typisch, scharf, aber flötend „piu". Dazu eine Reihe weiterer Lautäußerungen am Brutplatz.
VORKOMMEN B, D III–X 100–900 m; Zugvogel, überwintert in Afrika. Weit verbreiteter Brutvogel auf kargen, vegetationsarmen Flächen, meist in der Nähe von Gewässern (z.B. Kiesbänke in Flüssen, Schottergruben, Gewässerufer), gelegentlich auch auf Flachdächern und Parkplätzen.

2 | Sandregenpfeifer — *Charadrius hiaticula* Common Ringed Plover

104 | L 17–19,5 cm
S 35–41 cm

MERKMALE Kompakter, kräftiger und kurzbeiniger als der ähnliche Flussregenpfeifer. Zeigt dunklere, graubraune Oberseite und dickeren Schnabel und keinen so deutlichen Lidring. Außerdem deutlichere Handschwingenprojektion und im Flug (**2A**) mit breitem weißen Flügelstreif. Ad. PK (**2B**) mit zweifarbigem, schwarz-orangem Schnabel. Kein langer weißer Überaugenstreif, aber kurzer, isolierter weißer Fleck hinter dem Auge. Beine orange. Im SK (**2C**) in Österreich in der Regel nicht zu sehen. Kopfzeichnung dann nur dunkelbraun. Schnabel ganz dunkel oder mit kleiner oranger Basis. Stirnband fehlt, daher reicht der kurze, breite Überaugenstreif bis zur weißen Stirn. Im JK (**2D**) wie SK, aber mit fein geschuppter Oberseite. Brustband vorn häufig offen. Beine braunorange oder gelblich (s.a. S. 134). Ruft hoch flötend, zweisilbig „tu-ip".
VORKOMMEN D III–X 100–600 m; regelmäßiger Durchzügler in eher kleiner Zahl am Frühlings- und Herbstzug. Größere Trupps nur manchmal in großen Feuchtgebieten.

3 | Seeregenpfeifer — *Charadrius alexandrinus* Kentish Plover

105 | L 15–17 cm

MERKMALE Kleiner schlanker Regenpfeifer mit dünnem schwarzen Schnabel und großem Kopf. Hinterende kürzer als bei Flussregenpfeifer, Oberseite heller sandbraun. Brustseitenflecken schmal (zeigt fast nie geschlossenes Brustband). Beine immer recht dunkel, nie orange. Im Flug mit breitem weißen Flügelstreif (ähnlich Sandregenpfeifer) und weißen Schwanzseiten. ♂ im PK (**3A**) mit rotbrauner Kappe, weißem Überaugenstreif und weißer Stirn, darüber schwarzer Stirnfleck. Zügel und Ohrdecken schwarz. Beine schwarz oder dunkelgrau (bei Verschmutzung manchmal heller). Manche Ind. (z.B. ♂ im 1. S) ♀-ähnlicher. ♀ (**3B**) meist ohne schwarze oder rotbraune Bereiche, selten mit geschlossenem dünnen Brustband. Hinterkopf aber manchmal wärmer braun und Brustseitenflecken oft etwas dunkler. Im SK sehr ähnlich ♀ PK. Im JK (**3C**) ebenfalls wie ♀, aber durch helle Federränder der Oberseite geschuppte Erscheinung und stets ohne rotbraune oder schwarze Bereiche. Brustseitenflecken von selber Farbe wie Oberseite. Überaugenstreif hinter dem Auge diffus. Beine meist dunkel- oder grünlich grau. Zur Unterscheidung von anderen kleinen Regenpfeifern, s.a. S. 134. Ruft leise, rollend „drrrp" oder kurz (manchmal mehrfach) „bip".
VORKOMMEN B, D III–X 100–300 m; sehr lokaler und seltener Brutvogel an den vegetationsarmen Sodalacken des Seewinkels und im Seevorgelände des Neusiedler Sees. Andernorts sehr seltener Durchzügler. Überwintert im Mittelmeerraum.

1B
V

2B
IV

1C
II

2C
X

1D
VIII

2D
IX

1A
IV

2A
VIII

3C
X

3A
V

3B
V

1 Großer Brachvogel
— *Numenius arquata* Eurasian Curlew

106 | L 48–57 cm
S 89–106 cm

MERKMALE Sehr großer Watvogel mit hellbraunem, dicht dunkel gestricheltem Gefieder und extrem langem, stark abwärtsgebogenem Schnabel, der meist eine ausgedehnt helle Unterschnabelbasis aufweist. Kopf recht einheitlich, ohne deutliche Streifen, nur manchmal mit angedeutetem Scheitelstreif. Vor dem Auge heller. Im Flug (**1A, B**) werden der weiße Rücken und die dunklen äußeren Handschwingen sichtbar. Die Zehen überragen den Schwanz in der Regel leicht. Ad. (**1A–C, D** rechts) zeigen an den Flanken pfeilförmige Flecken. ♀ haben längere Schnäbel als ♂. Im JK wie ad., aber mit dünn gestrichelten Flanken. Juv. zeigen im Sommer zudem noch einen deutlich kürzeren Schnabel. Ruft laut flötend, lang ausgezogen „kuuu-i", im Flug aufgeregter und kürzer „kui-kui-ku". Am Brutplatz besonders ruffreudig. Trillernder Gesang wird im Flug vorgetragen.
VORKOMMEN B, D, W I–XII 100–600 m; Zugvogel, überwintert im Mittelmeergebiet, stellenweise aber auch in Österreich. Seltener Brutvogel auf extensiv genutzten, oft teilweise vernässten Wiesen. Häufiger als Durchzügler in verschiedenen Feuchtgebieten, auf Wiesen und Äckern.
WISSENSWERTES Der heute vermutlich gänzlich ausgestorbene **Dünnschnabelbrachvogel** (*N. tenuirostris*) wurde bis in die 1980er als Durchzügler vereinzelt in Österreich nachgewiesen. Die Art brütete in Sibirien, einzelne Individuen überwinterten bis in die 1990er Jahre in Marokko.

2 Regenbrachvogel
— *Numenius phaeopus* Whimbrel

107 | L 37–45 cm
S 78–88 cm

MERKMALE Kleiner als Großer Brachvogel (**1D** links), mit kürzerem, oft ganz dunklem Schnabel (Basis aber manchmal rosa) und kontrastreicherem Kopfmuster. Scheitelseiten und Zügel dunkel, Scheitelstreif und Überaugenstreif hell. Oberseits noch gleichmäßiger gefärbt als Großer Brachvogel. Im Flug (**2A, B**) mit weißem Rückenkeil und ausgedehnt dunklem Handflügel. Die Beine überragen den Schwanz in der Regel nicht. Im JK (**2D**) mit gleichmäßiger gezeichnetem, frischem Gefieder als ad. und vorerst kürzerem Schnabel (**2C**). Ruft aufgeregt und sehr schnell trillernd „pü-pü-pü-pü...".
VORKOMMEN D III–IX 100–500 m; brütet in Nordeuropa und Sibirien, überwintert in Afrika. In Österreich regelmäßiger, aber spärlicher Durchzügler (v.a. im Frühling), meist in der Nähe von Gewässern, manchmal auch auf Ackerflächen.

Großer Brachvogel

Regenbrachvogel

1A XI

1B IX

1C X

1D IV

2A II

2B II

2C IV

2D VIII

1 Uferschnepfe
— *Limosa limosa* Black-tailed Godwit

108 L 37–42 cm
S 62–72 cm

MERKMALE Recht großer Watvogel mit extrem langem, geradem Schnabel, langem Hals und sehr langen schwarzen Beinen. Überaugenstreif nur vor dem Auge. Im Flug (**1A**) sehr langgestreckt, mit den Schwanz weit überragenden Beinen. Oberseits mit dunklen Flügeln und sehr breitem weißen Flügelstreif. Flügelunterseite weiß, rundum breit dunkel eingerahmt. Schwanz schwarz, Basis und Oberschwanzdecken weiß. ♂ im PK (**1A, B**) mit ausdehnt orangebrauner Färbung auf Kopf, Hals und Brust. Flanken und Brust unregelmäßig, fleckig gebändert. Bauch und Unterschwanzdecken weiß. Oberseits mit grauen und schwarz-rotbraun gemusterten Federn. Schnabel orange, mit ausgedehnter schwarzer Spitze. ♀ im PK (**1C**) wie ♂, aber grauer, mit reduzierter, rotbrauner Färbung. Im SK ähnlich ♀, aber oberseits ganz einheitlich grau und mit rosa Schnabelbasis. Im JK (**1D**) Hals und Brust lebhaft beige, Gesicht heller. Mantel und Schultern mit regelmäßigem Schuppenmuster. Schnabelbasis rosa. Am Brutplatz sehr stimmfreudig. Äußert verschiedene nasale Rufe und Rufreihen.

VORKOMMEN B, D III–IX 100–500 m; Zugvogel, überwintert vorwiegend in Afrika. Seltener und lokaler Brutvogel in ausgedehnten Wiesengebieten. Brütet nur im Seewinkel in stark schwankender, u.a. vom Wasserstand abhängiger Zahl. Als Durchzügler spärlich in verschiedenen Feuchtgebieten im Tiefland, in größerer Zahl im Seewinkel.

2 Pfuhlschnepfe
— *Limosa lapponica* Bar-tailed Godwit

L 33–41 cm
S 62–72 cm

MERKMALE Etwas kleiner, aber v.a. kurzbeiniger als Uferschnepfe. Schnabel etwas kürzer und sanft nach oben gebogen. Im Flug (**2A**) mit breitem weißen Rückenkeil, ohne Flügelstreif. Die Flügelunterseite ist ganz weißlich und der Schwanz dicht dünn gebändert. Die Zehen überragen den Schwanz kaum. ♂ im PK (**2B**) zeigen eine dunkelrotbraune, ungezeichnete Unterseite sowie eine schwärzliche gefleckte Oberseite und einen dunklem Scheitel. Schnabel schwarz. ♀ im PK (**2A, C**) sind heller orangebeige, mit gestrichelter Brust und mit längerem Schnabel als ♂. Im JK (**2D**) am häufigsten in Österreich zu sehen. Schnabel mit rosa Basis und dunkler Spitze. Die Unterseite ist beigeweißlich. Oberseite und Schirmfedern sind sauber gezeichnet und zeigen dunkle Federzentren sowie helle gezackte Federränder, die ein eher streifiges als schuppiges Muster ergeben (vgl. Uferschnepfe). Die Brustseiten sind gestrichelt, der Überaugenstreif reicht bis hinter das Auge.

VORKOMMEN D IV–V/IX–X 100–500 m; brütet im nördlichsten Europa und Sibirien, überwintert an Küsten. In Österreich spärlicher Durchzügler an Gewässern mit Flachwasserzonen, aber auch auf feuchten Wiesen. Jungvögel treten v.a. im Herbst und häufig dann auf, wenn Uferschnepfen bereits überwiegend oder vollständig abgezogen sind.

WISSENSWERTES Die Pfuhlschnepfe hält den Rekord im Nonstop-Flug. Auf dem Zugweg vom Brutgebiet in das Winterquartier wurden mittels Satelliten-Transmitter Flüge über 11.000 km ohne Pause nachgewiesen.

Uferschnepfe, JK

Pfuhlschnepfe, JK

1A
III

1B
V

1C
III

1D
VII

2A
IX

2B
VI

2C
VI

2D
X

1 | Steinwälzer
— *Arenaria interpres* Ruddy Turnstone

110 | L 21–24 cm

MERKMALE Sehr kompakter, kurzbeiniger Watvogel mit dunklem Brustlatz. Der spitze, kräftige Schnabel mit leicht konvexem Unterschnabel wird zum Wenden von Steinen am Boden verwendet. Beine orange. Im Flug (**1A**) mit sehr auffälliger, schwarz-weißer Oberseite. Flügel mit ausgedehntem weißen Flügelstreif. Rücken, Schultern und Schwanz weiß, Letzterer mit breiter schwarzer Endbinde. Flügelunterseite weiß. Im PK (**1B**) unverkennbar, mit schwarz-oranger Oberseite und kontrastreichem, schwarz-weißem Kopfmuster. Im SK (**1A**) mit schwarzbrauner Oberseite mit etwas helleren, diffusen Federrändern und dunkel verwaschener Kopfzeichnung. Dunkler Brustlatz am auffälligsten. Im Spätsommer und Herbst am häufigsten im JK (**1C**) zu beobachten. Wie SK, aber durchwegs klar hell gerandete Flügeldecken erzeugen geschupptes Muster der Oberseite.
VORKOMMEN D IV–X 100–500 m; brütet an den Küsten Skandinaviens und Sibiriens, überwintert in Westeuropa und im Mittelmeerraum. In Österreich spärlicher Durchzügler am Frühlings- und Herbstzug, meist einzeln oder in kleinen Gruppen. Rastet besonders an vegetationslosen, steinigen Ufern. Steht auch auf Felsbrocken oder künstlichen Inseln.

2 | Sanderling
— *Calidris alba* Sanderling

111 | L 18–21 cm

MERKMALE Relativ großer, kräftiger Strandläufer mit meist auffällig hellem Gefieder und immer weißem Bauch. Schnabel schwarz, mittellang und gerade. Im Flug (**2A**) mit dunklen Flügeln und breitem weißen Flügelstreif. Beine schwarz, ohne Hinterzehe (kann nur aus der Nähe gesehen werden). Im PK (**2B**) Oberseite, Kopf und Brust typisch grob gescheckt mit rötlichen, schwarzen und hellen Flecken, die im Frühling einen überfrorenen Eindruck erzeugen. Bei manchen Vögeln Kopf und Brust bereits überwiegend rotbraun. Im SK (in Österreich selten) extrem hell. Oberseite, Nacken, Scheitel und Brustseitenfleck kaum gezeichnet, hellgrau. Im JK (**2C**) mit schwärzlichem Mantel und Rücken, grob gemusterten Flügeldecken und schwarz gestricheltem Scheitel. Brustseitenflecken mit gelblicher Grundfärbung, fein schwarz gezeichnet.
VORKOMMEN D IV–V/VII–X 100–500 m; brütet in der Arktis, überwintert an Küsten Europas und Nordafrikas. In Österreich spärlicher Durchzügler am Frühlings- und Herbstzug, meist einzeln oder in kleinen Gruppen. Bevorzugt vegetationslose Ufer, Sand- oder Schlammbänke.

3 | Knutt
— *Calidris canutus* Red Knot

L 23–26 cm

MERKMALE Großer, plumper und kurzbeiniger Strandläufer. Schwarzer Schnabel relativ kurz und gerade. Im Flug (**3A**) mit schwärzlichen Schwungfedern und Handdecken und schmalem weißen Flügelstreif. Bürzel heller grau und dunkel gebändert. Im PK (**3B**) sehr selten in Österreich zu sehen – dann unverwechselbar: unterseits einheitlich orangebraun und oberseits kräftig schwarz, rotbraun und grau gemustert. Beine schwarz. Erscheinung ähnlich Sichelstrandläufer im PK, aber leicht durch kurze Beine und kurzen Schnabel zu unterscheiden. Im SK ebenso selten. Dann mit ganz grauer, kaum gemusterter Oberseite und kurzem weißen Überaugenstreif. Scheitel, Nacken und Brust grau, fein schwarz gestrichelt. Kehle und Bauch weiß. Flanken mit dünnen schwarzen Strichen. Beine grünlich gelb. Im JK (**3C**) noch am häufigsten in Österreich zu sehen. Wie im SK mit ganz grauer Oberseite. Zeichnung der Flügeldecken aber typisch, mit sowohl schmalem hellen als auch dunklem Rand und dünnem dunklen Schaftstrich. Kehle und Brust mit gelblicher Grundfärbung, fein dunkel gefleckt.
VORKOMMEN D (IV–V)/VII–X 100–500 m; brütet in der arktischen Tundra, überwintert an Küsten Europas und Afrikas. Sehr spärlicher bis seltener Durchzügler (fast immer juv. im Herbst), meist an größeren Gewässern mit vegetationslosen Ufern.

1C IX

1B V

1A XII

2A IX

3A V

2B V

2C IX

3B VI

3C IV

1 Alpenstrandläufer — *Calidris alpina* Dunlin

113 | L 17–21 cm
S 32–36 cm

MERKMALE Mittelgroßer und häufigster Strandläufer mit schwarzem langen, abwärtsgebogenem Schnabel und recht kurzen schwarzen Beinen. Schnabellänge je nach Geschlecht und Unterart recht variabel und deshalb zur Unterscheidung vom durchschnittlich langschnäbligeren Sichelstrandläufer nicht immer hilfreich. Im Flug (**1A**) mit dünnem, am Handflügel diffusem Flügelstreif. Oberschwanzdecken weiß, durch breiten dunklen Streifen geteilt (bei Sichelstrandläufer ungeteilt weiß). Im PK (**1B**) leicht bestimmbar durch soliden schwarzen Bauchschild (kann je nach Mauserzustand fleckig sein) und orange bis rostrote Flügeldecken mit schwarzen Zentren. Gesicht, Kehle und Brust beige bis grau, fein gezeichnet. Scheitel rotbraun. Im SK oberseits kaum gezeichnet, grau mit kurzem verwaschenem Überaugenstreif. Brustseiten grau, fein gestrichelt, bilden Brustband zur weißen Unterseite. Im JK (**1C**) mit schwarz gefleckten Brust- und Bauchseiten und weißen Flanken. Kopf und Brust beigebraun. Oberseite mit mehrfarbigem Schuppenmuster: Die Flügeldecken sind beige und weißlich, die Schulterfedern rotbraun gerandet. Weiße Linien am Mantel erzeugen typisches Mantel-V. Im 1. W (**1D**) wie SK überwiegend grau mit weißer Unterseite, aber mit braunen, hell gerandeten Flügeldecken des JK. Ruft im Flug hoch und rau, einsilbig „krüü" oder „krii".

VORKOMMEN D, w I–XII 100–900 m; brütet in Nordeuropa und Sibirien, überwintert an Küsten Europas und Afrikas. Relativ häufiger Durchzügler an verschiedenen Gewässern mit Flachwasserzonen am Frühlings- und Herbstzug sowie vereinzelter Wintergast (Rheindelta und Unterer Inn). In großen Feuchtgebieten auch in beachtlichen Trupps mit mehreren hundert Vögeln.

2 Sichelstrandläufer — *Calidris ferruginea* Curlew Sandpiper

114 | L 19–21,5 cm

MERKMALE Etwas größer, durch längere Tibia aber v.a. hochbeiniger als der häufigere Alpenstrandläufer. Der schwarze Schnabel ist meist länger und stärker gebogen, der Überschneidungsbereich ist aber groß. Beine schwarz. Im Flug (**2A**) mit schmalem weißen Flügelstreif und weißen Oberschwanzdecken (ohne schwarzen Mittelstrich wie bei Alpenstrandläufer). Im PK (**2B**) dunkelrostrot, mit grob dunkel gemusterter Oberseite und dunklem, gestricheltem Scheitel. Durchzügler meist in verschiedenen Mauserstadien zwischen PK und SK (**2C**). Im JK (**2D**) mit graubrauner, sauber geschuppter Oberseite, gelblicher, schwach gestrichelter Brust und klarem Überaugenstreif. Im Unterschied zum Alpenstrandläufer im JK ohne schwarze Flecken der Unterseite und ohne Mantel-V (s.a. S. 136). Ruft ähnlich Alpenstrandläufer, aber mehrsilbig und trillernder „kirr-ip" oder „kürr-ip".

VORKOMMEN D IV–X 100–500 m; brütet in Sibirien, überwintert in Afrika. In Österreich eher spärlicher Durchzügler im Frühling, besonders aber im Sommer und Herbst. Meist in kleinen Gruppen an flachen Gewässern.

Alpenstrandläufer, JK

Sichelstrandläufer, JK

Sumpfläufer, JK

1A
VIII
2A
IX
1B
VIII
2B
VII
1C
IX
2D
IX
1D
XI
2C
VIII

1 Kampfläufer

— *Calidris pugnax* Ruff

115 | L ♂ 29–32 cm ♀ 22–26 cm

MERKMALE Mittelgroßer Watvogel mit mittellangem, sanft gebogenem Schnabel und sehr kurzer Handschwingenprojektion. Die immer deutlich größeren ♂ zeichnen sich durch ein sehr variables Gefieder aus, abhängig von Farbmorphe und Mauserzustand. Körper kräftig, Hals lang, Kopf klein. Die dunklen Flügeldecken, Mantel- und Schulterfedern bilden ein grobes Schuppenmuster und liegen oft auffällig locker abstehend, nicht glatt am Körper. Beinfarbe meist orange, aber auch gelb oder grünlich (im ersten Lebensjahr). Im Flug mit sehr dünnem Flügelstreif, ganz weißer Flügelunterseite mit dunklem Hinterrand und durch dunkles Dreieck geteilte, weiße Oberschwanzdecken. Die Beine überragen den Schwanz deutlich. ♂ im PK (**1A–D**) zeigen eine auffällige Halskrause aus langen Federn, die zu Schaukämpfen im Frühling abgespreizt werden kann. Sie bildet mit der Federhaube das auffälligste Gefiedermerkmal, das je nach Morphe und in verschiedenen Kombinationen einfarbig oder gestreift weiß, beige, schwarz, grau oder rotbraun gefärbt sein kann. PK nur im Spätfrühling voll ausgebildet (**1A**), die meisten ♂ zeigen eine Mischung aus Federn von PK und SK während des Durchzugs in Österreich. Brust schwarz, Bauch sehr grob schwarz gefleckt. Schnabel häufig zweifarbig mit oranger Basis und dunkler Spitze, kann aber auch ganz hell bzw. einfarbig dunkel sein. ♀ (**1E**) sind oberseits und an den Brustseiten graubraun und zeigen breit gebänderte Schirmfedern. Schnabel immer ganz dunkel. Im SK zeigen ♂ (**1F**) ein überwiegend graubraunes, oberseits grob geschupptes Gefieder. Meist sind aber Federn des PK, z.B. weiße Bereiche an Kopf, Kehle und Brust sichtbar. Im JK (**1G**) sind Brust, Hals und Gesicht lebhaft und ungezeichnet beige gefärbt. Die Oberseite zeigt ein klares Schuppenmuster mit dunklen Federzentren und rotbraunen Federrändern. Die Schirmfedern sind einfarbig dunkel, mit hellem Rand.

VORKOMMEN D II–XI 100–600 m; brütet vorwiegend in Nordeuropa, überwintert teilweise in Europa, vorwiegend aber in Afrika. In Österreich regelmäßiger Durchzügler im Frühling, Sommer und Herbst an flachen Gewässern, auf feuchten Wiesen und Äckern. Vereinzelt auch Überwinterungen. Der Seewinkel ist für den Kampfläufer ein Rastgebiet von internationaler Bedeutung. V.a. im Frühling rasten hier zum Teil riesige Trupps mit mehreren tausend Individuen. Bis in die 1950er dort auch spärlicher Brutvogel.

WISSENSWERTES Die „Arena-Balz" der Kampfläufer findet an traditionellen Plätzen in den Brutgebieten statt. Dabei messen sich die ♂ in Schaukämpfen und die ♀ wählen schlussendlich einen Paarungspartner. Die verschiedenen Färbungstypen der ♂ verfolgen unterschiedliche Balzstrategien. Ein sehr kleiner Teil der ♂ legt überhaupt kein PK an und „tarnt" sich als ♀, vermutlich um sich paaren zu können, ohne zu kämpfen.

2 Sumpfläufer

— *Calidris falcinellus* Broad-billed Sandpiper

116 | L 15–18 cm

MERKMALE Etwas kleiner als Alpenstrandläufer, aber mit charakteristischem, erst an der Spitze deutlich abwärtsgebogenem Schnabel und kürzeren, grüngrauen Beinen (s.a. S. 112). Kopfmuster mit typischem doppelten Überaugenstreif, der sich vor dem Auge gabelt. Sucht mit langsamen Bewegungen, gern auch in verkrauteten Bereichen, nach Nahrung. Im Flug dunkle Oberseite mit schmalem Flügelstreif (schwächer ausgeprägt als beim Alpenstrandläufer, oberseits daher dunkler wirkend). Bürzel weiß, durch schwarzen Mittelstrich zweigeteilt. Im PK (**2A, B**) mit dreieckigen Flecken an Brust und Flanken. Oberseite besonders im Spätsommer (abgetragenes Gefieder, **2B**) sehr dunkel, im Frühling mit deutlicheren hellen Rändern und hellem Mantel-V. Im JK (**2C**) oberseits klarer gezeichnet und „bunter", mit rötlichen Federrändern und deutlichem weißen Mantel-V. Brust beige, fein dunkel gestrichelt. Bauch und Flanken weiß (vgl. Alpenstrandläufer im JK).

VORKOMMEN D V/VII–IX 100–400 m; brütet in Skandinavien, überwintert u.a. in Ostafrika. In Österreich spärlicher bis seltener Durchzügler im Frühling und Herbst, v.a. an flachen Gewässern im Osten. Regelmäßig und in kleinen Trupps nur im Seewinkel.

Kampfläufer, ♂ SK

1A
V

1B
V

1C
V

1D
VII

1F
III

1G
IX

1E
IV

2A
V

2B
VIII

2C
VIII

1 | Zwergstrandläufer
— *Calidris minuta* Little Stint

L 14–15,5 cm

MERKMALE Sehr kleiner Watvogel mit schwarzen Beinen, kurzem, kaum gebogenem Schnabel, auffällig weißer Unterseite und fein gefleckten Brustseiten. Nach dem Alpenstrandläufer der häufigste durchziehende Strandläufer in Österreich. Bewegt sich schnell und rastlos. Kenntnisse über Kleider und Variationsbreite des Zwergstrandläufers sind wichtig, um viele seltenere Arten sicher bestimmen zu können. Häufigste Verwechslungsmöglichkeit mit dem Temminckstrandläufer (s. S. 134). Handschwingenprojektion kurz (im JK etwas länger). Im Flug mit eher auffälligem weißem Flügelstreif und grauen Schwanzfedern. Im PK (**1A, B**) mit rötlichen Tönen auf Oberseite, Kopf und Brust. Je nach Mauserfortschritt, Gefiederabnutzung, aber auch individuell variabel und geschlechtsabhängig kann der Kopf-Brust-Bereich ausgedehnt rötlich sein (♂ stärker rotbraun als ♀), Kehle und Brustmitte sind aber in der Regel hell. Helle Federreihen am Mantel können Mantel-V erzeugen. Heller Überaugenstreif vor dem Auge gegabelt, meist aber nicht sehr deutlich. Im SK oberseits ganz hellgrau, mit diffus dunkleren Federzentren und schwarzen Schaftstrichen. Brustseiten grau. Im JK (**1C**) im Herbst am häufigsten zu beobachten. Unterseite ausgedehnt weiß, Oberseite recht bunt und sauber gemustert. Dunkle Federn mit gelblichen und rotbraunen Federrändern sowie sehr auffälligem, weißem Mantel-V und einer zweiten, weniger auffälligen weißen Linie, entlang der Schultern. Brustseiten beigebraun mit dunklen Flecken. Gegabelter, weißer Überaugenstreif in diesem Kleid auffällig, vor dem Auge zur weißen Stirn zusammenlaufend.

VORKOMMEN D IV–X 100–900 m; brütet in hochnordischen Regionen, überwintert in Südeuropa und Afrika. Regelmäßiger Durchzügler in verschiedenen Feuchtgebieten. Im Frühling eher spärlich, deutlich zahlreicher während des Herbstdurchzuges.

2 | Temminckstrandläufer
— *Calidris temminckii* Temminck's Stint

118

L 13,5–15 cm

MERKMALE Sehr ähnlich Zwergstrandläufer (s.a. S. 134), aber mit heller gelblichen oder grünlichen, kürzeren Beinen sowie mit längerem Hinterende und die Flügelspitzen überragendem Schwanz. Oberseite und Kopf farblos graubraun, dunkle Brust ausgedehnter und schärfer abgesetzt, daher weiße Unterseite weniger auffällig. Stets ohne Mantel-V. Bewegt sich bedächtig, in gebückter Haltung, oft unauffällig und leicht zu übersehen. Nahrungssuche auch in verkrauteten Uferzonen. Im Flug mit weißem Flügelstreif und im Unterschied zu Zwergstrandläufer mit weißen Schwanzseiten. Im PK (**2A, B**) auf der Oberseite mit einigen schwarzen, rotbraun oder heller gerandeten Federn. Im SK wie im PK, aber bis auf den weißen Bauch und Unterschwanz recht einheitlich grau gefärbt. Im JK (**2C**) oberseits gleichmäßig geschuppt, mit beigen Federrändern und dunklen Schafstrichen.

VORKOMMEN D IV–V/VII–X 100–500 m; brütet in Nord- und überwintert in Südeuropa und Afrika. In Österreich Durchzügler am Frühlings- und Herbstzug, in der Regel in kleinen Trupps. Größere Zahlen nur im Seewinkel.

3 | Graubrust-Strandläufer
— *Calidris melanotos* Pectoral Sandpiper

L 19–23 cm

MERKMALE Etwas größer als Alpenstrandläufer. Schnabel kürzer, leicht abwärtsgebogen und mit heller Basis. Brust dicht grau gestrichelt, in leichter Spitze nach unten ausgezogen und scharf zum weißen Bauch abgesetzt. Oberseite grob gemustert mit weißlichen und rotbraunen Federrändern und hellem Mantel-V. Beine grünlich bis gelblich. Große Handschwingenprojektion, insbesondere im JK. Im Flug mit sehr schwachem Flügelstreif, weißer Flügelunterseite, aber dunklen Handdecken. Im PK (**3A**) mit kalt grauer Brust, rotbraunen Ohrdecken und recht lang ausgezogenen, zugespitzten Schulterfedern. Im JK (**3B**) auf Flügeldecken bunter als im PK, mit deutlicher beige unterlegter Brust und mit zusätzlichem, hellem Schulter-V.

VORKOMMEN D V/VII–X 100–500 m; brütet in Sibirien und Nordamerika. In Österreich sehr seltener, aber alljährlicher Durchzügler in verschiedenen Feuchtgebieten mit Flachwasserzonen, gern auch in stark verkrauteten, staunassen Bereichen.

1A
V

2A
V

1B
VIII

2B
VIII

1C
IX

2C
IX

3A
V

3B
IX

1 | Waldschnepfe
— *Scolopax rusticola* Eurasian Woodcock

120 | L 33–38 cm
S 55–65 cm

MERKMALE Sehr kräftige, rundliche Schnepfe mit kurzen Beinen und langem Schnabel (**1B, C**). Dämmerungs- und nachtaktiver Waldbewohner, kaum tagsüber zu beobachten. Gefieder in verschiedenen warmen Brauntönen baumrindenartig gemustert, mit grauen Längsstreifen auf Mantel und Schultern. Scheitel dunkel, mit wenigen braunen Querbändern. Gesicht und Stirn relativ hellgraubraun, mit dunklem Zügelstreif und dunkler Querlinie über die Wangen. Auge sehr groß und ganz dunkel. Alters- und Geschlechtsbestimmung im Feld unmöglich. Im Flug (**1A**) mit hängendem Bauch, rundum dicht gebändert und ohne Flügelstreif. Schwanz und Bürzel rotbraun. Schnabel wird abwärtsgehalten. Flügelschlag erzeugt lautes Geräusch. Der Balzruf des ♂ ist eine Abfolge tief „quorrender" Laute, denen ein explosiver, spitzer Ton folgt: „oarr-oarr-oarr-oarr PSIP".

VORKOMMEN B, D, W I–XII 100–1600 m; wohl weit verbreiteter Brutvogel in Laub- und Mischwäldern mit feuchtem Boden, dichter Krautschicht und offenen Bereichen. Genaue Verbreitung wegen der heimlichen Lebensweise aber unzureichend bekannt. Zieht im Winter überwiegend nach Südeuropa und tritt als Durchzügler aus nordöstlicher Richtung in verschiedenen Lebensräumen auf. Die besten Beobachtungsmöglichkeiten bieten sich zur Balzzeit (April/Mai), wenn die ♂ in der Abenddämmerung balzend über Wald und Lichtungen fliegen („Schnepfenstrich").

WISSENSWERTES Waldschnepfen werden in den meisten Bundesländern auch heute noch bejagt.

2 | Zwergschnepfe
— *Lymnocryptes minimus* Jack Snipe

L 18–20 cm
S 33–36 cm

MERKMALE Kleinste Schnepfe mit vergleichsweise kurzem Schnabel mit hoher Basis (**2B**). Gefieder dunkelbraun, mit einigen rötlichen Flecken und sehr breiten, strohgelben Längsstreifen auf der Oberseite. Am Kopf mit dunkler Scheitelmitte und beigen Scheitelseitenstreifen, die vor dem Auge mit den hellen Überaugenstreifen zusammenlaufen. Zügelstreif dunkel. Brust und Flanken streifig gefleckt, Bauch weiß. Alters- und Geschlechtsbestimmung im Feld unmöglich. Im Flug mit kurzem Schnabel (**2A**), dunklen Flügeln mit weißem Armflügelhinterrand und spitzem Schwanz. Äußerst kurze Fluchtdistanz, verlässt sich auf perfekte Tarnung und drückt sich bei Gefahr flach zu Boden (**2C**). Fliegt erst im letzten Moment geradlinig auf und landet in der Nähe. Ruft selten, nur manchmal beim Auffliegen, ähnlich Bekassine, rau „gatsch".

VORKOMMEN D, W IX–IV 100–1000 m; brütet in Nord- und Nordosteuropa, überwintert in West- und Südeuropa sowie Afrika. In Österreich als Durchzügler im Herbst und Frühling, vereinzelt auch als Wintergast. Rastet einzeln oder in kleinen Gruppen in nassen Wiesen, an stark verkrauteten Gewässern, wie kleinen Tümpeln oder Gräben, seltener aber auch an Schilfrändern und anderen Ufertypen.

1A
X

2A
IV

1B
XI

2B
II

1C
IV

2C
III

1 | Bekassine
— *Gallinago gallinago* Common Snipe

122 | L 23–28 cm
S 39–45 cm

MERKMALE Sehr langschnäbelige Schnepfe mit stark gemustertem, braunem Gefieder (**1B–D**). Oberseits mit dünnen beigen Längsstreifen. Brust und Flanken sind gefleckt, der Bauch ungezeichnet weiß. Kopfmuster mit hellem Scheitelstreif und breiten dunklen Scheitelseitenstreifen. Der dunkle Zügelstreif ist an der Schnabelbasis breit und wird vor dem Auge meist deutlich schmäler. Der Überaugenstreif ist hellbraun und vor dem Auge sehr breit. Die Altersbestimmung ist im Feld kaum möglich, die Geschlechter sind gleich gefärbt. Im Flug (**1A**) mit weißem Flügelhinterrand und nur sehr schmalen weißen Spitzen der großen Arm- und Handdecken. Die Flügel sind oberseits dunkel, unterseits aber breit schwarz-weiß gestreift. Fliegt bei herannahender Gefahr früher ab als Zwerg- und Doppelschnepfe, flüchtet mit raschen Richtungsänderungen und steigt hoch auf. Äußert im Flug typischen Ruf „gätsch". Balzende ♂ singen von Warten aus: „tick-a tick-a tick-a ..." und erzeugen im Flug ein typisches vibrierendes, meckerndes Geräusch mit den abgespreizten Schwanzfedern („Himmelsziege").
VORKOMMEN B, D, W I–XII 100–800 m; Zugvogel, überwintert v.a. in Südeuropa und Afrika (vereinzelt auch in Österreich). Sehr seltener Brutvogel in Mooren und Feuchtwiesen, überwiegend nördlich der Alpen, aber häufiger und verbreiteter Durchzügler an verschiedenen Gewässern und in nassen Wiesen. Häufiger und leichter zu sehen als andere Schnepfen. Bevorzugt zwar ebenfalls deckungsreiche Feuchtlebensräume, zeigt sich zeitweise aber auch frei auf Schlammbänken oder an Gewässerrändern.

2 | Doppelschnepfe
— *Gallinago media* Great Snipe

L 26–30 cm
S 43–50 cm

MERKMALE Sehr ähnlich Bekassine, aber plumper und mit etwas kürzerem Schnabel (**2B, C**). Der Bauch ist fast vollständig gebändert und nur in der Mitte ungezeichnet. Die breiten weißen Spitzen der Armdecken sind auch am stehenden Vogel sichtbar. Der Zügelstreif ist schmal und wird vor dem Auge kaum dünner. Die Altersbestimmung ist im Feld kaum möglich, die Geschlechter sind gleich gefärbt. Im Flug (**2A**) oberseits mit auffälligen weißen Flügelbändern, die durch die Spitzen der Arm- und Handdecken gebildet werden. Der weiße Flügelhinterrand ist schmaler als bei der Bekassine oder fehlt. Die Flügelunterseite ist dunkel gebändert, aber ohne die breiten schwarz-weißen Streifen der Bekassine. Die Schwanzseiten sind breit weiß (werden bei der Landung sichtbar, wenn der Schwanz gespreizt wird). Zeigt eine kürzere Fluchtdistanz als die Bekassine, fliegt mit lautem Flügelgeräusch auf, streicht geradlinig und ohne zu rufen ab und landet bald wieder.
VORKOMMEN D III–V/VIII–X 100–600 m; brütet in Nord- und Nordosteuropa, überwintert in Afrika. In Österreich seltener Durchzügler im Frühling und seltener im Herbst. Rastet v.a. in feuchten Wiesen, aber auch in trockeneren Bereichen als die Bekassine. Gelegentlich auch an Gewässerufern, aber stets in Deckung.

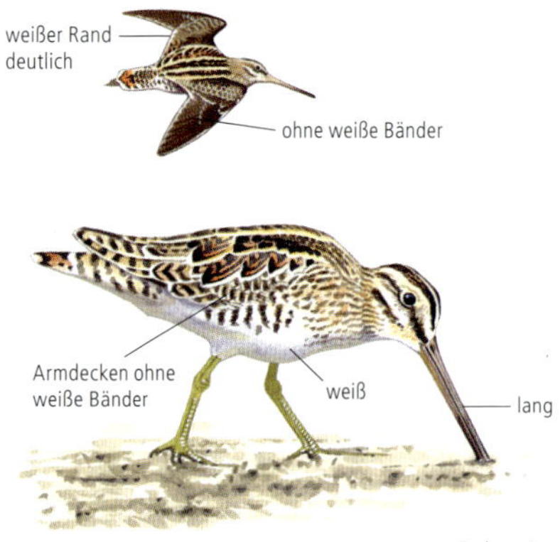

Bekassine

Doppelschnepfe

1A
VII

2A
IX

1B
IX

2B
V

1C
X

2C
V

1D
X

1 | Odinshühnchen

— *Phalaropus lobatus* Red-necked Phalarope

124 | L 17–19 cm
S 30–34 cm

MERKMALE Kleiner Watvogel (etwa wie Alpenstrandläufer) mit nadelfeinem, ganz schwarzem Schnabel. Sucht häufig auch schwimmend nach Nahrung, dreht sich dabei im Kreis und pickt Nahrung von der Wasseroberfläche auf. Im Flug (**1D**) mit dunklen Flügeln und weißem Flügelstreif. Im PK (**1A, B, D**) überwiegend dunkelgrau, mit ockerbraunen Streifen auf Mantel und Flügeldecken. Rotbraunes Feld auf Kopf-, Hals- und Brustseiten. Kehle ausgedehnt weiß. Brustmitte, Bauch und Unterschwanzdecken sind weiß. ♀ (**1B, D**) sind prächtiger gefärbt als ♂ (**1A**). Im JK (**1C**) am Herbstzug am häufigsten zu sehen. Oberseits schwarz mit ockerbraunen Längsstreifen. Die Hals- und Brustseiten sowie die vorderen Flanken sind graurosa getönt. Markantes Kopfmuster mit schwarzem Scheitel und dunkler Augenmaske.
VORKOMMEN D V/VIII–IX 100–600 m; brütet in Nordeuropa, überwintert pelagisch im Persischen Golf. In Österreich spärlicher bis seltener Durchzügler im Frühling und v.a. Herbst, meist einzeln oder in sehr kleinen Gruppen. Im Westen sehr selten, regelmäßig nur im Seewinkel.

2 | Thorshühnchen

— *Phalaropus fulicarius* Red Phalarope

125 | L 20–22 cm
S 36–41 cm

MERKMALE Sehr ähnlich Odinshühnchen, aber etwas größer und kräftiger. Schnabel dicker, mit zumindest gelblicher Basis. „Kreiselt" bei der schwimmenden Nahrungssuche, ebenso wie Odinshühnchen, erscheint dann möwenähnlich (besonders im 1. W/SK). Im Flug (**2D**) mit schwarzen Flügeln und weißem Flügelstreif, der am Armflügel stark und am Handflügel schwach ausgeprägt ist. Im PK (**2A**) mit ziegelroter Unterseite, weißem Gesichtsfeld und schwarzem Scheitel. Die Oberseite ist schwärzlich, beige gestreift. Der Schnabel ist gelb mit schwarzer Spitze. ♀ (**2A**) sind sauberer und kontrastreicher gefärbt als ♂, die eine weiß gefleckte Unterseite zeigen. Im JK sehr ähnlich Odinshühnchen, aber mit gelblich getönten Brustseiten und schwächer gestreifter Oberseite. Die Augenmaske ist reduzierter, mit nahezu isoliertem schwarzen Fleck auf den Ohrdecken. Mausert aber sehr früh in das 1. W (**2B–D**) und tritt in Österreich v.a. in diesem Kleid auf. Zeigt im Herbst (**2B, D**) noch Reste des JK, mit schwarzer Stirn, schwarz gestricheltem Nacken und gelblichen Resten an Kehle und Halsseiten. Fertig vermausert im 1. W (**2C**), dann oberseits kalt hellgrau, nahezu ungezeichnet. Markantes Kopfmuster mit dunkler Kappe am hinteren Scheitel, weißer Stirn und schwarzer Maske hinter dem Auge. Der Schnabel ist schwarz mit kleiner gelber Basis. Ad. SK wie 1. W, aber mit grauen (statt dunklen) Schirmfedern.
VORKOMMEN D V–XII 100–500 m; brütet auf Island und in Sibirien, überwintert pelagisch vor West- und Südafrika. In Österreich sehr seltener Durchzügler an verschiedenen Gewässern. Rastet auch auf der offenen Wasserfläche von großen Seen.

1A
VI

2A
VI

1B
VI

2B
XI

1C
VIII

2C
I

1D
VII

2D
X

1 | Rotschenkel
— *Tringa totanus* Common Redshank

126 | L 24–27 cm

MERKMALE Mittelgroßer Wasserläufer mit mittellangem, geradem und kräftigem Schnabel. Kopfmuster unauffällig, lediglich kurzer heller Streif vor dem Auge, heller Augenring und dunkler Zügel. Im Flug (**1A**) mit breitem weißen Flügelhinterrand, dunklen Handschwingen, weißem Rückenkeil und dicht gebändertem Schwanz. Im PK (**1A, B**) graubraun und durchwegs dicht gefleckt. Unterseite mit weißlicher Grundfärbung. Die basale Schnabelhälfte ist rot, die Spitze schwarz. Im SK (**1C**) oberseits kaum gefleckt grau, Färbung von Schnabel und Beinen weniger intensiv. Im JK (**1D**) mit gelblicheren Beinen und regelmäßiger Fleckung der Oberseite. Flügeldecken, Mantel-, Schulter und Schirmfedern sind hell gerandet. Hals und Brust deutlich gestrichelt. Der Schnabel zeigt eine verwaschen braunorange Basis. Ruft im Flug meist flötend, schnell, drei- oder viersilbig, mit Betonung auf erster Silbe „TÜ-tü-tü-tü", aber auch einsilbig, länger „tjüü". Gesang am Brutplatz weich „tülülülülü...".
VORKOMMEN B, D III–X 100–500 m; brütet regelmäßig nur noch im Seewinkel und in feuchten Jahren auch in angrenzenden Gebieten bzw. den March-Thaya-Auen. Besiedelt zur Brutzeit feuchte Wiesen und Sumpfgebiete. Erscheint als spärlicher Durchzügler auch an anderen Gewässern. Überwintert an Küsten, u.a. im Mittelmeerraum.

2 | Dunkler Wasserläufer (Dunkelwasserläufer)
— *Tringa erythropus* Spotted Redshank

127 | L 29–33 cm

MERKMALE Etwas größer und schlanker als Rotschenkel, mit längeren, roten oder orangen Beinen. Das beste Merkmal ist in allen Kleidern der sehr lange, erst an der Spitze leicht abwärtsgebogene Schnabel, der immer eine auf den Unterschnabel beschränkte, rote Basis zeigt. Schwimmt häufig und viel regelmäßiger als verwandte Arten, gern in dichten Trupps. Im Flug (**2A**) ohne weißen Flügelhinterrand, mit isoliertem, weißem Rückenkeil in „Zigarrenform" und dunklerem Handflügel. Die Unterflügel sind weiß (im schwarzen PK besonders auffällig). Die Zehen überragen den Schwanz weit. Im PK (**2B**) unverwechselbar schwärzlich, je nach Mauserfortschritt variabel hell gefleckt. Die Beine sind im Frühsommer fast schwarz. Im SK (**2C**) sehr hell, oberseits grau, unterseits weißlich, mit grauen Brustseiten. Der Mantel ist ungezeichnet, die Flügeldecken zeigen eine kontrastarme Fleckung an den Rändern. Vor dem Auge liegt ein breit weißer Streifen. Der Zügel ist dunkel und setzt sich als angedeuteter Augenstreif hinter dem Auge fort. Im JK (**2D**) ähnlich SK, aber deutlich dunkler graubraun und auf der Oberseite kontrastreicher gezeichnet. Die Unterseite ist dunkler, stärker gefleckt oder gebändert. Ruft im Flug zweisilbig, kurz „tju-itt".
VORKOMMEN D, w III–XI 100–500 m; brütet im nördlichsten Europa, überwintert an Küsten Europas und in Afrika. In Österreich regelmäßiger Durchzügler im Frühling und Herbst (zum Teil in großen Trupps), v.a. in größeren Feuchtgebieten. Vereinzelt auch im Winter.
WISSENSWERTES Beim Dunklen Wasserläufer übernimmt das ♂ allein die Aufzucht der Jungen. Deshalb erscheinen die ♀ (kaum an Gefiedermerkmalen zu bestimmen) bei uns bereits ab Ende Juni am Durchzug ins Winterquartier.

Rotschenkel, JK

Dunkler Wasserläufer, JK

1A VI

2A IX

1B VI

2B V

1C II

2C VIII

1D IX

2D IX

1 | Grünschenkel
— *Tringa nebularia* Common Greenshank

128 | L 30–34 cm

MERKMALE Großer, kräftiger Wasserläufer mit graugrünen Beinen und kräftigem, aufgeworfenem Schnabel mit heller basaler Hälfte und schwarzer Spitze. Oberseite braungrau, Kopf und Hals recht hell, fein gestrichelt. Unterseite weiß. Im Flug (**1A**) mit dunklen Flügeln und breitem weißen Rückenkeil, der in den weißen, kaum gezeichneten Schwanz übergeht. Im PK (**1A, B**) auf Hals, Brust und Flanken dicht, pfeilförmig gefleckt. Auf Mantel und Schultern oft einzelne schwarze Federn. Schnabelbasis grünlich grau. Im SK unterseits weniger gefleckt und sehr hell, besonders auf Brust und Vorderhals. Oberseits mit grauen, zart hell und dunkel gerandeten Federn und dünnen dunklen Schaftstrichen. Im JK (**1C**) mit grauer Schnabelbasis, Oberseite dunkel, gleichmäßig gemustert. Schulterfedern und Flügeldecken mit dünnen beigen Rändern, die an der Federspitze durchbrochen sind und dadurch ein streifiges Muster ergeben. Ruft im Flug ähnlich Rotschenkel drei- oder viersilbig, aber gleichmäßiger und weniger flötend „tju-tju-tju-tju".
VORKOMMEN D III–XI 100–900 m; brütet in Nordeuropa und Sibirien, überwintert in Afrika. In Österreich regelmäßiger Durchzügler an verschiedenen Gewässern im Tiefland, meist einzeln oder in kleinen Gruppen. Vereinzelt Überwinterungen.

2 | Teichwasserläufer
— *Tringa stagnatilis* Marsh Sandpiper

L 22–25 cm

MERKMALE Sehr ähnlich dem größeren Grünschenkel, aber deutlich graziler (s.a. S. 135). Beine deutlich länger, grünlich grau. Der sehr dünne, ganz gerade Schnabel zeigt eine helle Basis, wirkt auf größere Distanz aber meist ganz dunkel. Auch im Flug (**2A**) ähnlich, mit dunklen Flügeln, weißem Rückenkeil und weißlichem Schwanz, aber mit weiter den Schwanz überragenden Zehen. Im PK (**2B**) mit grauer, grob schwarz gefleckter Oberseite. Kopf, Hals und Brust sind fein gestrichelt. Die Flanken zeigen pfeilförmige schwarze Flecken. Im SK insgesamt noch heller, mit überwiegend weißer Unterseite. Federn der Oberseite grau, schmal hell und dunkel gerandet und mit schmalem schwarzen Schafstrich. Im JK (**2A, C**) mit dunkler, bräunlicher Oberseite und dicht gestricheltem Scheitel und Hinterhals. Unterseite, Gesicht und Vorderhals sehr hell. Schulterfedern und Flügeldecken mit beigem Rand und Randflecken. Ruft im Flug ähnlich Grünschenkel, aber etwas höher und schneller, einzeln oder in Serie „tju-tju-tju".
VORKOMMEN D IV–IX 100–500 m; brütet in Nordosteuropa, überwintert v.a. in Afrika. In Österreich spärlicher bis seltener Durchzügler. Am regelmäßigsten im Seewinkel, dort auch in kleinen Gruppen.

3 | Bruchwasserläufer
— *Tringa glareola* Wood Sandpiper

130 | L 18,5–21 cm

MERKMALE Kleiner Wasserläufer mit recht dickem, kurzem, geradem Schnabel und grüngelben Beinen. Überaugenstreif deutlich und bis weit hinter das Auge reichend. Die Oberseite ist grob gefleckt, Hals und Brust sind dicht gestreift und gehen verwaschen in weißen Bauch über. Im Flug (**3A**) mit dunkler Oberseite (ohne Rückenkeil) und heller Flügelunterseite. Die Oberschwanzdecken sind weiß, der Schwanz ist dicht gebändert. Die Zehen überragen den Schwanz deutlich. Wippt häufig mit dem Schwanz. Verwechslungsgefahr besteht z.B. mit Waldwasserläufer (s. S. 135) und Flussuferläufer. Im PK (**3A, B**) graubraun, mit unregelmäßiger, hell und dunkel gefleckter Oberseite und einigen Flecken an den Flanken. Im JK (**3C**) oberseits brauner, mit regelmäßiger, beiger Fleckung, die auf die Federränder beschränkt ist. Brust verwaschen gestrichelt, Flanken kaum gezeichnet. Ruft im Flug höher und schneller als ähnliche Arten und häufig unrythmisch „ib-ib ib-ibibib..."
VORKOMMEN D IV–X 100–900 m; brütet in Nordeuropa, überwintert in Afrika. In Österreich häufiger Durchzügler an verschiedenen, auch kleinen Gewässern.

1A
VIII
2A
VII
3A
V
1B
VII
2B
V
1C
IX
2C
VIII
3B
V
3C
VIII

1 Waldwasserläufer
— *Tringa ochropus* Green Sandpiper

131 | L 20–24 cm
S 39–44 cm

MERKMALE Etwas größer und kurzbeiniger als Bruchwasserläufer, mit sehr dunkler, spärlich gefleckter Oberseite und längerem Schnabel (s.a. S. 135). Kopf, Hals und Brust dunkel, mit scharfem Kontrast zum weißen Bauch. Zeigt einen weißen Augenring und einen breiten weißen Überaugenstreif vor dem Auge, der dahinter nicht oder kaum ausgebildet ist. Beine grünlich. Im Flug (**1A**) mit kennzeichnender schwärzlicher Flügelunterseite und breit gebändertem Schwanz. Die Zehen überragen den Schwanz nur wenig. Im PK (**1B**) oberseits stärker weißlich gesprenkelt als in anderen Kleidern, dem Bruchwasserläufer dadurch ähnlicher. Kopf, Hals und Brust sind dicht hell gestreift. Im SK sehr ähnlich JK, aber mit etwas stärker gestreiftem Kopf und Hals. Im JK (**1C**) mit sehr spärlicher gelblicher Fleckung der Oberseite. Kopf, Hals und Brust sind, mit Ausnahme der Brustmitte, nahezu ungestreift, dunkelgraubraun. Ruft, besonders auffliegend, hoch und energisch „pluiit-witt-witt“, mit ansteigender erster Silbe.
VORKOMMEN D, W, b I–XII 100–2000 m; verbreiteter Durchzügler und in kleinerer Zahl Wintergast. Rastet üblicherweise einzeln oder in sehr kleinen Gruppen, gern an kleinen, stark verkrauteten Gewässern, auch an Flussufern. Außerdem sehr seltener, unregelmäßiger Brutvogel an Waldgewässern, z.B. in den March-Thaya-Auen und im Waldviertel. Brütet in Bäumen und nutzt dazu verlassene Singvogelnester, häufig von Drosseln.

2 Flussuferläufer
— *Actitis hypoleucos* Common Sandpiper

132 | L 18–20,5 cm
S 32–35 cm

MERKMALE Kleiner und kurzbeiniger als die ähnlichen Arten (Bruch- und Waldwasserläufer). Wippt häufig und auffällig mit dem Schwanz. Oberseits braun, ohne helle Flecken. Kopf, Hals und Brustseiten graubraun, scharf zu weißer Unterseite begrenzt. Brust und Flügel werden von einem weißen Keil getrennt, der vom Bauch auf die Brustseiten reicht. Schwanz lang, überragt Flügelspitzen deutlich. Beine grau, grünlich oder gelblich getönt. Im Flug (**2A**) mit breitem weißen Flügelstreif und braunem Schwanz mit weißen Außenkanten. Flügelunterseite weiß. Flüchtet mit flachen Flügelschlägen, die von Gleitstrecken unterbrochen werden, flach über das Wasser. Im PK (**2B, C**) mit grober, dunkler (aber unauffälliger) Fleckung der Oberseite. Im SK wie PK, aber noch gleichmäßiger gefärbt und schwächer gezeichnet. Im JK (**2D**) oberseits feiner gemustert, mit gebänderten Flügeldecken und regelmäßig, fleckig gerandeten Schulter-, Mantel- und Schirmfedern. Ruft im Flug hoch und aufgeregt „hii-di-diii“.
VORKOMMEN B, D, w III–X 100–1000 m; lokaler Brutvogel, v.a. an naturnahen Abschnitten von Fließgewässern. Brütet an Sand- und Kiesufern oder auf Schotterbänken mit spärlicher Vegetation. Als Durchzügler an vielen verschiedenen Gewässern regelmäßig und häufig, vereinzelt auch im Winter.
WISSENSWERTES Der im JK und SK sehr ähnliche **Drosseluferläufer** (*A. macularia*) wurde in Österreich als extreme Ausnahmeerscheinung nachgewiesen (s. S. 130).

3 Terekwasserläufer
— *Xenus cinereus* Terek Sandpiper

133 | L 22–25 cm

MERKMALE Größe wie Waldwasserläufer. Beine kurz und gelb. Kopf mit steiler Stirn und sehr langem, deutlich nach oben gebogenem Schnabel. Oberseite und Brust grau, fein gestrichelt. Im Flug oberseits ganz grau, mit dunklerem Handflügel und Flügelbug und breitem weißen Flügelhinterrand – fast wie Rotschenkel. Im PK (**3**) mit deutlichen schwarzen Längsstreifen auf den Schultern, die im JK fehlen oder nur angedeutet sind.
VORKOMMEN U; brütet in Nordosteuropa, überwintert in Afrika, Asien und auf der Arabischen Halbinsel. In Österreich sehr seltener, aber fast alljährlicher Durchzügler, v.a. im Mai bzw. Juli–September.

1A

2A
VIII

1B
III

2B
IV

1C
VIII

2C
VII

3
VIII

2D
VIII

Sehr seltene Watvögel

Viele weitere Watvogelarten (Limikolen) werden in Österreich sehr selten, meist am Frühlings- oder Herbstdurchzug und mit häufigeren Arten vergesellschaftet, festgestellt.

Der **Wüstenregenpfeifer** (*Charadrius leschenaultii,* **1**) ist ein Brutvogel der Steppen Vorder- und Zentralasiens. Er überragt in der Größe die verwandten Arten aus derselben Gattung deutlich und hat einen kräftigen, sehr langen Schnabel und lange, grünlich graue Beine. ♂ im PK mit rostbraunem Brustband, Nacken und Überaugenstreif, schwarzer Augenmaske und weißen Stirnflecken. ♀ im PK (**1**) mit reduzierter rotbrauner Färbung und ohne schwarze Maske.

Der **Weißschwanzkiebitz** (*Vanellus leucurus,* **2**) brütet auch in Asien. Ad. (**2**) zeigen sehr lange gelbe Beine und einen kaum gezeichneten graubraunen Kopf mit großem dunklen Auge. Brauner Brustlatz, weißer Bauch. Im Flug ähnlich Steppenkiebitz, aber mit ganz weißem Schwanz und durchgehendem weißen Flügelband von den Armschwingen bis zum Flügelbug.

Der **Steppenkiebitz** (*Vanellus gregarius,* **3**) stammt ebenso aus den überwiegend asiatischen Steppengebieten. Etwas kleiner und langbeiniger als der Kiebitz (gern mit diesem vergesellschaftet). Zeigt breite cremeweiße Überaugenstreifen, die im Nacken zusammenlaufen (vgl. Mornellregenpfeifer, s. S. 102). Schnabel und Beine schwarz. Im Flug (**3A**) auffällig dreifarbig, oberseits mit schwarzem Handflügel und weißen Arm- und inneren Handschwingen. Mantel und Armdecken graubraun. Schwanz weiß mit schwarzem Feld an der Spitze. Im PK (**3B**) mit ungezeichnetem graubraunen Gefieder, schwarzem Bauch und kontrastierendem weißen Steiß. Scheitel, Zügel und Augenstreif schwarz. Im JK (**3A**) ohne schwarze Elemente des PK und mit oberseits geschupptem, sandbraunem Gefieder. Halsseiten und Brust gestrichelt.

Der **Weißbürzel-Strandläufer** (*Calidris fuscicollis,* **4**) brütet in der arktischen Tundra Nordamerikas. Etwas kleiner als Alpenstrandläufer, mit namensgebendem, ungeteilt weißem Bürzel, der im Flug zum dunklen Schwanz kontrastiert. Flügel sehr lang, überragen den Schwanz deutlich, daher langgestreckte Erscheinung. Schnabel dunkel, leicht gebogen und mit schwach aufgehellter Basis. Überaugenstreif lang, Beine schwarz. Im JK (**4**) mit recht bunter Oberseite durch rotbraune und weiße Federränder sowie Doppel-V auf Mantel und Schultern. Brustseiten und Flanken fein gestrichelt.

Der **Bairdstrandläufer** (*Calidris bairdii,* **5**) brütet in Nordamerika und Nordostsibirien. Auch diese Art hat sehr lange, den Schwanz deutlich überragende Flügel. Oberseite, Kopf und Brust sind in allen Kleidern beigebraun, ohne Mantel-V. Die beige, fein gezeichnete Brust setzt sich relativ scharf zum weißen Bauch ab. Überaugenstreif sehr schwach, dafür heller Fleck oberhalb der Schnabelbasis. Körperform wirkt von hinten bzw. vorn gesehen typisch „zusammengedrückt", flach oval. Schnabel und Beine ganz schwarz. Im JK (**5**) oberseits gleichmäßig geschuppt, mit hellen Federrändern.

Der **Grasläufer** (*Calidris subruficollis,* **6**) brütet in Nordamerika und Nordostsibirien. Erinnert an kleinen Kampfläufer im Jugendkleid. Zeigt beigebraunes Gefieder mit schwärzlich gefleckter Oberseite und dunkel gestricheltem Scheitel. Brustseiten spärlich gepunktet. Auge sehr groß und dunkel, mit dezentem hellen Augenring. Schnabel kürzer und dünner als bei Kampfläufer, kaum gebogen und schwarz. Beine gelblich. Im Flug oberseits dunkel, ohne Flügelstreif. Unterflügel weiß, mit dunklem Sichelfleck auf den Handdecken. Ad. (**6**) und JK sehr ähnlich gefärbt, im JK oberseits durch helle Federränder noch deutlicher geschuppt.

Der **Drosseluferläufer** (*Actitis macularius,* **7**) brütet in Nordamerika und ist dem Flussuferläufer v.a. im 1. W (**7**) und SK extrem ähnlich, zeigt aber kürzere Schwanzprojektion, stärker gelb gefärbte Beine und eine graurosa überhauchte Schnabelbasis. Die mittleren und kleinen Armdecken sind kräftiger gebändert, die großen Armdecken und Schirmfedern zeigen aber einfarbige Ränder und die Bänderung ist auf die Spitze reduziert. Im Flug mit kürzerem weißen Flügelstreif, der deutlich vor dem Körper endet, und weniger Weiß auf den äußeren Schwanzfedern. Im PK leicht an der drosselartig gefleckten Unterseite zu bestimmen.

1
III

2
IX

3A
VIII

3B
IV

4
X

5
IX

6
IV

7
III

Sandregenpfeifer, PK

Flussregenpfeifer, PK

Seeregenpfeifer, ♂ PK

Mornellregenpfeifer, ♀ PK

Kiebitz, ♂ PK

Kiebitzregenpfeifer, ♂ PK

Goldregenpfeifer, ♂ PK

Kampfläufer, ♂ PK

Großer Brachvogel

Regenbrachvogel

Uferschnepfe, ♂ PK

Pfuhlschnepfe, JK

Waldschnepfe

Doppelschnepfe

Bekassine

Sanderling, JK

Steinwälzer, JK

Knutt, JK

Sichelstrandläufer, PK

Alpenstrandläufer, PK

Sumpfläufer, JK

Temminckstrandläufer, PK

Zwergstrandläufer, PK

Dunkler Wasserläufer, PK

Rotschenkel, PK

Grünschenkel, JK

Teichwasserläufer, PK

Waldwasserläufer, PK

Bruchwasserläufer, PK

Flussuferläufer, PK

Odinshühnchen, ♀ PK

Flussregenpfeifer, JK

Sandregenpfeifer, JK

Seeregenpfeifer, JK

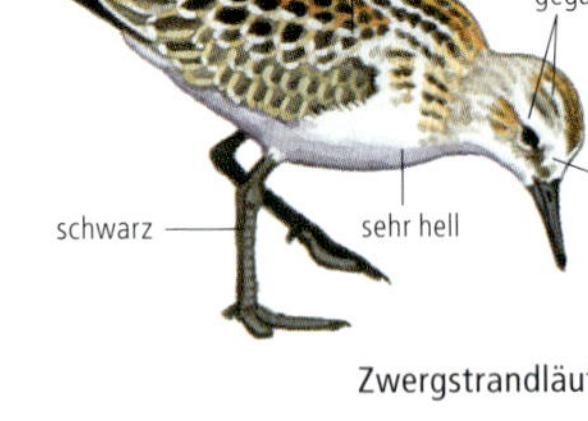

Zwergstrandläufer, JK

Temminckstrandläufer, JK

Waldwasserläufer, PK

Bruchwasserläufer, PK

Grünschenkel, PK

Teichwasserläufer, PK

Die Bestimmung von Möwen gehört zu den schwierigsten Teilgebieten der Vogelbeobachtung. Die teils große individuelle Variation, die vielen verschiedenen Kleider und die regelmäßige Hybridisierung, insbesondere unter Großmöwen, bereiten dem Beobachter häufig Kopfzerbrechen. Um Großmöwen sicher zu bestimmen, braucht es Erfahrung, die man sich nur durch eine längerfristige Beschäftigung mit der Thematik aneignen kann. Es lohnt sich, genau hinzusehen und geduldig zu bleiben, um das eine oder andere Rätsel zu lösen. Es sei aber auch darauf hingewiesen, dass es (in Österreich gerade beim Artenpaar Mittelmeer- und Steppenmöwe) durchaus Möwenindividuen gibt, die im Feld keine sichere Artbestimmung zulassen.

KLEIDERFOLGE UND MAUSER BEI MÖWEN

Bei den verschiedenen Möwenarten dauert es unterschiedlich lang, bis sie erstmals in ihr Alterskleid mausern. Kleinere Möwen brauchen dazu kürzer als große. Man unterscheidet daher Zweijahres-Möwen (bei uns nur die Lachmöwe), Dreijahres-Möwen (Zwerg-, Sturm-, Schwarzkopf- und Dreizehenmöwe) und Vierjahres-Möwen (Großmöwen wie Mittelmeer-, Steppen-, Silber-, Heringsmöwe usw.). Die Anzahl der Jahre steht dabei für jenes Lebensjahr, in dem die Art die Kleiderfolge von Altvögeln annimmt und fortan nur mehr zwischen Pracht- und Schlichtkleid wechselt.
Vom Jugendkleid (JK) wechseln fast alle Arten noch im ersten Sommer oder Herbst durch eine Teilmauser in ihr erstes Winterkleid (1. W). Altvögel führen zur selben Zeit eine Vollmauser in das Schlichtkleid (SK) durch. Im darauffolgenden Frühjahr wird eine Teilmauser vollzogen, durch die Altvögel ihr Prachtkleid (PK) und vorjährige Jungvögel ihr erstes Sommerkleid (1. S) bekommen. Im Herbst erfolgt dann wieder eine Vollmauser. Zweijahres-Möwen erhalten jetzt erstmals das Schlichtkleid und sind fortan nicht mehr von Altvögeln zu unterscheiden. Drei- und Vierjahres-Möwen mausern hingegen in ihr 2. Winterkleid (2. W) und folgen weiter diesem Rhythmus (Vollmauser im Sommer und Teilmauser im Frühling), bis sie im 3. bzw. 4. Winter erstmals ihr adultes Schlichtkleid anlegen. Der Fortschritt bis zum Alterskleid erfolgt insbesondere bei Großmöwen individuell unterschiedlich schnell. Es ist daher in manchen Fällen schwer zu sagen, ob man z.B. einen fortgeschrittenen Vogel im 2. Winterkleid oder ein erst weniger fortgeschrittenes Individuum im 3. Winterkleid vor sich hat. Dann empfiehlt es sich, den Vogel als „immatur" (immat.) anzusprechen.

GROSSMÖWEN

Während kleinere Möwenarten bei der Bestimmung weniger Schwierigkeiten bereiten, sind die sogenannten Großmöwen (insbesondere immature Vögel) für das Gegenteil bekannt. Nicht nur die individuellen Unterschiede (z.B. zwischen helleren und dunkleren oder kräftigeren und schmächtigeren Exemplaren), sondern auch die geografische Variation trägt dazu bei. So zeigen beispielsweise adulte Heringsmöwen Westeuropas eine viel heller graue Oberseite als jene, die im Baltikum brüten. Weiter sind weibliche Großmöwen kleiner als männliche, wodurch es zu Überschneidungen kommen kann: Ein großes Männchen der Mittelmeermöwe kann an die Größe einer weiblichen Mantelmöwe heranreichen. Je nach Zustand des Gefieders bzw. Mauserfortschritts können Merkmale zudem gar nicht sichtbar oder schlecht zu beurteilen sein (s.r. Steppenmöwe). Strukturelle Merkmale wie Schnabelform, Kopfprofil und Körperhaltung sind dann oft aufschlussreicher als Gefiederdetails. Und als ob es nicht schon schwierig genug wäre, hybridisieren die verschiedenen Großmöwenarten miteinander, zwar „nur" punktuell, aber regelmäßig. Paare aus unterschiedlichen Arten bringen Nachkommen hervor, die gemischte Merkmale zeigen und kaum sicher zu bestimmen sind. In Österreich treten besonders im Winterhalbjahr Hybride aus Steppen- und Mittelmeermöwe, aber auch Kombinationen mit Silbermöweneinfluss auf, die in gemischten Kolonien, z.B. in der Slowakei und Polen, erbrütet wurden. Vor allem Erfahrung kann dabei helfen, die meisten „Möwen-Rätsel" zu lösen. Es gilt also, geduldig zu bleiben, nicht zu verzweifeln und sich, auch mit Spezialliteratur, in die Materie zu vertiefen.

Rechts: Steppenmöwe im stark zerschlissenen Gefieder, zu Beginn der Mauser in das 2. W. Gefiedermerkmale sind für die Artbestimmung in diesem Zustand weniger hilfreich als die Körperproportionen.

Kleiderfolge am Beispiel einer Silbermöwe, wie sie auch für Mittelmeermöwe, Steppenmöwe und andere Großmöwen zutrifft.

Links: Mittelmeermöwe, 1. W
Unten: Steppenmöwe, 1. W

Rechts: Heringsmöwe, JK
Unten: Silbermöwe, 1. W

1 Lachmöwe

— *Larus ridibundus* Black-headed Gull

134 | L 35–39 cm
S 86–99 cm

MERKMALE Kleine, etwa taubengroße Zweijahres-Möwe mit hellgrauer Oberseite und schlankem, rötlichem Schnabel. Im Flug (**1B**) mit schmalen, spitzen Flügeln und typischem Flügelmuster: Die äußersten Handschwingen kontrastieren weiß zum sonst grauen Oberflügel bzw. zum unterseits dunkelgrauen Handflügel sowie zum schwarzen Handflügelhinterrand. Im PK (**1A**) mit dunkelbrauner Kapuze und kontrastierendem weißem, vorn unterbrochenem Augenring. Schnabel und Beine dunkelbraunrot. Im SK (**1B**) mit hochovalem dunklen Fleck auf den Ohrdecken sowie verwaschenem Streifen über dem Auge. Schnabel und Beine meist etwas heller rot, Schnabelspitze schwärzlich. Im JK (**1C**) mit verwaschenem braunen Kopfmuster, Brustseiten und Mantel. Federn der Oberseite überwiegend braun, heller gerandet. Schwanz mit schwarzer Endbinde. Beine und Schnabel mattrosa, Schnabel mit schwarzer Spitze. Im 1. W (**1D**) wie SK, aber mit braunen Flügeldecken und Schirmfedern sowie Schwanzmuster aus dem JK. Im 1. S wie 1. W, aber mit variabel ausgeprägter, fleckig brauner Kapuze (selten so vollständig wie im PK). Besonders in Brutkolonien und Gruppen ruffreudig. Verschiedene Rufe, z.B. rau rollend „kriiiär".
VORKOMMEN B, D, W I–XII 100–900 m; häufigste Möwe an vielen Gewässern, als Durchzügler auch in Agrarlandschaften. Als Wintergast besonders an großen Fließgewässern nördlich des Alpenhauptkamms, in oft großen Ansammlungen. Lokaler Brutvogel in zum Teil großen Kolonien mit mehreren tausend Paaren, meist auf Inseln in Schilfbeständen, z.B. im Neusiedler-See-Gebiet, am Bodensee und am Unteren Inn, unregelmäßiger auch andernorts.
WISSENSWERTES In Lachmöwen-Trupps lassen sich sehr häufig beringte Individuen entdecken. Die Ablesung dieser Ringe gibt Aufschluss über Herkunft und Zugwege der Tiere. In Österreich überwinternde und durchziehende Lachmöwen stammen überwiegend aus Nordosten und Osten (z.B. Tschechien, Polen, Ungarn, Slowakei, Litauen) und ziehen regelmäßig zumindest bis Kroatien und Italien weiter. Anhand beringter Vögel wurde auch belegt, dass Lachmöwen in freier Wildbahn über 30 Jahre alt werden können.

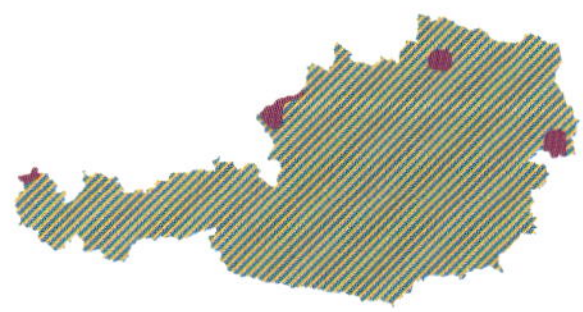

2 Schwarzkopfmöwe

— *Larus melanocephalus* Mediterranean Gull

135 | L 37–40 cm
S 94–102 cm

MERKMALE In vielen Kleidern der Lachmöwe ähnliche Dreijahres-Möwe, aber etwas größer und breitflügeliger (s.a. S. 160). Schnabel dicker, Oberseite noch heller grau. Im PK (**2A**) mit tiefschwarzer Kapuze, hellrotem Schnabel mit schwarzer Schnabelbinde und roten Beinen. Weiße Augenklammern auffällig. Im Flug mit ganz weißer Flügelspitze und weißer Flügelunterseite, die zusammen mit der sehr hellgrauen Oberseite einen nahezu weißen Gesamteindruck ergeben. Im SK (**2B**) wie PK, aber mit reduzierter, gestrichelter Maske hinter dem Auge. Im JK (**2C**) mit schwarzen Beinen und dunklem Schnabel. Oberseite dunkelgraubraun geschuppt. Kopf und Nacken hell, aber verwaschen braun überhaucht. Handschwingen schwarz, Flügeldecken schwarzbraun gemustert. Die hellgrauen großen Armdecken ergeben ein auffallendes graues Flügelfeld. Schwanz mit schwarzer Endbinde. Im 1. W (**2D**) mit Kopfmuster des SK und grauen Mantel- und Schulterfedern. Flügel- und Schwanzmuster aber wie im JK. Schnabel und Beine sind weiterhin dunkel, werden im Lauf des Winters aber heller. Zur Unterscheidung von Lachmöwen im 1. W s. S. 160. Ruft sehr auffällig, miauend, nasal „jiao" oder „jiä" und macht so häufig in fliegenden Möwentrupps (z.B. unter den viel schriller kreischenden Lachmöwen) auf sich aufmerksam.
VORKOMMEN B, D, w III–XI 100–600 m; seltener Brutvogel, meist im Anschluss an Lachmöwen-Kolonien. Brütet regelmäßig, aber stark schwankend, im Seewinkel sowie in kleinerer Zahl im Rheindelta, am Unteren Inn und vereinzelt andernorts. Als Durchzügler an verschiedenen Gewässern, besonders am Frühjahrsdurchzug (März–Mai), selten im Winter. Überwintert an Küsten West- und Südeuropas.
WISSENSWERTES Noch in den 1950er-Jahren kam die Art fast ausschließlich an der Schwarzmeerküste vor und die Bestände waren auf wenige tausend Paare geschrumpft. Darauf folgte eine massive Ausbreitung nach Westen und Norden, im Zuge derer auch Österreich besiedelt wurde (erster Brutnachweis 1977). Heute brütet die Art in vielen Ländern West-, Mittel- und Osteuropas.

1A IV

2A IV

1B II

2B II

1C VII

2C VIII

1D II

2D IV

1 Zwergmöwe
— *Hydrocoloeus minutus* Little Gull

136 L 24–28 cm
S 62–69 cm

MERKMALE Sehr kleine Dreijahres-Möwe mit feinem schwarzen Schnabel. Sucht im Flug meist über Wasserflächen nach Nahrung und erinnert dann an eine Sumpfseeschwalbe, mit denen sie sich gern vergesellschaftet. Im PK (**1A**) mit tiefschwarzem Kopf, ohne helle Augenklammern und hellgrauer Oberseite. Flügelfärbung besonders typisch: Unterflügel großflächig schwärzlich, ober- und unterseits mit breitem weißen Hinterrand, der bis an die Flügelspitze reicht. Die weiße Unterseite ist manchmal rosa überhaucht. Beine rot. Schnabel dunkelbraunrot, wirkt aber meistens schwarz. Im SK (**1B**) wie im PK, aber ohne schwarze Kapuze, mit schwärzlichem Ohrdeckenfleck und Scheitel sowie grauem Nacken. Schnabel schwarz. Im JK oberseits dunkel gemustert, mit ausgedehnt schwärzlichem Scheitel, Nacken, Brustseiten und Mantel sowie schwarzer Schwanzendbinde. Flügelunterseite weiß, oberseits sehr kontrastreiches Flügelmuster: Schwarze Handschwingen und Armdecken ergeben ein Zickzackband über die gesamte Oberseite. Im 1. W (**1C**) mit Flügelmuster des JK, aber Kopfmuster, grauer Nacken und Mantel wie im SK. Im 1. S (**1D**) wie 1. W, schwarze Kapuze aber teilweise ausgebildet. Im 2. W/2. S (**1E**) ähnlich ad. im SK/PK, aber mit geringem Schwarzanteil in der Flügelspitze und helleren Unterflügeln.
VORKOMMEN D, W IV–XII 100–500 m; brütet in Nord- und Nordosteuropa, überwintert an Küsten Europas und Nordafrikas. In Österreich regelmäßiger Durchzügler an verschiedenen Wasserflächen im Frühling und Herbst, am zahlreichsten im April/Mai und von Juli–September.

2 Dreizehenmöwe
— *Rissa tridactyla* Black-legged Kittiwake

137 L 37–42 cm
S 93–105 cm

MERKMALE Kurzbeinige Dreijahres-Möwe in der Größe zwischen Lach- und Sturmmöwe. Im Flug (**2A, C**) mit spitzen Flügeln und schmalem Handflügel sowie (wenn zusammengelegt) flach gekerbtem Schwanz. Im SK (**2A, B**) mit mittelgrauer Oberseite und mattgelbem Schnabel. Nacken und Hinterkopf grau, mit hochgestrecktem grauen Ohrdeckenfleck. Flügelspitze mit sehr kleinem Schwarzanteil, ohne weiße Federspitzen. Beine schwarz. Im JK (**2C**) am häufigsten in Österreich zu beobachten. Handschwingen und Armdecken teilweise schwarz, bilden Zickzackband über Flügeloberseite, das zu weißlichen inneren Hand- und Armschwingen sowie zum grauen Mantel und Flügelbug kontrastiert. Auffälliges schwarzes Nackenband, das im Lauf des Winters einem grauen Nacken weicht. Schwanzendbinde, Schnabel und Beine schwarz. Daher ähnlich der Zwergmöwe im 1. W, diese ist aber viel kleiner, zeigt (ab Dezember) keinen schwarzen Nackenfleck und dunklere Arm- und innere Handschwingen. Im 2. W wie SK, aber mit kleinen schwarzen Resten in den Handdecken und schwarzen Kanten der äußersten Handschwingen.
VORKOMMEN D; brütet in Kolonien an Küsten in Nord- und Westeuropa, überwintert vorwiegend im Atlantik und an der Nordsee. In Österreich seltener, aber nahezu alljährlicher Gast im Herbst und Winter, verstärkt nach Weststürmen.

Zwergmöwe, 1. W

Dreizehenmöwe, 1. W

1A V

1B XI

1C XI

1E IX

1D V

2C VII

2A I

2B I

1 Sturmmöwe

— *Larus canus* Mew Gull

138 | L 40–46 cm
S 100–115 cm

MERKMALE Mittelgroße Dreijahres-Möwe. Etwas größer als Lachmöwe, in der Erscheinung aber ähnlicher den Großmöwen. Im Vergleich zu diesen aber mit kleinerem Schnabel, runderem Kopf und in allen Kleidern mit dunkler Iris („Knopfauge" – besonders auffällig bei ad.). Im PK (**1A**) mit mittelgrauer Oberseite und weißem Kopf. Flügelspitze schwarz, mit großen weißen Subapikalflecken auf den äußersten Handschwingen und weißem Flügelhinterrand. Schirmfederspitzen breit weiß. Schnabel gelblich, ohne dunkle Abzeichen. Beine grüngelb. Im SK (**1B**) wie PK, aber Kopf und Hals variabel grau gestrichelt. Schnabelbasis grünlich gelb und durch ein meist diffuses schwarzes Band von der gelben Spitze getrennt. Im JK oberseits grob graubraun geschuppt. Kopf und Hals verwaschen braun. Schnabel mit rosa Basis und schwarzer Spitze. Im 1. W/1. S (**1C, D**) Kopf, Nacken und Brustseiten graubraun gestrichelt. Mantel grau, Flügeldecken braun gezeichnet, Handschwingen schwarz. Die großen Armdecken sind grau und bilden ein kontrastierendes, helleres Feld im Flügel. Die Flügelunterseite ist grob grau-weiß gefleckt. Der Schwanz zeigt eine schwarze, klar begrenzte Schwanzendbinde. Schnabel rosa, mit abgesetzt schwarzer Spitze. Beine rosa. Im 2. W/2. S wie SK/PK, aber mehr schwarz in der Flügelspitze und mit kleineren Subapikalflecken sowie deutlichen schwarzen Abzeichen auf den Handdecken. Schnabel grau, mit breiterer schwarzer Binde.

VORKOMMEN b, D, W I–XII 100–700 m; Brutvogel Nordeuropas, weniger häufig in Mitteleuropa. Überwintert in großen Teilen Europas, v.a. an Küsten. In Österreich häufiger Durchzügler und Wintergast an einer Vielzahl von Gewässern und sehr seltener Brutvogel. Ringfunde von durchziehenden und überwinternden Sturmmöwen belegen eine Herkunft aus Nordosten (z.B. Polen).

2 Silbermöwe

— *Larus argentatus* European Herring Gull

139 | L 54–60 cm
S 123–148 cm

MERKMALE Große Vierjahres-Möwe, in vielen Kleidern schwer von den anderen Großmöwen zu unterscheiden. Strukturelle Unterschiede zu Mittelmeer- und Steppenmöwe sind kurze Flügel mit geringer Handschwingenprojektion und die kompaktere Gestalt, mit eher kurzem, dickem Schnabel und großem Kopf. Im SK (**2A, B**) mit rosaroten Beinen, hellgrauer Oberseite (heller als Mittelmeer-, aber ähnlich Steppenmöwe) und dicht grau gestricheltem Kopf und Hals (Ausdehnung variabel, im PK ist der Kopf ungestrichelt weiß). Iris sehr hell (in Ausnahmefällen dunkel). Flügelspitze mit deutlich weniger Schwarz (erreicht fünfte oder sechste Handschwinge von außen) und größeren weißen Handschwingenspitzen als Mittelmeermöwe, aber ähnlich der Steppenmöwe. Brutvögel des Baltikums (Variation „*omissus*") zeigen gelbe Beine wie Mittelmeermöwe. Im 1. W (**2C, D,** S. 137) überwiegend graubraun gefleckt, mit dunklem Schnabel mit variabel ausgedehnter rosa Basis. Kopf und Unterseite im Vergleich zu Mittelmeer- und Steppenmöwe recht dunkel. Die Ränder der Schirmfedern und großen Armdecken sind grob und ausgedehnt weiß gezackt (s.a. S. 160). Im Flug wird auf den inneren Handschwingen ein helles Fenster sichtbar, das sich vom sonst dunkleren Flügel absetzt. Die Handschwingen sind stärker braun getönt als bei der Mittelmeermöwe. Im 2. W (**2E**) ähnlich 1. W, aber mit überwiegend hellgrauem Mantel und deutlich zweifarbigem Schnabel. Flügeldecken aber noch durchwegs braun gemustert. Im 3. W ähnlich SK, aber mit diffuser schwarzer Schwanzendbinde und zumindest einigen braun gemusterten Hand- und großen Armdecken. Schnabel noch mit variabel großen, dunklen Bereichen.

VORKOMMEN D, W VIII–IV 100–400 m; Brutvogel Nord- und Westeuropas. In Österreich spärlicher Durchzügler im Herbst und Wintergast, zu anderen Jahreszeiten selten. Meist einzeln oder in kleinen Gruppen unter Mittelmeer- und Steppenmöwen. Ablesungen beringter Silbermöwen belegen eine Herkunft z.B. aus Polen, Finnland und Deutschland.

WISSENSWERTES Die Systematik der Großmöwen befindet sich im stetigen Wandel und die Abgrenzung von Arten und Unterarten erweist sich als besonders schwierig. So wurden die in Österreich vorkommenden Arten Mittelmeermöwe, Steppenmöwe und Silbermöwe ursprünglich allesamt unter dem Namen Silbermöwe zusammengefasst. Später erfolgte die Trennung in Silber- und „Weißkopfmöwe", und seit den 2000ern werden auch Steppen- und Mittelmeermöwe als eigenständige Arten betrachtet.

1B I

1D I

1A VI

1C V

2A IX

2C II

2B X

2D X

2E X

1 Mittelmeermöwe

— *Larus michahellis* Yellow-legged Gull

140 | L 52–58 cm
S 120–140 cm

MERKMALE Bei weitem häufigste Großmöwe (Vierjahres-Möwe). Groß und kräftig, mit mächtigem Schnabel und sehr deutlichem Gonyseck. Meist größer und kräftiger als Silber- und Heringsmöwe, aber sehr ähnlich Steppenmöwe (s.a. S. 137 u. 160). Besonders immature Vögel sind oft schwer von diesen ähnlichen Arten zu unterscheiden. Im PK (**1A, B**) mit mittelgrauer Oberseite, leuchtend gelben Beinen und dottergelbem Schnabel mit rotem Gonysfleck, der häufig auf den Oberschnabel reicht. Iris hell, Lidring leuchtend rot. Im Flug (**1A**) mit ausgedehnt schwarzer Flügelspitze (Schwarz erreicht zumindest die sechste, manchmal die siebte Handschwinge von außen) und kleineren weißen Spitzen- und Subapikalflecken als Steppen- und Silbermöwe. Mausernde ad. im Juli/August zeigen (wie alle ad. Großmöwen) ein weißes „Flügelband" auf der Oberseite. Es wird durch die weißen Basen der Armschwingen erzeugt, die wegen fehlender großer Armdecken sichtbar werden. Im SK wie im PK, aber meist mit schwacher grauer Strichelung hinter und über dem Auge sowie teilweise im Nacken. Schnabel oft mit dunklem Abzeichen über dem Gonysfleck, Beine manchmal matter gelb. Im JK wie alle Großmöwen dieses Alters überwiegend graubraun gefleckt und mit graurosa Beinen und dunkler Iris. Mantel- und Schulterfedern mit einfarbig braunen Zentren, schmal hell gerandet oder mit kleinen weißen Zacken. Äußere große Armdecken ebenso unqezeichnet braun, mit schmalem hellem Rand, der die Basis der Feder nicht erreicht. Ein helles Fenster auf den inneren Handschwingen ist nur schwach ausgeprägt (nur Innenfahnen aufgehellt). Die schwarze Schwanzendbinde ist scharf zu den weißen Schwanzseiten und der weißen Schwanzbasis abgesetzt. Im 1. W/1. S (**1C, D,** S. 137) wie im JK, aber Mantel- und Schulterfedern erneuert und jetzt grau-braun gescheckt. Typisch sind ein relativ heller Kopf mit verdunkelter Augenpartie und ein leichter Kontrast zwischen hellerer Unter- und dunklerer Oberseite. Unterflügel dunkelbraun gezeichnet (bei Steppenmöwe meist hell). Der Schnabel ist schwarz, die helle Basis entwickelt sich meist erst spät im Winter oder im zweiten Kalenderjahr. Im 2. W (**1E, F**) mit zumindest teilweise grauem Mantel und mit noch überwiegend schwarzem, angedeutet zweifarbigem Schnabel. Manche bereits mit hellerer Iris. Flügel und Schwanz noch sehr ähnlich 1. W, aber deutliches helles Fenster auf den inneren Handschwingen. Im 2. S bereits recht ähnlich dem PK, die Flügel sind aber noch vollständig braun gemustert und der Schwanz zeigt zumindest eine angedeutete Endbinde. Der Schnabel ist gelb, mit rotem Gonysfleck und schwarzen Abzeichen. Im 3. W (**1G, H**) ähnlich SK, aber noch mit einigen braun gemusterten Flügeldecken und Schirmfedern, dunkler Schwanzendbinde (oder zumindest wenigen dunklen Abzeichen) und dunklen Bereichen am Schnabel.

VORKOMMEN B, D, W I–XII 100–900 m; spärlicher, aber zunehmender Brutvogel v.a. in großen Feuchtgebieten (offenbar verbreitet im Schilfgürtel des Neusiedler Sees) und entlang großer Flüsse. In Südösterreich auch Stadtbruten auf Hausdächern. Sonst häufiger Durchzügler und Wintergast, sowohl an als auch abseits von Gewässern.

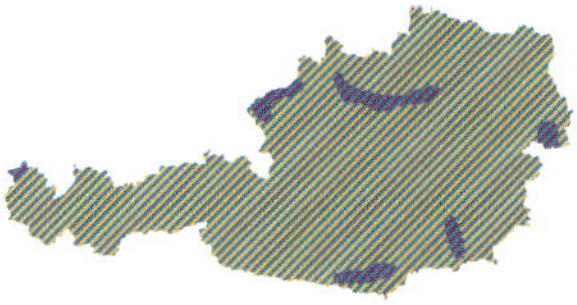

1A II

1B II

1G II

1H I

1E II

1F II

1C II

1D II

1 | Steppenmöwe

— *Larus cachinnans* Caspian Gull

141 | L 55–60 cm S 138–147 cm

MERKMALE Nahe mit Mittelmeermöwe verwandte, elegante Vierjahres-Möwe (s.a. S. 137 u. S. 160). Besonders bei immaturen Vögeln bieten strukturelle Merkmale die wichtigsten Anhaltspunkte zur Unterscheidung: Schnabel lang und recht gleichmäßig schlank, Gonyseck meist schwach ausgeprägt. Stirn flach. Auge meist (auch bei ad.) dunkel und klein wirkend. Steht hochbeinig und aufrecht, mit voller Brust. Flügelspitzen zeigen oft zum Boden (ähnliche Arten meist mit waagrechterer Haltung). Drohende Vögel rufen häufig in der typischen „Albatros-Pose", bei der nicht nur der Hals vor-, sondern auch die Flügel nach oben gestreckt werden. Im SK (**1A, B**) mit mattgelben, grünlich gelben oder sogar graurosa Beinen. Schnabel mattgelb oder grünlich, Iris häufig dunkel. Der rote Gonysfleck reicht meist nicht auf den Oberschnabel. Dunkle Abzeichen am Schnabel sind im SK auch bei ad. nicht ungewöhnlich. Oberseite etwas heller grau als Mittelmeermöwe, ähnlich Silbermöwe. Schwarz der Flügelspitze weniger ausgedehnt als bei Mittelmeermöwe, aber etwas mehr als bei Silbermöwe. Klassische Vögel zeigen eine weiße Spitze der äußersten und einen großen Subapikalfleck auf der zweitäußersten Handschwinge. Die sechste Handschwinge von außen zeigt ein meist vollständiges schwarzes Band. Auf den Innenfahnen der äußersten Handschwingen reichen helle Zungen weit zur Flügelspitze und durchbrechen so die schwarze Fläche. Kopf weiß oder mit sehr geringer Strichelung, meist auf den Nacken konzentriert. Im PK sind Beine und Schnabel kräftiger gelb gefärbt, ähnlich Mittelmeermöwe. Im 1. W (**1C, D**, S. 137) ähnlich Mittelmeermöwe, aber häufig mit weißerem Kopf, der zum dicht gestrichelten Nacken kontrastiert. Unterflügel häufig hell, bei Mittelmeermöwe meist dunkler. Schirmfedern und große Armdecken ungezeichnet braun mit hellem Saum, sehr ähnlich Mittelmeermöwe. Schnabel dunkel, oft mit heller Basis. Die erneuerten Mantelfedern im 1. W sind oft flächig grau, mit schmalem schwarzen Schaftstrich. Innere Handschwingen aufgehellt, ähnlich Silbermöwe. Im 2. W (**1E, F**) mit grauem Mantel, grau gemusterten Flügeldecken, aber sonst noch sehr juvenil anmutendem Flügel. Schnabel deutlich zweifarbig. Im 3. W (**1G, H**) ähnlich SK, aber einige braune Abzeichen auf Handdecken, Schwanz- und Schirmfedern sowie dunkle Schnabelbinde und weniger Weiß in der Flügelspitze.

VORKOMMEN D, W I–XII 100–500 m; Brutvogel Osteuropas, der in den letzten Jahren nach Mittel- und Westeuropa vorgedrungen ist und bereits in mehreren Nachbarländern brütet. In Österreich regelmäßiger Durchzügler und Gast im Winterhalbjahr, meist an größeren Gewässern, vereinzelt aber rund ums Jahr. Hybridisierungen mit Silber- und Mittelmeermöwe in gemischten Kolonien erschweren die Bestimmung einiger Individuen, die Österreich erreichen.

WISSENSWERTES Beringte Steppenmöwen, die in Österreich abgelesen werden, stammen überwiegend aus Polen, der Slowakei und Deutschland.

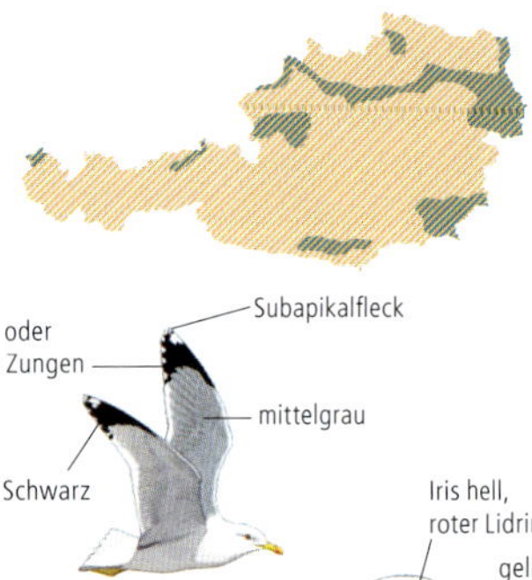

Steppenmöwe, ad.

Mittelmeermöwe, ad.

1A XII

1B III

1G X

1H XII

1E IX

1F IV

1C I

1D IV

1 | Heringsmöwe
— *Larus fuscus* Lesser Black-backed Gull

142 | L 48–56 cm
S 117–134 cm

MERKMALE Relativ zierliche Vierjahres-Möwe mit langen Flügeln, die v.a. im 1. W Verwechslungsmöglichkeiten mit Mittelmeer- und Silbermöwe bietet (s.a. S. 137 u. S. 160). Spätestens ab dem 2. W mit dunkelgrauen oder schwärzlichen Mantelfedern, die andere Arten (bis auf die viel größere Mantelmöwe) ausschließen. Schnabel vergleichsweise klein, Körperbau kompakt. Im SK (**1A, B**) mit dunkelgrauer oder schwarzer Oberseite, manchmal mit dicht gestricheltem Kopf und Nacken. Beine gelb, Iris hell. Schnabel gelb, mit rotem Gonysfleck. Wenig Weiß in der Flügelspitze, nur äußerste ein bis zwei Handschwingen mit weißem Subapikalfleck. Weiße Schirmfederspitzen auffällig. Die ssp. *graellsii* zeigt manchmal eine nur wenig dunklere Oberseite als ad. Mittelmeermöwen. Ssp. *intermedius* ist dunkler grau und die elegante, langflüglige ssp. *fuscus* zeigt eine ganz schwarze Oberseite, die kaum zu den schwarzen Flügelspitzen kontrastiert. Die Übergänge sind aber fließend und eine sichere Zuordnung der Unterart ist oft nicht möglich. Im JK/1. W (**1C, D**) sehr ähnlich Mittelmeermöwe, aber meist mit dunklerem Kopf und Unterseite. Mantelfedern bei manchen bereits im 1. W recht dunkelgrau, andere zeigen ähnliches Muster wie Mittelmeermöwe. Keine oder kaum Aufhellung der inneren Handschwingen typisch. Die Schirmfedern sind dunkel, mit schmalem hellem Rand (ohne deutliche helle Kerben) und manchmal heller Spitze. Die äußeren großen Armdecken sind dunkel, ohne helle Kerben. Der recht helle Bürzel kontrastiert deutlich zur breiten schwarzen Schwanzendbinde. Unterflügel recht dunkel braun gemustert. Helle Individuen (**1C**) können am besten an strukturellen Merkmalen unterschieden werden, in manchen Fällen ist eine sichere Zuordnung schwierig. Ab dem 2. W (**1E**) mit vielen, ungezeichnet dunkelgrauen Mantelfedern und dann relativ leicht zu bestimmen.
VORKOMMEN D, W I–XII 100–500 m; Brutvogel Nord- und der Küsten Westeuropas. In Österreich spärlicher, aber regelmäßiger Durchzügler und Wintergast. Wohl hauptsächlich Vögel der ssp. *intermedius* aus Südwestskandinavien (mit Winterquartieren in Westeuropa und Afrika) und nur ausnahmsweise der ssp. *graellsii* aus Westeuropa (verbleiben im Winter teilweise im Brutgebiet bzw. ziehen bis Westafrika). Die ssp. *fuscus* aus dem Baltikum (überwintert in Ostafrika und dem Nahen Osten) ist Durchzügler im Frühling und Herbst und mausert größtenteils erst im Winterquartier.

2 | Mantelmöwe
— *Larus marinus* Greater Black-backed Gull

143 | L 61–74 cm
S 144–166 cm

MERKMALE Sehr große Vierjahres-Möwe mit bulligem Kopf und starkem Schnabel mit großem Gonyseck. Beine in allen Kleidern graurosa. Sticht meist schon aufgrund von Größe und Schnabelform unter anderen Großmöwen hervor, Verwechslung mit großen ♂ von Mittelmeermöwe aber möglich. Im PK (**2A, B**) mit schwarzer Oberseite und nur schwach kontrastierender schwarzer Flügelspitze. Große weiße Spitzenflecke von Handschwingen und Schirmfedern sowie breiter weißer Flügelhinterrand. Die Spitze der äußersten Handschwinge ist ganz weiß, die zweitäußerste zeigt einen großen Subapikalfleck. Iris düster gelblich, Schnabel gelb mit rotem Gonysfleck. Im SK wie PK, aber mit geringer Strichelung auf Kopf und Nacken. Manchmal dunkle Abzeichen am Schnabel. Im 1. W/1. S (**2C**) sehr grob gescheckt, „schwarz-weiß" wirkend. Grobe Zeichnung der Mantelfedern und großes Zackenmuster auf großen Armdecken. Schirmfedern mit hohem Weißanteil an der Spitze. Dunkle Schwanzendbinde nicht so solide wie bei anderen Arten und v.a. zum Rand hin aufgelöst. Innere Handschwingen aufgehellt, ergeben helles Fenster. Schnabel ganz schwarz. Im 2. W ähnlich 1. W, Oberseite etwas schwächer gefleckt, aber noch keine ganz dunklen Mantelfedern. Schnabelbasis heller. Große Armdecken feiner gezeichnet. Ab dem 3. S mit schwarzen Federn der Oberseite, im 3. W daher leicht bestimmbar und bis auf einige braune Flügeldecken und Schirmfedern relativ ähnlich SK.
VORKOMMEN D; brütet an Küsten Nord- und Westeuropas. In Österreich sehr seltener, aber alljährlicher Einzelgast im Herbst und Winter an großen Gewässern, meist in Ansammlungen von Großmöwen. Noch seltener zu anderen Jahreszeiten.
WISSENSWERTES Die Mantelmöwe ist, sowohl in Bezug auf die Körperlänge als auch auf die Spannweite, die größte Möwenart der Welt.

1A
I

2A
VIII

1B
II

2B
VI

1C
XI

2C
VII

1D
II

1E
II

Sehr seltene Möwen

Beim geduldigen Durchmustern von Möwen-Ansammlungen, beispielsweise an winterlichen Schlafplätzen an Flusskraftwerken an der Donau, an anderen großen Gewässern oder auf Äckern im Frühling, können spannende Entdeckungen gemacht werden. Die folgenden Arten werden ausgesprochen selten in Österreich beobachtet.

Die **Schwalbenmöwe** (*Xema sabini,* **1**) brütet in arktischen Gebieten Sibiriens und Nordamerikas und überwintert pelagisch, z.B. am Atlantik vor Südwestafrika. Vor allem während des Herbstzuges und durch Stürme verdriftet gelangen Vögel an die Küsten Europas und extrem selten auch ins Binnenland. Etwas kleiner als Lachmöwe. Im Flug (**1A**) in allen Kleidern mit typischem, kontrastreichem Flügelmuster (ähnlich Dreizehen- und Zwergmöwe) und recht langem, gekerbtem Schwanz. Im SK (**1B**) mit mittelgrauem Mantel, dunklem Hinterkopf und Nacken und dunklem Schnabel mit gelber Spitze. Im JK (**1A**) oberseits (einschließlich Scheitel, Nacken und Brustseiten) braungrau geschuppt. Schnabel und Schwanzspitze dunkel.

Die **Dünnschnabelmöwe** (*Larus genei,* **2**) brütet in Süd- und Osteuropa. Der Lachmöwe sehr ähnlich (auch Flügelmuster), zeigt aber ein flacheres Kopfprofil mit längerem Schnabel, eine hellere Iris und in keinem Kleid eine dunkle Kapuze. Im PK (**2**) mit ganz weißem Kopf und dunkelbraunrotem Schnabel und Beinen. Im SK und 1. W mit kleinerem, schwach ausgeprägtem Ohrfleck. Schnabel und Beine hell fleischfarben, Schnabel ohne markant dunkle Spitze.

Die **Ringschnabelmöwe** (*Larus delawarensis,* **3**) brütet in Nordamerika und sieht in allen Kleidern der geringfügig kleineren Sturmmöwe sehr ähnlich. Hat aber kräftigeren Schnabel und kantigeren Kopf. Im SK (**3**) mit gelber Iris (bei Sturmmöwe dunkel) und sauberer, schwarzer Schnabelbinde (kann bei Sturmmöwe ähnlich aussehen). Oberseite heller grau und Schirmfederspitzen schmaler weiß als bei Sturmmöwe. Kopf und Nacken dicht grau gestrichelt. Im PK mit ganz weißem Kopf. Im 1. W sehr schwer von Sturmmöwe zu unterscheiden. Mantel und Armdeckenfeld heller grau, Schwanzendbinde seitlich unschärfer begrenzt. Schirmfedern mit schmalerem, hellem Rand.

Die **Fischmöwe** (*Larus ichthyaetus,* **4**) brütet vom Schwarzen Meer ostwärts. Sehr groß (größer als die häufigen Großmöwen), mit langem Schnabel, flachem Kopfprofil und langen Flügeln. Im PK (**4A**) unverwechselbar mit schwarzem Kopf, gelbem Schnabel und Beinen. Im Flug mit viel Weiß und wenig Schwarz in der Flügelspitze. Im SK ist die schwarze Kapuze zu einer fleckigen Maske hinter dem Auge reduziert. Im 1. W/1. S (**4B**) mit hellgrauer Oberseite, fleckiger Maske wie im SK und dunkel geflecktem Nacken. Flügel überwiegend dunkel, mit grauem Feld auf den Armdecken. Schwanz weiß, mit scharf begrenzter schwarzer Endbinde. Schnabel zweifarbig, gelblich mit schwarzer Spitze. Im 2. W/2. S wie 1. W/1. S, aber Flügel ausgedehnter grau. Schwarze Bereiche auf Flügelspitze (mit weißen Subapikalflecken) und Handdecken reduziert. Flügelbug und Nacken dunkel gefleckt. Weißer Schwanz mit einzelnen schwarzen Flecken.

Die **Eismöwe** (*Larus hyperboreus,* **5**) brütet auf Island und in Sibirien und überwintert entlang der Küsten Nordwesteuropas. Großmöwe, gänzlich ohne Schwarz im Flügel. Im SK mit reinweißer Flügelspitze, sehr hellgrauer Oberseite und breit weißen Schirmfederspitzen. Kopf, Hals und Brust dicht graubraun gestreift. Iris hellgelb, Beine rosa. Schnabel gelb mit rotem Gonysfleck. Im PK (**5A**) mit ganz weißem Kopf. Im JK durchwegs hellgraubeige und fein wellig gemustert, zum 1. S (**5B**) ausgeblichen und nahezu vollständig weiß. Schnabel rosa, mit klar abgesetzter schwarzer Spitze.

1A VIII

1B XII

2 IV

3 X

4A II

4B XII

5A XII

5B VI

Seeschwalben

1 | Lachseeschwalbe

— *Gelochelidon nilotica* Common Gull-billed Tern

144 | L 35–42 cm
S 76–86 cm

MERKMALE Sehr große, hochbeinige Seeschwalbe, mit dickem, recht kurzem Schnabel und mit angedeutetem Gonyseck. Jagt häufig über Wiesenflächen nach Insekten oder pickt Nahrung von der Wasseroberfläche (Stoßtauchen sehr selten). Beine schwarz, Schwanz tief gegabelt. Im PK (**1A, B**) mit langer schwarzer Kopfkappe, schwarzem Schnabel und Beinen. Oberseits hellgrau (auch Bürzel und Oberschwanz), Unterseite weiß. Handflügel auf Ober- und Unterseite mit dunklem Hinterrand. Im Spätsommer manchmal mit dunklem Handflügelkeil. Im SK (**1C**) wie PK, aber statt schwarzer Kappe mit kleiner dunkler Maske, besonders hinter dem Auge. Im JK mit Kopfmuster ähnlich SK, (manchmal sehr schwach) gemusterter Oberseite und dunkler grauem Handflügel. Schnabel mit heller, rötlicher Basis. Ruft nasal „guwick".
VORKOMMEN D IV–VI 100–400 m; brütet in Süd- und Osteuropa, überwintert in Afrika. In Österreich ehemals Brutvogel, heute sehr seltener Durchzügler, v.a. im Frühling an großen Gewässern.

2 | Brandseeschwalbe

— *Thalasseus sandvicensis* Sandwich Tern

145 | L 37–43 cm
S 85–97 cm

MERKMALE Sehr große Seeschwalbe mit sehr langem, dünnem, sanft abwärtsgebogenem Schnabel und struppigem Schopf am Hinterkopf. Schwanz tief gegabelt. Beine schwarz und kürzer als bei Lachseeschwalbe. Zur Nahrungssuche stärker an Wasser gebunden als diese, jagt stoßtauchend. Im PK (**2A, B**) mit schwarzer Kopfkappe und scharf abgesetzter gelber Schnabelspitze. Oberseite grau, Bürzel aber weiß. Am Oberflügel mit dunklem Keil, der durch die äußeren Handschwingen gebildet wird. Unterseits mit kurzem, dunklerem Hinterrand am Handflügel. Im SK (**2C**) Stirn ausgedehnt weiß, mit fleckigem Übergang zum schwarzen Hinterkopf (bereits ab Frühsommer). Im Winter ohne dunklen Flügelkeil. Im JK (**2D**) oberseits kräftig schuppig gemustert. Kopfkappe dunkel und scheckig. Schopf noch kurz und kompakt. Schwanzseiten dunkel. Schnabel etwas kürzer und ohne helle Spitze. Im 1. W ähnlich SK, aber mit dunkel gezeichneten Flügeldecken und Schirm- und Schwanzfedern des JK und ohne helle Schnabelspitze. Ruft auffällig, laut krächzend „krä-rik".
VORKOMMEN D IV–VIII 100–500 m; brütet an vielen Küsten Europas. Im Winter teilweise Abzug bis nach Afrika. In Österreich seltener, aber alljährlicher Durchzügler im Frühling und Sommer, meist an großen Seen. Ringfunde haben gezeigt, dass z.B. Brutvögel von der niederländischen Nordseeküste die österreichischen Alpenseen im Spätsommer als Rastplatz nutzen.
WISSENSWERTES Die **Rüppellseeschwalbe** (*T. bengalensis*) wurde in Österreich als extreme Ausnahmeerscheinung nachgewiesen. Sie ähnelt der Brandseeschwalbe, zeigt aber einen ganz orangen Schnabel und eine dunkler graue Oberseite mit grauem Bürzel und Oberschwanz.

3 | Zwergseeschwalbe

— *Sternula albifrons* Little Tern

146 | L 21–25 cm
S 41–47 cm

MERKMALE Kleinste Seeschwalbe, mit sehr schmalen Flügeln und kurzen Beinen. Fliegt rasant, mit sehr schnellen Flügelschlägen. Im PK (**3A**) Schnabel gelb mit schwarzer Spitze. Zeigt eine schwarze Kopfkappe, aber weiße Stirn und schwarzen Zügelstreif. Beine orange. Am Oberflügel nur äußerste Handschwingen schwarz, unterseits diffus dunkle Spitze. Im SK (**3B**) wie im PK, aber mit ganz schwarzem Schnabel und weißem Zügel. Im JK (**3C**) ähnlich SK, im Sommer aber noch mit dunkel geschuppter Oberseite und dunklem Flügelbug. Schnabelbasis und Beine hell. Ruft hoch „kriit".
VORKOMMEN D IV–IX 100–400 m; brütet in weiten Teilen Europas, v.a. an Küsten und großen Flussläufen. Überwintert in Afrika. In Österreich ehemals Brutvogel, heute seltener, aber alljährlicher Durchzügler und Sommergast, v.a. im Frühling an großen Gewässern.

1A
V
2A
VI
1B
V
2B
VI
2C
VI
1C
III
2D
IX
3A
V
3B
VIII
3C
VIII

1 | Raubseeschwalbe — *Hydroprogne caspia* Caspian Tern

147 | L 48–55 cm S 96–111 cm

MERKMALE Riesige Seeschwalbe, größer als Lachmöwe. Flug möwenähnlich. Schnabel mächtig, rot und mit dunklem Fleck nahe der Spitze. Äußere Handschwingen unterseits ausgedehnt schwärzlich, oberseits diffus dunkler (im 2. S deutlicher dunkler Keil). Schwanz kurz und gekerbt, Beine schwarz. Im PK (**1A**) mit schwarzer Kopfkappe. Im SK (**1B** links, **1C**) Kopfkappe duchwegs weiß gesprenkelt, Stirn heller. Im JK (**1D**) mit orangem Schnabel, geflecktem Mantel und dunkel gezeichneten Flügeldecken. Schwanzseiten dunkel. Kopfkappe durchwegs hell gescheckt und ausgedehnter als bei ad. Beine orange. Im 1. W (**1B** rechts) ähnlich SK, aber Schnabel etwas heller als bei ad., Handdecken, Armschwingen und Schwanzseiten dunkel wie im JK. Ruft tief, rau „kriaäk“. **VORKOMMEN** D IV–X 100–500 m; brütet an Küsten des Baltikums und Osteuropas. Überwintert vorwiegend in Afrika. In Österreich regelmäßiger Durchzügler im Frühjahr und Herbst, v.a. an großen Gewässern (z.B. Unterer Inn, Donau, Seewinkel, Drau). Meist einzeln oder in kleinen Gruppen. Jungvögel im Spätsommer und Herbst betteln die Altvögel auch noch in den Rastgebieten an.

2 | Weißbartseeschwalbe — *Chlidonias hybrida* Whiskered Tern

148 | L 24–28 cm S 57–63 cm

MERKMALE Sumpfseeschwalbe mit relativ kräftigem Schnabel mit angedeutetem Gonyseck. Etwas kräftiger, langbeiniger und breitflügeliger als Trauer- und Weißflügelseeschwalbe. Schwanz kurz und gekerbt. Im PK (**2A, B**) mit schwarzer Kappe und dunkelrotem Schnabel und Beinen. Unter- und Oberseite einschließlich Bürzel und Oberschwanz grau. Bauch noch dunkler schwärzlich, mit scharfem Kontrast zum weißen Steiß. Wangen weiß, deutlich kontrastierend. Handflügel und Armschwingen oberseits silbergrau glänzend, können auf große Distanz und bei Sonnenschein weiß wirken. Kein dunkler Handschwingenkeil. Unterflügel weiß. Im SK (kaum in Österreich zu sehen) oberseits heller grau, unterseits weiß. Kopfkappe gestrichelt und auf Hinterkopf reduziert (am dunkelsten hinter dem Auge), Stirn weiß. Beine schwärzlich. Im JK (**2C, D**) Flügel und Schwanz dunkler grau als bei ad., Rücken grob grau, schwarz und gelbbraun gemustert. Kopfkappe reduziert, weiß durchsetzt und hinter dem Auge weit nach unten reichend. Schnabel und Beine schwarz. Im Unterschied zur Weißflügelseeschwalbe im JK ohne deutlich dunklen Flügelbug, mit kräftiger gemustertem Mantel und dunkler grauem Bürzel. Im 1. W (**2E**) ähnlich SK, aber mit dunkleren Flügeln und dunkler Schwanzspitze. Ruft scharf, rau „krik“ oder „zrik“. **VORKOMMEN** b, D IV–IX 100–500 m; brütet in feuchten Jahren in staunassen Wiesen und an Lackenufern im Seewinkel. Sonst regelmäßiger, spärlicher Durchzügler an verschiedenen Gewässern, besonders im Frühling. Überwintert vorwiegend in Afrika.

Weißbartseeschwalbe, JK — Trauerseeschwalbe, JK — Weißflügelseeschwalbe, JK

1B III

1A IV

1C III

1D VIII

2A VI

2D VIII

2B V

2C IX

2E X

1 | Trauerseeschwalbe
— *Chlidonias niger* Black Tern

149 | L 22–26 cm
S 56–62 cm

MERKMALE Häufigste Sumpfseeschwalbe mit schlankem, schwarzem Schnabel und kurzem, gekerbtem Schwanz. Im PK (**1A, B**) oberseits, einschließlich Bürzel, relativ einheitlich grau. Nur die äußeren Handschwingen und der Mantel sind etwas dunkler. Kopf, Brust und Bauch schwärzlich, mit scharfem Kontrast zum weißen Steiß. Beine schwarz. Im Sommer bereits in das SK mausernd, dann Unterseite weiß gefleckt. Im SK (**1C**) auf der Oberseite ähnlich PK, Unterseite und Stirn aber weiß. Kleine Kopfkappe, seitlich bis unter das Auge reichend. Brustseiten dunkelgrau. Im JK (**1D**) ähnlich SK, aber mit dunklerem, braun gemustertem Mantel. Flügelbug und Armschwingen dunkel. Der Oberflügel zeigt keinen Kontrast zwischen Hand- und Armschwingen wie bei ad. im SK. Die dunklen Brustseitenflecken sind auffällig und das wichtigste Merkmal zur Unterscheidung von Weißflügelseeschwalben im JK (s.a. S. 154).
VORKOMMEN D IV–X 100–500 m; brütet vorwiegend in Nord- und Osteuropa (stellenweise auch in West- und Mitteleuropa). Überwintert in Afrika. In Österreich ehemaliger Brutvogel, heute recht häufiger Durchzügler im Frühling und Herbst. Sucht zur Nahrungssuche verschiedenste, größere Gewässer auf und pickt Nahrung von der Wasseroberfläche.

2 | Weißflügelseeschwalbe
— *Chlidonias leucopterus* White-winged Tern

150 | L 20–24 cm
S 50–56 cm

MERKMALE Sehr ähnlich der häufigeren Trauerseeschwalbe. Kaum merklich kleiner, mit etwas kürzerem Schnabel, längeren Beinen und schwächer gekerbtem Schwanz. Im PK (**2A, B**) von der Trauerseeschwalbe unterschieden durch weißliche Flügeloberseite (insbesondere Vorderflügel) und weißen Schwanz und Bürzel, die stark zum schwarzen Rücken kontrastieren. Die Unterflügel sind tiefschwarz und kontrastieren zu den grauen Schwungfedern (bei Trauerseeschwalbe kein Kontrast). Beine rot. Mausert bereits im Sommer ins SK, dann weiß gesprenkelt. Im SK (**2C**) keine vollständige Kopfmaske, sondern nur reduzierte Strichelung am Scheitel und isolierter Ohrfleck. Flügelvorderrand dunkler. Zeigt im Gegensatz zur Trauerseeschwalbe keinen Brustseitenfleck und einen schmaleren, dunklen Handschwingenkeil. Der Bürzel ist etwas heller grau. Im JK (**2D**) mit kleiner Kopfkappe und ausgedehnt weißer Stirn. Der weiße Bürzel kontrastiert stark zum schwärzlichen Rücken und dieser zu den dunkelgrauen Flügeln. Keine dunklen Brustseitenflecken. Flügelvorderrand zum Oberflügel wenig kontrastierend.
VORKOMMEN D IV–IX 100–500 m; brütet in Osteuropa, überwintert in Afrika. In Österreich spärlicher Durchzügler im Frühling und Sommer, meist in Trupps mit Trauerseeschwalben.

Trauerseeschwalbe, PK

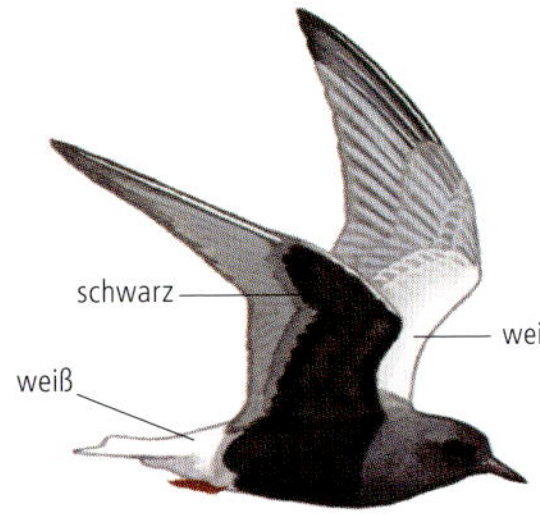

Weißflügelseeschwalbe, PK

1A
VI
2A
1B
V
2B
V
1C
IX
2C
1D
VIII
2D
VIII

1 | Flussseeschwalbe — *Sterna hirundo* Common Tern

151 | L 34–37 cm S 70–80 cm

MERKMALE Häufigste weiße Seeschwalbe, mit langen, spitzen Flügeln, schlankem Körper und langem Schnabel. Jagt ausschließlich über Wasser und erbeutet Fische v.a. durch Stoßtauchen. Im PK (**1A, B**) mit schwarzer Kopfkappe, die weit in den Nacken reicht. Schnabel hellrot, meist mit schwarzer Spitze (kann aber fehlen). Beine rot. Oberseite hellgrau, schwach zur etwas helleren Unterseite und Wange, aber stärker zum weißen Oberschwanz kontrastierend. Äußere Handschwingen oberseits dunkler, bilden dunklen Keil (besonders ab Sommer und im Herbst). Unterseits mit relativ breitem, dunkelgrauem Flügelhinterrand. Schwanzspieße lang, überragen Flügelspitzen am stehenden Vogel aber nicht (vgl. Küstenseeschwalbe). Bei geeigneten Bedingungen (gegen die Sonne) können die durchscheinenden inneren Handschwingen erkannt werden. Im SK (**1C**) mit weißer Stirn und reduzierter Kopfkappe. Unterseite weiß, Schnabel und Vorderrand des Armflügels schwarz. Im JK (**1D**) ebenso mit dunkler, reduzierter Kopfkappe und weißer Stirn, aber kürzeren Schwanzspießen. (Die des abgebildeten Vogels sind allerdings noch nicht ausgewachsen.) Schnabel dunkel mit oranger Basis. Die kontrastreiche Oberseite zeigt einen dunklen Flügelbug, die Flügeldecken und der Mantel sind heller, grau-braun gemustert. Die dunklen Armschwingen bilden einen kontrastierenden Flügelhinterrand, der Handflügel ist relativ dunkel. Oberschwanzdecken grau. Die Altersbestimmung von immat. ist schwierig (hohe individuelle Variation). Im 1. S meist ähnlich JK, mit einigen erneuerten (hellen) Schwanz- und Schwungfedern. Vögel dieses Alters bleiben aber meist im Winterquartier. Im 2. S manche ähnlich SK, viele legen aber bereits das PK an (Schnabel mit hohem Schwarzanteil) und sind dann kaum sicher zu bestimmen. Ruft am Brutplatz kurz „kit-kit" oder „kri-kri-kri-kri". Warnruf laut, rollend-kreischend „kriiaar".
VORKOMMEN B, D IV–IX 100–500 m; regelmäßiger Brutvogel heute nur mehr an wenigen Stellen (z.B. Neusiedler See, Rheindelta, Unterer Inn, March-Thaya), vereinzelt auch andernorts. Die meisten Brutvorkommen sind auf künstliche Nisthilfen (Brutfloße) oder andere unterstützende Maßnahmen angewiesen. Als Durchzügler an vielen stehenden Gewässern. Überwintert in Afrika.
WISSENSWERTES In freier Wildbahn können Flussseeschwalben bis zu 33 Jahre alt werden.

2 | Küstenseeschwalbe — *Sterna paradisaea* Arctic Tern

152 | L 33–39 cm S 66–77 cm

MERKMALE Sehr ähnlich der Flussseeschwalbe, aber etwas kleiner und zierlicher, mit eleganter, elastischer Flugweise (s.a. S. 161). Schnabel kürzer und Stirn höher (niedlicher Gesichtsausdruck). Hals kürzer, daher mit gestauchtem Hals-Kopf-Profil. Beine kürzer. Im PK (**2A–C**) mit dunkelrotem Schnabel, meist ohne schwarze Spitze. Unterseite etwas dunkler grau als bei der Flussseeschwalbe (fast wie Oberseite) und zum weißen Wangenstreif unter der schwarzen Kopfkappe kontrastierend. Die Schwanzspieße sind noch länger und überragen am stehenden Vogel die Flügelspitzen. Wirkt im Flug schwalbenartig. Handflügel oberseits einfarbiger grau, ohne dunklen Keil der Flussseeschwalbe, aber mit dunklem Hinterrand. Unterseits ist der dunkle Hinterrand der Handschwingen schmaler und klarer abgesetzt. Gegen die Sonne betrachtet sind alle Handschwingen durchscheinend. Die schwarze Kopfkappe ist kürzer und reicht weniger weit in den Nacken. Im JK (**2D**) sehr ähnlich der Flussseeschwalbe. Neben den strukturellen Merkmalen (Größe, Schnabellänge, Kopf-Hals-Profil etc.) durch den im Herbst meist ganz dunklen Schnabel und die kontrastärmeren Oberflügel unterschieden: Der Flügelbug ist heller, die Armschwingen sind hellgrau und erzeugen daher keinen dunklen Hinterrand am Armflügel. Der Handflügel ist heller grau und zeigt einen dunklen Hinterrand. Die Oberschwanzdecken sind weiß.
VORKOMMEN D IV–VI/VIII–IX 100–500 m; brütet v.a. an Küsten in Nordeuropa, überwintert auf der Südhalbkugel am offenen Meer. In Österreich seltener Durchzügler, meist im Frühling. Hat im Rheindelta vereinzelt, mit Flussseeschwalben verpaart, gebrütet.
WISSENSWERTES Die Küstenseeschwalbe ist dafür bekannt, zwischen Brut- und Winterquartieren die längste regelmäßige Zugstrecke aller Vögel zurückzulegen. Brutvögel Nordeuropas, Grönlands und anderer arktischer Gebiete überwintern am Rand der antarktischen Packeiszone. Einzelne Individuen legen auf dieser Reise mehr als 90.000 km innerhalb eines Jahres zurück.

1A VI

1B VI

1C IX

1D VIII

2A VI

2B VI

2C VI

2D VIII

hellgrau
weiß
recht dunkel
schwarz
gestreckter Doppelfleck
Lachmöwe, 1. W
schlank, rot mit dunkler Spitze
orange
gestrichelte Maske
Schwarzkopfmöwe, 1. W
kräftig, dunkel
schwärzlich, lang
Mittelmeermöwe, 1. W
Mantel kräftig gemustert
dunkel, hell gerandet
kräftig, Gonyseck deutlich
im Flug: Unterflügel dunkel
eher waagrechte Haltung
Steppenmöwe, 1. W
Kopf hell
Mantel grau mit schwarzen Schafstrichen
dunkel, oft mit hellbrauner Spitze
schlank, lang, Gonyseck schwach
im Flug: Unterflügel oft hell
steht aufrecht, mit voller Brust
Heringsmöwe, 1. W
dunkel
dunkel, ähnlich Mittelmeermöwe
dunkel
äußere Armdecken dunkel
zierlich, klein
Silbermöwe, 1. W
dunkel
am Rand grob hell gezackt
kurz, kräftig
dunkel
Armdecken grob gezackt

Flussseeschwalbe, PK

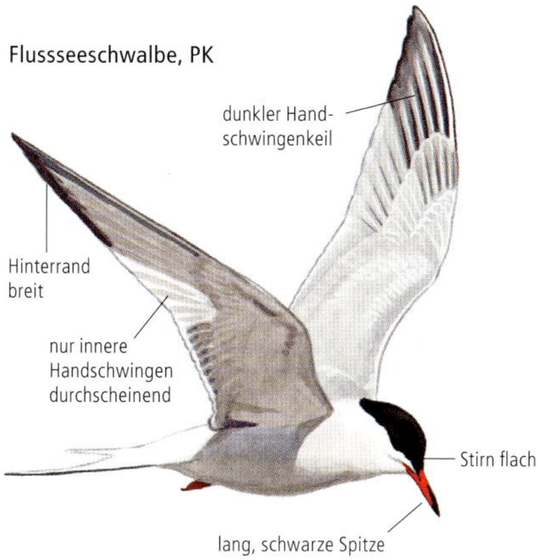

Küstenseeschwalbe, PK

Flussseeschwalbe, JK

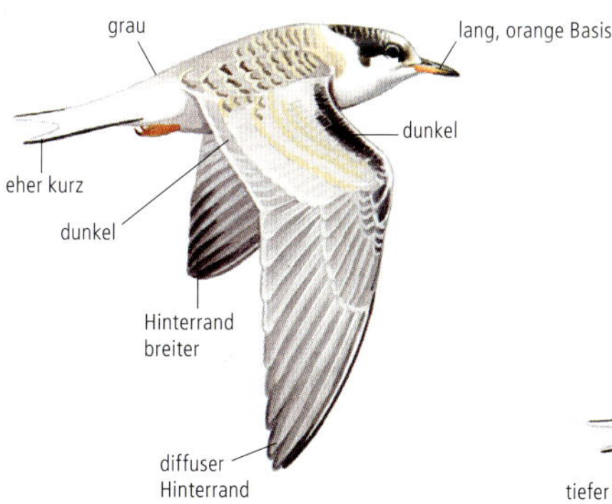

Küstenseeschwalbe, JK

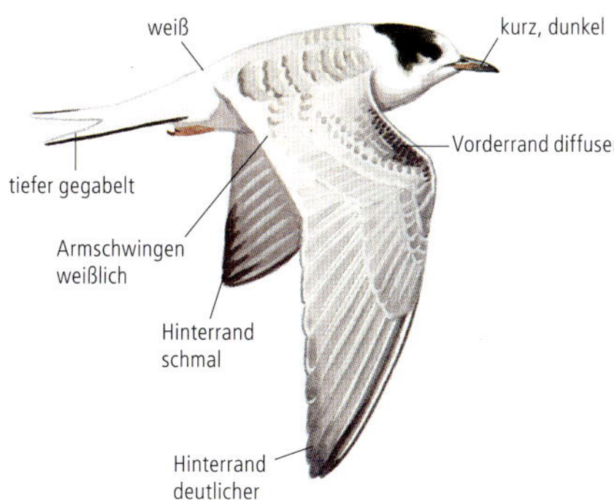

1 Schmarotzerraubmöwe
— *Stercorarius parasiticus* Arctic Jaeger

153 | L 37–44 cm
S 100–115 cm

MERKMALE In Österreich am häufigsten nachgewiesene Raubmöwe. Mittelgroß, mit recht kleinem Kopf, eher plumpem Körper und schlankem Schnabel. Wirkt im Flug eher bauchlastig. Durchschnittlich größer und kräftiger als Falkenraubmöwe, aber schmächtiger als Spatelraubmöwe. Zeigt an der Handwurzel auf der Flügelober- und -unterseite einen deutlichen hellen Fleck oder zumindest weiße Schäfte der äußersten drei bis sechs Handschwingen. Unterscheidung von Spatel- und Falkenraubmöwe v.a. im JK oft schwierig. Im PK (**1A**) mit dunkelgrauer Ober- und Flügelunterseite, dunkelgrauem Gesicht, Scheitel und Brustseiten (manchmal zu einem Brustband geschlossen, nicht gescheckt wie bei Spatelraubmöwe). Brust und Bauch weiß. Nacken und Wangen gelblich getönt. Lange, spitze Schwanzspieße, nur bei Falkenraubmöwe länger. Schnabel ganz dunkel. Kleiner heller Fleck an der Schnabelbasis. Die dunkle Morphe ist fast einheitlich schwarzbraun. Kommt im JK (**1B, C**) in einer hell-, mittel- und dunkelbraunen Morphe vor (mittlere Morphe abgebildet). Typisch sind wärmere Farbtöne als bei Falken- und Spatelraubmöwe, z.B. rotbraune Federränder der Oberseite und insbesondere der warmbraune Nacken. Der Schnabel ist mittelgrau, mit dunklerer Spitze. Die mittleren Schwanzfedern sind zugespitzt und überragen den restlichen Schwanz sehr wenig. Unterschwanzdecken gebändert, Oberschwanzdecken meist gefleckt (nicht so regelmäßig gebändert wie bei Falken- und Spatelraubmöwe und weniger hell kontrastierend). Im 2. S ähnlich PK, aber mit schwarz-weiß gebänderten Unterflügeln und kürzeren Schwanzspießen. Subadulte (**1D**) zeigen noch wenige helle Flecken auf der Flügelunterseite und ebenso kürzere Schwanzspieße.
VORKOMMEN D V/VIII–X 100–600 m; brütet küstennah in Nordeuropa, überwintert auf der Südhalbkugel. In Österreich seltener, aber alljährlicher Durchzügler an großen Wasserflächen. Überwiegend Vögel im JK im Spätsommer und Herbst, v.a. am Bodensee und Neusiedler See. Nicht alljährlich im Frühling.
WISSENSWERTES Ernährt sich wie ihre Verwandten zu einem Großteil schmarotzend und jagt anderen Vögeln die Beute ab. Häufig entdeckt man Raubmöwen wegen der Aufregung, die z.B. unter Möwen und Seeschwalben auf einem Gewässer ausbricht, wenn sich eine Raubmöwe nähert.

2 Falkenraubmöwe
— *Stercorarius longicaudus* Long-tailed Jaeger

154 | L 35–41 cm
S 88–105 cm

MERKMALE Kleiner und schmächtiger als Schmarotzerraubmöwe, mit fast seeschwalbenartigem Flugstil. Im Flug brustlastig und mit langen schmalen Flügeln mit kurzem Arm- und langem Handflügel. In allen Kleidern sind nur die Federschäfte der äußersten beiden Handschwingen weiß. Zeigt oberseits keine weißen Handwurzelflecken wie die Schmarotzerraubmöwe. Im PK (**2A**) überwiegend dunkelgrau, mit schwarzer Kappe und gelblich getönten Halsseiten. Die Schwungfedern sind oberseits dunkler als der heller graue Armflügel. Brust weiß, Bauch verwaschen grau, ohne deutlichen Kontrast zu dunklem Steiß. Die Schwanzspieße sind extrem lang und biegen sich im Flug. Keine dunkle Morphe. Im JK (**2B, C**) sehr ähnlich Schmarotzerraubmöwe und in der Grundfärbung ebenso variabel, mit heller, mittlerer und dunkler Morphe. Es überwiegen kalt braune und graue Farbtöne (keine rotbraunen Federränder). Schnabel kurz und dick, mit ausgedehnt schwarzer Spitze (fast zur Hälfte schwarz). Die Unter- und Oberschwanzdecken sind deutlich gebändert, ohne warmbraune Töne. Die Bänderung der Oberschwanzdecken ist der hellste Bereich der Oberseite. Die mittleren Schwanzfedern sind nur wenig verlängert und zeigen eine gerundete helle Spitze (stumpf wirkend). Untere Brust und oberer Bauch sind oft einfarbig und ungezeichnet hell. Der Mantel ist kontrastreich geschuppt, die Unterflügel deutlich hell gebändert. Im 2. S (**2D**) ähnlich PK, aber mit scheckiger Unterseite, gebänderten Unterflügeldecken und kürzeren Schwanzspießen.
VORKOMMEN U; brütet in der Tundra Skandinaviens, überwintert auf der Südhalbkugel. In Österreich sehr seltener, nicht alljährlicher Durchzügler im Frühling und Spätsommer. Wie auch im Brutgebiet nicht immer am Wasser, rastet öfter als andere Raubmöwen auch in trockenen Offenlandschaften (z.B. auf Äckern oder alpinen Matten).

1A
VI

1B

1C
IX

1D
VI

2A
VI

2B
VIII

2C
VIII

2D
IX

1 Spatelraubmöwe

— *Stercorarius pomarinus* Pomarine Jaeger

155 | L 42–50 cm
S 115–125 cm

MERKMALE Größer und kräftiger als Schmarotzerraubmöwe, eher in der Größe einer kleinen Großmöwe (z.B. Mittelmeermöwe). Zeigt lange und breite Flügel mit breitem Armflügel und eine behäbigere Flugweise. In allen Kleidern mit deutlichem hellen Handwurzelfleck auf Ober- und Unterseite, oberseits mit mindestens sechs weißen Federschäften. Im SK (**1A, B**) überwiegend schwarzbraun. Die mittleren Schwanzfedern sind lang, spatelförmig und gedreht. Der weiße Bauch ist fleckig begrenzt, Kopfseiten und Nacken sind gelblich. Die Kopfkappe und das Gesicht sind schwarzbraun, ohne hellen Fleck an der Schnabelbasis. Der Schnabel ist zweifarbig, mit heller Basis und dunkler Spitze (ad. anderer Arten zeigen einfarbige Schnäbel). Im PK wie im SK, die zentralen Schwanzfedern sind aber noch länger. Der Vorderhals ist bei der hellen Morphe weiß und meist durch ein fleckiges Brustband vom weißen Bauch getrennt. Die ganz dunkle Morphe ist selten. Im JK (**1C, D**) kaltbraun gefärbt und meist sehr dunkel, helle Morphen sind seltener. Der Kopf ist meist wenig oder ganz ungezeichnet (bei Schmarotzerraubmöwe sind Kopf und obere Brust fein marmoriert). Die Ober- und Unterschwanzdecken sowie Unterflügel sind deutlich gebändert (wie Falkenraubmöwe). Die Bänderung der Oberschwanzdecken ist der hellste Bereich der Oberseite und die Bänderung der Unterflügel ist in der Regel heller als der Rest der Unterseite (bei Falkenraubmöwe ähnlich, bei dunklen Schmarotzerraubmöwen im JK sind Oberschwanzdecken und Bänderung der Unterflügel höchstens wenig heller). An der Handwurzel des Unterflügels sitzt ein heller Doppelfleck, gebildet aus den hellen Basen der Handschwingen und der Handdecken. Die zentralen Schwanzfedern stehen nicht oder nur sehr wenig über und zeigen eine gerundete Spitze. Immat. (**1E**) zeigen einen gelblichen Nacken, aber kurze Schwanzspieße und gebänderte Unterflügel.
VORKOMMEN U; brütet im nordöstlichsten Europa, überwintert überwiegend vor Westafrika. In Österreich sehr seltener, nicht alljährlicher Durchzügler. Meist im Herbst (manchmal bis in den November) an großen Gewässern.

2 Skua

— *Catharacta skua* Great Skua

156 | L 50–58 cm
S 125–140 cm

MERKMALE Größte Raubmöwe mit hängendem Bauch und schwerfälligem Flug. Etwa so groß wie Mittelmeermöwe. In allen Kleidern dunkelbraun gefärbt und mit sehr auffälligen, großen weißen Handwurzelflecken auf Ober- und Unterseite (bei Spatelraubmöwe sind oberseits nur die Schäfte, aber nicht die Basen der Handschwingen weiß). Zeigt einen kurzen Schwanz, das zentrale Federpaar ist kaum sichtbar verlängert und gerundet. Der dunkle Schnabel ist sehr kräftig und zeigt ein ausgeprägtes Gonyseck. Ad. (**2A, B**) sind braun, mit heller (fast strohgelber) Scheckung. Der Hals ist hellbraun längsgestrichelt. Gesicht, Ohrdecken und Scheitel sind dunkler als Hals und Nacken. Die Nackenfedern sind verlängert und zugespitzt. Im JK/1. W (**2C**) einfarbiger und wärmer rötlich braun gefärbt. An Kopf, Hals, Brust und Bauch kaum gezeichnet und kontrastlos. Der helle Handwurzelfleck ist oberseits etwas kleiner als bei ad.
VORKOMMEN U; brütet an Küsten Nordwesteuropas, überwintert vorwiegend am Atlantik. In Österreich sehr seltener Durchzügler im Herbst an großen Gewässern.
WISSENSWERTES Fängt häufiger eigene Beute als die kleineren Raubmöwen (v.a. Fische, aber auch Vögel und Säugetiere), schmarotzt aber ebenso, z.B. bei Möwen.

Grundfärbung variabel, aber meist kalt graubraun. Klein, schmalflügelig.

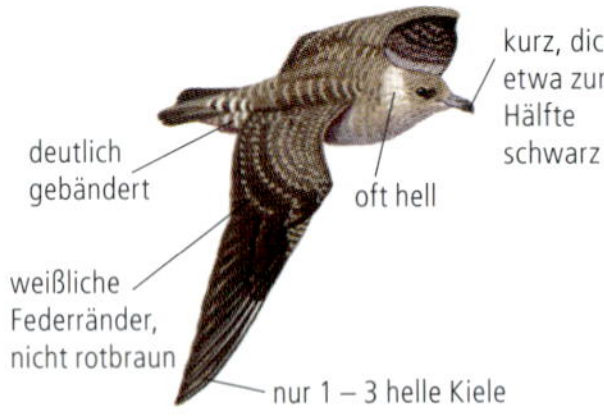

Falkenraubmöwe, JK

Grundfärbung variabel, meist mit rotbraunen Tönen. Wirkt kleinköpfig.

Schmarotzerraubmöwe, JK

Weniger variabel als Schmarotzerraubmöwe, meist recht dunkel, ohne Rotbraun.

Spatelraubmöwe, JK

1A
IX

1B
IX

1D
X

1C
X

1E
IX

2A
VII

2B
VIII

2C
X

1 Schleiereule
— *Tyto alba* Barn Owl

157 | L 33–39 cm
S 80–95 cm

MERKMALE Bei guten Sichtbedingungen unverwechselbar. Oberseite und Scheitel sind grau-braun gezeichnet und fein weiß gesprenkelt (**1A**). Kopfseiten, Brust und Bauch gelbbraun. Der Gesichtsschleier ist überwiegend weiß und herzförmig (**1B**). Im Flug mit weißer Flügelunterseite. Iris schwärzlich. In der Nacht besteht Verwechslungsgefahr mit unterseits ähnlich hellen Arten, die ebenfalls im Offenland jagen (z.B. Waldohreule). Gesang und Rufe sind gespenstische, schrill quietschende Abfolgen, z.B. „schriiii".
VORKOMMEN B, W I–XII 100–400 m; Standvogel. Seltener Bewohner offener, flacher Landschaften. In Österreich streng nachtaktiv. Brütet in absoluter Dunkelheit in Hohlräumen von Gebäuden, überwiegend in eigens angebrachten Nistkästen. Ernährt sich vor allem von Feldmäusen.

WISSENSWERTES Die heimischen Schleiereulen gehören der ssp. *guttata* an. Ihre west- und südeuropäischen Verwandten (ssp. *alba*) haben einen weißen, ungefleckten Bauch. Vereinzelt treten in Österreich auch solche Vögel mit weißer Unterseite auf. Die Gewölle (Speiballen) der Schleiereule unterscheiden sich von denen anderer Eulenarten durch einen lackartigen, glatten Speichelüberzug und die schwärzliche Färbung.

2 Uhu
— *Bubo bubo* Eurasian Eagle-owl

158 | L 59–73 cm
S 138–170 cm

MERKMALE Riesige Eule mit großen, rotorangen Augen und langen schwarzen Federohren, die seitwärts oder aufrecht abstehen. Massige Erscheinung mit großem Kopf und dickem Hals. Im Flug (**2A**) mit klobigen Füßen und angelegten Federohren. Die Flügeloberseite ist dunkel (Handschwingenbasen heller gelbbraun), die Unterseite heller. Ad. (**2A–C**) mit schwarzbrauner, hell gefleckter Oberseite. Hals, Brust und Bauch sind heller gelbbraun mit kräftiger Längsstrichelung. Die weiße Kehle wird meist nur bei rufenden Individuen sichtbar. Der namensgebende Gesang klingt tief, etwas dumpf „UU-uu", mit mehreren Sekunden Abstand zwischen den einzelnen Rufen. Er ist extrem weittragend und mehrere Kilometer weit hörbar (dann aber oft nur die erste Silbe). Andere Rufe klingen möwenartig nasal und schriller kreischend.

VORKOMMEN B, D, W I–XII 100–2000 m; verbreiteter Standvogel, v.a. im Mittelgebirge, zunehmend aber auch im Flach- und Hügelland. Brütet in geringen Dichten auf Vorsprüngen in Felswänden und Steinbrüchen, seltener auch in ungenutzten Greifvogelhorsten oder am Boden. Unverpaarte Individuen unternehmen weite Wanderungen und tauchen dann auch an sonst unbesiedelten Orten auf. Ernährt sich überwiegend von mittelgroßen Vögeln und Säugetieren, mitunter häufig von Igeln.

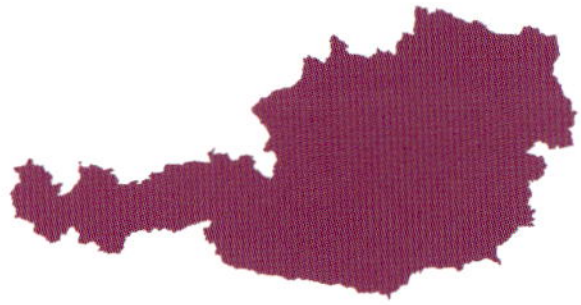

1A II

1B VIII

1C VI

2B IV

2A V

2C V

1 | Waldohreule
— *Asio otus* Northern Long-eared Owl

159 | L 31–37 cm
S 86–98 cm

MERKMALE Mittelgroße Eule mit langen Federohren und orangen Augen, dazwischen große weiße Klammern. Schleier rötlich braun. Die Oberseite ist grob dunkel- und gelbbraun gefleckt, teilweise mit feinem Kritzelmuster und mit einigen größeren weißen Flecken auf den Schulterfedern. Brust und Bauch sind nur wenig heller, mit dunkler Strichelung. Erscheint, wenn entspannt, füllig und rundköpfig (**1A**). Bei Erregung wird das Gefieder eng angelegt und die Federohren aufgestellt (**1B**), der Kopf erhält dann eine kantige Form. Im Flug (**1D**) mit bis an die Spitze gebänderten, äußeren Handschwingen. Oberseits dunkel gesprenkelt, ohne weißen Flügelhinterrand. Die Handschwingenbasen bilden ein gelbbraunes Feld. Der Schwanz ist dünn dunkel gebändert. Die Federohren werden im Flug angelegt. Flügelunterseite weißlich, mit schwarzen, sichelförmigen Carpalflecken (wie Sumpfohreule). Ästlinge (**1C**) haben einen schwärzlichen Schleier und bereits angedeutete Federohren. Der Gesang besteht aus einer tiefen, monotonen Serie aus Einzelrufen „uh", die im Abstand von etwa zwei Sekunden vorgetragen werden. Die Jungvögel betteln durchdringend, hoch quietschend und leicht abfallend „pli-ii".

VORKOMMEN B, D, W I–XII 100–1100 m; weit verbreiteter Teilzieher in tiefen und mittleren Lagen. Besiedelt halboffene Kulturlandschaften, fehlt aber in geschlossenen Waldgebieten. Brütet in ungenutzten Krähen- und Elsternestern, auch auf künstlichen Nistplattformen. Bildet im Winter Gruppenschlafplätze in deckungsreichen Bäumen, die dutzende Individuen umfassen können. Während Altvögel recht standorttreu sind und v.a. bei Schneelage (Nahrungsknappheit) ausweichen, scheinen Jungvögel in der Regel nach Süden abzuziehen. Im Winter außerdem Zuzug aus nördlichen Populationen.

2 | Sumpfohreule
— *Asio flammeus* Short-eared Owl

160 | L 33–40 cm
S 95–105 cm

MERKMALE Ähnlich der häufigeren Waldohreule, aber mit kurzen Federohren (manchmal kaum sichtbar) und gelben Augen (**2C**). Tag- und dämmerungsaktiv. Um die Augen düster schwärzlich, dazwischen große weiße Klammern. Durchwegs grob, dunkel fleckig gemustert. Brust und Bauch sind heller, mit nach unten dünner werdender Strichelung (vgl. Waldohreule). Im Flug (**2A, B**) mit schmalen, langen Flügeln. Die Flügelunterseite ist weißlich mit dunkleren Spitzen und sichelförmigen Carpalflecken. Oberseits braun und schwarz gescheckt, die Handschwingenbasen bilden ein gelbbraunes Feld. Im Unterschied zur Waldohreule mit deutlichem weißem Flügelhinterrand und ungebändert schwarzer Flügelspitze. Davor wenige grobe Bänder (bei Waldohreule Bänderung bis zur Spitze). Der Schwanz ist grob gebändert. Jagt in schaukelndem Flug über Wiesen. Segelt und kreist zeitweise mit steifen Flügeln und gerät häufig in Auseinandersetzungen mit Greifvögeln. Singt im Brutgebiet im Flug monoton, dumpf und schnell „pu-pu-pu-pu-pu-pu-pu-pu...". Außerdem verschiedene kreischende Rufe.
VORKOMMEN b, D, W I–XII 100–500 m; Teilzieher, überwintert in Europa. Sehr seltener Brutvogel im flachen Kulturland des Nordburgenlands, vereinzelt und unregelmäßig auch andernorts in Nordostösterreich. Besiedelt weitläufige Wiesen- und Bracheflächen. Nest am Boden. Sonst spärlicher bis seltener Durchzügler, v.a. außeralpin. Versammelt sich im Winter an Gruppenschlafplätzen, wie Waldohreule.

1C
V

1B
IV

1A
V

1D
XI

2A
VI

2C
XII

2B
XI

1 | Waldkauz
— *Strix aluco* Tawny Owl

161 | L 37–43 cm
S 81–96 cm

MERKMALE Mittelgroße, kompakte Eule mit großem runden Kopf und großen, ganz schwarzen Augen. Durchwegs grob braun gefleckt und gestrichelt, mit weißen Fleckenreihen auf den Schulterfedern. Bauch etwas heller, Schwanz diffus gebändert. Die Grundfärbung ist variabel, von grau (**1A**) bis rotbraun (**1B**, seltener als graue Morphe). Der Schleier ist ungezeichnet, dunkel eingerahmt. Der dunkle Scheitel zieht sich über das Gesicht bis zum gelbgrauen Schnabel. Im Flug einheitlich dunkel, ohne Aufhellungen an den Handschwingenbasen (vgl. Waldohreule). Ästlinge (**1C**) zeigen einen hellen Schleier. Singt typisch klagend „hUUUU-u … hu-hu-hu-hu-hUUUU" und ruft hoch „ki-wIck". Balzende Ind. äußern ein vibrierendes „u-u-u-u-u-u-u-u-u-u…". Jungvögel betteln quietschend „pswi-Ip".

VORKOMMEN B, W I–XII 100–1500 m; Standvogel. Häufiger und verbreiteter Brutvogel in Waldgebieten und halboffenen Landschaften (z.B. Parks), sofern ein alter, höhlenreicher Baumbestand vorhanden ist. Brütet in großen Baumhöhlen und in Nistkästen, selten an Gebäuden.
WISSENSWERTES Beringungen haben gezeigt, dass Waldkäuze in freier Wildbahn bis zu 22 Jahre alt werden.

2 | Habichtskauz
— *Strix uralensis* Ural Owl

162 | L 50–59 cm
S 103–124 cm

MERKMALE Große, graue Eule mit rundem Kopf, gelbem Schnabel und schwarzen Augen (**2A–C**). Ähnlich dem kleineren Waldkauz, aber ohne rotbraune Färbungstypen. Im Winter und zur Jungenaufzucht teilweise tagaktiv. Fast immer recht hellgraubraun gefärbt, dunklere schwarzbraune und dunkelgraue Morphen sind selten. Die Unterseite ist klar und nur längs gestrichelt. Der Schwanz ist länger als beim Waldkauz und gerundet. Die dunkle Färbung des Scheitels reicht bis auf die Stirn, aber nicht bis zum Schnabel. Der Schleier ist hellgrau, größer und offener, die Augen kleiner als beim Waldkauz. Der Schwanz ist breiter gebändert. Gesang weittragend, Stimmfarbe ähnlich Uhu, aber mit siebensilbiger Strophe „wU-uu...wuru-hu-hu-u". Auch „p-pu-pu-pu-pu-pu".
VORKOMMEN b, d, w I–XII 400–1100 m; sehr seltener Standvogel in Teilen Kärntens und Niederösterreichs. Besiedelt alte, strukturierte Wälder bis in mittlere Höhenstufen. Brütet in großen Baumhöhlen, ungenutzten Greifvogelhorsten und Nistkästen. In manchen Wintern Einwanderung aus Süden.
WISSENSWERTES Der Habichtskauz brütete zumindest bis ins 19. Jahrhundert in Österreich. Zuletzt fand eine selbstständige Ausbreitung aus Slowenien nach Südösterreich statt, bzw. wurden Brutvorkommen (wieder-) entdeckt. Seit 2009 werden in Niederösterreich (im Wildnisgebiet Dürrenstein und im Biosphärenpark Wienerwald) aber auch Habichtskäuze ausgesetzt, die bereits erfolgreich im Freiland brüten. Die Unterscheidung von natürlich eingewanderten und freigesetzten Vögeln ist höchstens anhand von Beringungen möglich.

Waldkauz

Habichtskauz

1B
I

1A
V

1C
VI

2B
XII

2A
XI

2C
XII

1 Sperlingskauz
— *Glaucidium passerinum* Eurasian Pygmy-owl

163 | L 15–19 cm
S 32–39 cm

MERKMALE Kleinste Eule (Größe etwa wie Kernbeißer) mit kompaktem Körperbau. Runder, eher kleiner Kopf mit kleinem, gebändertem Schleier (**1B**). Die Kopfseiten sind manchmal ausgebuchtet und der Scheitel eingedrückt – dann ergibt sich die typische breite Kopfform (**1A**). Die Augen sind gelb, dazwischen liegen deutliche weiße Augenklammern. Das Gefieder ist kalt braun und oberseits durchwegs weiß gepunktet (im JK Kopf ohne Punkte). Der Bauch ist weiß und braun längsgestrichelt. Am Hinterkopf sitzen helle Nackenflecken, die an ein Gesicht erinnern („Occipitalgesicht"). Der Sperlingskauz ist teilweise tagaktiv und steht auch bei Tageslicht gern auf Nadelbaumspitzen. Fliegt in Wellenlinien, ähnlich einem Specht. Der Gesang ist eine langsame Serie desselben Tons „pHü ... pHü ... pHü ..." (ähnlich Zwergohreule). Äußert besonders im Herbst eine ansteigende, zum Ende hin beschleunigte Serie hoher Pfeiftöne „dschü-dschü-dschü-dschü-dschü-dschü-dschü-dschüi-dschiii". Außerdem verschiedene dünne, hoch pfeifende Rufe wie „psii".
VORKOMMEN B, W I–XII 400–1800 m; verbreiteter Standvogel in gut strukturierten Nadel- und Mischwäldern mittlerer und hoher Lagen im Alpenraum und im Granit- und Gneishochland. Meidet vom Waldkauz besiedelte Bereiche. Brütet in Baumhöhlen. Ernährt sich von Vögeln und Kleinsäugern.

2 Raufußkauz
— *Aegolius funereus* Boreal Owl

164 165 | L 22–27 cm
S 50–62 cm

MERKMALE Kleine Eule mit großem, durch flachen Scheitel etwas kantigem Kopf und gelben Augen (**2A**). Der Schleier ist groß und ungebändert weißlich. Die Oberseite ist kalt graubraun, mit groben weißen Fleckenreihen, auch auf Schwanz- und Schwungfedern. Die Unterseite ist heller und undeutlich grob braun gefleckt. Ästlinge (**2B**) sind fast einfarbig rußbraun, mit diffusen Aufhellungen im Schnabel- und Augenbereich. Fliegt geradliniger, weniger „spechtartig" als Sperlingskauz und mit kurzen Gleitphasen. Im Unterschied zum Sperlingskauz (der im selben Lebensraum vorkommt) streng nachtaktiv und nicht exponiert, sondern meist versteckter in Bäumen stehend. Der Gesang ist eine kurze, schnelle Serie von Pfeiftönen: „pu-pu-pu-pu-pu-pu".
VORKOMMEN B, W I–XII 500–1700 m; verbreiteter Standvogel in höhergelegenen Nadel- und Mischwäldern im Alpenraum und im Granit- und Gneishochland. Brütet in Baumhöhlen (gern Schwarzspechthöhlen) und Nistkästen, ernährt sich überwiegend von Kleinsäugern. Meidet, wie auch der Sperlingskauz, vom Waldkauz besiedelte Bereiche.
WISSENSWERTES Die teilweise tagaktive **Sperbereule** (*Surnia ulula*, **3**) brütet in Skandinavien und Sibirien und wurde als sehr seltene Ausnahmeerscheinung in Österreich nachgewiesen. Größe wie Waldkauz, aber sehr langschwänzig und optisch dem Raufußkauz ähnlicher. Gefieder dunkelgraubraun, weiß gefleckt und mit vielen weißen Aufhellungen (z.B. Schultern, Nacken). Die Unterseite ist weiß, mit deutlicher, feiner Querbänderung. Schleier weiß, an den Kopfseiten breit schwarz begrenzt. Augen gelb. Steht gern exponiert auf Baumspitzen.

1A III

1B III

2B V

2A VIII

3 XII

1 Steinkauz
— *Athene noctua* Little Owl

166 L 23–27,5 cm
S 50–57 cm

MERKMALE Kleine, hochbeinige Eule mit flachem Scheitel und kurzem Schwanz (**1A**). Teilweise tagaktiv, steht gern exponiert. Augen gelb, darüber weiße Überaugenstreifen. Gefieder kalt braun, auf Mantel und Flügeloberseite mit großen weißen Flecken. Kopf feiner weiß gesprenkelt. Unterseite braun-weiß längsgestreift. Fliegt wellenförmig („spechtartig"). Im JK (**1B**) Kopf und obere Brust kaum gefleckt. Singt mit recht tiefem, langem, ansteigendem Pfeifton „gjuuuuut" – nach wenigen Sekunden wiederholt. Außerdem verschiedene Rufe mit höherer Stimme „kwijw" oder bei Erregung aneinandergereiht, kürzer „kji-kji-kji-kji".
VORKOMMEN B, W I–XII 100–400 m; Standvogel. Seltener Brutvogel wärmebegünstigter und strukturreicher Kulturlandschaften Ostösterreichs. Verbreitungsschwerpunkte entlang der Donau, im Weinviertel und Nordburgenland. Brütet in Baumhöhlen und Nischen an Gebäuden oder in Lösswänden.

2 Zwergohreule
— *Otus scops* Eurasian Scops-owl

167 L 19–21 cm
S 47–54 cm

MERKMALE Sehr kleine Eule, die selten gesehen wird, aber besonders im Frühling durch ihren montonen Gesang auf sich aufmerksam macht. Streng nachtaktiv. Etwas kleiner als Amsel, mit schlanker Gestalt und langen Federohren, die aber auch vollständig angelegt werden können. Augen gelb. Schleier grau, seitlich dunkel begrenzt. Gefieder kalt grau oder unterschiedlich stark rötlich braun überhaucht,, mit wenigen hellen Flecken (besonders an den Schultern) und dichtem schwarzen Kritzelmuster (**2A, B**). Bauch grau und braun marmoriert, mit dünnen schwarzen Längsstricheln. Fliegt eher geradlinig, mit langen und schmalen Flügeln. Der typische Gesang macht meist erst auf die Art aufmerksam. ♂ und ♀ singen im Duett (♀ etwas höher) eine Serie von immer gleichen Pfeiftönen mit zwei bis vier Sekunden Pause: „tju ... tju ... tju ..." Einzeltöne etwas kürzer als bei Sperlingskauz, der aber nicht im selben Lebensraum vorkommt.
VORKOMMEN B, D IV–VIII 100–700 m; Zugvogel, der in Afrika, vorwiegend südlich der Sahara überwintert. In Österreich seltener Brutvogel in wärmebegünstigten Regionen. Besiedelt baumreiche, halboffene Landschaften, z.B. Streuobstwiesen und parkähnliche Bereiche, auch an Siedlungsrändern. Brütet in Baumhöhlen und Nistkästen. Ernährt sich überwiegend von großen Insekten.

3 Ziegenmelker (Nachtschwalbe)
— *Caprimulgus europaeus* European Nightjar

168 L 24–28 cm
S 52–59 cm

MERKMALE Gestreckter Körper, mit langen Flügeln und langem Schwanz. ♂ (**3A, B**) mit weißem Fleck an den Kehlseiten sowie reinweißen Feldern an den Schwanzecken und nahe der Flügelspitze. ♀/JK (**3C**) meist ohne Kehlseitenfleck und stets ohne weiße Abzeichen im Schwanz und in den Flügeln (äußere Handschwingen aber manchmal mit beigen Abzeichen). Nachtaktiv, liegt am Tag regungslos und mit geschlossenen Augen am Boden, auf schrägen Ästen oder Baumstämmen. Beginnt in der Dämmerung mit Jagdflügen auf offenen Flächen. ♂ singen am Brutplatz nachts lang anhaltend, schnurrend: „rrrrrrrrrörrrrrrrrrürrrrrr...". Ruft hoch, froschähnlich „krult-krult".
VORKOMMEN B, D V–X 100–900 m; Zugvogel, überwintert in Afrika. Lokaler Brutvogel in geeigneten Lebensräumen im Osten und Süden Österreichs. Besiedelt lückige, lichte Kiefern- und Eichenwälder an warmen Standorten, gern mit sandigem Boden.

1B
VII

1A
II

2A
VII

2B
V

3B
VI

3A
V

3C
VIII

1 | Bartgeier — *Gypaetus barbatus* Bearded Vulture

169 | L 105–125 cm S 235–285 cm

MERKMALE Sehr großer Greifvogel mit schmalen, langen, spitzen Flügeln und langem, keilförmigem Schwanz. V.a. anhand der Flugsilhouette zu bestimmen. Ad. (**1A, B**) mit weißlicher bis oranger Unterseite. Struppige Kehlbefiederung dunkler. Schwarzer Zügel und „Bart", der vom Oberschnabel hinabhängt. Gesamte Oberseite und Schwanz silbrig dunkelgrau. Unterflügel schwärzlich, lange Achselfedern weißlich. Im JK düster graubraun mit abgesetzt schwarzem Kopf und Hals. Oberseite mit einigen hellen Flecken am Rücken und angedeuteten Bändern auf dem Armflügel. Unterflügeldecken und Körpergefieder etwas brauner. Juv. haben breitere und rundere Flügel und einen kürzeren Schwanz als ad. und daher ein etwas gleichmäßigeres Flugbild. Bartgeier erreichen nach etwa fünf Jahren das Adultkleid, nach erst vier Jahren wird die letzte juvenile Schwungfeder vermausert. Die Unterseite von immat. (**1C**) wird bis dahin von Jahr zu Jahr heller und die Unterflügeldecken erhalten erst spät das typische Muster mit samtschwarzer Grundfärbung und heller Strichelung.
VORKOMMEN b, D, W I–XII 1000–2800 m; bewohnt hochgelegene Bergregionen. Nach seiner Ausrottung Anfang des 20. Jahrhunderts wurden in den Alpen ab 1986 wieder Bartgeier ausgesetzt. 2010 gelang erstmals wieder eine Freilandbrut in Österreich, in anderen Alpenländern bereits vorher. Heute brütet er in Einzelpaaren in den österreichischen Zentralalpen und wird nur selten außerhalb dieser Kernverbreitung festgestellt.
WISSENSWERTES Der Bartgeier ernährt sich zu einem großen Teil von Knochen, die er aus großer Höhe fallen lässt, um sie aufzubrechen. Die orange Färbung des Körpergefieders stammt von regelmäßigen Bädern in eisenhaltigen Lacken. Mit mehr als 2,5 m Spannweite ist er der größte, regelmäßig in Österreich lebende Vogel.

2 | Gänsegeier — *Gyps fulvus* Griffon Vulture

170 171 | L 95–110 cm S 230–265 cm

MERKMALE Sehr großer brauner Greifvogel mit kleinem weißlichen Kopf und buschiger Halskrause. Im Flug (**2B, C**) mit breiten Flügeln, langen Fingern, kurzem Schwanz und geschwungenem Flügelhinterrand. Die Flügelunterseite zeigt schwärzliche Schwungfedern, braunes Körpergefieder und helle Felder auf der Flügelunterseite. Fliegt mit schwerfälligen, tiefen Flügelschlägen. Beim Kreisen werden die Flügel leicht angehoben. Ad. (**2A, B**) zeigen unregelmäßigen Flügelhinterrand (unterschiedliche Federgenerationen), eine weiße Halskrause und einen weißlichen Schnabel. Auf der Flügeloberseite ist ein schwarz geflecktes Band sichtbar, das durch die dunklen, hellspitzigen großen Armdecken gebildet wird. Im JK ist das Gefieder frisch und zeigt keine Zeichen von Mauser. Der Flügelhinterrand ist durch spitze Enden der Schwungfedern sägeartig gezahnt. Die Halskrause ist hellbraun (kein Kontrast zu Körpergefieder), der Schnabel grau. Die Unterflügeldecken sind manchmal noch ausgedehnt heller (aber sehr variabel) und das Band auf der Oberseite ist überwiegend dunkel (große Armdecken haben keine hellen Spitzen). Immat. (**2C**) zeigen Merkmale aus dem JK, aber verschiedene Federgenerationen in den Schwungfedern. Das Alterskleid ist frühestens ab dem fünften Lebensjahr ausgebildet, bis dahin sind noch Merkmale des JK zu sehen. Eine genaue Altersbestimmung ist daher meistens schwierig oder nicht möglich.
VORKOMMEN D V–IX 400–2700 m; regelmäßiger Gast in den Zentralalpen (v.a. Salzburg und Kärnten, teilw. Tirol), wo Vögel aus Kroatien übersommern. Zusätzlich besuchen Vögel aus Italien das Gebiet. Bei Salzburg kam es zu Freilandbruten freifliegender Vögel des Zoos Hellbrunn.
WISSENSWERTES Zwei weitere Geierarten besuchen Österreich nur ausnahmsweise: Der **Schmutzgeier** (*Neophron percnopterus*, **3**) hat nur 155–170 cm Spannweite und zeigt einen keilförmigen Schwanz (ähnlich Bartgeier). Ad. (**3A**) sind unterseits weiß mit schwarzen Schwungfedern (ähnlich Weißstorch, Zwergadler, Rosapelikan). Oberseits zeigen die Schwungfedern weiße Zentren. Im JK (**3B**) fast vollständig schwarzbraun mit hellen Spitzen der Schwanzfedern. Ober- und unterseits einige fleckige Aufhellungen. Immat. zeigen variablen Anteil weißer Federn im Kleingefieder.
Der **Mönchsgeier** (*Aegypius monachus*, **4**) ist noch größer als Gänse- und Bartgeier. Flugbild ähnlich Gänsegeier, aber mit noch längeren Fingern und mehr waagrecht gehaltenen Flügeln. Gefieder ganz schwarzbraun, Flügeldecken unterseits noch dunkler als Schwungfedern, oberseits umgekehrt.

1A II

1B II

1C II

2A V

2C III

2B IV

3A II

4 V

3B II

1 Kornweihe
— *Circus cyaneus* Hen Harrier

172 | L 42–55 cm
S 97–118 cm

MERKMALE Kompakter als die ähnlichen Arten Wiesen- und Steppenweihe, mit kürzeren und v.a. runderen Flügeln (s.a. S. 192). Die Flügelspitze hat fünf Finger (der erste Finger ist deutlich kürzer). In allen Kleidern mit weißen Oberschwanzdecken. Ad. ♂ (**1A**) mit bleigrauer Oberseite und breiter schwarzer Flügelspitze, die zumindest fünf Federn umfasst. Unterseits weiß, mit recht scharf abgesetzt grauem Kopf, schwarzen Flügelspitzen und breitem dunklen Flügelhinterrand. Iris bei Altvögeln gelb. Ad. ♀ (**1B, C**) graubraun, mit weißen Oberschwanzdecken und oberseits hellem Armflügelfeld. Auf der Unterseite dichte rotbraune Strichelung auf weißem Grund. Schwung- und Schwanzfedern grob gebändert. Die Bänderung der Armschwingen reicht in der Regel bis zum Körper. Ein heller Kragen ist meist nur angedeutet und stets mit dunklen Flecken durchsetzt. Im JK (**1D**) sehr ähnlich ♀, aber oberseits dunkler und mit stärker gelblich getönter Unterseite. Innere Armschwingen häufig dunkel (besonders bei ♀ erreicht die Bänderung den Körper nicht). Iris bei Männchen bereits gelb, bei Weibchen dunkelbraun. ♂ im 2. W sind an einer Mischung aus grauen und braunen Schwungfedern erkennbar.
VORKOMMEN D, W, b IX–IV 100–700 m; regelmäßiger, teilweise häufiger Wintergast und Durchzügler im Flachland. Im Alpenraum deutlich seltener. Im Norden Österreichs extrem seltener, unregelmäßiger Brutvogel. Jagt auf Wiesen und Ackerflächen nach Kleinvögeln und Mäusen.

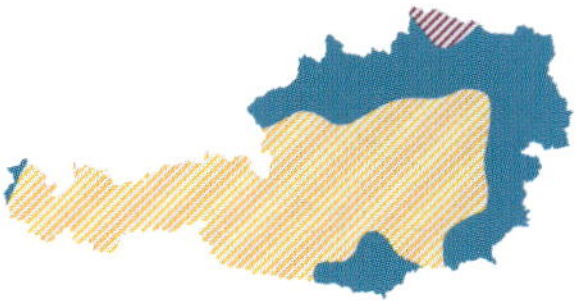

2 Wiesenweihe
— *Circus pygargus* Montagu's Harrier

173 | L 39–50 cm
S 96–116 cm

MERKMALE Eleganteste und schlankeste Weihe mit sehr langen schmalen und spitzen Flügeln und langem schmalen Schwanz. Erinnert im Flug an riesigen Falken, besonders die grauen ♂ vielleicht sogar an Möwen oder Seeschwalben. Flügelspitze mit vier Fingern. In allen Kleidern mit weißen Oberschwanzdecken. Ad. ♂ (**2A**) erinnern in der Färbung an Kornweihen, haben aber noch ausgedehntere schwarze Flügelspitzen (mind. sechs Handschwingen schwarz) und rotbraune Zeichnung auf den Unterflügeldecken und der Brust. Eine dunkle Flügelbinde auf den Armschwingen ist ober- und unterseits sichtbar. Ad. ♀ (**2B**) ähneln ebenfalls der Kornweihe, zeigen aber auf der Unterseite ein sehr breites weißes Band auf den Armschwingen und klarer rotbraun gemusterte Flügeldecken und Achselfedern. Im JK (**2C**) mit orangebraunem, weitgehend ungezeichnetem Kleingefieder der Unterseite. Die Armschwingen sind fast ganz dunkel, die Bänderung der Handschwingen ist häufig auf die inneren konzentriert, manchmal aber gleichmäßig verteilt. Alle Finger sind in der Regel ausgedehnt dunkel. Die Brustseiten sind häufig dezent dunkel gestrichelt. Das Kopfmuster ist variabel, zeigt aber in der Regel große weiße Klammern ober- und unterhalb der Augen. Ein helles Halsband kann fehlen, angedeutet oder fast vollständig vorhanden sein (ist dann aber meist von einzelnen dunklen Federn durchbrochen). Iris bei ♂ gelb, bei ♀ dunkelbraun. ♂ im 1. S (**2D**) sind im Frühling (im Gegensatz zu Steppen- und Kornweihen) bereits weit vermausert und an der Mischung ausgeblichener Federn des JK und frischer grauer Federn (z.B. am Kopf) erkennbar. Zur Unterscheidung von der sehr ähnlichen Steppenweihe s. dort bzw. S. 192.
VORKOMMEN b, D IV–IX 100–700 m; sehr seltener Brutvogel im Nordosten Österreichs, überwintert in Afrika. Besiedelt störungsarme Wiesengebiete, seltener Ackerlandschaften. Als Durchzügler im Frühjahr und Herbst spärlich, aber im ganzen Land zu beobachten.

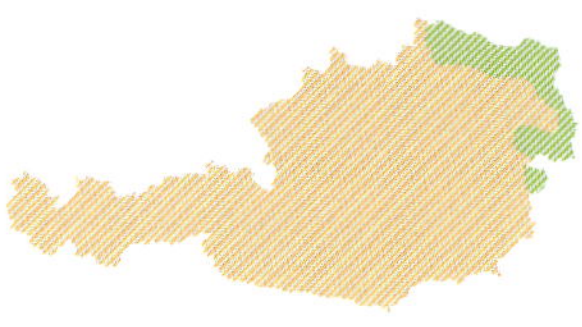

1A
II

1B
III

1C
I

1D
XI

2A
VI

2B
IV

2C
VIII

2D
IV

1 Steppenweihe
— *Circus macrourus* Pallid Harrier

L 40–50 cm
S 97–118 cm

MERKMALE Sehr ähnlich Wiesenweihe und Kornweihe (s.a. S. 192), aber deutlich seltener. Von diesen durch Flügelform und Details in der Gefiederfärbung unterschieden. Die Flügelspitze zeigt vier sichtbare Finger. Steppenweihen sind nicht so schmalflügelig wie Wiesenweihen und zeigen einen kürzeren Handflügel. Die Flügel sind aber schmaler als bei der Kornweihe. In allen Kleidern mit weißen Oberschwanzdecken. Ad. ♂ (**1A**) sind am leichtesten von ähnlichen Arten zu unterscheiden. Die Oberseite ist sehr hell grau, die Unterseite fast weiß, ohne deutlichen Flügelhinterrand. Kopf und Brust sind hellgrau, kontrastieren kaum zur weißen Unterseite. Der Handflügel zeigt einen schwarzen spitzen Keil, die äußerste Handschwinge ist grau. Ad. ♀ (**1B, C**) sind ♀ der Wiesen- und Kornweihe sehr ähnlich. Die (inneren) Handschwingen zeigen recht helle, durchscheinende Spitzen. Die Armschwingen sind ober- und unterseits dunkel, mit nur angedeuteten Bändern. Unterseits sind Armdecken und Achselfedern dunkelrötlich braun, hell gepunktet (bei Wiesenweihe grob gebändert). Im JK (**1D, E**) ähnlich Wiesenweihe unterseits recht einheitlich rötlich braun, aber mit hellem Handflügelrand und recht hellen Fingern. Am Kopf mit deutlichem hellem Halsband von gleichmäßiger Breite, das an den dunkelbraunen Nacken grenzt. Der weiße Fleck unter dem Auge ist kleiner als bei Wiesenweihen. Die Bänderung der Handschwingen ist unterseits unterschiedlich stark ausgedehnt, unregelmäßig und häufig auf die Mitte der Federn konzentriert. Die Unterseite der Armschwingen ist dunkel, mit nur angedeuteten Bändern. Iris bei ♀ dunkel, bei ♂ bereits gelb. Im 1. S (Frühjahr, **1E**) haben junge Steppenweihen noch nicht gemausert und sind daher noch vollständig im JK, das jetzt ausgeblichen ist. ♂ im 2. W/2. S sehen ad. sehr ähnlich, zeigen aber grauere Schwungfedern, einen schmalen grauen Flügelhinterrand, eine deutlicher kontrastierende graue Brust, ein angedeutetes Halsband und weißliche Flecken ober und unter den Augen sowie manchmal Spuren einer dunklen Strichelung an der Brust.
VORKOMMEN D III–V/VIII–X 100–700 m; seltener, aber in Ostösterreich regelmäßiger Durchzügler im Frühling und Herbst. Brütet in Osteuropa, zeigt aber Ausbreitungstendenzen nach Nordwesten. Überwintert in Afrika.

2 Rohrweihe
— *Circus aeruginosus* Western Marsh-harrier

175

L 43–55 cm
S 115–140 cm

MERKMALE Größte und häufigste Weihe. Kann in manchen Kleidern, dank braunem Gefieder mit dunklen Oberschwanzdecken und breiten Flügeln, an Mäusebussard, Schwarzmilan oder Zwergadler (dunkle Morphe) erinnern. Zeigt aber typische Flugsilhouette einer Weihe mit langen Flügeln und langem Schwanz sowie typisches Jagdverhalten: Fliegt langsam suchend, mit v-förmig angehobenen Flügeln, oft knapp über dem Boden. Flügelspitze mit fünf deutlichen Fingern. Zeigt gewisse Variation der Gefiederfärbung, v.a. mit fortschreitendem Alter. Ad. ♂ (**2A**) zeigen auffällig dreifarbige Oberseite mit schwarzer Flügelspitze, grauem Feld über Handdecken und Schwungfedern und braunem Rücken sowie Armdecken. Oberschwanzdecken hellbraun, manchmal weißlich. Flügelbug beige. Die Flügelunterseite ist bis auf die schwarze Flügelspitze weißlich, mit breitem dunklen Hinterrand. Bauch braun. Kopf und Brust meist scheckig braun, bei manchen aber sehr hell und ausgedehnt weißlich. Ad. ♀ (**2B**) sind überwiegend ungezeichnet dunkelbraun, mit auffällig beiger Kopfplatte und Kehle, die von einer braunen Augenmaske getrennt werden. Vorderflügel mit großem beigen Feld. Brust beige gefleckt, Ausdehnung aber sehr variabel. Manchmal erstreckt sich die helle Fleckung unterseits über den Großteil des Kleingefieders (**2B**). Manche ♀ sind ähnlich kontrastreich wie jüngere ♂, zeigen aber braunen Schwanz und braune Flügelspitzen. Im JK (**2C, D**) ähnlich ♀, aber noch einheitlicher und dunkler schwarzbraun. Flügelhinterrand einheitlich und ohne Zeichen von Mauser. Kopfzeichnung satter gelbbraun. Flügeldecken oberseits mit hellen Spitzen. Im Unterschied zu ad. ♀ außerdem Flügeldecken, Brust und Flügelbug meist ganz dunkel oder mit wenigen hellen Flecken (Variation aber groß!). Einzelne Vögel (nach Osten zunehmend) können auch ganz dunkel sein und keine hellen Gefiederpartien oder nur kleine Felder (z.B. am Hinterkopf) zeigen. Die Flugsilhouette unterscheidet sich durch schmaleren Handflügel und dadurch geschwungeneren Flügelhinterrand von ad. ♂ im 2. W/2. S (**2E**) erinnern sowohl an ad. ♂ als auch an ♀. Sie zeigen häufig das Kopfmuster aus dem JK, eine überwiegend dunkle Ober- und Unterseite, aber bereits graue Schwungfedern. Rufe können am Brutplatz gehört werden. Am auffälligsten ist ein recht leiser Pfiff, der vom ♀ geäußert wird.
VORKOMMEN B, D, W I–XII 100–1600 m; Zugvogel, der überwiegend in Westafrika überwintert. Mittlerweile aber auch in Österreich regelmäßig Überwinterer. V.a. in Ost- und Nordösterreich verbreiteter Brutvogel in Tieflagen. Errichtet einen Bodenhorst, v.a. in Schilfflächen. Als Durchzügler und Nahrungsgast anspruchslos und auf Äckern und Wiesen anzutreffen.

1A V

2A IV

1B V

2B XI

1D IX

1E V

2C IX

2D VIII

1C IV

2E XII

1 | Sperber
— *Accipiter nisus* Eurasian Sparrowhawk

176 | L 29–41 cm
S 58–80cm

MERKMALE Kleiner Greifvogel mit bedeutendem Größenunterschied zwischen sehr kleinem ♂ und größerem ♀. Langschwänzig mit langen dünnen Beinen sowie mit kleinem Schnabel und rundem Kopf. Mantel- und Schulterfedern mit teils großen weißen Flecken, die aber nicht immer sichtbar sind. Im Flug (**1A**) an Falken erinnernd, aber mit kürzeren und breiteren Flügeln mit stumpfer Spitze und angedeuteten Fingern. Flügelhinterrand geschwungen. Im Streckenflug mit hastigen Flügelschlägen, die bald von einer Gleitphase gefolgt werden. Besonders ♀ können mit dem selteneren und stärker auf Waldgebiete beschränkten Habicht verwechselt werden, zur Unterscheidung s. dort und S. 193. Ad. ♂ (**1B**) etwas kleiner als Turmfalke. Oberseite ungezeichnet bleigrau. Ein weißer Überaugenstreif ist höchstens angedeutet oder fehlt. Wangen rotbraun. Unterseite fein wellig orangebraun oder seltener graubraun gemustert („gesperbert"). An Kehle und Brust kann die Musterung zu orangen Flächen verschwimmen. Die Schwungfedern sind weißlich, mit dunkler Bänderung. Der Schwanz ist breit, aber schwach kontrastierend gebändert. Ad. ♀ (**1C**) oberseits dunkelgrau mit Braunton und unterseits gröber graubraun gebändert als ♂. Heller Überaugenstreif meist deutlich. Manche ♀ aber sehr ähnlich ♂, mit lebhafter brauner Bänderung der Unterseite, die auf der Brust aber immer deutlich bleibt und nicht zu Flächen verschwimmt. Im JK (**1A, D**) oberseits dunkelbraun, im Spätsommer und Herbst noch mit rotbraunen Federrändern und lebhaft braunem Nacken. Unterseits breiter und unregelmäßiger gebändert, auf der Brust manchmal gefleckt. Dunkle Maske hinter dem Auge und Überaugenstreif deutlich. Iris hellgelb.

VORKOMMEN B, D, W I–XII 100–1900 m; flächendeckend verbreiteter Brutvogel, überwiegend in halboffenen Landschaften mit Gehölzbeständen, aber auch in Wäldern. V.a. außerhalb der Brutzeit auch in ganz offenen Lebensräumen und Gärten. Im Winter teilweise Abzug sowie starker Zuzug aus nordischen Populationen.

WISSENSWERTES Der Sperber ist ein spezialisierter Vogeljäger, der überwiegend Sperlingsvögel, aber auch größere Vögel wie Tauben schlägt. Auf der Jagd besucht er in Gärten regelmäßig Futterstellen, an denen sich Kleinvögel sammeln.

2 | Habicht
— *Accipiter gentilis* Northern Goshawk

177 | L 49–64 cm
S 90–120 cm

MERKMALE Ähnlich Sperber, aber deutlich größer und kräftiger (s.a. S. 193). Größe wie Mäusebussard. Auch beim Habicht sind ♀ deutlich größer als ♂. Schnabel groß, Scheitel flach, Beine kräftig. Im Flug (**2A, E**) mit weiter vorstehendem Kopf und Hals, breiterer Schwanzbasis und „Hüfte". Flügel länger und mit schmalerem Handflügel als Sperber, Schwanz aber kürzer und runder. Bänderung der Flügelunterseite undeutlicher. Wirkt im aktiven Flug entschlossener und fliegt geradliniger als Sperber. Ad. (**2A–C**) mit graubrauner Oberseite und breit gebändertem Schwanz. Unterseite sehr hell. Grundfarbe weiß, mit feinem, gleichmäßigem, dunklem Wellenmuster. Kehle und Unterschwanzdecken nur sehr leicht gezeichnet und daher weiß wirkend. Bänderung der Armschwingen sehr schwach, auf den Handschwingen stärker. Wangen dunkel und durch breiten Überaugenstreif von dunklem Oberkopf getrennt. Dieses Kopfmuster ist bei vielen ♂ (**2C**) klarer und kontrastreicher als bei ♀ (**2B**). Im JK (**2D, E**) mit brauner, manchmal scheckiger Oberseite. Unterseite beige-weiß, mit Längsstreifung und teilweise tropfenförmigen Flecken. Schwanzfedern deutlich und grob gestreift. Bänderung der Schwungfedern oberseits deutlicher als bei ad., unterseits ebenso schwach.

VORKOMMEN B, D, W I–XII 100–1900 m; weit verbreiteter, versteckt lebender Standvogel, aber viel seltener als Sperber. Stärker an Wald und Waldränder gebunden, besonders im Winter aber auch in offenen Landschaften und an Gewässern.

WISSENSWERTES Die Ursachen des Rückgangs der Habicht-Bestände sind ungeklärt. Eine gewisse Rolle spielt wohl auch die Verfolgung als „Hühnerhabicht". Fang und Abschuss zum Schutz von Haushühnern, Haustauben und zum Teil „Niederwild" scheinen immer noch verbreitet zu sein.

1A X

2A V

2E VIII

1B XI

2B I

1C XI

2C I

1D XII

2D XI

1 | Schwarzmilan
— *Milvus migrans* Black Kite

178 | L 48–58 cm
S 130–155 cm

MERKMALE Mittelgroßer Greifvogel mit kalt braunem Gefieder und schwach gegabeltem Schwanz. Die Gabelung ist in der Regel aber nur am zusammengelegten Schwanz sichtbar, daher besteht Verwechslungsgefahr mit anderen Greifvogelarten. Schnabel schwarz, Wachshaut ausgedehnt gelb. Ad. (**1A–C**) im Flug mit dunkelbrauner Unterseite und Schwanz sowie schwärzlichen Flügelspitzen, die zu den etwas heller grauen Handschwingen kontrastieren. Kopf grau, Kontrast zum Körpergefieder aber nicht sehr auffällig. Oberseite braun, mit schwachem hellen Armflügelfeld. Iris hell. Im JK (**1D**) sehr ähnlich ad., aber mit hellen Spitzen der Flügeldecken, cremefarben gestrichelter und gepunkteter Körperunterseite sowie beigebraunem Kopf. Iris dunkel. Verwechslungsmöglichkeit mit dem größeren Rotmilan, der aber einen tiefer gegabelten, längeren, rötlichen Schwanz, längere, schlankere Flügel und einen stärker hellgrau kontrastierenden Kopf besitzt. Körpergefieder beim Rotmilan stärker rötlich, sehr hellen Handschwingen bilden unterseits stärkeren Kontrast zu dunklen Armschwingen als bei Schwarzmilan (s.a. S. 193).
VORKOMMEN B, D III–X 100–1000 m; Zugvogel, überwintert in Afrika. Brütet in Tieflagen und großen Tälern mit Waldbestand, meist in der Nähe von größeren Gewässern, v.a. in Niederösterreich. Als Durchzügler auch abseits der Brutgebiete, vereinzelt Winternachweise. Schwarzmilane haben ein breites Nahrungsspektrum, das Fische, Vögel und Kleinsäuger, aber auch Amphibien, Reptilien und Insekten sowie Aas und Abfälle umfasst.

2 | Rotmilan
— *Milvus milvus* Red Kite

179 | L 61–72 cm
S 140–165 cm

MERKMALE Größer als Schwarzmilan, mit schlankeren, längeren Flügeln und längerem, wesentlich tiefer gegabeltem Schwanz (s.a. S. 193). Körpergefieder auf Ober- und Unterseite sowie Schwanz lebhaft rotbraun, schwarz gestrichelt. Unterseite mit rotbraunem Vorderflügel, der zum schwarzen Band auf den großen und mittleren Arm- sowie Handdecken kontrastiert. Schnabel schwarz mit gelber Wachshaut. Bei ad. (**2A–C**) ist der Kopf hellgrau gestrichelt und hebt sich vom Körper farblich klar ab. Iris hell. Im Flug oberseits mit schwarzen Schwungfedern und Handdecken. Unterseits schwarze Flügelspitze, Handschwingen sonst hellgrau und deutlich zu schwärzlichem Armflügel kontrastierend. Im JK (**2D**) matter gefärbt, mit kürzerem Schwanz und hellerem Gefieder, das auf der Unterseite sandfarben gestreift ist. Die großen Flügeldecken zeigen helle Spitzen, besonders auffällig auf der Oberseite. Die Iris ist im Sommer noch dunkel.
VORKOMMEN B, D, W I–XII 100–1000 m; Teilzieher, überwintert in Südeuropa, zum Teil aber auch in Österreich. Brütet in Tieflagen in abwechslungsreichen, halboffenen Landschaften mit Wäldern und Gewässern. Verbreitungsschwerpunkte sind das Weinviertel, Vorarlberg, das Inntal und das nördliche Alpenvorland. Breitet sich derzeit aus und besiedelt neue Bereiche. Ernährt sich zu einem guten Teil von Aas, erbeutet seltener auch Kleintiere.
WISSENSWERTES Der Rotmilan zählt, neben anderen Greifvögeln, leider zu den häufigsten Kollisionsopfern mit Windkraftanlagen. Auch seinetwegen sollte der zunehmende Ausbau dieser Form der Energiegewinnung unbedingt mit besonderer Rücksicht erfolgen. Zudem fallen Rotmilane immer noch ausgelegten illegalen Giftködern zum Opfer.

1A
IV

2A
XI

2B
II

2C
II

2D
VII

1B
VI

1C
IV

1D
VIII

1 | Wespenbussard — *Pernis apivorus* European Honey-buzzard

180 | L 52–59 cm
S 113–135 cm

MERKMALE Mittelgroßer Greifvogel, der meist kreisend über dem Wald (Durchzügler auch andernorts) und viel seltener stehend beobachtet werden kann. Vom kompakteren Mäusebussard durch längeren, weiter vorstehenden Hals mit kleinem Kopf zu unterscheiden. Der lange, füllige Schwanz mit konvexen Seiten und abgerundeten Ecken sowie deutlicher gebänderte Schwung- und Schwanzfedern sind ebenfalls Unterscheidungsmerkmale (s.a. S. 194). Gleitet mit sanft gebogenen, im Segelflug mit gerade gehaltenen Flügeln. Gefieder sehr variabel, von überwiegend weißen über rötlich braune bis zu ganz dunkelbraunen Individuen. Bei helleren Vögeln ist ein schwarzer Carpalfleck auffällig. Ad. ♂ (**1A–C**) mit sehr hellen Schwungfedern und breitem, klar definiertem dunklen Flügelhinterrand und dunklen Spitzen der fünf Finger. Zwei Flügelbinden nahe an der Federbasis lassen großen hellen Bereich der Schwungfedern frei. Schwanz hellgrau mit dunkler Endbinde und ein bis zwei Binden nahe am Körper. Unterseite kann weiß mit wenigen dunklen Flecken, dicht gesprenkelt oder ganz dunkelbraun sein. Oberseite graubraun, mit sichtbarer Bänderung von Schwungfedern und Schwanz – Verteilung wie auf der Unterseite. Details am Kopf nur aus der Nähe sichtbar: Taubengrauer Kopf mit heller Kehle, gelber Iris und grauer Wachshaut. Ad. ♀ (**1D–G**) ähnlich ♂, aber weniger kontrastreich und nie so hell wie hellste ♂, manche ganz schwarz. Bänderung der Schwung- und Schwanzfedern gleichmäßiger verteilt, Grundfarbe des Großgefieders dunkler grau. Dunkle Spitzen der Finger heben sich weniger ab. Oberseite brauner als bei ♂, mit Verteilung der Bänder auf Schwung- und Schwanzfedern wie auf der Unterseite. Hellerer Handflügel kontrastiert leicht zum Armflügel. Kopf ohne ausgedehnt graue Bereiche. Im JK (**1H, I**) Flugbild noch ähnlicher Mäusebussard, mit schmaleren, stärker geschwungenen Flügeln, aber nie mit hellem Brustband, das die meisten Mäusebussarde zeigen. Ähnlich ♀, mit noch dichterer, wenig kontrastreicher Bänderung der Schwungfedern. Hellste Bereiche sind die Basen der Handschwingen. Körpergefieder meist mittelbraun, nicht selten aber beige und rotbraune, weiße und nahezu schwarze Ind. Bei dunklen Ind. bilden die hellen großen Armdecken ein helles Band. Helle juv. zeigen häufig eine dunkle Augenmaske und eine reduzierte Längsstreifung (keine Querbänder) der Unterseite. Wachshaut auffällig gelb, Iris dunkelbraun.

VORKOMMEN B, D V–IX 100–2000 m; weit verbreiteter Brutvogel in gut strukturierten Waldgebieten im Flach- und Hügelland. Fehlt zur Brutzeit im Gebirge, als Durchzügler aber auch dort. Sommergast, überwintert in Afrika. Ernährt sich überwiegend von Wespennestern, die er aus dem Boden ausgräbt, aber auch von Kleintieren.

WISSENSWERTES Jungvögel bleiben in Afrika und kehren erst im dritten Lebensjahr zurück nach Europa. Gegen Ende August kommt es um den Dobratsch in Kärnten zu beachtlichen Konzentrationen durchziehender Wespenbussarde. Hier konnten in den letzten Jahren bis zu 6.000 Individuen pro Saison, im Rahmen einer Planerhebung (Carinthian Raptor Migration Camp) erfasst werden.

1A V

1B VI

1D VI

1E IV

1H VIII

1I IX

1F XI

1C IX

1G VI

1 | Mäusebussard — *Buteo buteo* Eurasian Buzzard

181 | L 48–56 cm
S 110–130 cm

MERKMALE Häufigster Bussard und der häufigste heimische Greifvogel. Oft über dem Wald und offenen Landschaften kreisend sowie auf dem Boden, Bäumen und anderen Erhöhungen, gern auch am Straßenrand stehend. Kompakt, mit breiten, runden Flügeln mit kurzen Fingern. Hals kurz. Der Schwanz ist mittellang, mit eckigen Kanten und gerade abgeschnitten, wird beim Kreisen gespreizt. Die Flügel werden im Segelflug leicht angehoben gehalten (aber weniger stark als bei Weihen). Gefieder sehr variabel. Extrem helle, überwiegend cremeweiße Individuen (**1H**) kommen genauso vor wie mittelbraune und großteils schwarzbraune Exemplare, die nur wenige Aufhellungen auf Kehle, Brust, Flanken und Unterflügeln zeigen. Der Großteil der Mäusebussarde in Österreich gehört einem mittleren Färbungstyp an (z.B. **1A, C, D, G**), der sich durch eine nahezu ungezeichnete braune Oberseite und dunkelbraune Unterseite mit charakteristischen Aufhellungen auszeichnet: Schwung- und Schwanzfedern grau, dicht gebändert. Basen der Handschwingen am hellsten. Kopf und Brust dunkel, darunter fleckiges oder gestreiftes helles Brustband. Ein helles Band über dem Armflügel ist fast immer zu sehen. Manche Vögel zeigen eine weiße Schwanzbasis, die unscharf in die braune Schwanzspitze verläuft (bei Raufußbussard weißer Schwanz mit schwarzen Endbinden; s.a. S. 190, 194). Die hellsten Mäusebussarde zeigen ausgedehnt weiße Bereiche auf den Oberflügeldecken und eine überwiegend weiße Unterseite mit scharf abgesetzten schmalen Carpalflecken (bei Wespen-, Raufuß- und Adlerbussard sind diese breiter). Ad. (**1A–C**) mit unterseits klar abgesetztem dunklen Flügelhinterrand, dunklen Fingern und dunkler Schwanzspitze. Die Bänderung auf Brust und Bauch verläuft quer. Iris dunkel. Im JK (**1D–H**) meist mit unschärferem dunklen Flügelhinterrand (besonders auf inneren Handschwingen), ohne deutliche Schwanzendbinde und mit weniger kontrastreicher Zeichnung der Schwungfedern. Die Zeichnung der Brust verläuft überwiegend vertikal. Iris hellgelb oder braun. Die ssp. *vulpinus* („Falkenbussard") brütet in Nordosteuropa und im westlichen Asien und überwintert in Südostafrika. Als Durchzügler tritt diese Form in Österreich zumindest vereinzelt auf. Falkenbussarde kommen in einer fuchsroten (**1I**), einer graubraunen und einer dunklen Morphe vor. Sie sind geringfügig kleiner und spitzflügeliger und zeigen meist rotbraune Gefiedertöne, z.B. auf Unterseite, Schwanz und Schulterfedern. Die Schwungfedern sind sehr hell (Handschwingen mit weißer Grundfärbung) und zeigen bei ad. einen besonders auffälligen, dunklen Hinterrand. Der Schwanz ist häufig rotbraun und grau gefärbt, fein dunkel gebändert und zeigt eine schmale Endbinde. Besonders graubraune Vögel sind im Feld aber nur ausnahmsweise mit Sicherheit zu bestimmen. Dunklen Vögeln fehlt das für die Nominatform typische, helle Brustband. V.a. die rotbraune Morphe bietet Verwechslungsmöglichkeiten mit dem Adlerbussard (S. 190). Ruft besonders am Brutplatz häufig miauend, hoch und abfallend „piiä".

VORKOMMEN B, D, W I–XII 100–2000 m; sehr häufiger Greifvogel in einer Vielzahl von Lebensräumen. Benötigt zum Horstbau zumindest kleine Baumbestände, sonst anspruchslos. Überwintert in Österreich, wandert aber teilweise nach Süden ab. Außerdem starker Zuzug aus nördlichen Gebieten. Jagt auf offenen Flächen v.a. nach Mäusen, erbeutet aber auch andere Kleintiere.

WISSENSWERTES Mäusebussarde können in freier Wildbahn mehr als 28 Jahre alt werden.

1A
I
1D
I
1E
XI
1B
X
1C
VI
1F
X
1G
IX
1H
VI
1I
III

1 Raufußbussard

— *Buteo lagopus* Rough-legged Buzzard

182 | L 49–59 cm
S 125–148 cm

MERKMALE Ähnlich hellem Mäusebussard, mit etwas längeren Flügeln und unterseits stets großen hellen Gefiederpartien (s.a. S. 194). Die Oberseite ist kaltbraun, besonders bei ad. mit hellen Flecken durchsetzt. Kopf hell mit schmalem schwarzen Augenstreif hinter dem Auge. Beste Unterscheidungsmerkmale sind ein reinweißer Schwanz mit scharf abgesetzten schwarzen Endbinden, große dunkle Carpalflecken und bis zu den Zehen befiederte Läufe. Nahrungssuche von Ansitzwarten, aber auch häufig rüttelnd (**1A**, kommt bei Mäusebussard ebenfalls, aber seltener vor). Geschlechtsbestimmung nicht immer möglich. Ad. ♂ (**1B**) wirkt insgesamt scheckig, mit dunklerem gebänderten Bauch (kann schwach ausgeprägt sein) und gebänderten Hosen. Unterflügel mit klar definiertem dunklen Flügelhinterrand, schmal gestreiften Armschwingen und relativ dunklen Flügeldecken. Oberseits auf den Handschwingen mit nur kleiner weißer Aufhellung an den äußersten Handschwingen. Schwanz mit breiter Subterminalbinde und davor zwei bis vier schmaleren Binden (auf Unterseite nur eine bis drei sichtbar). Kopf (besonders Kehle) und obere Brust dunkel. Iris dunkel. Ad. ♀ (**1C**) ähnlich ♂, aber mit max. ein bis zwei dünnen Schwanzbinden vor der Subterminalbinde, die auch unvollständig sein oder ganz fehlen können. Der Bauchfleck ist meistens einheitlicher und die Unterflügeldecken sind in der Regel heller und oft leicht gelblich getönt. Im JK (**1A, D, E**) mit schmalem grauen, weniger kontrastierenden Flügelhinterrand und reduzierter Bänderung der Schwungfedern. Schwanz mit nur einer verwaschen grauen Binde, die auch sehr breit sein kann (manchmal sind weitere schmale Binden angedeutet). Kleingefieder cremeweiß getönt. Sonst ähnlicher ♀, mit nahezu ungezeichneten Unterflügeldecken und großem, solidem, braunem Bauchschild. Kehle und Brust meist mit kräftigen Längsstreifen. Oberseite relativ einheitlich graubraun, aber mit großem hellen Handschwingenfeld, das zu den dunklen ungebänderten Armschwingen kontrastiert. Iris hell. Juv. haben schmalere und längere Flügel als ad. und zeigen ein frisches Gefieder ohne Anzeichen von Mauser.

VORKOMMEN D, W X–IV 100–800 m; reiner Wintergast aus hochnordischen Brutgebieten. In Nord- und Nordostösterreich spärlich, aber regelmäßig, in den übrigen Landesteilen seltener. In manchen Jahren Invasionen.

2 Adlerbussard

— *Buteo rufinus* Long-legged Buzzard

183 | L 50–58 cm
S 130–155 cm

MERKMALE Größter und seltenster Bussard. Gefieder stets mit sand- oder rotbraunen Tönen. Im Flug mit deutlich längeren Flügeln als Mäusebussard, Flugbild daher näher dem des Raufußbussards (s.a. S. 194). Drei Farbmorphen (hell, rot und dunkel), von denen in Österreich nur die helle und rote auftreten. Wichtigste Unterscheidungsmerkmale zum Mäusebussard sind die Größe, rotbraune Gefiederanteile (z.B. Mantel, Vorderflügel, Schwanz und Kopf), unterseits ausgedehnt schwarze Carpalflecken (wie Raufußbussard) und sehr helle, ungezeichnete Handschwingenbasen der Unterseite. Zudem häufig heller Kopf und helle Brust sowie dunkler Bauch, dunkle Hosen und grauweiße Handschwingenbasen der Oberseite, die zum restlichen Flügel kontrastieren. Dunklere Vögel zeigen auf der Unterseite nicht das typische helle Band auf den Armdecken, das Mäusebussarde zeigen. Mäusebussarde der östlichen ssp. *vulpinus* („Falkenbussard", in Österreich sehr selten) können Adlerbussarden sehr ähnlich sehen, haben aber Größe und Gestalt von Mäusebussard sowie meist kleinere Carpalflecken und (ad.) schwarze Schwanzendbinde. Ad. (**2A, B**) mit ungebändertem, rotbraunem, manchmal hellorangem Schwanz, der ausgeblichen oder gegen die Sonne weißlich wirken kann. Zur Spitze hin meist dunkler, manchmal mit angedeuteter Endbinde. Hinterrand der Flügelunterseite breit schwarz und scharf abgesetzt. Iris dunkel. Im JK (**2C, D**) Schwanz weniger lebhaft, gelblich grau mit dünner grauer Bänderung. Der Flügelhinterrand ist breit grau und diffus begrenzt. Im frischen Gefieder zeigen die Oberarmdecken helle Spitzen. Die Brust oder Brustseiten sind kräftig längsgestreift. Iris meist hell. Im 2. W/2. S (**2E**) noch sehr ähnlich JK, mit gemischten Merkmalen von ad. Schwanz bereits überwiegend ungestreift, Iris oft noch hell. Am sichersten an nicht vermauserten, abgenutzten äußersten Handschwingen des JK zu bestimmen.

VORKOMMEN D, w I–XII 100–500 m; brütet in Osteuropa und Asien und breitet sich zunehmend nach Westen aus. In Österreich seltener, aber besonders im Nordosten regelmäßiger Durchzügler. Im Zuge von Einflügen gelingen in manchen Sommern dutzende Nachweise. Ausnahmsweise auch Wintergast bzw. Übersommerer.

1D
XI
2C
IV
2A
V
1B
III
2B
IX
1A
X
2D
IX
1C
I
1E
II
2E
XII

Flügelspitze wird von drei Fingern gebildet
Flügel lang und schmal, mit vier sichtbaren Fingern
dunkler Rand
kräftig gemustert
breites Band erreicht Körper
Wiesenweihe, ad. ♀
dunkle Finger ungebändert
dunkler Rand
Bänderung gleichmäßig oder auf Basis konzentriert
Wiesenweihe, JK
meist gestrichelt
meist ohne Halsband, kann aber angedeutet oder stark ausgeprägt sein (dann ähnlich Steppenweihe)
Flügelspitze wird von drei Fingern gebildet
Flügel breiter als bei Wiesenweihe, mit vier sichtbaren Fingern
Rand hell
dunkel, fein gemustert
dunkel, schwache Bänderung
Steppenweihe, ad ♀
Finger recht hell, Bänderung bis nahe der Spitze
Rand hell
Steppenweihe, JK
meist ungezeichnet
Halsband immer deutlich und gleichmäßig breit
Flügelspitze wird von vier Fingern gebildet
Flügel recht breit, mit fünf sichtbaren Fingern
kompakter und breitflügeliger als Wiesen- und Steppenweihe
breite helle Bänder erreichen Körper
Kornweihe, ad ♀

Rotmilan, ad.

Schwarzmilan, ad.

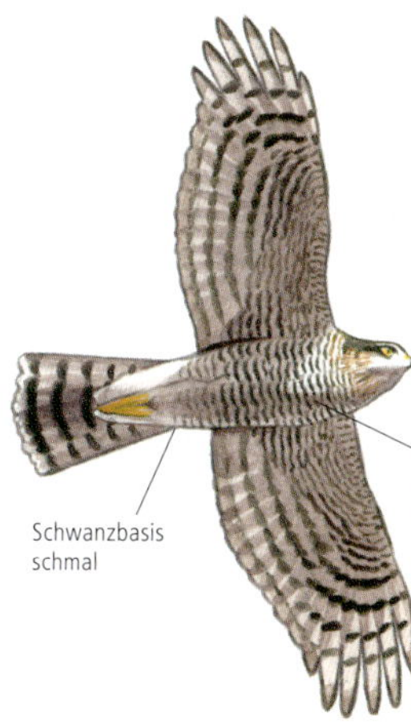

Sperber, ad. ♀

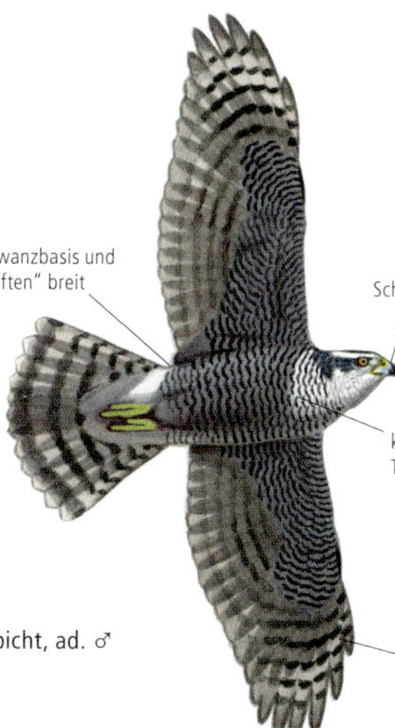

Habicht, ad. ♂

Mäusebussard, ad.

Wespenbussard, ♀
dunkle Morphe

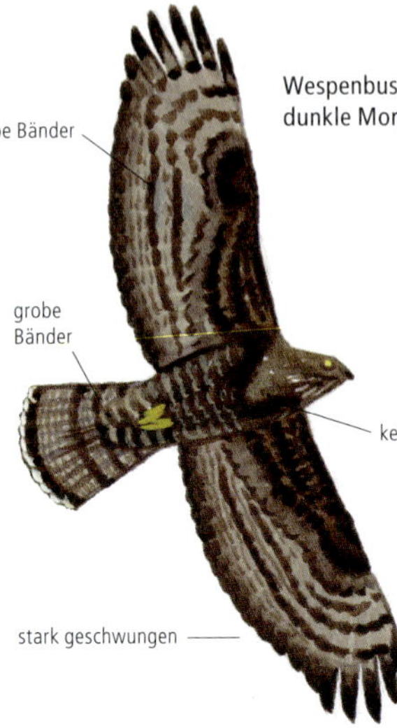

Raufußbussard, ad. ♀

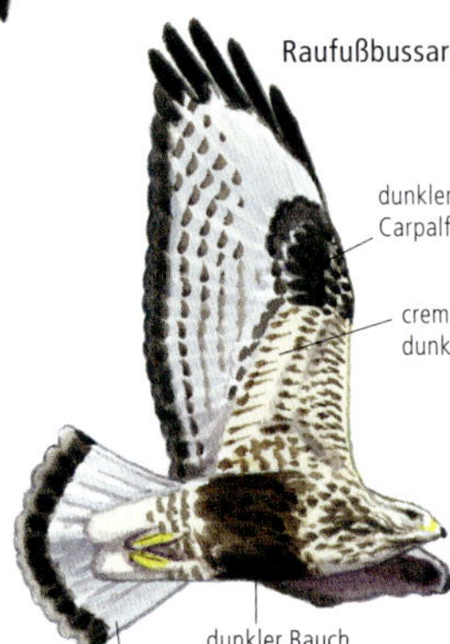

Adlerbussard, JK
helle Morphe

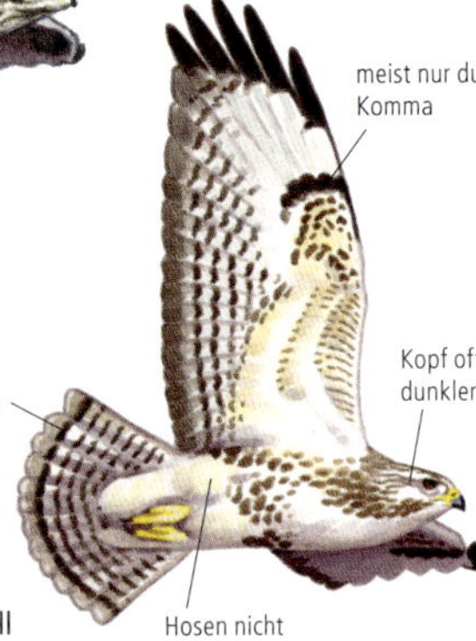

Mäusebussard, JK hell

1 | Fischadler (s. S. 196) — *Pandion haliaetus* Osprey

184 | L 52–60 cm | S 152–167 cm

MERKMALE Schmalflügliger, großer Greifvogel mit sehr heller Unter- und einfarbig dunkler Oberseite sowie recht kurzem Schwanz. Im Flug mit nur vier deutlichen Fingern und häufig angewinkelten Flügeln. Kopf weiß, mit breitem dunklen Streifen, der vom Auge auf die Halsseiten reicht. Rüttelt auf der Jagd nach Fischen über Gewässern, stößt mit vorgestreckten Beinen hinab und taucht vollständig unter. Ad. (**1A–C**) unterseits mit oft ganz dunklen großen Armdecken, die ein dunkles Band bilden. Die inneren Armschwingen sind dunkel. Der Schwanz ist dicht gebändert, mit breiter dunkler Endbinde (nur bei gespreiztem Schwanz gut sichtbar). Geschlechtsbestimmung nicht immer möglich, typische ♀ (**1A**) aber mit ausgeprägtem dunklen Brustband, größerem Carpalfleck und kräftiger gemusterten Unterflügeldecken als ♂ (**1B, C**). Im JK (**1D, E**) ähnlich ad., aber oberseits durch hellspitzige Federn dicht hell gefleckt. Das Armdeckenband am Unterflügel ist stärker durchbrochen. Die Bänderung der Armschwingen ist kräftiger, die am Schwanz reicht bis zur Spitze (kann zusammengelegt aber wie eine Endbinde aussehen).

VORKOMMEN D III–X 100–700 m; Brütet vorwiegend in Nordeuropa und überwintert in Afrika. In Österreich reiner Durchzügler im Frühling und Herbst. Wird überwiegend an größeren Gewässern, gelegentlich aber auch fernab des Wassers rastend beobachtet.

2 | Seeadler (s. S. 196–197) — *Haliaeetus albicilla* White-tailed Sea Eagle

185 | L 76–92 cm | S 190–240 cm

MERKMALE Größter heimischer und im Flachland häufigster Adler mit breiten Flügeln, langen Fingern und mächtigem Schnabel. Schwanz mit typischer Keilform (die äußeren Schwanzfedern sind deutlich kürzer als die inneren). Die Flugsilhouetten von breitflügligen juv. und schmalerflügligen ad. sind recht unterschiedlich. Ad. (**2A–D, 2E** links) zeigen ein nahezu ungezeichnetes braunes Gefieder, einen ganz gelben Schnabel und einen meist ganz weißen Schwanz. Kleingefieder heller als Schwungfedern. Kopf und Hals ebenfalls heller braun, besonders bei alten Individuen. Flugsilhouette mit recht parallelrandigen und schmaleren Flügeln als bei juv. Iris gelb. Im JK (**2F, G**) sehr dunkel, mit längerem Schwanz und sehr breiten Flügeln mit stark geschwungenem Hinterrand. Schnabel bis auf graugelbe Wachshaut schwarz, Schwanzfedern dunkel, mit großen weißen oder heller braunen Zentren. Gefiederfärbung recht variabel, auf der Oberseite oft mit großen hellen Bereichen. Der Kopf ist am dunkelsten. Zahlreiche, regelmäßig angeordnete Aufhellungen v.a. an Brust, Achseln,Flügeldecken und Mantel. Das Gefieder (besonders der gezahnte Flügelhinterrand) ist gleichmäßig und frisch, ohne Zeichen von Mauser. Iris dunkel. Die weitere Veränderung der Merkmale (insbesondere Gefieder- und Schnabelfärbung) folgt einem bestimmten Schema. Bei der genauen Altersbestimmung ist aber dennoch Vorsicht geboten, da die Umfärbung individuell unterschiedlich schnell erfolgen kann. Die folgenden Merkmale gelten als Richtschnur: Im 2. W (**2E** rechts, **2H, I**) noch sehr ähnlich JK, auf Mantel, Brust und Bauch aber häufig mit größeren weißen Partien. Dadurch kontrastiert der dunkle Kopf häufig noch stärker zum Körper. Zumindest die inneren Handschwingen wurden erneuert und sind etwas kürzer als die abgenutzteren, alten Schwungfedern des JK. Der vermauserte Schwanz ist etwas kürzer als im JK und betont dadurch die breitflüglige Erscheinung. Im 3. W (**2J, K**) sind die weißen Bereiche der Unterseite reduziert und der Schnabel ist deutlich heller, bei manchen Vögeln bereits mattgelb. Nur mehr die äußersten Handschwingen stammen aus dem JK und sind deutlich abgenutzt und zerfranst. Subad. (ab 4. W, **2L, M**) zeigen nur noch sehr wenige weiße Flecken auf der Unterseite und sind ad. damit recht ähnlich. Der Schwanz kann bis in dieses Alter ähnlich jüngeren immat., aber auch schon überwiegend weiß sein (zeigt aber meistens zumindest schwarze Markierungen an den Spitzen). Kopf und Brust noch nicht so ausgedehnt hell wie bei ad. Schnabel gelb, manchmal mit Grauschleier. Iris noch dunkler als bei ad.

VORKOMMEN B, D, W I–XII 100–600 m; Lokaler Brutvogel im Flachland Ost- und Nordösterreichs, v.a. in der Nähe großer Gewässer. Außerhalb der Brutzeit als Gast auch abseits der Brutplätze, v.a. an Gewässern, aber auch im Ackerland. Im Winter Zuzug aus Norden.

WISSENSWERTES Der Seeadler wurde Mitte des 20. Jahrhunderts in Österreich ausgerottet und brütete hier erstmals wieder im Jahr 2001 erfolgreich. Heute ist der Bestand dank intensiver Schutzbemühungen auf rund 45 Brutpaare angestiegen. Illegale Verfolgung bedroht die Art aber weiterhin.

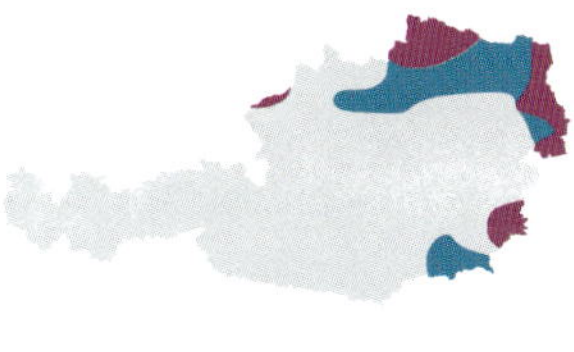

1A IV

1B VIII

1D XI

1C IX

1E XI

2A II

2B III

2C IV

2D III

2E III

2F
III

2G
XII

2H
III

2I
IV

2J
II

2K
III

2L
III

2M
III

1 | Zwergadler

— *Hieraaetus pennatus* Booted Eagle

186 | L 42–51 cm
S 110–135 cm

MERKMALE Sehr kleiner Adler, der in einer sehr hellen und in einer mittel- bis dunkelbraunen Farbmorphe vorkommt. Die dunkle Morphe hat Ähnlichkeiten mit Schwarzmilan, Rohrweihe und Mäusebussard. Zeigt trotz geringer Größe die typische Silhouette eines Adlers, mit brettartigen, gerade gehaltenen Flügeln, sechs langen Fingern (Bussarde und Rohrweihe haben fünf, Schwarzmilan ebenfalls sechs) und relativ kurzem, eckigem Schwanz. Kopf und Oberseite sind bei beiden Morphen braun (**1A**), mit auffälligem, heller braunem Feld am Armflügel und etwas helleren Schulterfedern. Der Schwanz ist graubraun mit etwas helleren Kanten und unauffälligen schmalen Bändern. Die helle Morphe (**1B**) zeigt ein überwiegend weißes, teilweise dunkel gestricheltes Körpergefieder und schwarze Schwungfedern mit einem hellen Fenster, das durch die inneren Handschwingen gebildet wird. Bei der dunklen Morphe (**1C**) ist das Kleingefieder der Unterseite mittelbraun, dann mit dunklem, diffus abgesetztem Band über die Armdecken, oder ganz dunkelbraun. Am Flügelbug, direkt an den Halsseiten, sitzt beidseitig ein kleiner weißer Fleck („Positionslichter").
VORKOMMEN D; brütet in Süd- und Osteuropa, überwintert in Afrika. In Österreich sehr seltener Durchzügler im Frühling und Herbst. Ehemaliger Brutvogel bis ins 19. Jahrhundert, seither vereinzelt Hinweise auf Brutvorkommen. Besiedelt Wälder und Waldränder in mittleren Höhenlagen. Jagt auf offenen Flächen nach Kleintieren, die aus dem Sturzflug erbeutet werden.

2 | Schlangenadler

— *Circaetus gallicus* Short-toed Snake-eagle

187 | L 62–69 cm
S 162–178 cm

MERKMALE Großer Greifvogel mit sehr heller Unterseite. Kopf und Augen groß, an Eule erinnernd. Die Flügel sind lang und breit, mit deutlichen Fingern. Der Schwanz ist etwas kürzer als die Flügelbreite, mit wenigen dunklen Bändern und einer breiten Endbinde. Zusammengelegt wirkt der Schwanz gerade und eckig. Rüttelt bei der Nahrungssuche gern, langsam und mit tiefen Flügelschlägen, oder steht ohne zu rütteln regungslos im Wind. Kopf und obere Brust sind bei ad. (**2B**) meist dunkler (Ausprägung variabel) und recht scharf zum hellen Bauch abgesetzt. Jüngere Vögel sind aber meist sehr hellköpfig. Die Unterseite ist weiß, die Flügeldecken, Schwungfedern und die Körperunterseite sind individuell unterschiedlich stark fleckig gebändert (manche sind nahezu ungezeichnet). Immer ohne Carpalflecken. Oberseits sind der Mantel und die kleinen Flügeldecken hell- oder mittelbraun, die Schwungfedern und großen Armdecken sind dunkler. Der Schwanz ist braun und gebändert wie auf der Unterseite. Finger und Flügelhinterrand sind diffus dunkler. Im JK mit gleichmäßigem Flügelhinterrand und frischem Gefieder sowie oberseits mit hellen Spitzen der großen Armdecken. Zeigt im 1. S (**2A, C**) aktive Mauser in den Handschwingen bzw. bereits erneuerte innere Handschwingen (und manchmal einzelne Armschwingen). Diese frischen Federn unterscheiden sich von den übrigen, abgenutzten und ausgeblichenen Schwungfedern des JK durch rundere Spitzen.
VORKOMMEN D 100–2000 m; Brutvogel Süd- und Osteuropas, überwintert in Afrika. In Österreich sehr seltener, aber regelmäßiger und zunehmender Gast, sowohl in Gebirgstälern als auch im Flachland. Ernährt sich vorwiegend von Schlangen und Echsen, die z.B. auf trockenen Weiden, Wiesen und Brachen erbeutet werden.

1B VIII

1C VIII

1A VIII

2A VII

2B IV

2C VIII

1 | Schreiadler
— *Clanga pomarina* Lesser Spotted Eagle

188 | L 55–65 cm
S 143–168 cm

MERKMALE Mittelgroßer, überwiegend brauner Adler mit kurzem, gerundetem Schwanz. Zur Unterscheidung von anderen Adlern s.a. S. 204–205. Schnabel vergleichsweise zart. Das Körpergefieder ist warm mittelbraun und heller als die dunklen Schwungfedern. Zeigt an der Handwurzel des Unterflügels zwei helle „Kommas", die durch die Basen der Handschwingen bzw. Handdecken gebildet werden. Dieses Merkmal kann hilfreich, manchmal aber sehr schwer zu beurteilen sein. Sechs deutliche, im Vergleich zu anderen Adlern aber eher kurze Finger. Die siebte Handschwinge von außen bildet manchmal einen weiteren, dann aber sehr kurzen Finger mit gerundeter Spitze. Oberseits mit weißem Fleck an den Handschwingenbasen und hellen Oberschwanzdecken (Ausdehnung variabel). Bei der Unterscheidung von ähnlichen Arten ist die Bänderung der Schwungfedern sehr hilfreich, diese kann aber nur auf guten Fotos oder aus kurzer Distanz verlässlich beurteilt werden. Der Schreiadler zeigt eine gleichmäßige Bänderung bis nahe an die Spitze der Feder. Schrei- und Schelladler stehen durch ihre langen Beine recht hoch. Im Flug von unten gesehen erreichen die Beine meist etwa die Spitzen der Unterschwanzdecken bzw. die Mitte des Schwanzes (beim Kaiseradler enden die Beine auf Höhe der Schwanzbasis). Ad. (**1A–C**) wirken scheckiger als juv. und zeigen ein helles Armflügelfeld auf der Oberseite. Der weiße Fleck an der Handschwingenbasis ist klein. Die großen Hand- und Armdecken bilden unterseits manchmal ein unregelmäßiges, hell gestricheltes Band. Iris hell. Im JK (**1D**) ist das Kleingefieder etwas dunkler als bei ad. Die Unterseite ist sauber gemustert, mit weißem Flügelhinterrand und weißer Schwanzspitze. Die großen Armdecken auf Ober- und Unterflügel zeigen weiße Spitzen und bilden oberseits ein auffälliges, unterseits ein lückiges Band. An der Handschwingenbasis sitzt ein großer, diffuser weißer Fleck. Ein heller Nackenfleck und eine geringe helle Strichelung an der Brust sind meistens ausgebildet. Unterschwanzdecken beige. Iris dunkel. Immat. zeigen je nach Mauserzustand gemischte Merkmale (z.B. einen abgesetzt dunklen Kopf) und sind schwerer von Schell- und Steppenadler zu unterscheiden. Die Flügelform ist dann besonders wichtig und im Idealfall sollte auch die Bänderung der Schwungfedern in die Bestimmung miteinbezogen werden (s.o.).
VORKOMMEN D IV–X; brütet in Osteuropa, überwintert in Afrika. In Österreich sehr seltener Durchzügler im Frühling und Herbst. Ehemals Brutvogel in Ostösterreich. Besiedelt waldreiche, halboffene Landschaften im Tiefland.

2 | Schelladler
— *Clanga clanga* Greater Spotted Eagle

189 | L 59–69 cm
S 153–177 cm

MERKMALE Sehr ähnlich dem häufigeren Schreiadler, aber etwas größer, mit kräftigerem Schnabel, breiteren Flügeln und längeren Fingern (s.a. S. 204). Lässt im Gleitflug den Handflügel stärker hängen als andere Adler, die Finger biegen sich dabei besonders stark aufwärts. Juv. und immat. mit dunklerem Kleingefieder. Die Flügeldecken sind meist dunkler als die grauen Schwungfedern (bei Schreiadler umgekehrt). Unterseits häufig mit nur einem hellen „Komma" an der Handwurzel. Der siebte Finger ist durchschnittlich länger und spitzer als beim Schreiadler. Die Bänderung der Schwungfedern ist auf die Mitte der Federn beschränkt und zeigt feine dunkle und breitere helle Bänder. Die Spitzen der Schwungfedern sind ungemustert grau. Die Iris bleibt immer dunkel. Ad. (**2A**) können dem Schreiadler am ähnlichsten sehen, Unterscheidung anhand der oben beschriebenen Merkmale. Im JK (**2B, C**) meist einfacher zu bestimmen, dank sehr dunklem Gefieder, das variabel aber meist viel stärker weiß gefleckt ist als bei vergleichbaren Arten (ähnlich dunkle Schreiadler existieren nur ausnahmsweise). Hellere Individuen können aber einen hellbraunen Bauch, einen abgesetzt dunklen Kopf und große weiße Bereiche der Oberseite zeigen. Sogar die seltene Variante „*fulvescens*" mit ganz semmelfarbenem Körpergefieder wurde in Österreich nachgewiesen. Immat. (**2D**) zeigen zumindest bis in den 2. W noch viele weiße Flecken auf der Oberseite.
VORKOMMEN U X–IV; brütet in Nordosteuropa, überwintert überwiegend im Nahen Osten, in Afrika und auf der Arabischen Halbinsel. In Österreich sehr seltener Gast am Durchzug, häufig in Gewässernähe. Erscheint im Herbst meist später und im Frühling früher als der Schreiadler (dennoch Überschneidungen) und überwintert im Gegensatz zu diesem vereinzelt.
WISSENSWERTES Der ähnliche **Steppenadler** (*Aquila nipalensis,* **3**) wurde in Österreich ebenfalls vereinzelt nachgewiesen. Er ist etwas größer und kräftiger und zeigt einen längeren Schnabelwinkel. Juv. zeichnen sich durch ein breites weißes Band am Unterflügel aus, das über die großen Arm- und Handdecken verläuft. Bei immat. (**3**) und subad. bleibt dieses Band zumindest in Teilen erhalten. Ad. sehr ähnlich Schreiadler, beachte aber die sehr grobe Bänderung der Schwung- und Schwanzfedern (reicht bis zur Federspitze) und den breiteren dunklen Flügelhinterrand.

1A
IX

2A
I

1D
IX

2B
II

2C
III

1B
VII

2D
II

1C
VII

3
V

1 | Steinadler

— *Aquila chrysaetos* Golden Eagle

190 | L 80–93 cm
S 190–225 cm

MERKMALE Großer Adler mit langem Schwanz. Flügel breit, aber mit schmaler Basis, schmaler Spitze und auffällig geschwungenem Hinterrand („Paddelform"). Zur Unterscheidung von anderen Adlern (s.a. S. 204–205). Segelt häufig mit angehobenen Flügeln. Hinterkopf und Nacken in allen Kleidern lebhaft gelb- oder rostbraun. Ad. (**1A, B**) mit dunkel- und rostbraunem Kleingefieder. Schwungfedern und Schwanz grau, breit gebändert und mit dunklem Hinterrand. Oberseits fleckiges, helles Feld am Armflügel. Im JK (**1C**) unterseits mit meist großem, klar definiertem weißen Feld im Hand- und Armflügel. Die Größe dieses Feldes variiert individuell und ist kein Alterskriterium. Schwanz weiß mit breiter schwarzer Endbinde. Kleingefieder sehr dunkel und einheitlich schwarzbraun. Oberseits fehlt das helle Armdeckenfeld von ad. An der Basis der Handschwingen sitzt aber ein deutlicher weißer Fleck. Juv. haben eine noch auffälligere Flugsilhouette als ad., mit langen mittleren Schwungfedern, die eine stark geschwungene Flügelform ergeben. Das Gefieder, insbesondere der Flügelhinterrand, ist frisch oder einheitlich abgenutzt und zeigt bis in den 1. S keine Anzeichen von Mauser. Bei immat. (**1D**) erscheint auf der Flügeloberseite sukkzessive das helle Armflügelfeld, während der Handbasisfleck über die Jahre verschwindet. Flügel und Schwanz nehmen schrittweise das Erscheinungsbild von Altvögeln an. Das Adultkleid ist nach etwa sechs Jahren vollständig ausgebildet.

VORKOMMEN B, W I–XII 600–2500 m; Standvogel in montanen und alpinen Regionen. Wird nur ausnahmsweise außerhalb des Alpenraums im Flachland beobachtet. Errichtet großen Horst in Felswänden oder auf Bäumen. Erbeutet überwiegend Murmeltiere und andere mittelgroße Säugetiere sowie größere Vögel. Jagt auf offeneren Flächen, die meist höher liegen als der Brutplatz.

2 | Kaiseradler

— *Aquila heliaca* Eastern Imperial Eagle

191 | L 70–83 cm
S 175–205 cm

MERKMALE Großer Adler des östlichen Flachlands, mit deutlich kompakterer Gestalt als der Steinadler (s.a. S. 204–205). Die Flugsilhouette ähnelt Schrei- und Schelladler. Die Flügel sind parallelrandig, der Schwanz eckig und etwas kürzer als die Flügelbreite (bei Steinadler etwa gleich lang). Segelt meist mit gerade gehaltenen Flügeln. Ad. (**2A, B**) mit schwarzbraunem Körpergefieder und grauen, dicht, aber undeutlich gebänderten Schwungfedern. Der Schwanz ist grau mit breiter schwarzer Endbinde. Hinterkopf und Hals sind strohgelb. Oberseits kaum Aufhellungen bis auf eine typische weiße Fleckenreihe an den Schultern. Im JK (**2C, D**) mit hell sandfarbenem, dicht dunkel gestricheltem Körpergefieder (Rücken, Bauch und Unterschwanz ungezeichnet hell). Dazu stark kontrastierende, schwarze, kaum gebänderte Schwung- und Schwanzfedern mit schmalem weißen Hinterrand. Die inneren Handschwingen bilden ein auffälliges helles Fenster im Flügel. Die großen Armdecken und Handdecken sind oberseits ebenfalls schwarz, mit weißen Spitzen, die eine auffällige Flügelbinde ergeben. Oberschwanzdecken und Rücken sind weißlich und bilden die hellste Stelle der Oberseite. Ab dem 1. S Mauser der Schwungfedern und Jahr für Jahr dunkler werdendes Körpergefieder. Vögel im 1. S sehen noch aus wie juv., zeigen aber einen durchbrochenen weißen Flügelhinterrand und deutliche Zeichen von Mauser. Im 2. W/2. S (**2E**) noch sehr hell, aber kaum gestrichelt. Im 3. W/3. S (**2F**) durchwegs dunkel gefleckt, je nach Mauserfortschritt mit dunklem Kopf. Subad. (**2B**) wie ad., aber unterseits mit braunen Flügeldecken und oberseits mit schwach ausgeprägten weißen Schulterflecken.

VORKOMMEN B, D, W I–XII 100–200 m; sehr seltener, lokaler Brutvogel im Flachland Nordostösterreichs. Besiedelt offene, flache Landschaften mit zumindest kleinen Waldbeständen. Ernährt sich überwiegend von Säugetieren und Vögeln kleiner und mittlerer Größe. Junge Vögel verstreichen nach Osten und Südosten, nur selten in andere Regionen Österreichs. Wurde vereinzelt aber sogar im Alpenraum nachgewiesen (rund 25 Brutpaare).

WISSENSWERTES Der Kaiseradler wurde in Österreich Anfang des 19. Jahrhunderts ausgerottet und brütet seit 1999 wieder im Land (rund 30 Brutpaare).

1B X

1A II

1C XI

1D V

2C XI

2A VIII

2D II

2E II

2F I

2B IV

Kaiseradler, ad.
Bänderung verschwindet mit zunehmendem Alter
dunkler Hinterrand
beiger Nacken
grau gebändert, breite Endbinde
Kaiseradler, JK
helles Fenster
weißer Hinterrand
sandfarben, gestrichelt
ungebändert
heller als Schwungfedern
heller Doppelfleck
Bänderung gleichmäßig
siebter Finger kurz und gerundet
Handflügel schmäler als bei Schelladler
Schreiadler, ad.
ungebändert
meist dunkler als Schwungfedern
Schelladler, ad.
meist nur ein heller Fleck
Hinterrand ungebändert
7. Finger lang und zugespitzt
Handflügel breit
lang und kräftig
weißes Band
gebändert
Steppenadler, immat.
Bänderung sehr grob
Handflügel breit
sieben Finger

Seeadler, immat.

Seeadler, ad.

Steinadler, ad.

Schlangenadler

1 Baumfalke
— *Falco subbuteo* Eurasian Hobby

192 | L 29–35 cm
S 70–84 cm

MERKMALE Kleiner Falke mit schwärzlicher Oberseite, schwarzer Maske und kräftigem Tränenstreif. Unterseite weißlich, aber dicht dunkel gestrichelt (kann aus Distanz dunkel wirken). Kehle und Wangen hell. Die Flügel sind lang und schmal, der Schwanz kürzer als beim Turmfalken. Verwechslungsgefahr (v.a. im JK) besteht am ehesten mit dem Rotfußfalken, zur Unterscheidung s. S. 212. Jagt in sehr schnellem und wendigem Flug, häufig mit stark angewinkelten Flügeln. Schlägt Insekten und Kleinvögel in der Luft und frisst kleine Beute noch im Flug. Ad. (**1A–C**) oberseits einheitlich dunkel (Handschwingen etwas dunkler), Unterseite weiß bzw. beige, dunkel gestrichelt. Unterschwanzdecken und Hosen rotbraun. Schwung- und Schwanzfedern sind nur diffus gebändert. Die ganz dunklen, mittleren Schwanzfedern sind leicht verlängert und zugespitzt. ♂ sind im direkten Vergleich schlanker und schmalflügeliger als ♀, die unterseits eine dichtere Musterung zeigen. Im JK (**1D–E**) wie ad., aber helle Partien gelblicher. Die Federn der Oberseite sind beige gerandet. Hosen und Unterschwanzdecken sind beige, die Unterschwanzdecken zudem dünn schwarz gestrichelt. Stirn und Scheitel sandbraun geschuppt. Schwung- und Schwanzfedern mit klarer Bänderung und hellen Spitzen (diese sind nur gegen dunklen Hintergrund gut zu sehen).
VORKOMMEN B, D IV–X 100–1600 m; Zugvogel, überwintert in Afrika. Besiedelt halboffene Landschaften der Tieflagen und Hügelländer. Brütet in verschiedenen, teilweise bewaldeten Lebensräumen sowie in lichten Laubwäldern. Jagt häufig in Feuchtgebieten oder in der Nähe von Gewässern. Brütet in ungenutzten Nestern, v.a. von Krähenvögeln.

2 Turmfalke
— *Falco tinnunculus* Common Kestrel

193 | L 31–37 cm
S 68–78 cm

MERKMALE Mit Abstand der häufigste Falke, der bei der Nahrungssuche häufig durch seinen Rüttelflug auf sich aufmerksam macht (**2B**). In allen Kleidern ist die rotbraune, schwarz gefleckte Oberseite mit ausgedehnt schwarzen Flügelspitzen typisch. Bauch, Brust und Unterschwanz sind beige und dicht dunkel gefleckt. Die Flügelunterseite ist weißlich und ebenfalls gefleckt (Fleckung aber bei manchen Individuen, insbesondere ♂, schwach ausgeprägt). Tränenstreif diffus, manchmal nur angedeutet. Flügel und Schwanz sind lang. Ad. ♂ (**2A, B**) zeigen grauen Kopf sowie grauen Schwanz und Bürzel. Oft mit hellem Überaugenstreif. Die Schwanzfedern zeigen eine breite schwarze Subterminalbinde und sind höchstens außen spärlich schwarz gebändert. Mantel und Armdecken sind rotbraun und mit relativ kleinen schwarzen Flecken übersät (manchmal auf einzelne reduziert). Ad. ♀ (**2C**) sind ähnlich ♂, aber Kopf und Schwanz sind ebenso braun (weniger lebhaft als bei ♂) und gröber gefleckt. Der Schwanz ist durchgehend gebändert. Oberschwanz und Kopf können bei manchen Vögeln grau überhaucht sein. Im JK (**2D**) wie ♀ und nicht immer leicht zu unterscheiden. Im Flug mit hellen Spitzen der Handdecken. Die Brust ist gröber gezeichnet und die Oberseite etwas wärmer braun. Schwach gebänderte und (besonders an der Basis) gräuliche Schwanzfedern deuten schon im JK auf ♂ hin. ♂ im 1. W (**2E**) zeigen am Mantel bereits kleinere Flecken (wie ad. ♂), sehen sonst aber noch aus wie ♀/JK. Bis in den 1. S sind viele anhand eines bräunlich grauen Kopfes in Kombination mit den braunen, gebänderten Schwanzfedern des JK erkennbar. Ruft häufig aufgeregt und scharf „ki-ki-ki-ki".
VORKOMMEN B, D, W I–XII 100–2500 m; sehr häufig und in einer Vielzahl von Lebensräumen (auch in der Stadt) und Höhenstufen, bis ins Hochgebirge anzutreffen. Benötigt freie Flächen zur Jagd auf Kleintiere, ist sonst aber anspruchslos. Überwintert in Österreich, v.a. jüngere Vögel ziehen zum Teil aber bis Nord- und Westafrika. Im Herbst zudem Zuzug aus Norden. Brütet in verlassenen Nestern z.B. von Krähen, Elstern und Bussarden sowie in Mauernischen an Gebäuden, Felswänden und häufig in Nisthilfen.
WISSENSWERTES Turmfalken können in freier Wildbahn mehr als 20 Jahre alt werden. Der sehr ähnliche **Rötelfalke** (*F. naumanni*) brütete bis in die 1980er im Süden Österreichs und wurde seit dem Aussterben nur vereinzelt nachgewiesen. Ad. ♂ zeichnen sich durch eine ungefleckte, rotbraune Oberseite, ein graues Feld oberseits am Armflügel und ein Fehlen des Tränenstreifs aus. ♀ sind sehr schwer von Turmfalken zu unterscheiden, sind aber unterseits heller und weniger gefleckt. Beide Geschlechter haben weißliche Krallen (beim Turmfalken dunkel).

1A V

1C V

1D IX

1B IV

1E X

2A II

2C I

2B V

2D IX

2E XII

1 | Merlin

— *Falco columbarius* Merlin

194 | L 26–33 cm
S 55–69 cm

MERKMALE Kleinster Falke, etwa drosselgroß. Flügel spitz, aber mit breitem Arm. Zeigt am Kopf schwach ausgeprägten Tränenstreif und schmalen Überaugenstreif. Verwechslungsmöglichkeit z.B. mit Sperber, der aber geschwungenere Flügel mit stumpferer Spitze zeigt (s.a. S. 212). Fliegt mit sehr schnellen Flügelschlägen und jagt rasant nach kleinen Vögeln. Steht häufig am Boden und ist dann schwer zu entdecken. Ad. ♂ (**1A**) mit grauer Oberseite, dunklem Handflügel und braunem Nackenfleck. Unterseite rötlich beige, fein dunkel gestrichelt. Schwanz grau mit breiter schwarzer Endbinde. Ad. ♀ (**1B**) sind oberseits kalt graubraun, mit grober, wärmer braunen Bänderung und grob gebänderten Schwung- und Schwanzfedern. Manche mit deutlicher Grautönung und ungebändert, dann ähnlich ♂, aber durch Zeichnung der Unterseite unterschieden. Diese ist weißlich und grob dunkel gestrichelt (kräftiger als bei ♂). Die Flanken sind durch ein dichtes „Ankermuster" dunkler als Brust und Bauch. Im JK (**1C**) sehr ähnlich ♀ und nur bei guten Beobachtungsbedingungen an braunerer, kaum gebänderter Oberseite und häufig rotbrauner Tönung (insbesondere der Federränder der Oberseite) sowie dunklerer und dichterer Streifung der Unterseite auf gelblicherem Grund unterscheidbar.
VORKOMMEN D, W IX–V 100–700 m; brütet im Fjäll Nordeuropas. In Österreich spärlicher Wintergast, gern in offenen Ackerlandschaften des Alpenvorlands. Besonders in Ostösterreich sowie in größeren Becken und Tälern. Ernährt sich überwiegend von Kleinvögeln, die im Flug erbeutet werden.

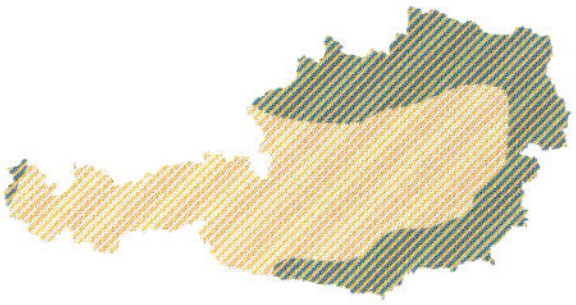

2 | Rotfußfalke

— *Falco vespertinus* Red-footed Falcon

195 | L 28–34 cm
S 65–76 cm

MERKMALE Recht kleiner Falke mit ähnlichem Flugbild wie Turm- oder insbesondere Baumfalke (s.a. S. 212). Die Flügel sind etwas kürzer und stumpfer. Rüttelt ähnlich wie Turmfalke über offenen Flächen auf der Jagd nach Kleintieren, erbeutet aber auch Insekten in der Luft wie Baumfalke. Wachshaut, Lidring und Füße sind rotorange, bei ♂ in der Regel intensiver gefärbt. Ad. ♂ (**2A, B**) sind bei guten Beobachtungsbedingungen unverwechselbar, mit ganz dunkelgrauem Gefieder und oberseits silbrig glänzenden Handflügeln. Unterschwanzdecken und Hosen sind rostrot. Ad. ♀ (**2C, D**) mit grauer, dunkel gebänderter Oberseite. Körperunterseite und Scheitel sind ungezeichnet und lebhaft orangebraun. Die Schwungfedern unterseits grau, grob gebändert und mit breitem dunklem Hinterrand. Wangen und Kehle sind weiß. Die sehr kleine dunkle Maske zeigt einen kurzen, gerundeten Tränenstreif. Im JK (**2E**) ist die Farbverteilung ähnlich wie bei ♀. Die Unterseite ist aber weißlich beige und stark gestrichelt. Die Oberseite ist schwärzlich, der Rücken grob braun gebändert. Ähnlich dem JK des Baumfalken, aber alle Schwanzfedern sind gebändert (bei Baumfalke ist das zentrale Federpaar dunkel). Der dunkle Flügelhinterrand und die dunkle Flügelspitze sind breiter und stärker kontrastierend als beim Baumfalken. Die Steißregion ist ausgedehnt ungezeichnet beige (beim Baumfalken reicht die Bauchstrichelung bis auf die Hosen). Der Kopf ist kontrastreicher gefärbt, mit kleinerer Maske, weißeren Wangen und weißer Kehle. ♂ im 1. S/2. W (**2F**) sind an den gebänderten Schwung- und Schwanzfedern des JK zu erkennen. ♀ im 1. S (**2G**) sind matter gefärbt als ad. und zeigen einige dunkle Strichel auf der Unterseite.
VORKOMMEN b, D IV–IX 100–700 m; brütet vorwiegend in Osteuropa, überwintert in Afrika. In Österreich spärlicher Durchzügler im Frühling und Herbst sowie extrem seltener, mittlerweile unregelmäßiger Brutvogel im äußersten Osten Österreichs. Brütet v.a. in ungenutzten Nestern von Krähenvögeln, u.a. auch in Saatkrähen-Kolonien. Ernährt sich überwiegend von großen Insekten und Kleinsäugern.

1A III

1B II

1C X

2A IV

2C IV

2B VIII

2D IV

2E VIII

2F VIII

2G V

1 Wanderfalke
— *Falco peregrinus* Peregrine Falcon

196 | L 38–51 cm
S 89–113 cm

MERKMALE Großer Falke mit kräftigem Körper, breiten Flügeln und kurzem Schwanz. Erbeutet im Flug überwiegend Vögel. Der Tränenstreif ist breit und lang, mit gerundetem Ende. ♀ sind größer als ♂, die Größe ist ohne Vergleich aber oft schwer zu beurteilen. Ad. (**1A, B**) sind oberseits dunkelgrau, schwarz gebändert. Die Flügelspitzen sind dunkler, Rücken und besonders die Oberschwanzdecken und der Bürzel sind heller grau. Die Unterseite ist weiß und dicht schwarz quergebändert. Kehle und Wangen sind weiß, die Brust (besonders bei ♂) weniger schwarz gefleckt. Kopfkappe schwarz. Der Schwanz zeigt viele schmale Bänder und wird zur Spitze dunkler. Lidring, Wachshaut und Füße sind gelb. Im JK (**1C**) mit schwarzbrauner Oberseite und hellen Federrändern. Unterseite beige, Brust, Bauch und Flanken sind dunkel längsgestreift. Das Kleingefieder der Flügelunterseite ist relativ hell, dunkel gefleckt (beim Sakerfalken meist deutlicher Kontrast zwischen dunklem Kleingefieder und helleren Schwungfedern, s.a. S. 213). Das Kopfmuster ist ähnlich ad., einige Vögel zeigen aber einen ausgeprägten hellen Überaugenstreif und/oder einen hellen Nackenfleck. Lidring, Wachshaut und Füße sind matt grüngelb. Vögel der sibirischen ssp. *calidus* treten gelegentlich im Herbst und Winter auf. Diese erinnern im JK durch ihre heller braune Oberseite, die dünnere Brust- und Bauchstrichelung auf weißerem Grund und das kontrastreiche Kopfmuster mit hellem Überaugenstreif und reduziertem, dünnem Tränenstreif an Sakerfalken. Unterscheidung z.B. anhand der gleichmäßigen Unterflügelzeichnung (Sakerfalken zeigen meist dunklere Flügeldecken, mit Kontrast zu den helleren Schwungfedern) und der quergebänderten Unterschwanzdecken (beim Sakerfalken ungebändert).

VORKOMMEN B, D, W I–XII 100–1700 m; verbreiteter, aber spärlicher Standvogel, v.a. in der montanen Stufe. Brütet an Felswänden und potentiell auch an hohen Gebäuden. Besonders außerhalb der Brutzeit als Gast in unterschiedlichsten Lebensräumen anzutreffen. Ernährt sich von Vögeln mittlerer Größe (z.B. Tauben).

2 Sakerfalke (Würgfalke)
— *Falco cherrug* Saker Falcon

197 | L 47–55 cm
S 105–129 cm

MERKMALE Größter heimischer Falke mit braunem Gefieder, dünnem Tränenstreif und hellem Überaugenstreif. Die Ausprägung der Gefiedermerkmale ist aber sehr variabel, was die Alters- und Geschlechtsbestimmung schwierig macht. Flugbild am ähnlichsten dem Wanderfalken, aber mit etwas längerem Schwanz und durch braune Färbung und stumpfere Flügel manchmal sogar an Mäusebussard erinnernd (siehe auch S. 213). Die Schwungfedern sind oberseits dunkler als die Flügeldecken. Unterseits sind die Flügeldecken dunkelbraun und hell gemustert oder einheitlich dunkel (besonders die großen Armdecken) und kontrastieren meist deutlich zu den helleren Schwungfedern. Brust, Bauch und Flanken sind beigebraun oder weißlich und grob dunkel gezeichnet. Die Hosen sind meist überwiegend dunkelbraun (selten auch hell). Ad. (**2A, C**) zeigen oft einen recht hellen Kopf und schmalen Tränenstreif. Die Oberseite ist graubraun, manchmal deutlich grauer. Die Unterseite ist fleckig gestreift, besonders auf der Brust ist diese Zeichnung aber auf rundliche Flecken reduziert. Wachshaut, Lidring und Füße sind bei älteren Vögeln gelb (können aber auch bei mehrjährigen Ind. noch blaugrau sein). ♂ sind im direkten Vergleich kleiner als ♀ und unterseits häufig spärlicher gemustert und dadurch heller. Im JK (**2D**) sehr ähnlich ad. Im frischen Gefieder oberseits mit rotbraunen Federsäumen. Auf Brust und Bauch meist kräftiger und dichter gestreift (kann fast ganz dunkel erscheinen) und mit dunklerem Kopf und kontrastreicherem Kopfmuster. Wachshaut, Lidring und Füße blaugrau. **2B** illustriert die möglichen Schwierigkeiten in der Altersbestimmung: Dieses ♀ im vierten Lebensjahr (Alter durch Beringung festgestellt) zeigt viele Merkmale eines Jungvogels.

VORKOMMEN B, D, W I–XII 100–200 m; sehr seltener Standvogel weitläufiger Ackerlandschaften in Nordostösterreich (Wiener Becken, Weinviertel, Nordburgenland). Andernorts extrem seltener Gast. Der österreichische Bestand umfasst rund 40 Brutpaare.

1A
IV

1B
III

1C
VII

2A
XII

2B
V

2C
XI

2D
IX

Merlin, JK

Sperber, JK

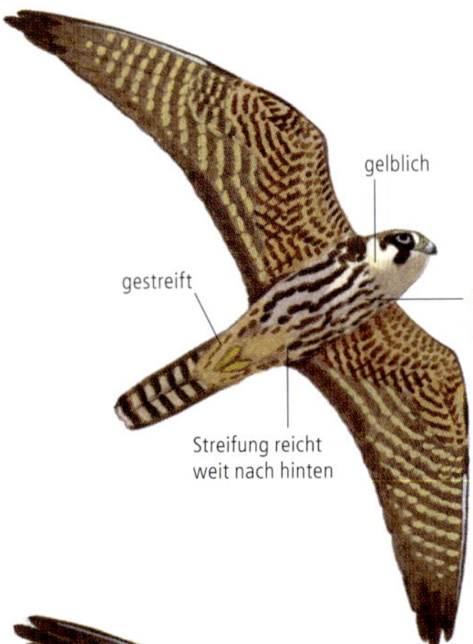

Baumfalke, JK

Rotfußfalke, JK

Baumfalke, ad.

Wanderfalke, ad.

Wanderfalke, JK

Sakerfalke, ad.

1 | Eisvogel
— *Alcedo atthis* Common Kingfisher

198 | L 17–19,5 cm

MERKMALE Ein recht kleiner, kompakter Vogel mit sehr langem, kräftigem Schnabel und sehr kurzen, orangen Beinen sowie kurzem Schwanz. Das Gefieder ist oberseits hellblau (je nach Lichteinfall aber auch grünlich), unterseits und auf den Wangen orange. Kehle und Halsseitenfleck sind weiß. Steht aufrecht, etwas erhöht an Gewässerufern und erbeutet Nahrung durch Stoßtauchen ins Wasser. Im tiefen Flug über die Wasseroberfläche (**1A**) ist der eisblaue Bereich vom Mantel bis auf die Oberschwanzdecken meist besonders auffällig. Ad. ♂ (**1B** rechts) zeigen einen ganz schwarzen Schnabel, der manchmal aber zur Basis hin rötlich aufgehellt ist. Ad. ♀ (**1B** links) immer mit weiter ausgedehnter Rotfärbung am Unterschnabel als ♂. Im JK (**1C, D**) mit türkisblauer, grünstichiger Oberseite (Farbe aber manchmal schwer zu beurteilen), orangebrauner, wolkig gezeichneter Brust und oberseits braunen Füßen (Innenseiten der Zehen orange wie bei ad.). Die Schnabelspitze ist weiß, aber manchmal abgenutzt. ♀ im JK (**1C**) zeigen oft eine rötliche Aufhellung des Unterschnabels, bei ♂ (**1D**) bleibt der Schnabel schwarz. Ruft im Flug und bei Erregung hell, scharf und unrhythmisch „tititi...ti ti...". Manchmal auch ein- oder zweisilbig „zll-ti".
VORKOMMEN B, D, W I–XII 100–800 m; Teilzieher, brütet und überwintert in Österreich, zieht aber teilweise nach Südeuropa und Nordafrika ab. Unregelmäßig verbreiteter Brutvogel an klaren Gewässern. Die lange Neströhre wird in steile Uferabbrüche und seltener auch in Geländeanrisse fernab des Wassers gegraben. Tritt als Durchzügler an verschiedensten, auch zur Brut ungeeigneten Gewässern auf.
WISSENSWERTES Eisvögel können in freier Wildbahn bis zu 21 Jahre alt werden.

2 | Blauracke
— *Coracias garrulus* European Roller

199 | L 29–32 cm
S 52–57,5 cm

MERKMALE Ein auf den ersten Blick blitzblauer Vogel mit warmbraunem Rücken und kräftigem schwarzen Schnabel mit Hakenspitze. Etwas kleiner als Eichelhäher. Bei ad. (**2A–D**) sind Kopf und Unterseite intensiv türkisblau, Mantel und Schulterfedern warm mittelbraun. ♂ (**2B** rechts) sind im direkten Vergleich kräftiger gefärbt als ♀ (**2B** links). Im Flug (**2A**) mit starkem Kontrast zwischen schwarzen Schwungfedern (auf der Unterseite dunkelblau) und türkisen Flügeldecken. Oberseits Schwungfederbasen ebenfalls türkis, Flügelbug dunkelblau. Schwanz mit blauer Basis und türkiser Spitze sowie mit dunkleren Ecken und dunklen, zentralen Schwanzfedern. Im JK mit gleicher Farbverteilung wie ad., aber viel weniger intensiv gefärbt. Kopf und Flügel gemischt sandbraun und türkis. Kopfseiten und Brust diffus gestrichelt. Vögel im 1. S sind auch noch weniger intensiv gefärbt als ad. und zeigen ausgeblichene, stark abgenutzte Schwung- und Schwanzfedern sowie eine Mausergrenze in den großen Armdecken.
VORKOMMEN b, D V–VIII 100–200 m; Zugvogel, überwintert im südlichen Afrika. In Österreich extrem seltener Brutvogel mit verschwindender Population in der Südoststeiermark. Andernorts sehr seltener Durchzügler. Besiedelt halboffene Landschaften mit lockerem Baumbestand und großen Wiesen- oder Weideflächen, die zur Nahrungssuche genutzt werden. Brütet in Baumlöchern (besonders Grünspechthöhlen) und Nistkästen.
WISSENSWERTES Langjährige Farbberingungen der letzten österreichischen Blauracken haben gezeigt, dass es zu keinem regelmäßigen Austausch mit anderen Blauracken-Populationen (z.B. in Ungarn oder Kroatien) kommt.

1B
III

1C
VIII

1D
VIII

1A
IX

2B
V

2D
VII

2C
III

2A
VIII

1 Bienenfresser

— *Merops apiaster* European Bee-eater

200 | L 25–29 cm
S 36–40 cm

MERKMALE Überaus farbenfroher, gestreckter Vogel mit langem Schwanz und langem, gebogenem Schnabel. Steht auf Bäumen meist sehr aufrecht, seltener (z.B. bei Wind) aber auch mit stark waagrechter Körperhaltung. Im Flug (**1A**) mit langen spitzen Flügeln. Der dunkle Flügelhinterrand ist am Armflügel breiter als am Handflügel und v.a. unterseits im Kontrast zur recht einfarbig hellen Flügelunterseite auffällig. Ad. (**1A, B**) mit hellblauer Unterseite. Scheitel, Nacken, Mantel, Armdecken und Armschwingenbasen sind warm rotbraun. Schulterfedern und Rücken strohgelb. Die Kehle ist gelb, mit dunkler Grenzlinie zur blauen Brust. Augenmaske schwarz, Iris leuchtend rotbraun. Das zentrale Schwanzfederpaar ist zu einem verlängerten Spieß ausgezogen. Die Geschlechter ähneln einander stark, ♀ (im Frühling) aber im direkten Vergleich mit braunerer Iris und weniger ausgedehnter Braunfärbung der Flügeldecken. Im JK (**1C**) ohne verlängerte Schwanzspieße und mit dunkler Iris. Mantel, Schulterfedern und Flügeldecken sind überwiegend grünlich. Ruft sehr typisch, weich rollend „brrüt-brrüt...". Hoch ziehende Trupps machen so häufig schon früh auf sich aufmerksam.
VORKOMMEN B, D IV–IX 100–400 m; Zugvogel, überwintert in Afrika südlich der Sahara. In Österreich lokaler, aber zunehmender Brutvogel in wärmebegünstigten Gebieten, v.a. im Burgenland und in Niederösterreich. Besiedelt offene und halboffene Landschaften. Brütet in Kolonien und gräbt lange Neströhren in Steilwände (z.B. Abbruchkanten, Sandgruben, Lösswände), mitunter aber sogar in den Boden.
WISSENSWERTES Der treffende Name der Art beschreibt das Vermögen des Bienenfressers, auch stechende Insekten wie Bienen, Wespen oder Hummeln zu fressen. Je nach Angebot spielen aber Libellen, Schmetterlinge, Käfer und andere große Insekten eine ebenso wichtige Rolle im Nahrungsspektrum. Große Beutetiere werden vor dem Verzehr heftig gegen den Sitzast geschlagen. Giftige Insekten werden außerdem daran gerieben, um den Stachel und das austretende Gift loszuwerden.

2 Wiedehopf

— *Upupa epops* Common Hoopoe

201 | L 25–29 cm
S 44–48 cm

MERKMALE Unverwechselbarer, mittelgroßer Vogel mit langer Federhaube, die meist angelegt ist, aber zu einem hohen „Irokesenschnitt" aufgestellt werden kann. Läuft am Boden mit stetig nickendem Kopf. Der Schnabel ist dünn, lang und abwärtsgebogen. Kopf, Hals, Mantel und Brust sind hellorangebraun. Die Federhaube zeigt schwarze Spitzen. Bauch und Unterschwanzdecken sind weiß. Im Flug (**2A**) mit extrem breiten, schwarz-weiß gebänderten Flügeln und schwarzem Schwanz, mit isolierter weißer Binde. Fliegt unstet, ruckartig flatternd und erinnert entfernt an einen riesigen Schmetterling. Singt dumpf und leise, aber sehr weittragend, meist drei- oder viersilbig „up-up-up". Daneben verschiedene raue Rufe, die bei Erregung oder in Nestnähe geäußert werden.
VORKOMMEN B, D III–IX 100–1000 m; Zugvogel, überwintert in Afrika. In Österreich spärlicher, aber recht weit verbreiteter Brutvogel. Besiedelt abwechslungsreiche Kulturlandschaften im Flachland und in großen Alpentälern. Brütet in verschiedensten Hohlräumen (häufig Baumhöhlen) und gern in Nistkästen. Ist zur Nahrungssuche auf vegetationslose oder kurzrasige Flächen angewiesen, wo er nach Maulwurfsgrillen, Grillen, Käfern und anderen größeren Insekten stochert.
WISSENSWERTES Das brütende Weibchen und die Küken des Wiedehopfs verteidigen sich in ihren für Fressfeinde oft leicht zugänglichen Nestnischen mit einem übelriechenden Sekret aus der Bürzeldrüse. Die Jungen spritzen möglichen Eindringlingen zusätzlich den Inhalt ihres Enddarms entgegen.

1A VI

1B V

1C VIII

2A VI

2B III

2C III

1 | Wendehals
— *Jynx torquilla* Eurasian Wryneck

202 | L 16–18 cm

MERKMALE Auf den ersten Blick kaum an einen Specht erinnernd. Klein, langschwänzig und mit baumrindenartiger Färbung, durchwegs dicht gebändert, gestrichelt oder mit Kritzelzeichnung. Hervorragend getarnt! Oberkopf, Schultern und Schwanz grau. Dunkler braune Felder verlaufen von der Scheitelmitte auf den Mantel und entlang der Schultern. Ein lang ausgezogener, dunkler Augenstreif reicht bis weit hinter das Auge. Die Unterseite ist dicht gesperbert und gefleckt. Die Kehle hat eine beige Grundfärbung. Brust, Bauch und Flanken sind weißlich und weniger dicht gefleckt. Die Geschlechter sind gleich gefärbt. Die Altersbestimmung von ausgewachsenen Individuen im Feld ist kaum möglich, nur im JK anfangs an sehr dunkler Iris zu erkennen. Zur Nahrungssuche (überwiegend nach Ameisen) häufig am Boden und im Geäst. Hackt nicht in Holz und hängt nicht senkrecht an Bäumen wie andere Spechte. Singt eine quäkende, zu Beginn abfallende, dann stabile Reihe aus über zehn Silben „gjü-gjä-gjä-gjä-gjä-gjä-gjä-gjä…". Auch im Duett zwischen ♂ und ♀.
VORKOMMEN B, D III–IX 100–1700 m; Zugvogel, überwintert in Afrika. In Österreich verbreiteter, aber spärlicher bis seltener Brutvogel in strukturreichen Kulturlandschaften (Streuobstgärten, Parks) und lichten Wäldern mit großem Höhlenangebot. Brütet in Baumhöhlen, zimmert diese aber, im Unterschied zu anderen Spechten, nicht selbst. Nimmt daher auch geeignete Nistkästen an (Lochdurchmesser 3,5–4 cm).

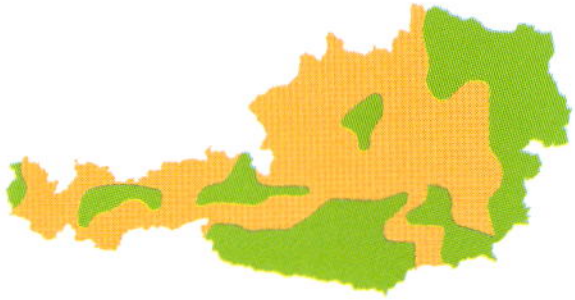

2 | Schwarzspecht
— *Dryocopus martius* Black Woodpecker

203 | L 40–46 cm
S 67–73 cm

MERKMALE Riesiger Specht in der Größe einer Krähe. Gefieder ganz schwarz, Auge weißlich, Schnabel hell. Im Flug mit weit vorgestrecktem Hals und angehobenem Kopf. Fliegt gerade und zielstrebig, kaum im Wellenflug, wie für die meisten Spechte typisch. ♂ (**2A, B**) mit ganz rotem Scheitel. ♀ (**2C**) mit kleinerem rotem Bereich am Hinterkopf. Im JK anfangs mit dunkler Iris, die Scheitelfärbung lässt bereits eine Geschlechtsbestimmung zu. Häufig zu hören. Ruft im Flug rollend „krrück-krrück-krrück". Oft einzeln (z.B. nach Landung) klagend „k-lii". Der Gesang ist eine langsam beginnende, dann rasche Serie lachender Töne auf selber Tonhöhe „kjü…kjü…kjü-kjü-kjü-kjü-kjü-kjü-kjü…". Erinnert an Grünspecht, dieser ruft aber zum Schluss hin etwas verlangsamt und in der Tonhöhe weniger konstant. Trommelwirbel extrem laut und weittragend, mehrere Sekunden lang, erinnert an Maschinengewehr.
VORKOMMEN B, W I–XII 100–2000 m; Standvogel. Weit verbreiteter Brutvogel in Waldgebieten mit ausreichend hohem Altholzanteil. Herumstreichende Individuen aber auch in offeneren Landschaften. Zimmert seine Höhle in große Bäume (gern in Rotbuchen), häufig an Wegen oder Schneisen. Der Höhleneingang ist elliptisch, 12–18 cm hoch. Hackt bei der Nahrungssuche beachtliche Löcher in totes oder von Insekten bewohntes Holz.
WISSENSWERTES Die Errichtung der Nisthöhle dauert je nach Baumart unterschiedlich lange. Im harten Holz der Rotbuche werden rund 25 Tage benötigt.

Wendehals

1B
IV

1A
IV

1C
VI

2A
IX

2B
V

2C

1 | Grünspecht

— *Picus viridis* Eurasian Green Woodpecker

204 | L 30–36 cm S 45–51 cm

MERKMALE Recht großer Specht mit olivgrüner Oberseite und graubeiger Unterseite. Kopf mit ganz rotem Scheitel und schwarzer Augenmaske. Iris weißlich. Im wellenförmigen Flug wird der gelbe Bürzel sichtbar, die Schwanzfedern und Handschwingen zeigen weiße Punktreihen. Wirkt großköpfig. ♂ (**1A**) zeigen einen roten, schwarz umrandeten Bartstreif. Dieser ist bei ♀ (**1B**) ganz schwarz. Im JK (**1C**) durchwegs gefleckt und ohne schwarze Augenmaske. Der Bartstreif ist bei ♂ im JK (**1C**) bereits rot, bei ♀ schwarz. Singt eine laute, lachende Strophe von meist über zehn Silben „kjü-kJÜ-kjü-kjü-kjü-kjü...", besonders zur Balz- und Brutzeit von Dezember–März. Singt nicht ganz so gleichmäßig wie der Schwarzspecht, mit leichten Schwankungen in Tonhöhe und Geschwindigkeit. Ruft ähnlich dem Gesang, aber kürzer und schneller „kjük-kjük...kjük-kjük-kjük". Trommelt selten.
VORKOMMEN B, W I–XII 100–1900 m; Standvogel. Weit verbreitet in offenen Laub- und Mischwäldern, in Parks, aber auch in Siedlungsgebieten mit nur kleinen Baumbeständen. Meidet geschlossene Waldgebiete. Brütet in selbst gehackter Höhle (Lochdurchmesser ca. 65 mm), nutzt aber gern auch Höhlen aus den Vorjahren.
WISSENSWERTES Grünspecht und Grauspecht ernähren sich überwiegend von Ameisen und deren Larven und halten sich daher häufig am Boden oder in Bodennähe auf.

2 | Grauspecht

— *Picus canus* Grey-faced Woodpecker

205 | L 27–32 cm

MERKMALE Sehr ähnlich dem Grünspecht, aber etwas kleiner und mit kürzerem Schnabel. Kopf grau und ohne schwarze Augenmaske, aber mit schwarzem Zügel und schmalem, schwarzem Bartstreif sowie angedeutetem hellem Überaugenstreif. Schwanz ungebändert. Iris rotbraun. Im Flug kleinköpfiger und mit kürzerem Hals als der Grünspecht. Färbung aber ähnlich, mit gelbem Bürzel und weiß gefleckten Schwungfedern. ♂ (**2A**) mit rotem Vorderscheitel, ♀ (**2B**) mit ganz grauem Kopf. Im JK (**2C**) nicht so gefleckt wie Grünspecht und ad. sehr ähnlich. Aber noch diffuserer Verlauf zwischen grünlichem Rücken und grauem Kopf. Zügel grau, Bartstreif grau oder fehlend. ♂ bereits mit angedeutetem roten Stirnfleck. Gesang ähnlich Grünspecht, aber weniger lachend und bis zum Schluss abfallend und langsamer werdend „ki-ki-kii-kii-kii-kii-kii". Trommelt selten, aber häufiger als Grünspecht. Grauspechte sind nur zur Balz und zu Beginn der Brutzeit (Januar–März) akustisch auffällig und rufen danach nur noch selten.
VORKOMMEN B, W I–XII 100–1900 m; Standvogel. Weit verbreitet, aber seltener als Grünspecht. Besiedelt strukturierte Waldgebiete (häufig Auwälder, auch Nadelwälder) bis in hohe Lagen, aber auch große Parks. Zimmert meist jährlich eine neue Nisthöhle (Lochdurchmesser ca. 60 mm).

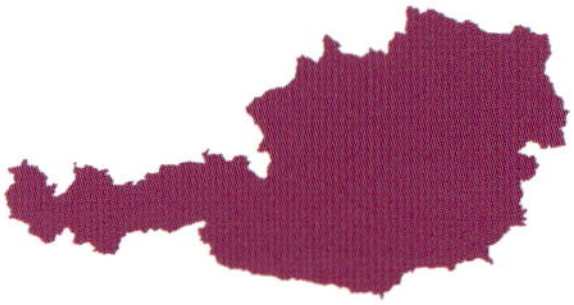

Grünspecht, ♂

Grauspecht, ♂

1A
II

1B
XII

1C
VI

2A
II

2B
IV

2C
VII

1 Mittelspecht

— *Leiopicus medius* Middle Spotted Woodpecker

206 | L 19,5–22 cm
S 33–34 cm

MERKMALE Kleiner Specht mit relativ schwachem Schnabel. Das Gefieder ist schwarz-weiß, mit großen weißen Schulterflecken. Scheitel ganz rot. Gesicht ausgedehnt weiß, freundlich wirkend. Ein schwarzer Halsseitenfleck steht isoliert und erreicht weder die Schnabelbasis noch den schwarzen Nacken. Flanken und Bauch sind beige, rosa überhaucht und dünn schwarz gestrichelt. Unterschwanzdecken hellrot. Die Geschlechtsbestimmung ist im Feld kaum möglich. Ad. ♂ mit kräftiger rotem Scheitel, der weiter nach hinten reicht. Im JK sehr ähnlich ad., aber mit matteren Farben und weniger kräftig gezeichnet. Gesang nasal, langsam „kwäk kwäk kwäk..." (im Spätwinter und Frühling). Ruft „kICK-kück-kück-kück...", mit energischer erster Silbe. In Tonhöhe zwischen Klein- und Buntspecht. Trommelt nicht oder höchstens extrem selten.

VORKOMMEN B, W I–XII 100–600 m; Standvogel in außeralpinen Tieflagen Österreichs. Besiedelt vorwiegend Laubwälder und große Parklandschaften, teilweise auch Streuobstwiesen mit altem Baumbestand. Ist auf alte Bäume mit grober Borke (bevorzugt Eichen, auch Buchen) angewiesen, die er nach Nahrung absucht. Hackt seltener als z.B. Buntspecht. Brütet in selbst gezimmerter Höhle (Lochdurchmesser 35–45 mm), bezieht aber auch alte Höhlen, mitunter sogar anderer Arten.

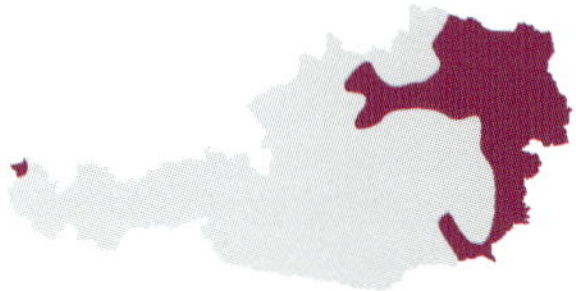

2 Kleinspecht

— *Dryobates minor* Lesser Spotted Woodpecker

207 | L 14–16,5 cm
S 24–29 cm

MERKMALE Kleinster Specht in der Größe eines Sperlings, mit sehr kleinem Schnabel. Oberseite (einschließlich Rücken) schwarz-weiß gebändert. Die Unterseite, samt Unterschwanzdecken, ist weiß, die Brust dünn schwarz gestrichelt. Der Halsseitenfleck reicht dünn oder lückig zur Schnabelbasis, erreicht den schwarzen Nacken aber nicht. Iris rotbraun. ♂ (**2A, B**) mit rotem Scheitel, aber weniger weit nach hinten ausgedehnt als bei Mittelspecht und breit schwarz zum weißen Gesicht begrenzt. ♀ (**2C**) mit schwarzem Scheitel. Im JK sehr ähnlich ad., aber matter gefärbt und anfangs mit dunklerer Iris. Gesang schnell und hoch „ki-ki-ki-ki-ki-ki-ki...", erinnert an Turmfalken. Ruft seltener hoch und scharf „kick", ähnlich Buntspecht, aber weicher. Trommelt sanfter und knatternder als andere Spechte.

VORKOMMEN B, W I–XII 100–1100 m; Standvogel. Im Tiefland und größeren Tälern weit verbreitet, aber unauffällig und daher oft schwer zu sehen. Besiedelt überwiegend lichte Laubwälder (häufig in Wassernähe), aber auch Parks und Gärten. Sucht Baumstämme und Äste nach Nahrung ab. Brütet in selbst gezimmerter Höhle in totem oder morschem Holz (Lochdurchmesser ca. 32 mm).

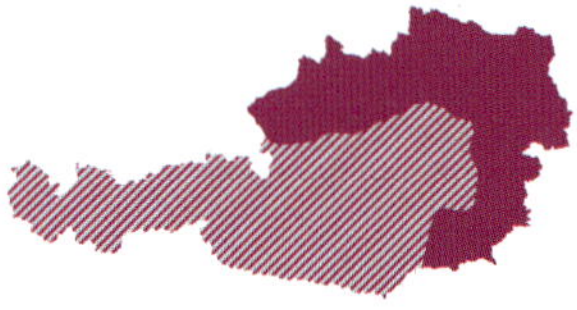

Mittelspecht

Kleinspecht, ♂

1A
X

1B
I

2B
I

2A
I

2C
IV

1 Buntspecht

— *Dendrocopos major* Great Spotted Woodpecker

208 | L 23–26 cm
S 38–44 cm

MERKMALE Häufigster Specht. Mittelgroß, mit recht langem Schnabel. Oberseite überwiegend schwarz, mit großen weißen Schulterflecken und weiß gebänderten Schwungfedern. Die Halsseitenstreifen erreichen die Schnabelbasis und den schwarzen Nacken sowie den Mantel. Schwanz schwarz, an den Seiten schwarz-weiß gebändert. Unterseite ungezeichnet weißlich beige, Unterschwanzdecken kräftig rot. ♂ (**1A**) mit rotem Fleck am Hinterkopf, bei ♀ (**1B**) ist dieser Bereich schwarz. Im JK (**1C**) ist der Scheitel größtenteils rot (bei ♀ weniger) und schwarz begrenzt. Unterschwanzdecken heller rot. Der Halsseitenstreif verjüngt sich zum Nacken deutlich, manchmal mit kleiner Lücke. Verwechslungsgefahr mit anderen Arten: Beim Mittelspecht erreicht der Halsseitenfleck den Schnabel nicht, Brust und Flanken sind gestrichelt. Weißrückenspecht ♂ zeigt keine weißen Schulterflecken, aber eine gestrichelte Unterseite. Zur Unterscheidung vom Blutspecht siehe dort. Ruft häufig und scharf, einzeln oder in Serie „kix". Bei Erregung rauer „tschre-tschre-tschre...". Trommelwirbel kurz und schnell.
VORKOMMEN B, W I–XII 100–2000 m; Standvogel. In Österreich fast flächendeckend verbreitet und in den meisten Regionen sehr häufig. Besiedelt eine Vielzahl von Lebensräumen, besonders verschiedene Waldtypen, Parks, aber auch Siedlungsgebiete, dicht verbautes Gebiet und offenere Kulturlandschaften, solange einige Bäume vorhanden sind. Brütet meist jedes Jahr in einer neuen, selbst gehackten Höhle (Lochdurchmesser: 45–55 mm).

2 Blutspecht

— *Dendrocopos syriacus* Syrian Woodpecker

209 | L 23–25 cm

MERKMALE Sehr ähnlich Buntspecht, mit etwas längerem Schnabel. Ohne Verbindung zwischen Halsseitenstreif und schwarzem Nacken. Befiederung der Oberschnabelbasis weiß (bei Buntspecht dunkel), weiße Stirn weiter über das Auge ausgedehnt. Unterschwanzdecken heller rot, hintere Flanken manchmal spärlich gestrichelt. Schwanz mit nur wenigen weißen Flecken an den Seiten oder ganz schwarz. ♂ (**2A**) mit recht großem roten Fleck am Hinterkopf, ♀ (**2B**) ohne Rot am Kopf. Im JK (**2C**) Unterscheidung zu Buntspecht anhand derselben Merkmale am Kopf, zudem Brustseiten und Flanken oft deutlicher gestrichelt, Brust manchmal rot getönt. Hybridisiert mit Buntspecht, wo sich Verbreitungsgebiete überschneiden, s. Abb. unten. Ruft weicher als Buntspecht, eher „gück" oder „gip", auch in Serien „gip-gip-gip...". Trommelwirbel ähnlich.

VORKOMMEN B, W I–XII 100–400 m; Standvogel. Begrenztes Verbreitungsgebiet in Nordostösterreich (Nordburgenland, Wien, Weinviertel, selten im mittleren Burgenland). Besiedelt offene Kulturlandschaften und meidet Wälder oder größere Baumbestände. Gern in Alleen und Gärten im Siedlungsgebiet. Kommt sogar in Weingartenlandschaften mit nur einzelnen Bäumen vor. Ernährt sich zum großen Teil auch von Früchten. Brütet in selbst gezimmerter Höhle (Lochdurchmesser: 35–50 mm).

Hybrid Bunt- × Blutspecht

Buntspecht, ♂

Blutspecht, ♂

1A XII

1B XII

1C VI

2A VI

2B VI

2C VIII

1 Weißrückenspecht

— Dendrocopos leucotos White-backed Woodpecker

210 | L 25–28 cm

MERKMALE Etwas größer und gestreckter als Buntspecht, mit längerem Schnabel. Der Halsseitenstreif erreicht den schwarzen Nacken nicht. Mantel schwarz, Rücken weiß (bei geschlossenen Flügeln aber schwer zu sehen). Die Bänderung der Flügel reicht bis weit in Richtung Flügelbug (zeigt ein zusätzliches weißes Band auf den mittleren Armdecken). Brust und Flanken sind dünn schwarz gestrichelt. Unterschwanzdecken hellrot. Der Schwanz ist schwarz, an den Seiten gebändert. ♂ (**1A**) mit ganz roter Kopfkappe, seitlich nur schmal schwarz begrenzt. ♀ (**1B**) ohne Rot am Kopf. Ruft vergleichsweise selten und weicher als Buntspecht, eher wie Blutspecht, aber tiefer „gjük", bei Erregung auch in Serie. Trommelt besonders lange, zum Ende beschleunigt.

VORKOMMEN B, W I-XII 400–1200 m; Standvogel. Brütet in totholzreichen Laub- und Mischwäldern (oft mit hohem Buchenanteil), gern in feuchten Bereichen. Fehlt in den tiefsten Lagen und in hochalpinen Wäldern. Bestandsschwerpunkt am Alpennordrand (Kalkalpen). Die Nisthöhle wird in einem toten oder morschen Ast oder Baumstamm angelegt und häufig wiederverwendet.

2 Dreizehenspecht

— Picoides tridactylus Three-toed Woodpecker

211 | L 21,5–24 cm

MERKMALE Nur etwas kleiner als Buntspecht, recht dunkel gefärbt und ohne rote Gefiederpartien. Oberseits ausgedehnt schwarz mit weiß gebänderten Schwungfedern und unscharf gemustertem weißen Rücken. Die Unterseite zeigt eine weiße Grundfärbung und ist dicht schwarz gebändert. Der Kopf ist schwarz-weiß gestreift. Eine schwarze Maske zieht sich bis zum Nacken, ein darüberliegender weißer Streifen beginnt beim Auge und reicht bis auf den Rücken. ♂ (**2A**) mit hellgelbem Scheitel, ♀ (**2B**) ohne Gelb. Ruft weicher als Buntspecht, aber schärfer und höher als Weißrückenspecht „bik". Trommelwirbel mittellang und relativ langsam. Zum Ende hin beschleunigt, aber nicht so deutlich wie bei Weißrückenspecht.

VORKOMMEN B, W III–IX 600–2000 m; Standvogel in höher gelegenen Misch- und Nadelwäldern (auch in reinen Fichtenwäldern). Profitiert von Borkenkäferbefall. Vorwiegend im Alpenraum, seltener im Granit- und Gneishochland. Brütet in selbst gehackter Höhle (häufig in Fichte; Lochdurchmesser: ca. 45 mm).

WISSENSWERTES Manche Spechte ergänzen ihre meist tierische Nahrung mit Baumsäften von Laub- und Nadelbäumen. Dazu werden kleine, regelmäßige Lochreihen in die Borke, oft rund um Baumstämme oder Äste gehackt („Ringeln"). Dieses Verhalten zeigen neben dem Dreizehenspecht auch Buntspecht und Mittelspecht.

Weißrückenspecht, ♂

Dreizehenspecht, ♂

1B
V

1A
II

2B
VI

2A
VI

1 | Neuntöter
— *Lanius collurio* Red-backed Shrike

212 | L 16–18 cm

MERKMALE Kleinster und häufigster Würger, immer mit braunem Mantel. Steht wie andere Würger meist exponiert, z.B. auf Buschspitzen oder Zaunpfählen. Im Flug ohne deutlichen weißen Flügelstreif, den die anderen, regelmäßig auftretenden Würgerarten zeigen. Bei Erregung wird der Schwanz seitwärtsgeschwenkt. Ad. ♂ (**1A**) sind unverwechselbar, mit rotbrauner Oberseite und grauem Bürzel. Scheitel und Nacken grau, Augenmaske und Zügel schwarz. Kehle und Unterseite ungezeichnet weißlich, hellrosa überhaucht. Schwungfedern dunkelbraun. Einige mit kleinem weißen Abzeichen an den Basen der Handschwingen. Der schwarze Schwanz zeigt an der Basis weiße Seiten. Ad. ♀ (**1B**) sind oberseits matter braun als ♂. Der Nacken und manchmal auch der Scheitel sind grau. Die Augenmaske ist braun und nur hinter dem Auge ausgebildet, der Zügel ist heller. Flanken schuppig gebändert. Bürzel grau, Schwanz braun, mit weißen Außenkanten. Einige ♀ können ♂ recht ähnlich sehen! Im JK (**1C**) recht ähnlich ad. ♀ aber wärmer braun und mit dicht gebändertem Mantel („Tiger"streifen). Die Ränder der Schirmfedern und großen Armdecken sind heller. Im 1. W (**1D**) nach der Mauser des Kleingefieders noch ähnlicher ad. ♀, Nacken oft bereits grauer. Der Mantel zeigt aber weiterhin eine leichte dunkle Bänderung, und die frischen großen Armdecken und Schirmfedern aus dem JK besitzen kontrastreiche helle Ränder. Singt unauffällig, leise und variantenreich zwitschernd, mit zahlreichen Imitationen von Gesängen anderer Arten. Ruft rau „wräw" oder hart „tschäk".

VORKOMMEN B, D IV–X 100–1700 m; Zugvogel, überwintert in Ost- und Südafrika, südlich der Sahara. Verbreiteter Brutvogel in halboffenen Kulturlandschaften mit vielen Hecken und Gebüschen, die u.a. als Ansitzwarten, Nistplätze und zum Aufspießen von Nahrung genutzt werden. Stellenweise aber drastischer Rückgang in Agrarlandschaften. Kommt weniger verbreitet bis in recht hohe Lagen vor.

WISSENSWERTES Der Neuntöter ernährt sich überwiegend von großen Insekten, seltener auch von Kleinsäugern (z.B. junge Mäuse) oder Jungvögeln. Häufig wird die Beute auf Dornen (aber auch auf Stacheldraht) aufgespießt, um das Zerteilen beim Fressen zu erleichtern oder um Nahrungsvorräte anzulegen.

Der ähnliche **Isabellwürger** (*L. isabellinus*) brütet in Zentralasien und wurde als seltene Ausnahmeerscheinung in Österreich nachgewiesen. In allen Kleidern oberseits einfarbiger grau- oder sandbraun als Neuntöter, ohne Bänderung des Mantels. Schwanz rostrot, kontrastiert zur kälter braunen Oberseite (bei Neuntöter meist Mantel wärmer braun als Schwanz). Handschwingenprojektion kürzer.

2 | Rotkopfwürger
— *Lanius senator* Woodchat Shrike

213 | L 17–19 cm

MERKMALE Größe ähnlich Neuntöter. Ad. (**2A**) mit überwiegend schwarzer Oberseite und großen weißen Schulterflecken. Nacken und Scheitel sind rotbraun, Stirn und Kopfseiten schwarz. Unterseite weiß. ♂ sind durchschnittlich kontrastreicher gefärbt als ♀, mit schwärzerem Mantel und Stirn sowie hellerem Zügel – die Unterscheidung ist aber oft schwierig. Im Flug auffallend schwarz-weiß, durch weiße Schulterflecken und ein von den Handschwingenbasen gebildetes, weißes Flügelfeld sowie durch den schwarzen, breit weiß umrandeten Schwanz mit weißen Oberschwanzdecken. Im 1. W (**2B**) sehr ähnlich Neuntöter im 1. W, aber insgesamt grauer (besonders auf Kopf und Mantel). Schirmfedern und große Armdecken aber ebenfalls rotbraun gerandet. Bestes Unterscheidungsmerkmal sind die weißen Schulterfedern und mittleren Armdecken, die ein dunkles Schuppenmuster zeigen. Das helle Flügelfeld ist an den Handschwingenbasen bereits angedeutet. Einige Ind. sind im 1. S (Frühling) an alten braunen Schwungfedern und Flügeldecken erkennbar, die zu frischen, schwärzeren großen Armdecken und Schirmfedern kontrastieren.

VORKOMMEN D IV–VI 100–700 m; brütet v.a. in Südeuropa, überwintert in Afrika südlich der Sahara. Die letzten österreichischen Brutvorkommen (v.a. in Oberösterreich) sind in den 1980ern erloschen. Heute sehr seltener, aber alljährlicher Durchzügler, v.a. im Frühling. Lebensraumansprüche ähnlich Neuntöter, aber gern in waldartigeren Bereichen (Streuobstwiesen, Buschwälder).

1A V

1B VIII

1C VIII

1D VIII

2A V

2B IX

1 | Raubwürger
— *Lanius excubitor* Great Grey Shrike

214 | L 21–26 cm

MERKMALE Größter Würger mit langem, gerundetem Schwanz und recht kurzen Flügeln. Die Oberseite ist hellgrau, die Unterseite weißlich. Augenmaske und Zügel sind schwarz, meist mit schmalem weißen Überaugenstreif. Steht häufig auf exponierten Warten, nahe über dem Boden, aber auch hoch auf Stromleitungen oder Baumspitzen. Fliegt spechtartig in Bögen und rüttelt auf der Jagd gelegentlich (**1C**). Zeigt dann schwarze Flügel mit weißem Flügelfeld, das durch die Handschwingenbasen gebildet wird und sich häufig schmal auf die Armschwingen erstreckt. Schwanz schwarz, mit breit weißen Seiten und weißen Federspitzen, nur mittlere Schwanzfedern ganz schwarz. 1. W (**1B**) unterscheiden sich von ad. (**1A**) durch weiße Spitzen der großen Armdecken und leicht beige Tönung der Unterseite (wird im Lauf des Winters weißer). Geschlechter sehr ähnlich, zur Brutzeit ♂ mit ganz schwarzem Schnabel und etwas kontrastreicherem Gefieder. Im JK oberseits mit Braunstich, dunkelgrauer Maske, hellerem Schnabel und fein grau gewellter Unterseite. Im 1. S mit brauneren Handschwingen als ad. und meist mit einigen (weißspitzigen) großen Armdecken aus dem Jugendkleid. Singt eine kurze, kratzig trillernde Strophe. Ruft am Brutplatz, z.B. warnend „wääách wääách" oder hoch kreischend „wrää".

VORKOMMEN b, D, W I–XII 100–900 m; extrem seltener Brutvogel im Wein- und Waldviertel. Als Durchzügler und Wintergast aber regelmäßig v.a. im Osten und Norden. Brütet in offenen und halboffenen Landschaften mit Hecken- und Baumbestand. Im Winter besonders in offenen Wiesen- und Ackerlandschaften mit ausreichendem Angebot an Sitzwarten.
WISSENSWERTES Die etwas hellere ssp. *homeyeri* brütet in Südrussland und wurde in Österreich vereinzelt als Wintergast nachgewiesen. Zudem zeigen manche Brutvögel im östlichen Weinviertel Merkmale dieser Unterart. Die Unterscheidung von der sonst auftretenden ssp. *excubitor* ist jedoch schwierig und die Merkmale überschneiden sich. *Homeyeri* zeigt ein größeres weißes Flügelfeld, das sich über die Armschwingen fast bis zum Körper zieht, und mehr Weiß im Schwanz (meist sind die äußersten beiden Schwanzfedern ganz weiß). Die Oberschwanzdecken sind weißlich.

2 | Schwarzstirnwürger
— *Lanius minor* Lesser Grey Shrike

215 | L 19–21 cm

MERKMALE Kräftiger Würger mit grauer Oberseite, schwarzen Flügeln und sehr langer Handschwingenprojektion. Größe zwischen Neuntöter und Raubwürger und Letzterem besonders im 1. W ähnlich (überwintert aber nicht in Österreich). Schnabel recht kurz und dick. Im Flug (**2C**) mit großem weißem Flügelfeld, das durch die Basen der Handschwingen gebildet wird, und mit breit weißen Schwanzseiten. Die Armschwingen sind ganz schwarz. Ad. (**2A, B**) mit grauem Mantel, Nacken und Scheitel. Augenmaske und Stirn sind ausgedehnt schwarz. Die Unterseite ist weißlich, im Frühling lachsfarben überhaucht. ♂ (**2A**) mit größerer schwarzer Stirn, diese ist bei ♀ (**2B**) grau gefleckt. Im JK (**2C, D**) ohne schwarze Stirn. Scheitel und Mantel sanft dunkel geschuppt (im 1. W aber fast ungezeichnet grau). Schwungfedern, Flügeldecken und Schirmfedern mit weißen Spitzen. Der Raubwürger ist etwas größer und zeigt eine kürzere Handschwingenprojektion sowie einen schlankeren, längeren Schnabel. Die grauen Schulterfedern sind zu den schwarzen Flügeln durch eine diffuse weiße Linie begrenzt, die beim Schwarzstirnwürger fehlt. Das weiße Flügelfeld ist beim Raubwürger meist kleiner und zu den äußeren Handschwingen spitz ausgezogen (beim Schwarzstirnwürger reicht es breit bis zur äußersten Handschwinge). Im 1. S zeigen manche Ind. noch einige Schwungfedern aus dem JK, die dann abgenutzt und brauner gefärbt sind als die frisch vermauserten. Ruft hart, rau „tschetsche", erinnert an Elster. Manchmal höher, spitz krächzend „tschllp".
VORKOMMEN b, D V–IX 100–200 m; Zugvogel, überwintert in Afrika südlich der Sahara. V.a. in Ostösterreich einst spärlicher, aber deutlich weiter verbreiteter Brutvogel. Heute extrem seltener, nur noch unregelmäßiger Brutvogel in manchen Jahren. Außerdem alljährlich einzelne Durchzügler, v.a. im Frühling. Besiedelt trockene, offene Landschaften in tiefen Lagen.
WISSENSWERTES Der Schwarzstirnwürger teilt als Großinsektenfresser das Schicksal von Rötelfalke, Rotfußfalke, Rotkopfwürger und Blauracke. Diese Arten sind durch den Verlust ihrer Nahrungsgrundlage, wohl v.a. in Folge der Intensivierung der Landwirtschaft, in den letzten Jahrzehnten in Österreich (zumindest weitestgehend) ausgestorben.

1A
XII

1B
XII

1C
XI

2A
VIII

2B
VIII

2C
VIII

2D
VIII

1 | Pirol
— *Oriolus oriolus* Eurasian Golden Oriole

216 | L 22–25 cm

MERKMALE Etwa amselgroß, mit dunklen Flügeln und gelber oder grünlich gelber Oberseite. Hält sich überwiegend in den Baumkronen auf und kann nur selten frei stehend beobachtet werden. Macht meist durch den typischen Gesang des ♂ auf sich aufmerksam oder wird fliegend gesehen. Ad. ♂ (**1A, B**) mit hellgelbem Körpergefieder, nur Flügel, Schwanz und Zügel sind schwarz. Schnabel dunkelrot. Ad. ♀ (**1C**) und immat. ♂ sind ähnlich, aber oberseits weniger intensiv gelb. Kehle, Brust und Bauch sind weißlich und dünn gestrichelt. Flügel und Zügel sind heller schwarzbraun, die Schirmfedern graugrün. Im JK (**1D**) ähnlich ad. ♀, oberseits grünlich gelb, aber mit schwärzlichem Schnabel. Singt eine sehr charakteristische, kurze, flötende Strophe (erinnert entfernt an Amsel). Vorsicht: Stare imitieren den Gesang manchmal perfekt. Dies fällt oft nur im frühen Frühling auf, wenn Pirole noch nicht aus den Winterquartieren zurückgekehrt sind. Ruft ebenso typisch, aber derb, nasal und rau „whäääk".
VORKOMMEN B, D V–VIII 100–800 m; Zugvogel, überwintert in Afrika. Brütet verbreitet in Laub- und Mischwäldern (besonders Auwälder) in tiefen Lagen.

2 | Eichelhäher
— *Garrulus glandarius* Eurasian Jay

217 | L 32–35 cm
S 54–58 cm

MERKMALE Kleiner Rabenvögel mit graubraunem Gefieder und auffälligem schwarzen Bartstreif (**2A**). Der Scheitel ist heller und dünn schwarz gestrichelt. Im Flug (**2B**) ist der weiße Bürzel, der stark zum schwarzen Schwanz kontrastiert, auffällig. Die dunklen Flügel zeigen ein weißes Feld in den Armschwingen und blau-schwarz gebänderte Handdecken. Ruft laut und rau „tschrää", auch wie Mäusebussard „piiä".
VORKOMMEN B, D, W I–XII 100–1900 m; häufiger Brutvogel in verschiedenen Wäldern (besonders Laub- und Mischwälder) bis in recht hohe Lagen, aber auch in größeren Gärten und Parks. Im Herbst Zuzug aus Nordosten, in manchen Jahren Invasionen.

3 | Tannenhäher
— *Nucifraga caryocatactes* Northern Nutcracker

218 | L 32–35 cm
S 49–53 cm

MERKMALE Größe wie Eichelhäher, aber mit kürzerem Schwanz und längerem Schnabel. Im Flug (**3B**) ebenso mit weißen Unterschwanzdecken, aber ohne weißen Bürzel. Gefieder kalt schwarzbraun, am Körper überwiegend dicht weiß gefleckt (**3A**). Der Scheitel ist ungezeichnet braun. Flügel großteils einfarbig dunkel. Schwanz dunkel mit breit weißer Endbinde. Im JK (nur im Sommer) mit viel heller sandbraunem Kleingefieder. Weiße Flecken dann weniger auffällig. Ruft schrill kreischend, gedehnt „kreeh", oft mehrfach aneinandergereiht.
VORKOMMEN B, D, W I–XII 300–2300 m; Standvogel. Weit verbreiteter Brutvogel in Bergwäldern des Alpenraums. Bevorzugt Nadelwälder und Mischwälder mit hohem Nadelholzanteil. Besonders häufig in Regionen mit Vorkommen der Zirbe, deren Samen v.a. im Winter eine wichtige Nahrungsquelle darstellen.

1A
IV

1C
VI

1D
VIII

1B
VIII

2A
XII

2B
X

3A
XII

3B
VIII

1 Alpendohle
— *Pyrrhocorax graculus* Yellow-billed Chough

219 220 | L 36–39 cm
S 65–74 cm

MERKMALE Schlanker, langflügeliger Rabenvogel mit kleinem, gebogenem Schnabel. Gefieder ganz schwarz. Im Flug ist der Schwanz etwas länger als die Flügelbreite. Ad. (**1A, B**) mit gelbem Schnabel und kurzen orangen Beinen. Im JK (**1C**) sind Schnabelspitze und Beine zuerst schwarz, färben aber bald um. Im Flug (**1B**) mit tief gefingerten Flügeln und recht langem Schwanz. Körpergefieder und Unterflügeldecken kontrastieren zum etwas helleren Großgefieder. Verschiedene Rufe, meist typisch hoch rollend, z.B. „zriir" oder „trüü".

VORKOMMEN B, W I–XII 400–3000 m; weit verbreiteter Standvogel im Alpenraum. Brütet in felsigen Gebieten ab 1400 m, besucht zur Nahrungssuche und v.a. im Winter aber auch tiefere Lagen. Häufig in Gruppen, auf Berggipfeln oft zutraulich und als Kulturfolger z.B. in Skigebieten.

WISSENSWERTES Die nur wenig größere **Alpenkrähe** (*P. pyrrhocorax*, Illustration unten) ist in Österreich ausgestorben, es kam in den letzten Jahrzehnten aber zu vereinzelten Beobachtungen. Die nächsten Brutplätze liegen in Nordwestitalien und der Schweiz. Aussehen wie Alpendohle, aber ad. mit längerem roten Schnabel. Im JK Schnabel gelblich. Im Flug mit kürzerem, an der Basis breiterem Schwanz und längeren, gleichmäßiger breiten Flügeln mit noch tieferen Fingern.

2 Dohle
— *Corvus monedula* Eurasian Jackdaw

221 | L 30–34 cm
S 64–73 cm

MERKMALE Kleiner Rabenvogel mit schwarzgrauem Gefieder und hellgrauem Hinterkopf. Stirn-, Vorderscheitel und Kehle schwarz. Schnabel kurz und schwarz. Die Flügel sind schwarz, das Körpergefieder etwas heller, manchmal schuppig gezeichnet. Im Flug mit schlanken Flügeln und kurzem Hals. Fliegt mit schnelleren Flügelschlägen als Aas- und Saatkrähe. Ad. (**2A–C**) mit hellgrauer Iris. Im JK ist die Iris erst dunkler und der helle Nacken ist weniger stark ausgeprägt. Vor allem im Winter können manchmal Vögel mit ausgeprägtem weißen Halsseitenfleck beobachtet werden (**2C**). Es handelt sich dabei wahrscheinlich öfter um Übergangsformen zur nordöstlichen ssp. *soemmerringii* („Halsbanddohle"), die zusätzlich eine schwarze Unterseite, ein besonders kontrastreiches Kopfmuster und nicht nur weiße Flecken auf den Halsseiten, sondern auch ein weit in den Nacken reichendes, dünnes weißes Halsband zeigt. Ruft typisch, weich „kja", manchmal rauer „kjarr".

VORKOMMEN B, D, W I–XII 100–1100 m; Standvogel. Verbreiteter Brutvogel im Siedlungsgebiet und in der Kulturlandschaft, v.a. im Alpenvorland. Brütet in Kolonien in Gebäuden, Felsnischen, Baumhöhlen und Nistkästen.

Alpendohle

Alpenkrähe

1A
VI

1B
VI

2C
I

1C
VIII

2A
II

2B
II

1 | Elster
— *Pica pica* Eurasian Magpie

222 | L 40–51 cm

MERKMALE Unverwechselbarer Rabenvogel mit langem, gerundetem Schwanz und schwarz-weißem Gefieder. Kopf, Brust und Mantel sind schwarz und glänzen je nach Lichteinfall purpurn oder blau. Der schwarze Schwanz glänzt grünlich, die schwarzen Bereiche des Flügels schimmern je nach Lichteinfall blau oder grün. Schulterfedern, Bauch und Flanken sowie Teile der Schwungfedern sind weiß. ♂ zeigen längere Schwanzfedern als ♀. Im JK/1. W/1. S mit weniger Weiß in der Flügelspitze. Ruft „tschek", oft aufgeregt und schnell aneinandergereiht „tschekekekekek". Auch höher, heiser „tschaka".
VORKOMMEN B, W I–XII 100–1700 m; häufiger Standvogel im Siedlungsgebiet und in halboffenen Kulturlandschaften. Fehlt nur in dichten Waldgebieten und in höheren Lagen. Errichtet aus Reisig ein Nest mit Dachkonstruktion, das aus der Distanz kugelig erscheint.
WISSENSWERTES Wie auch andere Rabenvögel (insbesondere Nebel- und Rabenkrähe) wird die Elster häufig beschuldigt, für Rückgänge anderer Singvogelarten verantwortlich zu sein. Dass sich auch Tiere wie z.B. Hauskatze, Marder, Buntspecht und Eichhörnchen v.a. im Frühling und Sommer ebenfalls und zum Teil in größerem Ausmaß von Gelegen und Jungvögeln ernähren, bleibt dabei gern unberücksichtigt. Elstern fressen Jungvögel (z.B. der Amsel) v.a. im Siedlungsgebiet, wo sichere, gut versteckte Nistplätze oft Mangelware sind. Populationsrückgänge von Singvögeln lassen sich aber nicht mit steigenden Rabenvogelbeständen in Verbindung bringen und es kann von keiner Gefährdung durch Rabenvögel gesprochen werden – schon gar nicht für häufige Gartenvogelarten. Zahlreiche Studien zeigen vielmehr, dass ganz andere, meist menschengemachte Probleme (z.B. Verschlechterung von Lebensraum und Nahrungsangebot) für Rückgänge verantwortlich sind.

2 | Kolkrabe
— *Corvus corax* Common Raven

223 | L 54–67 cm
S 115–130 cm

MERKMALE Größter Rabenvogel mit ganz schwarzem, glänzendem Gefieder und oft struppiger Kehlbefiederung. Schnabel lang und hoch, mit über die Schnabelhälfte reichender Befiederung des Oberschnabels. Spannweite etwa wie Mäusebussard. Im Flug (**2B, C**) mit keilförmigem Schwanz und langen, recht schmalen Flügeln. V.a. im Brutgebiet häufig paarweise zu beobachten. Verwechslungsgefahr höchstens mit Rabenkrähe (S. 238), wenn ein Größenvergleich fehlt. Diese ist deutlich kleiner, mit vergleichsweise zierlichem Schnabel und proportional breiteren Flügeln. Der Schwanz ist gerundet, aber nicht so zugespitzt keilförmig wie beim Kolkraben. Ruft rollend „rokrokrok", auch klackernder „krack-krack-krack".
VORKOMMEN B, D, W I–XII 100–2700 m; v.a. im Alpenraum weit verbreiteter Standvogel. Aber auch im Alpenvorland, dem Granit- und Gneishochland, sowie im nordost- und ostösterreichischen Flachland nach kürzlich erfolgter Wiederausbreitung nun nahezu flächendeckend vertreten. Außerhalb der Brutzeit auch in sonst unbesiedelten Gebieten, zum Teil in Gruppen. Bewohnt waldreiche Gebiete bis ins Hochgebirge. Errichtet einen großen Horst, meist auf einem Felsvorsprung oder in Bäumen.
WISSENSWERTES Kolkraben gehen eine lebenslange Bindung mit ihrem Partner ein. In freier Wildbahn können sie mehr als 23 Jahre alt werden. Sie sind ausgesprochen „sprachbegabt" und in der Lage, zahlreiche Tierlaute sowie die menschliche Stimme zu imitieren.

Saatkrähe

Rabenkrähe

Kolkrabe

1A III

1C VI

1B XII

2C II

2A III

2B II

1 | Aaskrähe
— *Corvus corone* Carrion Crow

224 | L 44–51 cm
S 84–100 cm

MERKMALE Häufigster in Österreich brütender Rabenvogel, der in zwei Unterarten vorkommt. Die „Rabenkrähe" (ssp. *corone*, **1E, F**) ist ganz schwarz. Die „Nebelkrähe" (ssp. *cornix*, **1A, B**) zeigt einen grauen Mantel, Bauch und Steiß. Hybride (**1C, D**) sind entlang der Verbreitungsgrenze, besonders in Städten (z.B. Wien und Graz), häufig und meist leicht am gescheckten Gefieder erkennbar. Manche Hybriden sehen reinen Nebelkrähen sehr ähnlich und zeigen lediglich dunkle Unterschwanzdecken. Rabenkrähen können mit Saatkrähen im JK und Kolkraben verwechselt werden – zur Unterscheidung siehe jeweils dort. Ruft häufig, laut krächzend: „kraa kraa kraa". Bei Auseinandersetzungen oder während Attacken auf Greifvögel dumpf knarrend „krrrr".
VORKOMMEN B, W I–XII 100–1800 m; sehr häufiger und anpassungsfähiger Standvogel halboffener und offener Kulturlandschaften sowie des Siedlungsgebiets. Brütet paarweise, meist auf Bäumen. Die Rabenkrähe besiedelt West- und Teile Mitteleuropas, die Nebelkrähe Nord-, Süd- und Osteuropa. In Österreich kommt die Rabenkrähe in den westlichen Bundesländern vor und wird in Teilen Kärntens, in der südlichen und östlichen Steiermark, im östlichen Niederösterreich und im Burgenland durch die Nebelkrähe ersetzt. Entlang der breiten Übergangszone kommen beide Unterarten und auch Hybride häufig vor.
WISSENSWERTES Während Rabenvögel häufig als Sündenböcke benutzt werden, erfährt ihre ökologische Wichtigkeit kaum Aufmerksamkeit (so brüten z.B. verschiedene Falkenarten und Waldohreulen in manchen Gebieten überwiegend in ungenutzten Krähennestern). Die Vorwürfe sind vielfältig, besonders häufig werden Rabenvögel für den Rückgang von Singvogelbeständen (s. S. 236), Schäden an landwirtschaftlichen Kulturen oder die Dezimierung von „Niederwild"-Beständen verantwortlich gemacht. Die intelligenten Vögel sind durchaus in der Lage, Nahrungsquellen gründlich zu erschließen und dabei auch finanziellen Schaden an Kulturen anzurichten. Das Bild des Rabenvogels als Prädator, der andere Arten (z.B. Vögel, Feldhasen etc.) gefährdet, wird jedoch in der allgemeinen Diskussion stark überzeichnet und beruht zumeist eher auf Anekdoten als auf fachlich fundierten Argumenten. Eine Gefährdung anderer Arten ist z.B. höchstens dann möglich, wenn es sich bereits um kleine Restpopulationen handelt, deren Bestände (meist durch menschliches Einwirken) bereits stark dezimiert wurden. Der Abschuss von Krähen kann z.B. die nötige Verbesserung beeinträchtigter Lebensräume nicht ersetzen.

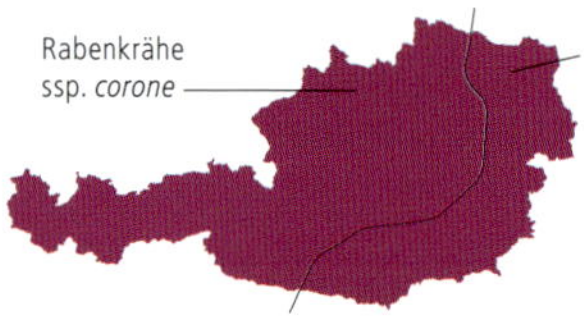

2 | Saatkrähe
— *Corvus frugilegus* Rook

225 | L 41–49 cm
S 81–94 cm

MERKMALE Größe wie Aaskrähe, aber mit spitzerem Schnabel, steiler Stirn und spitzem Scheitel. Gefieder ganz schwarz. Im Flug mit gerundetem, fast keilförmigem Schwanz und schmaler Flügelbasis. Ad. (**2A, B**) mit schwarzem, blau oder purpurn glänzendem Gefieder. Schnabelbasis und anschließende Hautpartie hellgrau. Oberschnabel ohne Befiederung. Im JK (**2C**) Schnabelbasis schwarz und Oberschnabel mit schwarzer Befiederung. Dann leicht mit Rabenkrähe zu verwechseln. Diese zeigt aber einen höheren, stumpferen Schnabel und ein flacheres Kopfprofil sowie etwas breitere und kürzere Flügel. Ruft etwas nasaler, weicher als Aaskrähe „graaa".
VORKOMMEN B, D, W I–XII 100–600 m; Standvogel. Spärlicher, nur lokal häufigerer Brutvogel in Ostösterreich. Im Winter aber Zuzug nordöstlicher Populationen und dann stellenweise sehr häufiger Wintergast mit zum Teil riesigen Ansammlungen an Schlafplätzen. Besiedelt offenes Ackerland mit Baumbeständen, in denen Brutkolonien mit vielen Nestern auf engem Raum errichtet werden. Im Winter zur Nahrungssuche auf Äckern und Wiesen, aber auch auf Grünflächen in Städten und in Gärten.
WISSENSWERTES Wie auch andere Rabenvogelnester, werden die Horste von Saatkrähen von anderen Vogelarten genutzt, die selbst keine Nester bauen. So können z.B. der extrem seltene Rotfußfalke, Turmfalken, Baumfalken und Waldohreulen als „Untermieter" in den Kolonien brüten.

1A
IV

1C
XII

1E
XII

1D
V

2A
II

2C
X

1B
XII

1F
I

2B
XII

1 | Sumpfmeise — *Poecile palustris* Marsh Tit

226 | L 11,5–13 cm

MERKMALE Etwas kleiner als Kohlmeise und gänzlich ohne Gelb- und Grüntöne. Gefieder graubraun, unterseits heller. Kopfkappe und kleiner Kehlfleck schwarz, Wangen und Halsseiten weißlich. Schnabel schwarz, mit weißem Fleck an der Basis des Oberschnabels. Geschlechter gleich gefärbt. Verwechslungsgefahr mit der sehr ähnlichen Weidenmeise, die v.a. in Bergwäldern vorkommt. Unterscheidung am besten anhand der Stimme bzw. an einer Kombination von Merkmalen (s.u.). Ruft meist zweisilbig „pi-TSCHÜ" (Kohlmeise manchmal sehr ähnlich). Auch „zii-zii-TSCHÄ" oder bei Erregung „pi-TSCHÜ-de-de-de-de-de". Gesang monoton, z.B. „dschip-dü-di-dü-di-dü".

VORKOMMEN B, W I–XII 100–1400 m; verbreiteter Standvogel in Laubwäldern, Parks und Gärten. Stärker auf Altholzbestände angewiesen als andere Meisenarten. Häufig an Futterstellen. Brütet in Baumhöhlen und Nistkästen.

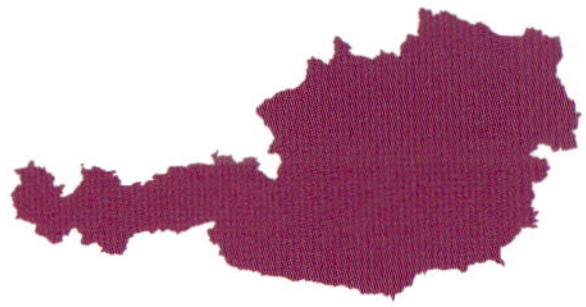

2 | Weidenmeise — *Poecile montanus* Willow Tit

227 | L 12–13 cm

MERKMALE Sehr ähnlich der Sumpfmeise. Die Unterscheidungsmerkmale können, je nach Körperhaltung des Vogels und Lichteinfall, schwierig zu beurteilen sein und sich zwischen den beiden Arten auch überschneiden. Für eine optische Unterscheidung sind daher gute Beobachtungsbedingungen notwendig. Sicherstes Unterscheidungsmerkmal ist die Stimme! Erscheint großköpfiger als die Sumpfmeise und zeigt manchmal einen ausgebuchteten Nacken („Stiernacken"). Der schwarze Kehlfleck ist durchschnittlich größer und seitlich diffuser begrenzt. Die Wangen bzw. Halsseiten sind reiner weiß. Der schwarze Schnabel zeigt an der Oberschnabelbasis keinen deutlichen weißen Fleck (sehr wohl aber helle Schnabelkanten). Die schwarze Kopfkappe reicht weiter in den Nacken als bei der Sumpfmeise. Die hellen Säume der Armschwingen bilden bei der Weidenmeise ein helles Flügelfeld (kann bei Sumpfmeise, v.a. im frischen Gefieder, aber auch angedeutet sein). Ruft derb „DÄ-DÄ-DÄ-DÄ", auch „zi-zi-DÄ-DÄ" oder nur fein „zi". Gesang monoton „zie-zie-zie-zie...".

VORKOMMEN B, W I–XII 300–2200 m; in den Alpen verbreiteter Standvogel in altholzreichen Wäldern. Im Tiefland deutlich seltener als Brutvogel (z.B. in Auwäldern), aber spärlich als Durchzügler und Wintergast. Brütet in selbst gehackten Höhlen in morschem Holz, aber auch in anderen Hohlräumen und Nistkästen.

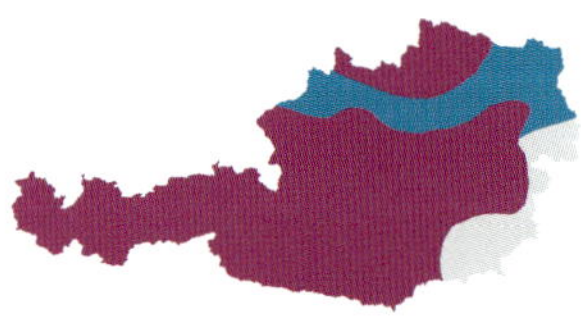

Sumpfmeise

Weidenmeise

1A
X

1B
XII

2A
XI

2B
I

1C
X

2C
XI

1 Kohlmeise

— *Parus major* Great Tit

228 | L 13,5–15 cm

MERKMALE Große Meise mit typischem Kopfmuster, gelber Unterseite und grünem Mantel. Ad. (**1A–C**) mit schwarz glänzendem Kopf und reinweißen Wangen. Von der schwarzen Kehle reicht ein schwarzer Streifen mittig über die Brust bis auf den Bauch. Mantel graugrün, Flügel blaugrau, mit weißer Flügelbinde. Schwanz ebenfalls blaugrau, mit weißen Außenkanten. Bei ♂ (**1B**) ist der schwarze Streifen breit, durchgängig und am Bauch breiter als auf der Brust. ♀ (**1C**) zeigen einen schmaleren, häufig durchbrochenen Streifen, der zum Bauch hin schmaler wird. Im JK (**1D**) matter gefärbt, am Kopf braunschwarz und mit gelblichen Wangen. Zahlreiche verschiedene Rufe, die auch an andere Arten erinnern können, z.B. „ping" (wie Buchfink). Zetert auf unterschiedlichste Art. Typische Gesangsmotive sind: „ti-Tü-ti-Tü-ti-Tü..." oder „zi-zi-BÄ zi-zi-BÄ", oft schon im Spätwinter zu hören.

VORKOMMEN B, D, W I–XII 100–2000 m; sehr häufiger Standvogel in Wäldern, Parks und Gärten, auch in kleinen Gehölzen im offenen Kulturland. Zudem Zuzug nordöstlicher Populationen im Herbst. Brütet in Baumhöhlen und Nistkästen. An Winterfütterungen ist die Kohlmeise meist einer der ersten und häufigsten Gäste.

WISSENSWERTES Kohlmeisen können in freier Wildbahn mehr als 15 Jahre alt werden. In Österreich beringte Individuen wurden mehrfach z.B. in Weißrussland und Südwestrussland gefunden. Für Wintergäste wurden dadurch lange Zugwege von mehr als 2000 km belegt.

2 Blaumeise

— *Cyanistes caeruleus* Eurasian Blue Tit

229 230 | L 10,5–12 cm

MERKMALE Kleine Meise mit kurzem Schnabel, hellblauer Kopfkappe und dunklem Augenstreif. Unterseite gelb, Mantel grün. Blaue Flügel mit weißer Flügelbinde. Schwanz blau, ohne weiße Außenkanten. Ad. (**2A, B**) mit weißen Wangen und weißer Stirn. Nacken und Halsseiten dunkelblau. Unterseits schwarzer Längsstrich, Bauchmitte weiß. Die Geschlechter sind sich sehr ähnlich, ♂ sind im direkten Vergleich farbenprächtiger, z.B. auf Scheitel und Flügeln. Im JK (**2C**) matter und stärker grünlich gefärbt, Gesicht gelb. Ruft hoch „sisidü" oder nur „siiih". Gesang ähnlich, mit trillerndem Ende „si-sh-sürrürrr".

VORKOMMEN B, D, W I–XII 100–1900 m; Teilzieher. Sehr häufiger Brutvogel in Wäldern und größeren Gehölzen, auch in Parks und Gärten. In Österreich einerseits Standvogel, manche ziehen im Winter aber etwas weiter nach Süden. Im Oktober zudem oft sehr starker Zuzug nordöstlicher Populationen. Brütet in Baumhöhlen und Nistkästen und besucht gern Futterstellen.

WISSENSWERTES Die **Lasurmeise** (*C. cyanus*) brütet in Nordosteuropa und wurde in Österreich vereinzelt im Winter nachgewiesen. Sie ähnelt der Blaumeise oberflächlich, zeigt aber ein reinweiß-blaues Gefieder, ohne jegliche Gelbfärbung. Die Kopfkappe ist ganz weiß. Im Flug sind viel Weiß im Schwanz sowie eine breite weiße Flügelbinde auffällig. Hybriden zwischen Blau- und Lasurmeise („Pleskemeise") wurden ebenfalls in Österreich beobachtet. Sie zeigen eine blaue Kopfkappe wie eine Blaumeise oder einen überwiegend weißen Kopf. Die Unterseite kann ganz weiß sein oder wenig Gelb auf der Brust zeigen. Beachte auch Verwechslungsmöglichkeit mit weißköpfigen Schwanzmeisen (S. 246).

Lasurmeise

1A
XII

1D
VII

1B
XI

1C
X

2B
XII

2A
I

2C
VII

1 Haubenmeise

— *Lophophanes cristatus* Crested Tit

231 | L 10–11,5 cm

MERKMALE Unverwechselbare, kleine Meise mit spitzer Federhaube, die immer sichtbar ist (**1A–D**). Die Oberseite ist graubraun, die Unterseite weißlich, die Flanken beige. Der Kopf ist weißlich grau, hinter dem Auge mit schwarzem Augenstreif, der in eine schwarze Umrandung der Ohrdecken übergeht. Die Federhaube ist schwarz-weiß gefleckt, die Kehle schwarz. Die Geschlechter sind gleich gefärbt. Im JK (**1D**) mit kürzerer, dunklerer Federhaube. Ruf leicht von anderen Meisen zu unterscheiden, vibrierend „brrrürrürrET" oder einfach spitz „zit". Gesang meisentypisch, aber stets mit eingeflochtenen „Brrrürrrü"-Rufen.
VORKOMMEN B, W I–XII 200–2000 m; häufig in Nadel- und Mischwäldern, besonders in höheren Lagen. Brütet häufig in selbst gehackter Höhle in morschem Holz, aber auch in anderen Hohlräumen in Bäumen (z.B. Spechthöhlen).
WISSENSWERTES Die Haubenmeise lebt sehr standorttreu und bleibt über Jahre (lebenslang?) mit ihrem Partner zusammen.

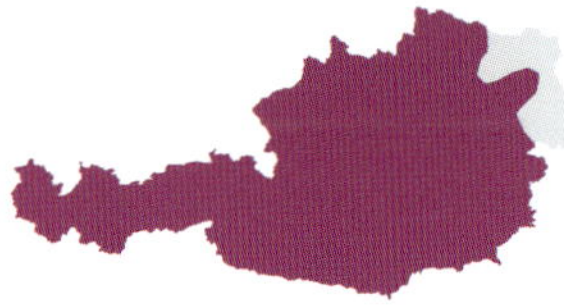

2 Tannenmeise

— *Periparus ater* Coal Tit

232 | L 10–11,5 cm

MERKMALE Kleinste Meise. Das Kopfmuster ähnelt dem der Kohlmeise, zeigt aber einen weißen Nackenfleck (**2C**) und einen sehr großen, auf die obere Brust ausgedehnten, schwarzen Kehlfleck (**2B**). Das Gefieder zeigt keine Gelb- oder Grüntöne. Der Mantel ist grau, die Unterseite schmutzig weiß, die Flanken beige. Die Flügel besitzen zwei weiße Flügelbinden. Die kurze Federhaube kann zu einem spitzen Scheitel aufgerichtet werden (**2A**). Im JK sind Wangen und Unterseite gelblich. Ruft klar, einsilbig und etwas wehmütig „tüü" oder „tjüü". Singt häufig von einer Baumspitze, einfach und recht monoton „si-tü-si-tü-si-tü...", manchmal etwas komplexer.
VORKOMMEN B, D, W IXII 100–2200 m; Standvogel, im Winter aber Zuzug nördlicher Populationen, manchmal invasionsartig. Häufiger und weit verbreiteter Brutvogel in fichtendominierten Nadelwäldern und in Mischwäldern mit Nadelbaumbestand. Brütet in Baumhöhlen und Nistkästen, aber auch in Mauernischen und bei hohem Konkurrenzdruck auf die vorhandenen Höhlen sogar in Löchern im Boden.

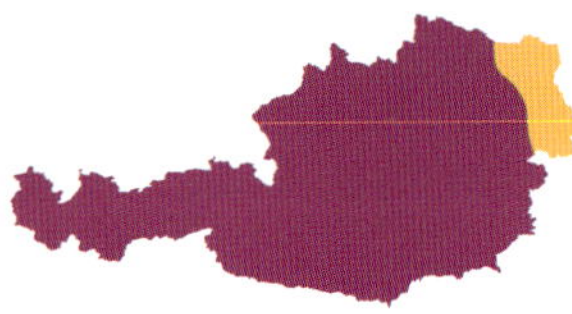

1A XI

1B XI

1D VII

1C XI

2C X

2A X

2B X

1 Schwanzmeise
— *Aegithalos caudatus* Long-tailed Tit

233 | L 13–15 cm

MERKMALE Sehr klein, mit langem Schwanz, winzigem Schnabel und rundlichem Körper. Mantel, Nacken und Flügel schwarz, Schultern rosa. Unterseite weißlich, hintere Flanken rosa getönt. Häufig mit breitem schwarzen Scheitelseitenstreif, der von der Schnabelbasis über dem Auge bis zum Nacken reicht (**1A**). Manche Vögel aber mit schwach ausgeprägtem Streif oder nahezu ganz weißem Kopf (**1B**). Geschlechter gleich gefärbt. Im JK (**1C**) mit braunschwarzer Maske und hellem Scheitel. Sucht rastlos, häufig kopfüber, auf den dünnsten Zweigen von Bäumen und Büschen nach Blattläusen und anderen kleinen Insekten. Häufig in Trupps, die durch ständiges Rufen auf sich aufmerksam machen. Ruft sehr hoch, etwas rau „sri...sri-sri-sri" oder kräftiger, rollend „zrrrrr".
VORKOMMEN B, D, W I–XII 100–1700 m; verbreiteter Standvogel in lichten Laub- und Mischwäldern mit dichtem Unterholz. Im Siedlungsgebiet auch in Parks und größeren Gärten. Im Winter zudem wohl Zuzug nordöstlicher Populationen. Errichtet ein kugeliges Nest aus Moos, Gras, Flechten und Spinnweben in Sträuchern und Bäumen.
WISSENSWERTES Die nord- und nordosteuropäische ssp. *caudatus* ist stets weißköpfig und erreicht im Winter gelegentlich wohl unsere Breiten. Die Unterscheidung von heimischen weißköpfigen Ind. ist aber schwieriger, als die gängige Literatur vermuten lässt. Diese „nordischen" Schwanzmeisen zeigen neben dem reinweißen Kopf z.B. ein klar begrenztes schwarzes Nackenband, eine reinweiße Brust und Unterseite und viel Weiß in den Schirmfedern.

2 Bartmeise
— *Panurus biarmicus* Bearded Reedling

234 | L 14–15,5 cm

MERKMALE Überwiegend beige oder hellorange, mit langem, gestaffeltem Schwanz. Strikt an große Schilfbestände gebunden, wo die Gruppen auf den Halmen und am Boden nach Nahrung suchen. Ad. ♂ (**2A**) mit blaugrauem Kopf und langen schwarzen Federn, die von der Schnabelbasis herabhängen. Unterschwanzdecken schwarz. Ad. ♀ (**2B**) auf Mantel und Scheitel gleichermaßen blassorange. Kehle weißlich. Manche mit dunkel gestricheltem Scheitel und Mantel. Unterschwanzdecken beige. Im JK (**2C**) Mantel und Schwanzseiten schwarz. Zügel dunkel. Juv. ♀ nur anfangs mit dunklem Schnabel. Ruft metallisch „ping" oder „psching".
VORKOMMEN B, D, W I–XII 100–400 m; sehr lokaler Brutvogel in großen Schilfgebieten im Neusiedler-See-Gebiet und im Rheindelta, nur vereinzelt andernorts. Als Durchzügler spärlich im Alpenvorland und in großen Becken. Brütet in lockeren Kolonien im Röhricht. Wandert nach der Brutzeit teilweise ab, überwintert aber auch im Brutgebiet.
WISSENSWERTES Schwanzmeise, Bartmeise und Beutelmeise sind allesamt keine „echten" Meisen (Familie *Paridae*), sondern gehören jeweils einer anderen Vogelfamilie an (Schwanzmeisen *Aegithalidae*, Bartmeisen *Panuridae*, Beutelmeisen *Remizidae*).

3 Beutelmeise
— *Remiz pendulinus* Eurasian Penduline-tit

235 | L 10–11,5 cm

MERKMALE Sehr klein, mit spitzem, konischem Schnabel. Ad. (**3A, B**) mit warmbrauner Oberseite, hellgrauem Kopf und schwarzer Augenmaske. Unterseite weißlich. ♂ (**3A**) mit größerer Maske und dunkler braunem Mantel, an der Brust häufig rotbraun gefleckt. Im JK (**3C**) Mantel und Kopf beige, ohne schwarze Maske. Ruft sehr hoch, fein und abfallend „tsiiü" (Verwechslungsgefahr z.B. mit kürzerem „siü" der Rohrammer oder „siih" der Blaumeise).
VORKOMMEN B, D, w III–XI 100–700 m; lokaler Brutvogel, besonders im Neusiedler-See-Gebiet, den Donau- und March-Auen, spärlicher aber auch andernorts. Als Durchzügler v.a. in Schilfgebieten weiter verbreitet. Zieht im Winter größtenteils ins Mittelmeergebiet. Brütet in Verlandungszonen von Gewässern, mit Gehölzen und Röhrichten. Hängt ein birnenförmiges Nest (u.a. aus weicher Samenwolle) an einen langen Baumast (**3B**).

1A III

1B XII

1C VI

2A IV

2B X

2C VII

3A V

3B V

3C VII

1 | Feldlerche

— *Alauda arvensis* Eurasian Skylark

236 | L 16–18 cm

MERKMALE Häufigste Lerche mit dünnem, relativ geradem Schnabel. Ad. (**1A–C**) zeigen eine kurze Federhaube, die ganz glatt angelegt werden kann (**1B**). Gefieder graubraun und längsgestreift. Die Brust ist dünn gestrichelt und meist beige unterlegt, der Bauch ist weiß. Am Kopf mit kurzem hellen Überaugenstreif. Im Flug mit hellem Flügelhinterrand entlang der Arm- und inneren Handschwingen und mit weißen Schwanzkanten (s. S. 252). Im JK (**1D**) oberseits mit dunklen, hell gerandeten Federn (Schuppenmuster) und geflecktem Scheitel. ♂ singen im Frühjahr in ausdauerndem Singflug über ihrem Revier, gelegentlich aber auch vom Boden oder niedrigen Warten. Der schnelle, hohe Gesang beinhaltet verschiedenste schrille, flötende und rollende Elemente, die individuell verschieden aneinandergereiht und durch zahlreiche Imitationen (z.B. Rauchschwalbe, Turmfalke u.v.m.) ergänzt werden. Ruft rollend „prrü".

VORKOMMEN B, D, W I–XII 100–2000 m; Teilzieher, überwintert in Südeuropa und Nordafrika. Der Großteil der Population kommt ab Februar an und verlässt Österreich im Spätsommer. Ein kleiner Teil überwintert aber (je nach Witterung). Weit verbreitet und teilweise häufig im nördlichen und östlichen Alpenvorland, spärlicher im Alpenraum südlich des Alpenhauptkamms, in großen Tälern und auf Almen und alpinen Rasen. Besiedelt offene, gut strukturierte Lebensräume mit niedriger Vegetation, v.a. Wiesen-, Weide- und Ackerflächen.

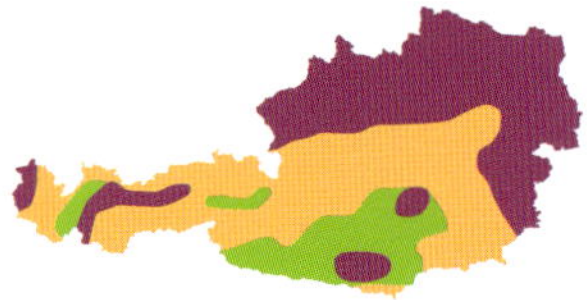

2 | Heidelerche

— *Lullula arborea* Woodlark

237 | L 13,5–15 cm

MERKMALE Etwas kleiner als Feldlerche und dieser recht ähnlich (**2A–C**), zeigt aber einen deutlich kürzeren Schwanz und breitere Flügel (Flugbild daher ähnlicher der Haubenlerche). Steht häufig auf Warten in Weingartenzeilen, auf Bäumen und Büschen. Im wellenförmigen Flug mit weißer Schwanzspitze und ohne hellen Flügelhinterrand der Feldlerche. Die hellen Spitzen der dunklen Handdecken bilden ein auffälliges Abzeichen (hell-dunkel-hell), das sowohl im Flug als auch am stehenden Vogel sichtbar ist. Die Überaugenstreifen sind deutlicher als bei der Feldlerche und erreichen den Nacken, wo sie spitz zusammenlaufen. Die rotbraunen Ohrdecken sind dadurch breit hell umrandet. Die Bruststrichelung reicht weiter auf den Bauch als bei der Feldlerche. ♂ singen aus einem hohen Singflug und von Warten aus. Der Gesang ist eine Abfolge flötender, abfallender und langsamer Serien, teilweise beschleunigend, z.B. „li-li-li-lülülülü... wiz-wiz-wiz-wiz... lü-lü-lülülülü-TILILILI...". Ruft flötend, zwei- oder dreisilbig „tü-luü-lui... tü-lui... tü-luü-lui".

VORKOMMEN B, D II–XI 100–800 m; Zugvogel, überwintert in Südeuropa. Winternachweise aber teilweise auch in Österreich. Lokaler Brutvogel mit Schwerpunkten im Granit- und Gneishochland, im östlichen Alpenvorland und im Weinviertel. Besiedelt Übergänge zwischen bewaldeten und offenen Kulturlandschaften, z.B. strukturierte Weingartenhänge, mit Büschen durchsetzte Halbtrockenrasen und Lichtungen im Kiefernwald.

Feldlerche

Heidelerche

1A III

1C III

1D VI

2B III

1B VI

2A III

2C VII

1 Haubenlerche

— Galerida cristata Crested Lark

238 | L 17–19,5 cm

MERKMALE Große Lerche mit langem, leicht abwärtsgebogenem Schnabel (**1A**). Die lange, spitze Federhaube ist auch angelegt klar als Zipfel am Hinterkopf erkennbar (**1B**). Oberseits kontrastarm graubraun, unterseits heller. Die Brust ist dicht gestrichelt. Im Flug mit kompakter Flugsilhouette durch kurzen Schwanz und breite Flügel. Schwanzseiten braun, kein heller Flügelhinterrand. Flügelunterseite mit rotbraunem Anflug. Im JK (**1C**) mit kürzerer, kompakter Haube und weiß gefleckter Oberseite. ♂ singen vom Boden, von niedrigen Warten und aus der Luft. Der Gesang ist eine lerchentypische, variationsreiche Melodie mit flötenderen und wehmütigeren Tönen als bei der Feldlerche. Ruft häufig, meist zweisilbig, rau „dri-piu" oder „di-prriu".

VORKOMMEN B, W I–XII 100–500 m; Standvogel. In Österreich im östlichen und nördlichen Alpenvorland sowie spärlich im Granit- und Gneishochland verbreitet. Schwerpunkte im Burgenland, Weinviertel und in der Oststeiermark. Lebt als Kulturfolger in offenen, trockenwarmen Landschaften mit niedriger, lückiger oder fehlender Vegetation. Gern an Siedlungsrändern, bei Viehhaltungen, auf Ruderalflächen, großen Parkplätzen und anderen Verkehrsflächen.

2 Ohrenlerche

— Eremophila alpestris Horned Lark

239 | L 16–19 cm

MERKMALE Größe ähnlich Feldlerche, aber immer mit charakteristischem, gelb-schwarzem Kopfmuster. Im Flug mit oberseits dreifarbigem Schwanz (Mitte braun, Seiten schwarz, Außenkanten weiß). Im SK (**2A**) mit blassgelbem Gesicht, schwarzem Brustband und schwarzem Zügel, der in einen breiten Tränenstreif übergeht. Schwarze Federohren sind an den Scheitelseiten zumindest angedeutet, oft aber nicht abstehend. Unterseite weißlich. Im PK (**2B**) wie SK, aber mit kräftiger und kontrastreicherer Kopf- und Brustzeichnung und längeren Federohren. Ruft hoch und glatt „iiih", manchmal rauer „drhi".

VORKOMMEN U X–II; brütet auf kargen Hochflächen in Skandinavien, überwintert in Nord- und Osteuropa (ssp. *flava*). In Österreich sehr seltener Wintergast, meist einzeln im Flachland (z.B. im Verband mit Feldlerchen), aber auch Nachweise auf alpinen Rasen, zum Teil im Frühling und zur Brutzeit.

WISSENSWERTES Die ssp. *balcanica* lebt als Standvogel räumlich näher am Balkan, wurde in Österreich aber noch nicht nachgewiesen. Im Unterschied zu *flava* sind Tränenstreif und Brustband miteinander verbunden.

Haubenlerche

Ohrenlerche

1A
VI

1B
II

1C
VII

2A
II

2B
IV

1 | Kalanderlerche
— *Melanocorypha calandra* Calandra Lark

241 | L 17,5–20 cm

MERKMALE Große, kräftige Lerche mit kurzem Schwanz. Schnabel hell und klobig (**1A, B**). An den Brustseiten sitzt ein deutlicher schwarzer Fleck. Die braunen Wangen sind hell eingerahmt. Im Flug (**1C**) mit breitem weißen Flügelhinterrand und dunklen Unterflügeln. Schwanzkanten weiß.

VORKOMMEN U IV–IX; Standvogel bzw. Teilzieher in Süd- und Osteuropa. In Österreich sehr seltener Gast, meist auf trockenen, offenen Flächen.

2 | Kurzzehenlerche
— *Calandrella brachydactyla* Greater Short-toed Lark

240 | L 14–16 cm

MERKMALE Kleiner als Feldlerche, mit dickerem, fast finkenartigem Schnabel und ganz rundem Kopf oder höchstens sehr kleiner Haube (**2A, B**). Die Unterseite ist überwiegend ungezeichnet weiß, an den Brustseiten sitzen meist ein kleiner dunkler Fleck (kann fehlen) und wenige Strichel. Die sehr langen Schirmfedern überdecken die Handschwingenspitzen fast vollständig. Die Oberseite und besonders der Scheitel sind manchmal rötlich getönt. Der Überaugenstreif ist breit und lang, aber nicht sehr auffällig. Die mittleren Armdecken sind dunkel mit hellen Spitzen und bilden gemeinsam mit den hell gerandeten großen Armdecken zwei angedeutete Flügelbinden. Im Flug ohne hellen Flügelhinterrand und mit weißen Schwanzaußenkanten. Ruft rauer und trockener als Feldlerche, prägnat „drilt" oder „drrrrit", erinnert an Mehlschwalbe.

VORKOMMEN D IV–IX; brütet in trockenen Regionen Süd- und Osteuropas, überwintert in Afrika. In Österreich sehr seltener Durchzügler, v.a. im Frühling meist einzeln auf Äckern oder Schotterflächen (z.B. Rheindelta), wurde aber auch auf alpinen Rasen nachgewiesen.

WISSENSWERTES Die sehr ähnliche Stummellerche (*Alaudala rufescens*, **3**) wurde als extreme Ausnahmeerscheinung nachgewiesen. Sie brütet in Steppengebieten Asiens, Südeuropas und Nordafrikas. Von der Kurzzehenlerche unterscheidet sie sich u.a. durch die gestrichelte Brust, den dickeren Schnabel und die sichtbare Handschwingenprojektion.

Heidelerche

Kurzzehenlerche

Feldlerche

1C III

1A III

1B III

2B III

2A VI

3 II

1 Mariskensänger

— *Acrocephalus melanopogon* Moustached Warbler

242 | L 12–13,5 cm

MERKMALE Kleiner Rohrsänger, dem wesentlich häufigeren Schilfrohrsänger sehr ähnlich. Die Oberseite, Brustseiten und Flanken sind warm, im Frühling rötlich braun gefärbt. Das Kopfmuster ist sehr kontrastreich, mit ganz schwärzlichem Scheitel, breitem weißen Überaugenstreif und grauen Wangen (**1A, B**). Die Kehle ist recht deutlich weiß abgesetzt und zum Gesicht durch eine dunkle Linie begrenzt. Zeigt eine kurze Handschwingenprojektion (ca. 30 % der Schirmfederlänge). Die Ränder der Schirmfedern haben etwa die Farbe der Oberseite (bei Schilfrohrsänger heller). Alters- und Geschlechtsbestimmung im Feld in der Regel nicht möglich. Der Gesang beginnt häufig mit dem charakteristischen ansteigenden Pfeifen: „wu wü wü wü wü ..." und mündet dann in einen sehr schnellen, typischen Rohrsängergesang (ähnlich Teichrohrsänger, aber flotter). Ruft trocken „teck" oder „trk". **VORKOMMEN** B, D III–X 100–500 m; Zugvogel, überwintert im Mittelmeergebiet. In Österreich nur im Schilfgürtel des Neusiedler Sees regelmäßiger Brutvogel. Andernorts seltener Durchzügler, in anderen Schilfgebieten Ostösterreichs gelegentlich Brutverdacht. Besiedelt überflutete Schilfröhrichte mit ausgeprägter Knickschicht.

2 Schilfrohrsänger

— *Acrocephalus schoenobaenus* Sedge Warbler

243 244 | L 11,5–13 cm

MERKMALE Kleiner, hellbrauner Rohrsänger mit auffälligem beigen Überaugenstreif und dunklerem Scheitel (Scheitelmitte aber meist heller). Der Mantel ist diffus dunkel gestreift. Schirmfedern und Flügeldecken haben dunkle Zentren und unterstreichen so den gestreiften Eindruck. Bürzel und Oberschwanzdecken sind wärmer braun als Rücken und Mantel. Ad. (**2A, B**) mit ungezeichneter heller Unterseite. Im JK/1. W (**2C**) mit frischem, makellosem Gefieder (ad. zeigen im Sommer/Herbst z.B. zerschlissene Schirmfedern) und häufig mit dunkel gefleckten Brustseiten. Singt hastig, trocken schwätzend und plaudernd. Zwischen die knarrenden und rollenden Laute werden gelegentlich Pfeiftöne und Imitation anderer Singvogelarten eingestreut. Ruft z.B. trocken, rollend „errr" oder warnt schmatzend „zet". **VORKOMMEN** B, D IV–X 100–800 m; Zugvogel, überwintert in Afrika südlich der Sahara. Weit verbreiteter Brutvogel an stehenden Gewässern außerhalb des Alpenraums, v.a. in Ostösterreich. Besiedelt mit Büschen durchsetzte Röhrichte, verschilfte Grabenränder und Verlandungszonen, aber auch reine Schilfgebiete und überschwemmte Weidengebüsche.
WISSENSWERTES Der stark gefährdete **Seggenrohrsänger** (*A. paludicola*, **3**) hat bis in die Mitte des 20. Jahrhunderts auch am Neusiedler See gebrütet, ist heute aber nur noch in kleinen Teilen Nordosteuropas zu finden. In Österreich tritt die Art heute als sehr seltener Durchzügler auf. In allen Kleidern mit klarem hellen Scheitelstreif und kräftiger gestreifter Oberseite als der Schilfrohrsänger. Zügel meist hell, Beine heller fleischfarben. Ad. (**3**) mit fein gestrichelter Brust und Flanken (im 1. W ungestrichelt).

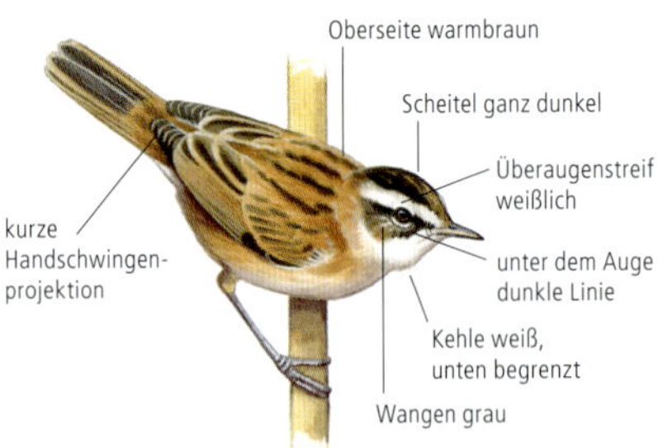

Mariskensänger

Schilfrohrsänger

1A
XII

1B
VI

2A
V

2B
II

3
VI

2C
VIII

1 | Sumpfrohrsänger

— *Acrocephalus palustris* Marsh Warbler

245 | L 13–15 cm

MERKMALE Ungestreifter kleiner Rohrsänger, der v.a. mit dem extrem ähnlichen Teichrohrsänger verwechselt werden kann. Die Unterscheidung anhand von Gefiederdetails ist im Feld nicht immer möglich, singende Ind. sind aber vergleichsweise leicht zu unterscheiden, und zur Brutzeit gibt auch der Lebensraum wichtige Hinweise. Die Oberseite ist graubraun, die Unterseite weißlich. Der Kopf zeigt kaum markante Merkmale, lediglich einen kurzen, undeutlichen Überaugenstreif vor dem Auge. Die Beine sind hellgelblich bis braunorange. Die Handschwingen sind dunkel mit helleren Spitzen. Zeigt eine etwas längere Handschwingenprojektion als der Teichrohrsänger. Bei ad. (**1A**–**C**) ist die Oberseite einheitlich graubraun, mit grünlicher Tönung. Die Flanken sind gelblich beige und nur wenig dunkler als der Bauch. Der Bürzel hat dieselbe Farbe wie die Oberseite (bei Teichrohrsänger wärmer rötlich braun). Im 1. W durch wärmer braune Oberseite dem Teichrohrsänger sogar noch ähnlicher. Singt extrem variantenreich, schnell und relativ hoch. Der Gesang besteht überwiegend aus Imitationen (häufig z.B. Rauchschwalbe, Feldlerche, Bienenfresser, Amsel, Buntspecht, Blaumeise, Nachtigall u.v.a.), dazwischen werden aber auch eigene, z.B. trocken rollende Elemente wie „wriii wriiii wriiii" eingeflochten. Ruft hart „tschek" oder „tschrä".
VORKOMMEN B, D V–IX 100–1000 m; Zugvogel, überwintert in Afrika südlich der Sahara. Brütet in offenen Landschaften, v.a. im Flachland. Besiedelt Hochstaudenfluren, kleine Schilfbestände und Gebüsche, gern auf frischen oder feuchten Standorten, aber auch fernab von Gewässern. Als Durchzügler auch in anderen Lebensräumen, z.B. im Schilf oder sogar Maisäckern.

2 | Teichrohrsänger

— *Acrocephalus scirpaceus* Common Reed-warbler

247 | L 12,5–14 cm

MERKMALE Wie Sumpfrohrsänger, aber wärmer braun gefärbt (insbesondere der Bürzel). Die weiße Kehle kontrastiert stärker zu den etwas dunkleren Flanken. Ad. (**2B**) wirken im abgetragenen Gefieder aber grauer als 1. W (**2A, C**). Die Beine sind stets dunkler graubraun. Die Handschwingenprojektion ist etwas kürzer. Singt kratzig schwatzend, recht getragen und mit ständigen, zwei- bis dreimaligen Wiederholungen eines rollenden Tons. Rufe wie Sumpfrohrsänger.
VORKOMMEN B, D IV–X 100–800 m; Zugvogel, überwintert in Afrika. Im Flachland Österreichs verbreitet, zur Brutzeit aber stark an Schilfflächen gebunden und daher lokaler vorkommend als der Sumpfrohrsänger. Am Durchzug aber anspruchsloser und auch in Gebüschen und Hochstauden zu finden.

Sumpfrohrsänger

Teichrohrsänger

1A VI

1B VII

1C VI

2A VI

2B VI

2C VII

1 | Drosselrohrsänger

— *Acrocephalus arundinaceus* Great Reed-warbler

248 | L 16–20 cm

MERKMALE Ungestreifter Rohrsänger, annähernd in der Größe einer Singdrossel. Ähnlich gefärbt wie Teich- und Sumpfrohrsänger, aber durch bedeutende Größe, sehr kräftigen Schnabel mit dunkler Unterschnabelspitze sowie längeren und breiteren Überaugenstreif unterschieden. Ad. (**1A, B**) sind graubraun, manchmal mit sanft gestrichelten Brustseiten. Im 1. W (**1C**) auf der Oberseite und den hinteren Flanken wärmer braun getönt und im Sommer mit frischem Gefieder. Der Gesang ist sehr charakteristisch. Singt in einem ähnlichen Rhythmus wie der Teichrohrsänger, aber lauter, explosiver und langsamer, z.B. „trr karra-karra-karra krie-krie-krie trr-trr-kie-kie…". Ruft knarrend „trrre-Re" oder ratternd „trrr" bzw. „krrrak". Auch fragend „zääh".

VORKOMMEN B, D IV–IX 100–600 m; Zugvogel, überwintert in Afrika. Als Brutvogel in geeigneten Lebensräumen im Flachland bzw. am Alpenrand weit verbreitet. Besiedelt v.a. hochwüchsige und überflutete Schilfgebiete, auch sehr kleine Bestände. Auch während des Durchzugs an Schilfbestände gebunden.

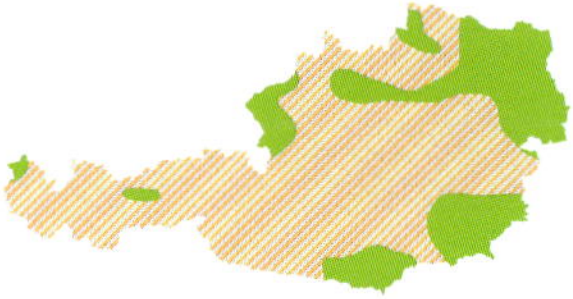

2 | Gelbspötter

— *Hippolais icterina* Icterine Warbler

249 | L 12–13,5 cm

MERKMALE In Größe und Erscheinung ähnlich Sumpf- oder Teichrohrsänger, aber stets mit gelb getönter Unterseite und grünlich grauer Oberseite. Die Schirmfedern und Armschwingen zeigen helle Kanten und bilden am zusammengelegten Flügel ein helles Flügelfeld. Der helle Schnabel ist etwas kräftiger, der Schwanz kürzer und gerader abgeschnitten als bei den Rohrsängern. Die Handschwingenprojektion ist sehr lang (wie Schirmfederlänge). Am Kopf mit meist kurzem, undeutlichem Überaugenstreif und hellem Zügel sowie hellem Augenring. Die Beine sind (bläulich) grau. Ad. (**2A, B**) sind unterseits meist kräftig hellgelb. Das helle Flügelfeld kann im Sommer abgenutzt und weniger auffällig sein. Im 1. W häufig nur blassgelb gefärbt und oberseits brauner, damit einem Rohrsänger noch ähnlicher! Der Gesang ist hastig zwitschernd, durch regelmäßige, nasale Quietschlaute und zahlreiche Imitationen anderer Arten gekennzeichnet. Ruft dreisilbig, ansteigend „dsche-te-lÜit", nur hart „teck" oder warnend „dsche dsche dsche".

VORKOMMEN B, D IV–IX 100–900 m; Zugvogel, überwintert in Afrika. In Österreich verbreiteter Brutvogel im Flachland, v.a. im Norden und Nordosten. Besiedelt v.a. lockere Laubwälder und kleinere, dichte Gehölze. Gern auch in der Nähe von Wasser.

3 | Orpheusspötter

— *Hippolais polyglotta* Melodious Warbler

250 | L 12–13 cm

MERKMALE Sehr ähnlich dem viel häufigeren Gelbspötter. Neben dem unterschiedlichen Gesang auch durch die kürzere Handschwingenprojektion unterschieden (die Schwanzprojektion ist zudem fast doppelt so lang wie die Schirmfederprojektion). Das helle Armflügelfeld des Gelbspötters fehlt oder ist nur schwach angedeutet (**3**). Die Oberseite ist meist bräunlicher, die Beine grau oder graubraun. Der Gesichtsausdruck ist durch den kürzeren Schnabel etwas freundlicher. Der Gesang erinnert eher an eine Grasmücke als an den Gelbspötter. Klingt rau, rasant zwitschernd. Aufbau einfach, häufig mit eingeflochtenen, kurzen Imitationen. Die typischen, wiederholten Quietschelemente des Gelbspötters fehlen. Ruft z.B. hart „teck", aber auch schnell aneinandergereiht, sperlingsartig zeternd „dschrschrschr".

VORKOMMEN U V–VIII; Zugvogel, überwintert in Afrika. Brütet in West- und Südeuropa und ersetzt dort den Gelbspötter. In Österreich sehr seltener Durchzügler, der nur in Vorarlberg einigermaßen regelmäßig, vereinzelt auch als Brutvogel nachgewiesen wird.

1A
IV

1B
VI

1C
VIII

2A
V

2B
V

3
V

1 Rohrschwirl

— *Locustella luscinioides* Savi's Warbler

252 | L 13,5–15 cm

MERKMALE Ähnlich dem Teichrohrsänger, aber mit dem für Schwirle typischen, stark gerundeten Schwanz und sehr langen, eher einfarbig hellbeigen Unterschwanzdecken (**1A, B**). Oberseits dunkel, warmbraun. Die Unterseite ist heller, die Flanken braun, die Kehle weißlich. Beine braunrosa. Die Außenkante der Flügel ist heller und gerundet. Äußert im Frühling und Sommer den typischen, monoton surrenden Gesang, der durchaus an eine Heuschrecke erinnern kann. Wird bei Tag, aber auch nachts und in scheinbar endlosen Strophen vorgetragen. Ruft hoch, etwas heiser „pwi".

VORKOMMEN B, D III–X 100–500 m; Zugvogel, überwintert in Afrika südlich der Sahara. Besiedelt ausgedehnte Schilfflächen mit ausgeprägter Knickschicht.

2 Schlagschwirl

— *Locustella fluviatilis* River Warbler

253 | L 14,5–16 cm

MERKMALE Ähnlich dem Rohrschwirl, aber noch seltener zu sehen (singt versteckt aus dem Unterwuchs). Oberseits dunkelgraubraun und mit undeutlichem Überaugenstreif. Unterseits verwaschen heller, mit sanft gestreifter Kehle und Brust (**2A, B**) (Ausdehnung variabel, manche ähneln dem Rohrschwirl). Die langen Unterschwanzdecken zeigen helle Spitzen und wirken dadurch gefleckt. Der Schnabel ist recht dunkel graurosa, die Beine rosa. Singt v.a. nachts (aber auch bei Tag) spitz leiernd, monoton, aber deutlich strukturierter als der Rohrschwirl „zre-zre-zre-zre" („Nähmaschine"). Ruft hart „pit" oder „tschik".

VORKOMMEN B, D IV–IX 100–600 m; Zugvogel, überwintert in Ostafrika. In Österreich auf die östlichen Landesteile beschränkt. Brütet in Gehölzen und Gebüschen, meist in Wassernähe.

3 Feldschwirl

— *Locustella naevia* Common Grasshopper-warbler

254 255 | L 12,5–13,5 cm

MERKMALE Kleiner Schwirl, der durch geflecktes Gefieder an einen gestreiften Rohrsänger erinnern kann, aber ohne deutlichen Überaugenstreif (**3**). Hält sich überwiegend am Boden auf und ist selten zu sehen. Oberseits graubraun, auf Mantel, Flügeln und Flanken (manchmal auch Kehle und Brust) dunkel gefleckt. Unterseits heller weißlich, nur das schwache Brustband und die Flanken sind bräunlich. Unterschwanzdecken weißlich, deutlich dunkel gefleckt. Der Schnabel ist grau, mit rosa oder gelblicher Basis, manchmal ganz dunkel. Beine rosa. Singt wie für Schwirle typisch, metallisch monoton und langanhaltend (erinnert an ein Insekt). Nicht ganz so gleichmäßig wie der Rohrschwirl, aber weniger strukturiert als der Schlagschwirl. Ruft scharf „psitt".

VORKOMMEN B, D IV–IX 100–900 m; Zugvogel, überwintert in Afrika. In tiefen Lagen verbreitet, aber wohl häufig übersehen. Besiedelt Wiesengebiete mit dichter Vegetation und wenigen Büschen, gern in Verlandungszonen von Gewässern. Auch in Hochstaudenfluren und auf Kahlschlägen mit dichtem Unterwuchs.

WISSENSWERTES Der **Zistensänger** (*Cisticola juncidis*, **4**) brütet v.a. in Südeuropa und wurde in Österreich als seltener Gast, ausnahmsweise sogar als Brutvogel, nachgewiesen. Sehr klein, mit kurzem, gerundetem Schwanz. Gefieder hellbraun, auf Flügel, Mantel und Scheitel dunkel gestreift. Kehle weiß. Singt häufig im Flug, monoton, mit langen Tonabständen (ca. eine Sekunde) „dzip... dzip... dzip... dzip...".

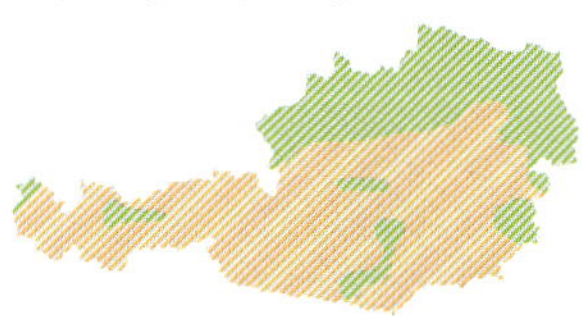

1A
IV

1B
IX

2A
VI

2B
V

4
II

3
V

Schwalben

1 | Uferschwalbe
— *Riparia riparia* Collared Sand Martin

256 | L 12–13 cm

MERKMALE Kleine Schwalbe mit kurzem, leicht gegabeltem Schwanz. Oberseite braun, Unterseite weiß mit braunem Brustband. Unterflügel braun, mit leichtem Kontrast zwischen helleren Schwungfedern und dunkleren Decken. Ad. (**1A**–**C**) sind oberseits einheitlich sandbraun. Das Brustband ist breit und durchgängig, die Kehle weiß. Im JK (**1D**) ähnlich ad., aber oberseits mit hellen Federsäumen, die ein schuppiges Muster ergeben. Ruft rau raspelnd „tschrp", häufig in Serie aneinandergereiht „tschrrrerere".
VORKOMMEN B, D IV–IX 100–900 m; Zugvogel, überwintert in Afrika. Brütet in Kolonien, v.a. im Flachland Nord- und Ostösterreichs, durch die Verfügbarkeit geeigneter Bruthabitate eingeschränkt. Gräbt eine lange Neströhre in steile Uferabbrüche, heute meist in Sand- und Schottergruben. Die Bestände schwanken häufig in ihrer Größe, z.B. wegen der kurzfristigen Verfügbarkeit von Brutplätzen. Als Durchzügler im Flachland, in größeren Tälern und Becken überall recht häufig.

2 | Felsenschwalbe
— *Ptyonoprogne rupestris* Eurasian Crag Martin

257 | L 14–15 cm

MERKMALE Etwa so groß wie Mehlschwalbe, aber mit längeren, spitzeren Flügeln. Gefieder graubraun, oberseits sind die Flügel etwas dunkler als der Rücken (**2A**). Brust und Bauch sind verwaschen heller, ohne klare Kontraste (kein Brustband wie bei Uferschwalbe). Kehle dunkel gestrichelt. Im Flug mit deutlich dunkleren, schwärzlichen Unterflügeldecken und schuppig gemustertem, dunklerem Steiß (**2B**–**D**). Schwanzfedern mittig mit kleinen weißen Fenstern, die nur bei gespreiztem Schwanz gut zu sehen sind. Im JK mit leicht geschuppter Oberseite. Ruft zurückhaltend, rollend „dschrip".
VORKOMMEN B, D III–X 300–2200 m; Zugvogel, überwintert in Südeuropa und Nordafrika. Verbreiteter Brutvogel im Alpenraum, der sich in den letzten Jahrzehnten stark nach Osten ausgebreitet hat. Brütet in größeren Tälern an Felswänden, aber auch an Bauwerken. Als Durchzügler abseits der Brutgebiete sehr selten.

1A V

2A VIII

1B IX

2B II

1C IX

2C V

1D VIII

2D V

1 | Mehlschwalbe

— *Delichon urbicum* Northern House Martin

258 | L 13,5–15 cm

MERKMALE Kompakte, bullige Schwalbe mit großem Kopf und kurzem, deutlich gegabeltem Schwanz. Ad. (**1A**–**C**) mit schwarzer Oberseite, auf Kopf, Mantel und Schultern blau glänzend. Der Bürzel ist ausgedehnt reinweiß. Die Unterseite ist weiß (auf den Unterflügeln kontrastlos hellgrau), nur die Schwanzunterseite ist schwarz. Im JK (**1D**) wie ad., aber oberseits mattschwarz, mit weißen Schirmfederspitzen. Die Kehle ist schmutzig grau und manchmal ist ein Brustband angedeutet, das an die Uferschwalbe erinnern kann. Ruft rau, rollend „prrt" oder „dschrip". Alarmruf höher „dschiip".

VORKOMMEN B, D III–X 100–2200 m; Zugvogel, überwintert in Afrika. Flächendeckend verbreiteter Brutvogel und Durchzügler. Brütet kolonieweise in typischen, bis auf die Einflugöffnung geschlossenen Lehmnestern an Hausfassaden. Sammelt sich vor dem Wegzug im Spätsommer oft in riesigen Schwärmen auf Leitungsdrähten und Bäumen.

WISSENSWERTES Die älteste beringte Mehlschwalbe wurde in freier Wildbahn 15 Jahre alt.

2 | Rauchschwalbe

— *Hirundo rustica* Barn Swallow

259 260 | L 17–21 cm

MERKMALE Größer und eleganter als die Mehlschwalbe, mit spitzeren Flügeln und verlängerten Schwanzspießen. Ad. (**2A**–**C**) mit ganz schwarzer Oberseite, auf Scheitel, Mantel und Schulterfedern dunkelblau glänzend. Schwanzfedern mittig mit weißen Fenstern, die aber nur bei gespreiztem Schwanz gut sichtbar sind. Körperunterseite und Unterflügeldecken sind cremeweiß. Kehle und Stirn dunkelweinrot. Ein schwärzliches Band begrenzt die Kehle zur hellen Unterseite. ♂ zeigen längere Schwanzspieße als ♀. Im JK (**2D**) ähnlich ad., aber mit viel kürzeren Schwanzspießen und heller rotoranger Kehle. Ruft einzeln „wit" oder hektisch plaudernd „wi-wittwitwiwit...". Gesang ähnlich, aber variantenreicher und melodischer.

VORKOMMEN B, D III–X 100–1800 m; Zugvogel, überwintert in Afrika südlich der Sahara. Flächendeckend verbreiteter, häufiger Brutvogel. Besiedelt ländliche Gebiete und Kulturland, kaum innerstädtisch wie Mehlschwalbe. Brütet einzeln oder in lockeren Kolonien in halboffenen Nestern, die meist im Inneren von Gebäuden, jedenfalls aber nicht so exponiert errichtet werden wie von der Mehlschwalbe.

WISSENSWERTES Die **Rötelschwalbe** (*H. daurica*, **3**) brütet in Süd- und Osteuropa und tritt in Österreich als seltener Durchzügler auf. Im Flug ähnlich der Rauchschwalbe, aber Bürzel, Kehle und Hinterkopf hell. Die Unterschwanzdecken sind schwarz.

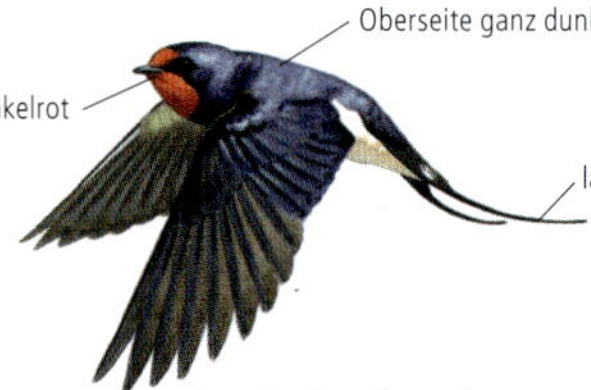

Rauchschwalbe, ad.

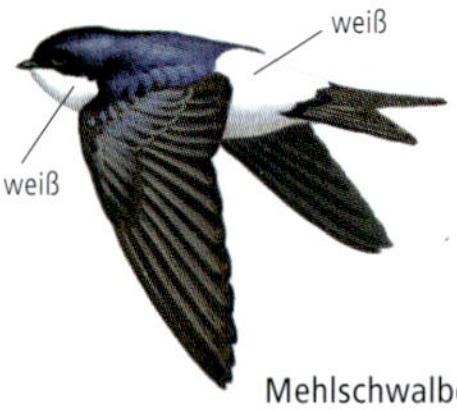

Mehlschwalbe, ad.

Rötelschwalbe, ad.

1A
V

1B
V

1C
VII

1D
VIII

2A
VI

2B
IV

2C
V

2D
VI

3
VII

1 | Berglaubsänger
— *Phylloscopus bonelli* Western Bonelli's Warbler

261 | L 10,5–11,5 cm

MERKMALE Heller Laubsänger mit diffusem Überaugenstreif und schwachem Augenstreif. Die Oberseite ist graubraun, der Bürzel hell grünlich gelb (**1A, B**). Die Kanten der Schwung- und Schwanzfedern sind ebenso grünlich, die breiten Ränder der dunklen Schirmfedern kontrastieren hell zum restlichen Flügel. Die dunklen Augen zeigen einen hellen Augenring, die Ohrdecken sind blass graubeige. Unterseite samt Kehle weißlich. Beine braungrau. Die Handschwingenprojektion ist ähnlich lang wie bei Waldlaubsänger und Fitis. Singt einfach, hoch und schnell trillernd „swi-wi-wi-wi", erinnert an Waldlaubsänger. Ruft laut „HÜ-i", noch deutlicher zweisilbig als Fitis.

VORKOMMEN B, D IV–IX 300–2000 m; Zugvogel, überwintert in Afrika. In Österreich auf den Alpenraum beschränkt, als Durchzügler andernorts sehr selten. Brütet in lockeren, recht trockenen Wäldern mit dichtem Unterwuchs. Gern an südexponierten Hängen und in felsigen Bereichen.

2 | Waldlaubsänger
— *Phylloscopus sibilatrix* Wood Warbler

262 | L 11–12,5 cm

MERKMALE Recht großer Laubsänger mit langem breiten Überaugenstreif und dunklem Augenstreif (**2A**). Die langen Flügel verleihen einen kurzschwänzigen Eindruck. Wangen, Überaugenstreif und Kehle sind zitronengelb und kontrastieren zur reinweißen Unterseite (**2B, C**). Die Oberseite ist matt gelblich grün. Die Flügel sind dunkler, zeigen aber gelbe Kanten der Schwungfedern und helle Schirmfederränder. Einzelne Individuen sind unterseits nur schwach gelb gefärbt. Die Beine sind braungrau. Zeigt eine lange Handschwingenprojektion (wie Berglaubsänger und Fitis). Der Gesang wird mit spitzen Einzeltönen eingeleitet, die dann beschleunigt werden und in einen metallischen Triller übergehen. Ruft scharf „zip", auch melancholisch „t(j)üh". In einem zweiten Gesangsmotiv werden diese Rufe leicht anschwellend aneinandergereiht: „t(j)üh t(j)üh-T(j)ÜH-t(j)ÜH-t(j)üh...".

VORKOMMEN B, D IV–IX 100–1500 m; Zugvogel, überwintert in Afrika. In Österreich weit verbreitet, besonders nördlich des Alpenhauptkamms. Besiedelt Laub- und Mischwälder, besonders mit Buchen- und Eichenbestand und lockerem Unterwuchs. Als Durchzügler auch in kleineren Gehölzen und Gebüschen.

3 | Gelbbrauenlaubsänger
— *Phylloscopus inornatus* Yellow-browed Warbler

265 | L 9–10,5 cm

MERKMALE Sehr kleiner, rundlicher Laubsänger mit auffälligem, langem, gelblichem Überaugensteif und zwei kurzen gelben Flügelbinden (**3**). In der Scheitelmitte ist ein heller Streifen angedeutet. Oberseits graugrün (auch Bürzel), mit dunkleren Flügeln. Die dunklen Schirmfedern sind hell gerandet. Die Unterseite ist weißlich. Beine graubraun. Verwechslungsgefahr am ehesten mit Winter- oder Sommergoldhähnchen, aber auch mit dem noch selteneren Goldhähnchenlaubsänger (s.u.). Ruft auffällig, hoch „ts(i)ul".

VORKOMMEN A IX–X; brütet in Sibirien, überwintert in Asien. Die Nachweise nehmen in Europa stark zu, in einigen Ländern Westeuropas heute bereits regelmäßiger Gast. In Österreich immer noch sehr seltener Durchzügler, aber mittlerweile alljährlich vereinzelt im Herbst. Häufig mit anderen Laubsängern, Goldhähnchen oder Meisen.

WISSENSWERTES Der **Grünlaubsänger** (*P. trochiloides*, **4**) brütet in Nordosteuropa und wird in Österreich gelegentlich als Ausnahmeerscheinung nachgewiesen (Mai–Juli). Ähnelt dem Zilpzalp, zeigt aber grünliche Oberseite und einen sehr auffälligen langen Überaugenstreif sowie eine kurze deutliche Flügelbinde. Der Gesang erinnert etwas an den Gesang des Zaunkönigs. Ruft „zilitt".
Der **Goldhähnchenlaubsänger** (*P. proregulus*, **5**) brütet in Ostasien und ähnelt dem Gelbbrauenlaubsänger. Von diesem unterschieden durch hellgelben Bürzel (wird beim Rütteln sichtbar) und deutlichen gelben Scheitelstreif (so intensiv wie Überaugenstreif). Der gelbe Überaugenstreif ist vor dem Auge dunkler als dahinter. Ruft weich ansteigend „tjüi".

1A
VI

1B
VI

2A
VIII

2B
VIII

4
IX

3
X

5
I

1 | Zilpzalp
— *Phylloscopus collybita* Common Chiffchaff

266 | L 10–12 cm

MERKMALE Unscheinbarer Laubsänger mit überwiegend bräunlicher Oberseite, etwas hellerer Unterseite und relativ kurzem, schmalem und hellem Überaugenstreif (**1A–D**). Zeigt schwarzbraune Beine und einen überwiegend dunklen, feinen Schnabel. Die Handschwingenprojektion ist kürzer als beim Fitis. Der helle Augenring wird durch einen dunklen Augenstreif durchbrochen. Die Grundfärbung ist variabel und kann grünlicher, gräulicher bzw. gelblicher erscheinen. Ebenso die Färbung der Unterseite. Vögel in Bewegung schlagen den Schwanz regelmäßig abwärts. Die durchziehende ssp. *abietinus* aus Nordeuropa ist durchschnittlich heller und farbloser, im Feld aber nicht mit Sicherheit unterscheidbar. Singt sehr typisch hell „zilp zalp zilp zalp ..." Häufigster Ruf flüssig „hüIT" mit Betonung auf der zweiten Silbe.
VORKOMMEN B, D, W III–X 100–2000 m; Zugvogel, überwintert in Südeuropa und Nordafrika, vermehrt aber auch in Mitteleuropa. Weit verbreiteter und häufiger Brutvogel in Laub- und Mischwäldern sowie in kleineren Gehölzen, Parks und Gärten. Brütet sehr niedrig über dem Boden.
WISSENSWERTES Der sehr selten nachgewiesene **Sibirische Zilpzalp** (*P. tristis*) ist hell graubeige, weitgehend ohne Grün- und Gelbtöne und auf der Unterseite und im Gesicht ohne gelblichen Anflug. Die Unterscheidung ist schwierig, auch der einsilbige Ruf „swii" ist für die Bestimmung wichtig.
Der **Dunkellaubsänger** (*P. fuscatus*) brütet in Sibirien und wurde in Österreich als extreme Ausnahmeerscheinung beobachtet. Er sieht einem sehr dunkelbraunen Zilpzalp auf den ersten Blick ähnlich, zeigt aber hellere braune Beine und einen langen, scharf begrenzten Überaugenstreif. Ruft hart „teck".

2 | Fitis
— *Phylloscopus trochilus* Willow Warbler

267 | L 11–12,5 cm

MERKMALE Sehr ähnlich dem Zilpzalp und manchmal schwer von diesem zu unterscheiden. Der Fitis ist etwas größer, kräftiger und meist lebhafter gefärbt. Der Überaugenstreif ist länger und deutlicher, die Gesichtszeichnung kontrastreicher. Die Beine sind hell hornfarben, nur ausnahmsweise dunkel. Der Schnabel ist etwas stärker, die rosa Schnabelseiten sind auffälliger. Die Handschwingenprojektion ist länger als beim Zilpzalp (ca. 90 % der Schirmfederlänge). Ad. (**2A, B**) zeigen im Vergleich zum Zilpzalp einen klareren Kontrast der graubraunen, manchmal sanft grünlich getönten Oberseite zur helleren Unterseite und einen diffusen Verlauf der schwach gelblichen Brust zum weißlichen Bauch. Unterseite, Flanken und Brustseiten sind weniger düster gefärbt als beim Zilpzalp. Manche Altvögel sind im Frühjahr sehr gräulich und zeigen kaum gelbe Bereiche. Im JK/1. W (**2C, D**) ist die ganze Unterseite, besonders aber Gesicht und Kehle, vollständig gelblich. Die Gesangsstrophe ist wenige Sekunden kurz und in der Tonhöhe stark abfallend, manchmal zum Schluss noch einmal kurz ansteigend. Entfernt an Buchfink erinnernd, aber viel weicher, lieblicher und nicht schmetternd. Ruf ähnlich Zilpzalp „hüü-it", die Silben sind meist stärker getrennt. Manchmal aber schwer zu unterscheiden.
VORKOMMEN B, D III–X 100–1900 m; Zugvogel, überwintert in Afrika südlich der Sahara. In Österreich weit verbreiteter Brutvogel und Durchzügler. Brütet in lichten Wäldern mit dichter Strauch- und Krautschicht, aber auch in niedrigeren Gehölzen und Gebüschen, gern in der Nähe von Wasser.

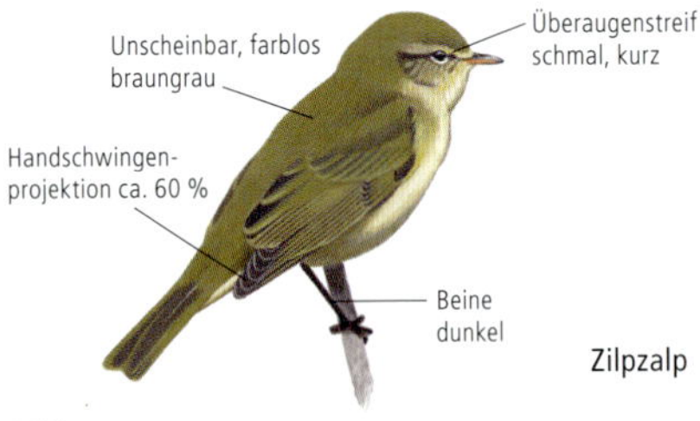

Zilpzalp

Fitis

1A II

1B V

1C IX

1D IV

2A IV

2B V

2C IX

2D IX

1 | Mönchsgrasmücke — *Sylvia atricapilla* Eurasian Blackcap

270 | L 13,5–15 cm

MERKMALE Zeigt ein ungezeichnetes, graubraunes Gefieder und eine kontrastierende Kopfkappe. Schnabel und Beine sind grau. Ad. ♂ (**1A**) mit schwarzer, scharf abgesetzter Kappe und hellgrauer Unterseite. Eine Verwechslung ist eventuell mit der Sumpfmeise möglich, diese zeigt aber eine weiter in den Nacken reichende Kappe und einen schwarzen Kinnfleck. Ad. ♀ und JK (**1B**) mit warm rotbrauner Kopfkappe und etwas stärker braun getönter Brust und Unterseite. Die Farbe der Kappe von juv. ♂ wechselt im Spätsommer und Herbst im Zuge der Kleingefiedermauser von braun zu schwarz. Singt hell, melodisch und variantenreich (eventuell an Amsel erinnernd, aber höher und schneller). Vorsicht, verwendet auch Imitationen anderer Arten. Ruft hart „täck" (klingt wie zusammengeschlagene Kieselsteine), auch aneinandergereiht „täck-täck-täck…" .

VORKOMMEN B, D, w III–X 100–2100 m; sehr häufiger, weit verbreiteter Brutvogel in ganz Österreich. Überwintert im Mittelmeergebiet und in Westeuropa, vereinzelt aber auch im Land. Besiedelt Wälder, Hecken, Parks und Gärten. Das Nest wird niedrig in dichtem Gebüsch angelegt.

2 | Gartengrasmücke — *Sylvia borin* Garden Warbler

271 | L 13–14 cm

MERKMALE Größe wie Mönchsgrasmücke, aber etwas plumper und mit kürzerem, kräftigem Schnabel. Das Gefieder ist auf der Oberseite „merkmalslos", ungezeichnet graubraun. Die Unterseite ist heller weißlich, Flanken und Brust zeigen eine graubraune Tönung (**2A, B**). Die Nacken- und Halsseiten sind grauer als der Rest der Oberseite. Über dem Auge verläuft ein kaum auffälliger, leicht hellerer Überaugenstreif. Die Beine sind grau. Beide Geschlechter sind gleich gefärbt. Im JK im Spätsommer mit frischem, makellosem Gefieder, während ad. zu dieser Zeit z.B. abgenutzte Schirm- und Schwungfedern zeigen. Der Gesang ähnelt dem der Mönchsgrasmücke, ist aber etwas schneller und ohne die amselartigen Flötentöne gegen Schluss der Strophe. Ruft heiser „dschek-dschek-dschek...", im Ton etwas sanfter, aber schneller aneinandergereiht als Mönchsgrasmücke.

VORKOMMEN B, D IV–IX 100–2000 m; Zugvogel, überwintert in Afrika südlich der Sahara. Weit verbreiteter, aber unauffälliger Brutvogel. Brütet im Unterholz strukturierter Laub- und Mischwälder, an Waldrändern, in großen Gärten sowie in kleineren Gehölzen.

3 | Sperbergrasmücke — *Sylvia nisoria* Barred Warbler

272 | L 15,5–17 cm

MERKMALE Größte Grasmücke, mit langem Schwanz, der bei ad. weiße Spitzen zeigt. Schnabel mit graurosa Basis des Unterschnabels. Ad. ♂ (**3A**) sind unverwechselbar, mit blaugrauer Oberseite und gelber Iris. Die Unterseite ist dicht gebändert („gesperbert"). Die Flügeldecken und Schirmfedern zeigen helle Spitzen. Ad. ♀ (**3B**) und ♂ im 1. S sind graubraun gefärbt. Die Bänderung der Unterseite ist auf die Flanken und Unterschwanzdecken reduziert. Die Iris ist graubraun oder mattgelb. Im JK/1. W (**3C**) oberseits hellgraubraun, mit dunkler Iris und dadurch der Gartengrasmücke recht ähnlich. Unterschieden aber durch dunkel gebänderte Unterschwanzdecken und helle Ränder der Flügeldecken, Schirmfedern und Armschwingen. Ein schwacher Überaugenstreif ist vor dem Auge angedeutet. Die Oberschwanzdecken sind diffus dunkel gefleckt. Singt ähnlich der Gartengrasmücke, aber etwas höher und kratziger und mit kurzen Strophen – manchmal im Singflug. Typischer ist der harte, lang ratternde Ruf „trrrrrrr".

VORKOMMEN B, D IV–IX 100–500 m; Zugvogel, überwintert in Ostafrika. In Österreich auf die östlichsten Landesteile beschränkt und auch dort meist nur spärlich verbreitet. Als Durchzügler andernorts sehr selten. Brütet in dichten, hohen und oft dornigen Gebüschen in trockenen, warmen Landschaften.

1A
IV

1B
VII

2A
V

2B
IX

3C
VIII

3B
VI

3A
V

1 | Klappergrasmücke — *Sylvia curruca* Lesser Whitethroat

273 | L 11,5–13,5 cm

MERKMALE Kleine, zierliche Grasmücke ohne rotbraune Farbtöne im Gefieder. Der Kopf ist weitgehend schiefergrau mit etwas dunkleren Ohrdecken und weißer Kehle. Ein heller Überaugenstreif ist manchmal angedeutet. Die Oberseite ist gleichmäßig kalt graubraun, die Unterseite und Schwanzkanten weißlich (**1A–C**). Die Flanken zeigen eine verwaschen beige Färbung. Iris recht dunkelgraubraun. Beine schwärzlich. Der Schnabel ist dunkel, mit hellerer Unterschnabelbasis. Singt eine kurze Strophe, die fröhlich zwitschernd beginnt und sofort in eine monotone Serie gleicher „klappernder" Laute übergeht. Ruft schmatzend, trocken „dschett".
VORKOMMEN B, D IV–X 100–2100 m; Zugvogel, überwintert in Afrika. In Österreich weit verbreiteter Brutvogel in offenen Landschaften. Besiedelt im Tiefland Gärten, Hecken, Gebüsche und Parks, sowie Latschengebüsche über der Waldgrenze.

2 | Dorngrasmücke — *Sylvia communis* Common Whitethroat

274 | L 13–15 cm

MERKMALE Etwas größer und langschwänziger als die ähnliche Klappergrasmücke (zeigt ebenso eine weiße Kehle), von der sie sich z.B. durch rotbraune Federsäume am Flügel unterscheidet. Der Mantel ist graubraun, die Unterseite hellbeige. Die Schwanzkanten sind weiß. Schnabel grau, mit rosa Basis. Beine recht hell bräunlich. Ad. ♂ (**2A**) zeigen eine graue Kappe mit deutlichem weißen Augenring. ♂ im 1. S sind von ♀ meist nicht zu unterscheiden. ♀ (**2B**) haben einen brauneren Kopf, der sich farblich vom Mantel kaum abhebt. Im 1. W (**2C**) wie ♀, aber mit dunklerer Iris. Singt eine kurze Strophe, häufig von einer Busch- oder Baumspitze aus bzw. im kurzen Singflug. Klingt melodisch, aber kratzig. Ruft weicher als andere Grasmücken, nasal „wähd wähd wähd".

VORKOMMEN B, D IV–IX 100–900 m; Zugvogel, überwintert in Afrika südlich der Sahara. In Österreich weit verbreitet, mit Schwerpunkt im Nordosten. Besiedelt Gebüsche und Feldgehölze in offenen, häufig warmen und trockenen Landschaften.

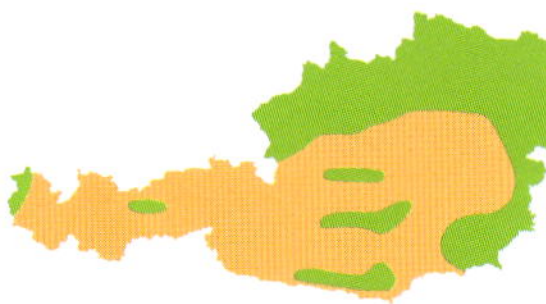

3 | Weißbartgrasmücke — *Sylvia cantillans* Subalpine Warbler

275 276 | L 12,5–13,5 cm

MERKMALE Ähnlich Dorngrasmücke, aber immer mit stärker grau getönter Oberseite und weißem Bartstreif. Schwanzkanten weiß. ♂ im PK (**3A**) sind oberseits ganz grau und zeigen einen dicken roten Augenring. Kehle und Brust sind ziegelrot gefärbt, Bauch und Flanken sind heller, verwaschen rötlich braun. Vögel Südosteuropas (ssp. *albistriata*, **3A**) zeigen einen deutlichen Kontrast zwischen der rotbraunen Brust und der weißlichen Unterseite sowie einen breiteren Bartstreif. Brutvögel der Iberischen Halbinsel (ssp. *iberiae*) zeigen einen sanfteren Farbverlauf von der intensiv orangen Brust zu den nur leicht helleren Flanken. ♀ im PK (**3B**) haben einen etwas stärker braun getönten Mantel, der sich farblich etwas zum grauen Kopf absetzt. Der Augenring ist schmaler als bei ♂. Die Unterseite ist cremeweiß mit warm beigen Flanken und Kehlseiten. Der weiße Bartstreif setzt sich meistens nur leicht ab und kann bei ganz weißer Kehle ganz fehlen. Singt sehr hastig und quirlig mit hoher, kratziger Stimme. Ruft „dschrep" (ssp. *albistriata*) oder hart „tscheck" (ssp. *iberiae*).
VORKOMMEN U; brütet in Südeuropa, überwintert in Afrika südlich der Sahara. In Österreich sehr seltener Durchzügler. Meist werden singende ♂ im Frühling entdeckt.
WISSENSWERTES Die **Samtkopfgrasmücke** (*S. melanocephala*) brütet ebenfalls in Südeuropa und wurde in Österreich noch viel seltener nachgewiesen. Ad. ♂ zeigen eine schwarze Kopfkappe, einen roten Augenring und eine weiße Kehle. Das Gefieder ist auf Ober- und Unterseite grau. ♀ sind graubraun und zeigen eine graue Kopfkappe, aber ebenfalls eine weiße Kehle und einen (weniger deutlichen) roten Augenring.

1A IX

2A IV

1B VI

2B IV

1C VIII

2C VIII

3A IV

3B IV

1 | Gartenbaumläufer
— *Certhia brachydactyla* Short-toed Treecreeper

277 | L 12–13,5 cm

MERKMALE Dem Waldbaumläufer sehr ähnlich und am besten anhand der Stimme zu unterscheiden. Ohne Lautäußerungen ist die Bestimmung tückisch und sollte nur bei typischen Individuen, bei sehr guten Beobachtungsbedingungen oder anhand von Fotos vorgenommen werden. Zeigt meist einen längeren Schnabel (aber Überschneidung mit Waldbaumläufer) und eine kürzere Hinterkralle (die Kralle ist kürzer als die Zehe, bei Waldbaumläufer gleich lang). Die hinteren Flanken sind ausgedehnter bräunlich getönt (**1A, B**). Weitere Merkmale s.u. Singt eine kurze, hüpfende Strophe, die zum Schluss eher ansteigt. Ruft hoch, aber sanft „tiit" (selbstbewusster als Waldbaumläufer, manchmal aber auch ähnlich „sri").

VORKOMMEN B, W I–XII 100–1000 m; weit verbreiteter Standvogel, v.a. in Laubwäldern und offenen, parkartigen Landschaften außerhalb des Alpenraums bzw. in größeren Becken und Tälern. Kommt auch Seite an Seite mit dem Waldbaumläufer vor, fehlt aber in hohen Lagen.

2 | Waldbaumläufer
— *Certhia familiaris* Eurasian Treecreeper

278 | L 12,5–14 cm

MERKMALE Wie Gartenbaumläufer, aber meist mit etwas kürzerem Schnabel und längerer Hinterkralle (**2A, B**). Die Flanken sind ausgedehnter weiß, der Überaugenstreif ist breiter und deutlicher. Weitere Merkmale in den Illustrationen. Singt eine kurze, trillernde und zum Ende klar abfallende Strophe (Melodie erinnert an Fitis, Stimme ähnlich Blaumeise). Kann aber sogar den Gesang des Gartenbaumläufers imitieren. Ruft sehr fein, etwas schrill vibrierend „srii" oder „tih", oft mehrfach aneinandergereiht. Kann an Amselruf erinnern.

VORKOMMEN B, D, W I–XII 100–2000 m; weit verbreiteter Standvogel, vom Tiefland bis in die Bergwälder. Kommt in verschiedenen Waldtypen vor, besonders aber in geschlossenen Misch- und Nadelwäldern. Teilweise mit dem Gartenbaumläufer im selben Lebensraum.

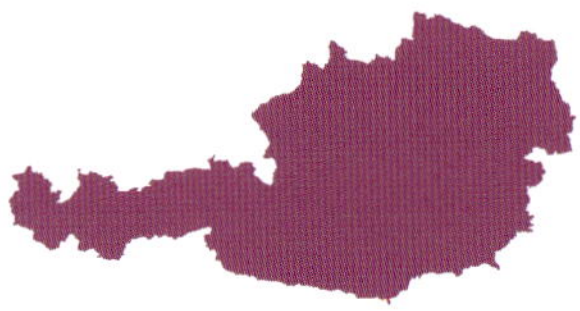

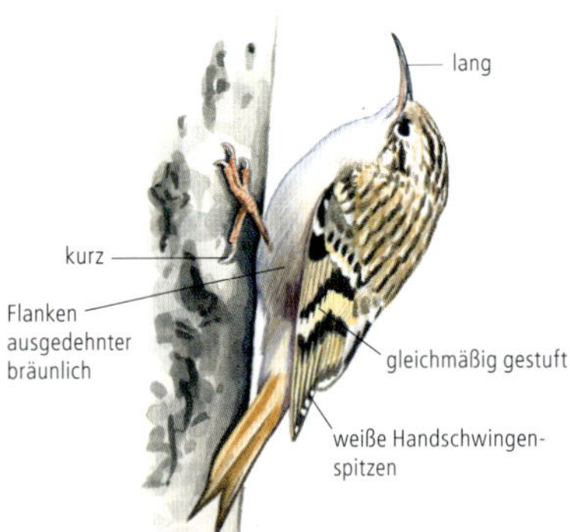

Gartenbaumläufer

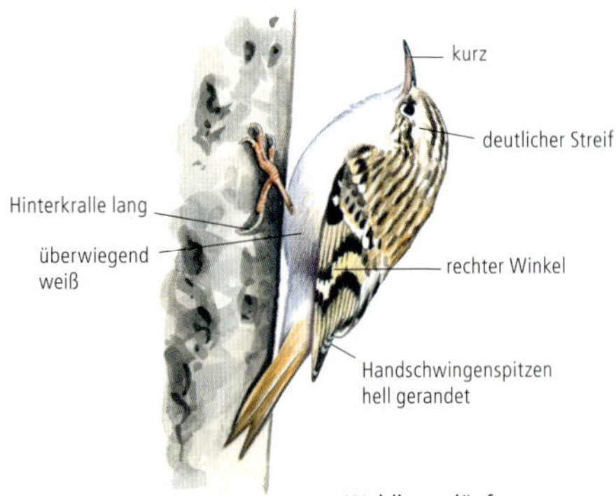

Waldbaumläufer

1A
I

2A
III

1B
XI

2B
XII

1 | Kleiber
— *Sitta europaea* Eurasian Nuthatch

279 | L 12–14,5 cm

MERKMALE Unverwechselbar, mit langem, kräftigem Schnabel, großem Kopf und kurzem Schwanz. Klettert geschickt auf Baumstämmen und läuft diese auch kopfüber hinab (**1A**). Die Oberseite ist blaugrau, die Unterseite orangebraun. Wangen und Kehle sind weißlich. Ein dunkler Augenstreif reicht von der Schnabelbasis bis weit auf die Halsseiten. Die Unterschwanzdecken sind grob weiß gefleckt. ♂ (**1B**) zeigen auf den Unterschwanzdecken und hinteren Flanken eine dunklere, rostbraune Grundfärbung als ♀ (**1C**). Besonders im Frühling ruffreudig. Singt laut „djü-djü-djü-djü..." oder schnell trillernd „wiwiwiwiwiwi...". Ruft ähnlich, aber gedämpfter „twett-twett-twett..." während der Nahrungssuche, aber auch einfach, leise und scharf „zit".
VORKOMMEN B, W I–XII 100–2100 m; weit verbreiteter Standvogel in Bereichen mit altem, höhlenreichem Baumbestand. Besiedelt Laub- und Mischwälder, Gärten und Parks. Brütet in Baumhöhlen und Nistkästen, selten auch in Nischen und Löchern an Gebäuden. Besucht im Winter häufig Futterstellen.
WISSENSWERTES Der Name des Kleibers deutet auf eine typische Verhaltensweise hin: Zu große Einflugöffnungen von Nisthöhlen werden vom ♀ mit Lehm „verklebt" und dadurch verkleinert. So werden Spechthöhlen, ausgefaulte Baumäste, aber auch zu große Nistkästen an die eigene Größe angepasst.

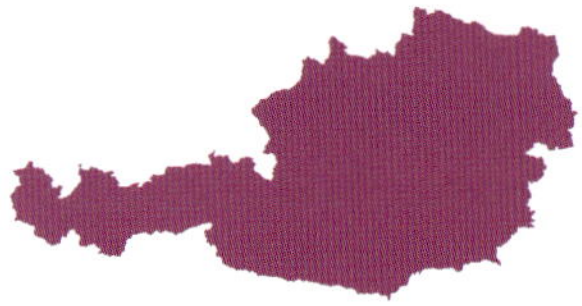

2 | Mauerläufer
— *Tichodroma muraria* Wallcreeper

280 | L 15,5–17 cm

MERKMALE Bleigrauer Kleinvogel mit rot-schwarzen Flügeln, der kaum mit anderen Arten verwechselt werden kann. Klettert in Felswänden und sucht dort Spalten nach Insekten und anderen Kleintieren ab. Trotz des auffälligen Flügelmusters, das auch beim Abspreizen der Flügel häufig gezeigt wird, sind Mauerläufer oft schwer zu entdecken und bewegen sich erstaunlich unauffällig. Zeigt einen langen, dünnen, ganz schwarzen und abwärtsgebogenen Schnabel. Die schwarzen Beine besitzen lange Zehen und Krallen. Im Flug (**2B**) wird das überraschende Flügelmuster sichtbar: Die runden Flügel sind schwarz, mit scharlachroten Flügeldecken und Schwungfederbasen sowie weißen Flecken auf den äußeren Handschwingen. Der Schwanz ist schwarz, mit grauer Endbinde und weißlichen Ecken. ♂ im PK (**2A**) zeigen eine schwarze Kehle und Brust. Im SK (**2C**) und bei ♀ im PK sind Kehle und Brust weißlich. Selten zu hören. Singt langgezogene Pfeiftöne wie „fiiiüüÜ" oder „ziiiiÜ". Ruft auch kurz und glatt „ziiü" oder mit trillernden Noten.
VORKOMMEN B, W I–XII 300–2500 m; weit verbreiteter, aber spärlicher Standvogel bzw. Teilzieher in den Alpen. Brütet in steilen Felswänden, gern in der Nähe von Wasser. Im Winter meist einzeln auch in tieferen Lagen, mitunter an historischen Gebäuden, Burgruinen und in Steinbrüchen.

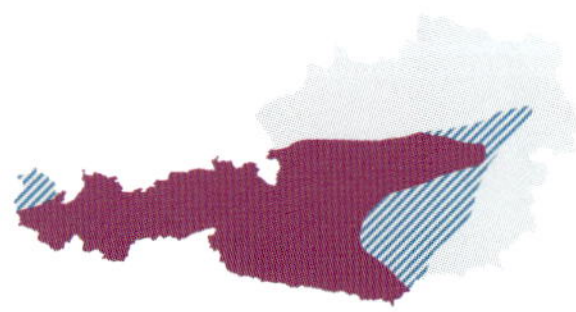

Kleiber

1B
III

1C
III

1A
I

2A
VII

2B
VII

2C
II

1 | Seidenschwanz — *Bombycilla garrulus* Bohemian Waxwing

281 | L 18–21 cm

MERKMALE Etwa starengroß (und diesem im Flug ähnlich) mit kompaktem Körperbau, kurzem Schwanz und fülliger Federhaube. Gefieder graubraun und überwiegend kontrastarm, aber mit schwarzem Kinn und schwarzem, nach oben gerichtetem Augenstreif. Schwungfedern mit weißen und gelben Spitzen. Die weißen Spitzen der Handdecken bilden eine kleine Flügelbinde. Bürzel und Schwanz oberseits grau, mit schwarzer Subterminal- und gelber Endbinde. Unterschwanzdecken rotbraun. Im Flug (**1C**) mit spitzen, dreieckigen Flügeln. Oberseits mit durchbrochenem, hellem Flügelhinterrand. Ad. (**1A**) zeigen auf den Handschwingenspitzen gelbe Außen- und weiße Innenkanten. Die Schwanzendbinde ist breit gelb. ♂ zeigen im Vergleich zu ♀ einen schärfer begrenzten Kehlfleck und breitere weiße Innenkanten der Handschwingenspitzen. An den Spitzen der Armschwingen und zum Teil auch Schwanzfedern sitzen bei ♂ mehr rote Hornplättchen. Im 1. W (**1B**) ohne weiße Innenkanten der Handschwingenspitzen (nur Außenseite gelb) und mit schmaler Schwanzendbinde. Ruft hoch, trillernd „ssirrrr" („klingelnder" Ton).
VORKOMMEN D, W XI–IV 100–900 m; brütet in Skandinavien und Sibirien. Stößt nur in manchen Wintern (bei Nahrungsmangel im Brutgebiet) in größerer Zahl nach Mitteleuropa vor. Tritt dann auch in Österreich, oft invasionsartig, in großen Schwärmen auf, die sich von Früchten ernähren. Außerhalb von Invasionen nur seltener Wintergast in kleinen Trupps.

2 | Wasseramsel — *Cinclus cinclus* White-throated Dipper

282 | L 17–20 cm

MERKMALE Sehr kompakt, oft dick wirkend, mit schlankem Schnabel. Der kurze Schwanz wird häufig leicht angehoben. Ad. (**2A**) sind überwiegend schwarzbraun, Mantel und Kopf wärmer braun. Kehle und Brust sind ausgedehnt weiß und scharf begrenzt. Oberer Bauchbereich rotbraun, darunter schwärzlich. Rücken und Bürzel schuppig gemustert. Im JK (**2B**) mit grauerem Gefieder und stärkerem Schuppenmuster. Kehle, Brust und Bauch weißlich mit gelbem Anflug, großteils wellig gemustert. Beide Geschlechter singen eine unrhythmische Serie abgehackter, rau zwitschernder Töne. Ruft scharf und heiser „zrik".
VORKOMMEN B, W I–XII 200–2200 m; Standvogel. Weit verbreiteter Brutvogel an sauberen (schnell fließenden) Bächen und Flüssen. Besonders in mittleren und höheren Lagen der Alpen und des Granit- und Gneishochlandes, im Winter manchmal etwas tiefer. Fehlt im Flachland. Nest in felsigen Nischen oder in ufernahen Bauwerken (z.B. Brücken).

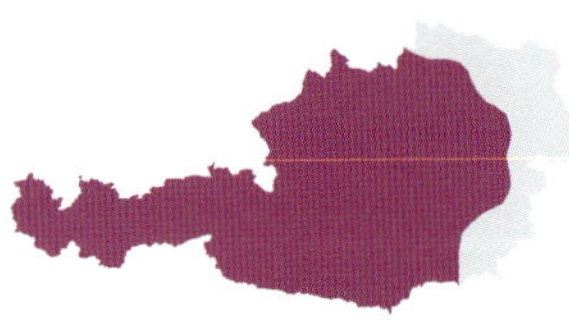

3 | Zaunkönig — *Troglodytes troglodytes* Northern Wren

283 | L 9–10,5 cm

MERKMALE Winzig, kugelig mit kurzem Schwanz, der häufig angehoben oder ganz senkrecht gehalten wird (**3A, B**). Gefieder warmbraun mit dunkler Bänderung, besonders auf Flügeln, Schwanz und Flanken. Langer, hellerer Überaugenstreif. Der Schnabel ist recht lang, leicht abwärtsgebogen. Hält sich meist am Boden oder in Bodennähe auf und huscht mausartig durch die Vegetation. Singt eine erstaunlich laute, klirrende und durchdringende Strophe. Ruft kräftig „zrrrr" oder „teck".
VORKOMMEN B, D, W I–XII 100–2200 m; Teilzieher. Häufiger und weit verbreiteter Bewohner im Unterwuchs lichter Wälder und Waldränder, auch in Gärten und Parks. Besonders im Winter häufig an Gewässern. Österreichische Populationen sind wohl Standvögel, im Winter aber Zuzug (aus Norden?), auch in Gebiete ohne Brutbestand.

1A
I

1B
I

1C
XI

2B
VI

2A
V

3A
I

3B
III

1 | Star
— *Sturnus vulgaris* Common Starling

284 | L 19–22 cm

MERKMALE Etwas kleiner als die Amsel, mit aufrechterer Körperhaltung, kürzerem Schwanz und spitzerem Schnabel. Trippelt am Boden, während die Amsel in der Regel beidbeinig hüpft. Im Flug (**1D**) mit typisch dreieckigen Flügeln, häufig in Schwärmen. Ad. (**1A–C**) zeigen ein schwarzes Gefieder, das grün und violett glänzt und dicht hell gepunktet ist. Je nach Jahreszeit sind die dreieckigen Punkte unterschiedlich groß: Im frischen Gefieder (nach der Vollmauser im Spätsommer, **1D**) ist das Gefieder so dicht gefleckt, dass manche Vögel sogar insgesamt eher hell als dunkel erscheinen. Bis in den Sommer des Folgejahres nutzt sich das Gefieder aber stark ab, sodass es überwiegend schwärzlich erscheint und nur mehr sehr kleine Punkte zeigt (**1B**). Ad. ♂ (**1A–B**) zeigen eine dunklere Iris (das Auge erscheint meist ganz dunkel) und im Frühling eine eher blaugraue Schnabelbasis. Die Iris der ad. ♀ (**1C**) ist heller, um die dunkle Pupille liegt ein deutlicher heller Ring. Die Schnabelbasis ist im Frühling eher gelblich oder blassrosa. Der Schnabel beider Geschlechter ist im SK (ab Sommer) dunkler.
Im JK (**1E**) mit ungeflecktem, braungrauem Gefieder, aufgehellter Kehle, schwarzem Schnabel und dunklem Zügel. Im 1. W (**1F**) mit mehr und mehr schwarzen, weiß gefleckten Körperfedern, die zuletzt am Kopf vermausert werden. Singt mit geöffneten Flügeln nahe der Nisthöhle eine pfeifende, schwätzende, knarrende und knirschende Strophe, die auch Imitationen vieler anderer Arten beinhaltet (z.B. Pirol, Zilpzalp, Haussperling, Eichelhäher, Großer Brachvogel usw.). Imitiert mitunter auch Handyklingeltöne, Sirenen und andere technische Geräusche. Äußert verschiedene Rufe, häufig rollend „tjürr" oder bei Gefahr krächzend „krjät".
VORKOMMEN B, D, W II–XI 100–1100 m; weit verbreitet und häufig. Überwiegend Zugvogel, überwintert in Südwesteuropa und Nordafrika. Zudem Durchzug nordöstlicher Populationen. In kleinerer Zahl aber auch Überwinterer in allen Landesteilen. Besiedelt offene Kulturlandschaften mit Gehölzen und Wiesen, aber auch Gärten, Parks und strukturierte Wälder. Brütet in Baumhöhlen und Nistkästen. Außerhalb der Brutzeit, besonders am Herbstzug, treten Stare in zum Teil riesigen Schwärmen auf. Besonders dort, wo durch Weinbau-Monokultur ein reiches Nahrungsangebot geschaffen wurde.

2 | Rosenstar
— *Pastor roseus* Rosy Starling

285 | L 19–22 cm

MERKMALE Ähnlich dem Star, aber mit dickerem und kürzerem Schnabel, der eine gebogene Oberkante aufweist. Im PK (**2A**) mit rosarotem Körpergefieder, das stark zu den schwarz glänzenden Bereichen auf Flügeln, Schwanz, Kopf und Brust kontrastiert. Vom Scheitel hängt ein langer schwarzer Federschopf. Der Schnabel ist rosa, mit scharf abgesetzter schwarzer Basis. Verwechslungsgefahr höchstens mit fehlfarbenen, teilweise weißen Staren, die in großen Schwärmen regelmäßig auftreten. ♀ zeigen einen kürzeren Schopf und matteres Gefieder. Im JK (**2B**) deutlich unauffälliger und wahrscheinlich häufiger übersehen. Gefieder hellgraubraun und damit ähnlich dem JK des Stars. Die Flügel kontrastieren aber dunkel zum Körper. Der Schnabel ist gelb, mit etwas dunklerem First. Der Zügel ist hell, ein heller Überaugenstreif ist angedeutet. Manchmal ist auch ein angedeuteter Schopf sichtbar. Im Flug mit etwas hellerem Bürzel. Im SK/1. W ähnlich PK, aber mit schmutzig graurosa Bereichen und kurzem Schopf. Die schwarzen Bereiche sind fein weiß gesprenkelt.
VORKOMMEN D V–VI/IX–XI 100–700 m; brütet in Osteuropa, überwintert in Indien. In Österreich sehr seltener Durchzügler, häufig mit Staren vergesellschaftet (z.B. zur Nahrungssuche in Kirschbäumen oder an Gruppenschlafplätzen).
WISSENSWERTES Der Rosenstar tritt von Jahr zu Jahr unterschiedlich stark als Brutvogel in Osteuropa auf. In Invasionsjahren erreichen auch mehr Individuen Mittel- und Westeuropa. V.a. Ende Mai und Anfang Juni kann sich dann eine genaue Kontrolle von Starenschwärmen in Österreich lohnen.

1A
IV

1C
IV

1B
VI

1D
X

1F
X

1E
VI

2A
V

2B
VIII

Drosseln

1 | Amsel — *Turdus merula* Eurasian Blackbird

286 | L 23,5–29 cm

MERKMALE Ad. ♂ (**1A**) mit ganz schwarzem Gefieder, dottergelbem Schnabel und gelbem Lidring. ♀ (**1B**) mit dunkelbraunem Gefieder. Kehle und Brust sind heller, dunkel gefleckt. Die Schnabelfärbung ist variabel: Jüngere Ind. mit ganz dunkelbraunem, ältere mit gelblichem Schnabel mit dunklem First. Manche zeigen auch ganz gelbe Schnäbel, ähnlich ♂. Im JK (**1C**) dunkelbraun, durchwegs warmbraun gefleckt. Die dunklen Wangen sind heller braun eingerahmt. ♂ im 1. W (**1D**) zeigen anfangs einen ganz schwarzen Schnabel. Im 1. S bereits wie ad. ♂, aber mit noch braun getönten Flügeln aus dem JK. Singt oft exponiert von Dächern oder Baumwipfeln, laut, getragen, voll und melodisch. Die verschiedenen Rufe umfassen ein aufgeregtes „tschak-ack-tschak..." oder hoch „pli-pli-pli-pli...", tief „pock", hoch „tsii" oder „srri".
VORKOMMEN B, D, W I–XII 100–1900 m; Teilzieher, der in Österreich überwintert, aber teilweise bis Nordafrika zieht. Außerdem im Herbst Zuzug nördlicher Populationen. Sehr häufiger, weit verbreiteter Brutvogel in Wäldern und im Siedlungsgebiet. Ernährt sich von Regenwürmern und Insekten, ab Herbst vermehrt von Früchten. Das Nest wird in Hecken, auf Bäumen, aber auch häufig in Nischen an Gebäuden angelegt.
WISSENSWERTES Als ursprünglicher Waldvogel hat die Amsel in Mitteleuropa erst ab dem 19. Jahrhundert die Grünflächen in Städten und Dörfern besiedelt, wo sie heute zu den häufigsten Vogelarten gehört.

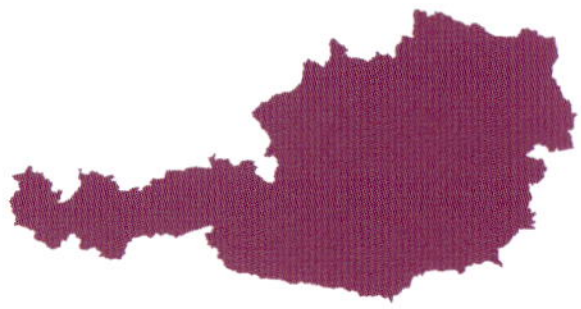

2 | Ringdrossel — *Turdus torquatus* Ring Ouzel

287 | L 24–27 cm

MERKMALE Die alpine Schwesterart der Amsel. Alters- und Geschlechtsbestimmung sind oft schwierig. Ad. ♂ (**2A**) sind überwiegend schwärzlich mit meist reinweißem Brustband. Die Flügel sind heller grau. Die Federn an Bauch und Unterschwanzdecken sind schwarz, zum Teil mit hellgrauen Zentren und Rändern (ergibt Schuppenmuster). Der Schnabel ist gelblich, First und Spitze sind dunkler. Vögel der in Nordeuropa brütenden ssp. *torquatus* treten als Durchzügler auf und zeigen unterseits ein schwächeres Schuppenmuster (insbesondere Unterschwanzdecken ohne helle Zentren) sowie etwas weniger stark kontrastierende Flügel als die hier beschriebene, mittel- und südeuropäische ssp. *alpestris*. Ad. ♀ (**2B**) ähnlich ♂, aber oberseits durchschnittlich stärker braun gefärbt. Brustband schmutzig weiß, Kehle gestrichelt. Im JK (**2C**) stark gefleckt, Schulterfedern mit langgezogenen hellen Flecken. Kopf weniger tiefschwarz, Schnabel überwiegend dunkel. Im 1. W (**2D**) braunschwarz und mit überwiegend dunklem, nur leicht gelblichem Schnabel. Graubraunes Brustband bei ♂ im 1. W ♂ (**2D**) deutlicher, bei ♀ oft nur angedeutet oder kaum sichtbar. Unterscheidung von Amsel dann anhand hellerer Flügel. Singt mit typischer Amselstimme, aber monotoner, stets dieselben hoch flötenden Motive wiederholend (ähnlich Singdrossel) „tjü-tjü-tjü-tjü... trü-trü-trü-trü... wik-wik-wik-wik...". Ruft etwas weicher als Amsel „dschük".
VORKOMMEN B, D III–X 600–2400 m; Zugvogel, überwintert im Mittelmeergebiet. Verbreiteter, recht häufiger Brutvogel lichter, alpiner Wälder bis in die Latschenzone. In tieferen Lagen selten als Durchzügler. Nur mehr sehr seltener Brutvogel im Granit- und Gneishochland.

1A
IV

1B
XII

1C
VII

1D
I

2A
VI

2B
VII

2C
VII

2D
X

1 Rotdrossel
— *Turdus iliacus* Redwing

288 | L 19–23 cm

MERKMALE Kleine Drossel mit kurzem Schwanz, markantem Überaugenstreif und beigem Halsseitenfleck. Die Flanken sind ausgedehnt rostrot, die Oberseite braun. Unterseits dicht streifig gefleckt, nur Bauchmitte und Unterschwanzdecken sind überwiegend weiß. Der Schnabel ist dunkel mit großer gelber Unterschnabelbasis. Im Flug mit rostroten Unterflügeldecken. Die Altersbestimmung kann bei guten Beobachtungsbedingungen anhand der großen Armdecken erfolgen: Ad. (**1A**) zeigen eine einfarbig hellbraune Federreihe, während Vögel im 1. W dort zwei Federgenerationen (die äußeren großen Armdecken aus dem JK haben helle Spitzen) und hellspitzige Schirmfedern aufweisen. Geschlechtsbestimmung im Feld nicht möglich. Ruft hoch und sehr scharf, leicht abfallend „ziiit". Häufig nachts von überfliegenden Durchzüglern im Herbst und Winter zu hören.

VORKOMMEN D, W X–IV 100–900 m; brütet in Nordeuropa, überwintert von Mitteleuropa südwärts bis Nordafrika. In Österreich häufiger Durchzügler und Wintergast, aber meist in kleinen Trupps und häufig mit Wacholderdrosseln vergesellschaftet.

2 Wacholderdrossel
— *Turdus pilaris* Fieldfare

289 | L 22–27 cm

MERKMALE Recht bunte Drossel in der Größe einer Amsel mit etwas längerem Schwanz. Die Färbung der Oberseite ist typisch und auch im Flug auffällig: Kopf und Rücken sind grau und werden vom rotbraunen Mantel unterbrochen. Die Unterflügeldecken sind weiß, der Schwanz schwärzlich. Schnabel gelb, mit dunkler Spitze. Kehle und Brust zeigen eine beige (manchmal geradezu orange wirkende) Grundfärbung und dunkle Längsstrichel. Unterseite sonst weiß, an den Flanken dicht gefleckt. ♂ sind etwas kräftiger und kontrastreicher gefärbt, die Unterscheidung ist aber nur im direkten Vergleich (z.B. bei Paaren) möglich. Im JK (**2B**) mit hellerem Kopf ohne schwärzliche Augenpartie und mit langgezogenen Flecken auf den Schulterfedern sowie mit hellspitzigen großen Armdecken. 1. W von ad. (**2A**) unterschieden durch zwei Generationen großer Armdecken (äußere Decken mit weißlichen Spitzen aus dem JK, innere ohne). Singt recht unmelodisch, schwatzend und kratzend. Ruft kräftig „dscha-dschak".

VORKOMMEN B, D, W I–XII 100–1800 m; Teilzieher. Brütet in gehölzreichen Kulturlandschaften und an Waldrändern. Im Winter starker Zuzug aus Norden, dann in zum Teil sehr großen Trupps. Ernährt sich von Würmern und Insekten, im Winter von Früchten.

WISSENSWERTES Die **Schwarzkehldrossel** (*T. atrogularis*, **3**) brütet in Sibirien und wurde als Ausnahmeerscheinung in Österreich nachgewiesen. Oberseits grau, unterseits mit schwarzer (bei ad. ♂) oder schwarz gefleckter Brust (♀ und 1. W, **3**), die zum heller grauen Bauch kontrastiert. Schnabel gelblich mit ausgedehnter, diffus dunkler Spitze.

Rotdrossel

Wacholderdrossel

1
II

2A
II

2B
VI

3
II

Drosseln

1 | Singdrossel — *Turdus philomelos* Song Thrush

290 | L 20–22 cm

MERKMALE Kleine, kompakte Drossel mit mittelbrauner Oberseite und nur angedeutetem Überaugenstreif. Die Unterseite ist weiß, grob pfeilförmig gefleckt, an Brust und Halsseiten mit beiger Grundfärbung (**1A**). Flanken braun. Schnabel dunkel mit etwas hellerer, gelblicher Basis. Im Flug mit warmbeigen Unterflügeldecken. Die Geschlechtsbestimmung ist im Feld nicht möglich. Viele zeigen helle Spitzen der großem Arm- und zum Teil Handdecken. Im JK (**1B**) unterseits stärker gelblich gefärbt und mit markanterem Wangenstreif. Die mittleren Armdecken zeigen langgezogene helle Spitzenflecken. Der Gesang ist laut und abwechslungsreich mit etwas hellerer Stimme als die Amsel und durch häufige zwei- bis vierfache Wiederholungen einzelner Motive gekennzeichnet. Ruft leise, eher weich „tsip“, Verwechslungsmöglichkeit mit den härteren Rufen von Rotkehlchen („zick“) und Kernbeißer („pix“).

VORKOMMEN B, D, w II–XI 100–2000 m; Zugvogel. Überwintert in West- und Südeuropa, Nordafrika und in kleiner Zahl auch in Österreich. Sehr häufiger Brutvogel und Durchzügler in verschiedenen Waldtypen, auch im Siedlungsgebiet in Gärten und Parks.

2 | Misteldrossel — *Turdus viscivorus* Mistle Thrush

291 | L 26–29 cm

MERKMALE Größte heimische Drossel. Ähnlich der Singdrossel, aber viel größer und oberseits kälter graubraun. Die Flecken an Flanken und Bauch sind rund (an Kehle und Brust aber pfeilförmig wie bei der Singdrossel). Das Kopfmuster ist kontrastreich mit helleren Wangen, die beidseitig von dunklen Flecken begrenzt werden. An den Brustseiten sitzt häufig ein großer dunkelbrauner Fleck. Im Flug mit weißen Unterflügeldecken und hellen Schwanzecken. Geschlechtsbestimmung im Feld nicht möglich. Im JK (**2B**) mit großem Ohrdeckenfleck und hellen Flecken auf den mittleren Armdecken und Schulterfedern. 1. W (**2A**) von ad. durch zwei Federgenerationen in den großen Armdecken unterschieden (die äußeren sind kürzer und im Herbst heller). Singt mit Amselstimme, aber mit kürzeren Strophen und melancholischem Klang. Ruft trocken „zrrr-rrr-rr“.

VORKOMMEN B, D, W I–XII 100–2100 m; Teilzieher. Brütet verbreitet in Wäldern vom Hügelland bis an die Waldgrenze. Im Flachland meist nur Wintergast, einzeln oder in kleinen Trupps. Ernährt sich im Winter u.a. gern von Mistelbeeren und verteidigt misteltragende Bäume gegen andere Fruchtfresser.

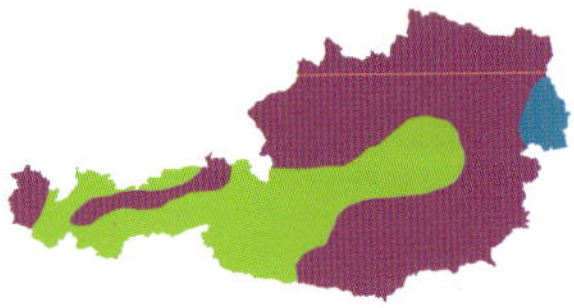

Singdrossel

Misteldrossel

1A
III

1B
VII

2B
VI

2A
IV

1 | Rotkehlchen — *Erithacus rubecula* European Robin

292 | L 12,5–14 cm

MERKMALE Klein und rundlich mit großen, dunklen Augen und niedlicher Erscheinung. Ad. (**1A**) mit olivbrauner Oberseite und ausgedehnter Orangefärbung über Gesicht, Kehle und Brust. Die orangen Partien werden an Stirn, Wangen und Brustseiten von einem diffusen grauen Streifen begrenzt. Einige Individuen zeigen helle Spitzen der großen Armdecken, die eine schmale Flügelbinde bilden. Im JK (**1B**) ohne orange Brust. Oberseits durchwegs stark hell gefleckt. Unterseite schwächer gezeichnet, Kehle und obere Brust mit gelblicher Grundfärbung. Gesang aus kurzen, hohen und langsamen Strophen. Trillernder Klang, zum Ende melancholisch abfallend. Ruft scharf „zick", auch in Serie „zick-zick... zickick..." und hoch „tsii".

VORKOMMEN B, D, W I–XII 100–2000 m; Teilzieher. Einige bleiben im Winter im Brutrevier, viele ziehen nach Südeuropa und Nordafrika. Zudem starker Durch- und Zuzug nördlicherer Populationen (III–IV/IX–X). Sehr häufiger und weit verbreiteter Brutvogel in Wäldern, Gärten und Parks, auch in kleineren Gehölzen in halboffener Kulturlandschaft. Errichtet ein Nest in bodennahen Nischen.

2 | Blaukehlchen — *Luscinia svecica* Bluethroat

293 | L 13–14 cm

MERKMALE Klein und schlank mit graubraunem Gefieder, rostroter Schwanzbasis und breiter dunkler Schwanzendbinde. Der weißliche Überaugenstreif ist auffällig und fehlt nur im JK. Ad. ♂ (**2A, B**) mit blauer Kehle und Brust, die zum grauen Bauch mit einem dreifarbigen dunkel-weiß-rostroten Band begrenzt ist. Ein mittiger, entweder rostroter oder weißer Fleck verrät die Unterart („Weißsterniges Blaukehlchen" ssp. *cyanecula*, **2A** oder „Rotsterniges Blaukehlchen" ssp. *svecica*, **2B**). Ab Herbst, nach der Vollmauser, sind Teile der blauen Kehle durch helle Federränder verdeckt, die Unterscheidung von manchen ♀ ist dann schwieriger. ♂ im 1. W sind wie ad. ♂ im Herbst gefärbt. Ad. ♀/1. W ♀ (**2C**) mit hellem Kinn, dunklen Kinnstreifen und fleckigem, dunklem Brustband. Ältere ♀ manchmal mit einigen blauen und rostroten Federn und dann ähnlich ♂. Im JK (**2D**) kräftig gestreift und gefleckt, aber mit typischer rostroter Schwanzbasis. Gesang hoch flötend, mit langsamem Beginn, dann beschleunigt und mit schnellen, metallischen Tönen endend. Dazwischen Imitationen anderer Arten. Ruft voll schmatzend „tschak" oder „track". Auch fein „hiit" oder rauer „bsrü".

VORKOMMEN B, D III–X 100–2100 m; Zugvogel, überwintert in Afrika und Asien. Das Weißsternige Blaukehlchen ist ein seltener Brutvogel in tief gelegenen Feuchtgebieten mit Röhrichtbeständen und offenen Bodenstellen, v.a. am Neusiedler See und nördlich der Alpen. Rotsternige Blaukehlchen brüten sehr selten an wenigen Standorten in den Alpen (Salzburg, Kärnten, Vorarlberg), in feuchten Gebüschen (z.B. Latschen), Zwergstrauch- oder Hochstaudenfluren.

Blaukehlchen, ♂

1A
I

1B
VII

2A
IV

2B
VI

2C
II

2D
VI

1 | Nachtigall — *Luscinia megarhynchos* Common Nightingale

294 | L 15–16,5 cm

MERKMALE Oberseits ungezeichnet warmbrauner Singvogel ohne kontrastreiche Gefiedermerkmale (**1A, C**). Größe zwischen Rotkehlchen und Singdrossel. Um das große schwarze Auge liegt ein schmaler heller Augenring. An den Halsseiten diffus grau getönt. Schwanz und Bürzel sind lebhafter rotbraun. Die Unterseite ist hell gräulich mit einem breiten, diffusen, beigebraunen Brustband (**1B**). Die Kehle ist hell, die Unterschwanzdecken sind ungezeichnet. Verwechslungsgefahr besteht am ehesten mit dem selteneren, sehr ähnlichen Sprosser, aber auch mit Gartenrotschwanz ♀. Singt sehr laut, flötend und melodisch mit kurzen, abwechslungsreichen Strophen und langen Pausen. Typisch ist das regelmäßig wiederkehrende, ansteigende Motiv „iih-iih-iih-iih...". Ruft zart „hiip", bei Erregung knarrend „errrr".

VORKOMMEN B, D IV–IX 100–600 m; Zugvogel, überwintert im südlichen Afrika. In Österreich lokaler, teilweise häufiger Brutvogel im Nordosten (v.a. Nordburgenland, Weinviertel). Spärlicher und unregelmäßiger auch in anderen Landesteilen an wärmebegünstigten Standorten, vereinzelt auch in großen Alpentälern. Brütet in Wäldern und Gebüschen mit dichtem Unterwuchs, gern in Wassernähe.

2 | Sprosser — *Luscinia luscinia* Thrush Nightingale

295 | L 15–17 cm

MERKMALE Sehr ähnlich der Nachtigall, auf der Oberseite aber eher graubraun gefärbt (**2A, C**). Der Schwanz ist ebenfalls weniger lebhaft braun. Das Brustband ist fleckig graubraun. Kehle und Brust sind diffus schuppig gemustert (**2B**). Heller Bart- und dunkler Kinnstreif schwach, aber oft deutlicher ausgeprägt als bei der Nachtigall. Unterschwanzdecken manchmal mit angedeuteten Flecken. Die verkürzte äußerste Handschwinge ist kürzer als die Handdecken (bei Nachtigall länger oder gleich lang). Am geschlossenen Flügel sind meist acht Handschwingenspitzen zu sehen (bei Nachtigall meist sieben). Diese beiden Merkmale sind aber am ehesten in der Hand hilfreich, können im Feld kaum und häufig nicht einmal auf guten Fotos verlässlich beurteilt werden. Gesang sehr ähnlich dem der Nachtigall, aber mit kürzeren Elementen, weniger melodischen und mehr knarrenden Tönen. Viele Wiederholungen, ähnlich Singdrossel. Das ansteigende Pfeifen der Nachtigall (s.o.) fehlt. Ruft wie Nachtigall, „ihp" aber etwas höher und kürzer.
VORKOMMEN D V–X 100–500 m; brütet in Nord- und Osteuropa, überwintert im südlichen Afrika. In Österreich Durchzügler im Frühling und Herbst. Wird nur selten (aber alljährlich) beobachtet, was wohl v.a. auf die versteckte Lebensweise zurückzuführen ist.

Nachtigall

Sprosser

1A
V

1B
V

1C
IV

2A
V

2B
V

2C
VIII

1 Grauschnäpper
— *Muscicapa striata* Spotted Flycatcher

296 | L 13,5–15 cm

MERKMALE Großer, schlanker Schnäpper mit aufrechter Körperhaltung und langen Flügeln. Steht gern exponiert. Schnabel dunkel und recht lang. Ad. (**1A, B**) mit grauer Oberseite, dunkleren Flügeln mit hell gerandeten Armschwingen und Schirmfedern und weißlicher Unterseite. Der Scheitel ist dicht, die Brust diffuser gestrichelt. Im JK (**1C**) ähnlich ad., aber mit hellen Spitzen der großen und mittleren Armdecken sowie kräftiger geflecktem Scheitel. Singt eine langsame, einfache Serie scharfer, etwas rauer Töne. Ruft scharf einzeln „zri", dann Verwechslungsmöglichkeit mit anderen Arten (z.B. Kernbeißer, Rotkehlchen). Der Warnruf ist typischer, zwei- oder mehrsilbig „zri-dschk... zri-dschk-schk".

VORKOMMEN B, D IV–X 100–1700 m; Zugvogel, überwintert in Afrika. Verbreiteter Brutvogel an Waldrändern, in Gärten und Parks. Brütet in offenem Nest in Nischen an Gebäuden oder Bäumen.

2 Zwergschnäpper
— *Ficedula parva* Red-breasted Flycatcher

297 | L 11–12 cm

MERKMALE Kleiner Schnäpper mit hellem Augenring. Mantel und Flügel sind graubraun, ohne deutliche weiße Abzeichen wie bei Trauer- und Halsbandschnäpper. Die weißen Seiten der Schwanzbasis werden beim häufigen Stelzen des Schwanzes sichtbar. Schnabel dunkel mit heller Basis. Oberschwanzdecken dunkelbraun. Ad. ♂ (**2A**) mit grauem Kopf. Kehle und obere Brust sind orange, diffus zum weißlichen Bauch auslaufend. Ad. ♀ (**2B**) und ♂ im 1. S sind ganz graubraun, die Kehle ist weißlich, Brust und Flanken sind beige getönt. Im 1. W (**2C**) wie ad. ♀, aber mit hellbrauner Flügelbinde, die durch die hellen Spitzen der großen Armdecken gebildet wird. ♂ im 2. S zeigen einen kleinen orangen Kehlfleck und sind am Scheitel noch brauner als ad. ♂. Singt explosiv und melodisch. Typische Strophe beginnt mit langsamen, spitzen Einzeltönen und geht dann in ein leierndes, leicht abfallendes Motiv über. Das Rufrepertoire umfasst ein trockenes „drrd" (ähnlich Zaunkönig) sowie einen hohen, flötenden Warnruf „dii.. dii.. DI-lü..".

VORKOMMEN B, D V–IX 100–1300 m; Zugvogel, überwintert in Asien. Brutvogel alter Laub- und Mischwälder, überwiegend nördlich des Alpenhauptkamms. Gern in Buchenwäldern in der Nähe von Bächen. Als Durchzügler andernorts selten.

Grauschnäpper

Zwergschnäpper, ♂

1C
VII

1A
VI

1B
V

2A
VI

2C
IX

2B
IX

1 | Halsbandschnäpper — *Ficedula albicollis* Collared Flycatcher

298 | L 12–13,5 cm

MERKMALE Mittelgroßer Schnäpper, insbesondere ♀ und 1. W sind dem Trauerschnäpper sehr ähnlich. ♂ im PK (**1A**) sind gänzlich schwarz-weiß gefärbt und zeigen ein breites weißes Halsband und einen großen weißen Stirnfleck. Schirmfedern und große Armdecken bilden ein großes weißes Feld am geschlossenen Flügel. Zudem sitzt ein großes weißes Abzeichen an den Handschwingenbasen. Der Bürzel ist diffus weiß, die Unterseite reinweiß. Schwanz meist ganz schwarz. ♂ im SK ähnlich ♀, aber mit schwarzen Flügeln und großem Handschwingenfleck wie im PK sowie mit weißen Schwanzkanten. ♂ im 1. S wie PK, aber Handschwingenfleck etwas kleiner, Handschwingen brauner und manchmal mit grauem Nacken. Ad. ♀ (**1B, C**) sind überwiegend graubraun mit deutlichem, nahezu rechteckigem weißen Handschwingenfleck, der knapp an den Flügelrand reicht. Schwanzkanten weiß. 1. W wie ad. ♀, zur Unterscheidung siehe Trauerschnäpper. Singt eine langsame Folge hoher Pfeiftöne, dazwischen rauere Noten. Ruft hoch „(h)iip". Im JK wie 1. W, aber mit grob hell geflecktem Kleingefieder (**1D**)

VORKOMMEN B, D IV–IX 100–800 m; Zugvogel, überwintert in Afrika. Brütet in der Osthälfte Österreichs, in lockeren Laubwäldern (gern mit hohem Eichen- oder Buchenanteil) sowie in Parklandschaften mit altem Baumbestand und großem Höhlenangebot.

2 | Trauerschnäpper — *Ficedula hypoleuca* European Pied Flycatcher

299 | L 12–13,5 cm

MERKMALE Sehr ähnlich dem Halsbandschnäpper, als Durchzügler aber überall häufiger. ♂ im PK (**2A, B**) sind manchmal schwarz-weiß, häufig aber mit ausgedehnt graubraunen Bereichen auf der Oberseite. Nacken immer dunkel ohne weißes Halsband. Bürzel recht dunkel, nie so hell wie bei Halsbandschnäpper. Handschwingenfleck klein oder fehlend. Stirnfleck klein, meist zweigeteilt. ♂ im SK wie ♀, aber mit schwarzem Schwanz und dunkleren Flügeldecken. ♂ im 1. S (**2A, B**) wie ad. im PK, aber mit stärker braun gefärbten Schwungfedern. Manche 1. S sehen ♀ sehr ähnlich (aber immer mit mehr Weiß auf Schirmfedern und weißem Stirnfleck, **2B** zeigt solch ein extrem braunes Ind.). Ad. ♀ (**2C**) sind oberseits graubraun, unterseits weißlich. Schirmfedern mit weißen Rändern, große Armdecken mit weißen Spitzen. Weißer Handschwingenfleck kleiner als bei Halsbandschnäpper ♀. 1. W (**2D**) wie ad. ♀, aber weißer Rand der Schirmfedern an der Spitze verdickt und dort mit scharfer Stufe endend (bei ad. ♀ wird der Rand an der Spitze schmaler und reicht auf die Innenfahne). Singt hoch, rhythmisch und recht langsam abfallend. Ruft trocken „tett" oder warnend kurz „pik".

VORKOMMEN B, D IV–IX 100–1900 m; Zugvogel, überwintert in Afrika. Brütet in strukturierten Laub- und Mischwäldern sowie in parkartigen Landschaften, in westlichen und nördlichen Landesteilen. Als Durchzügler in ganz Österreich häufig.

Halsbandschnäpper, ♀/1. W

Trauerschnäpper, ♀/1. W

1A
IV

2A
IV

1B
IV

2C
IV

1C
V

2D
IX

1D
VII

2B
IV

Fliegenschnäpperverwandte

1 | Gartenrotschwanz

— *Phoenicurus phoenicurus* Common Redstart

300 | L 13–14,5 cm

MERKMALE In allen Kleidern mit rostrotem Schwanz (zentrale Schwanzfedern dunkel). Ad. ♂ (**1A**) sind unverwechselbar, mit ausgedehnt orangeroter Unterseite und grauer Oberseite. Gesicht und Kehle sind schwarz, Überaugenstreif und Stirn diffus weiß. Im frischen Gefieder (ab Spätsommer) beige überhaucht und dann ähnlich ♂ im 1. W (**1D**), aber immer mit dunklerem Zügelbereich. ♀ (**1B**) graubraun, unterseits heller mit sanftem Kontrast zwischen weißlichem Bauch, heller Kehle und warmbraunen Flanken. Insgesamt heller und weniger grau als ♀ des Hausrotschwanzes. Im JK (**1C**) ähnlich ♀, aber ober- und unterseits grob hell gefleckt. Gesang hoch und kurz, drosselartig melodisch und mit nur angedeuteten, kratzigen Elementen. Ruft sanft und hoch „hüit", bei Erregung hart „zick" oder in Serie „tk-tk-tk".

VORKOMMEN B, D III–X 100–2000 m; Zugvogel, überwintert in Afrika. In Österreich verbreiteter Brutvogel, v.a. im Hügelland. Als Durchzügler flächendeckend. Brütet in Baumhöhlen und Nistkästen in lockeren Baumbeständen, Gärten, Parks und gut strukturierten Kulturlandschaften.

2 | Hausrotschwanz

— *Phoenicurus ochruros* Black Redstart

301 | L 13–14,5 cm

MERKMALE Zeigt graues Gefieder und rostroten Schwanz (mit dunklen zentralen Schwanzfedern), der häufig hektisch zuckt. Bei ad. ♂ (**2A**) sind Gesicht, Kehle und Brust schwarz. Oberseite, Flanken und Bauch heller grau. Ein auffälliges weißes Flügelfeld unterscheidet ad. von fortgeschrittenen ♂ im 1. W/1. S (**2D**), die einfarbig braungraue Flügel oder ein nur angedeutetes Flügelfeld zeigen. ♀ (**2B**) und die meisten ♂ im 1. W/1. S sind bis auf Schwanz und Unterschwanzdecken einfarbig rußgrau, dunkler und grauer als der Gartenrotschwanz und ohne Kontrast zwischen Bauch und Flanken. Im JK (**2C**) ähnlich ♀, aber oberseits zart geschuppt. Gesang beginnt und endet meist mit trillernden Elementen. Dazwischen liegt ein kratzig knirschendes Motiv, das den Gesang des Hausrotschwanzes unverwechselbar macht. Ruft dünn „iht", bei Erregung „iht tk-tk-tk...".

VORKOMMEN B, D, w I–XII 100–2700 m; Zugvogel, überwintert im Mittelmeergebiet, aber zunehmend auch in Österreich. Sehr häufiger Brutvogel an Gebäuden, auch im dicht verbauten Gebiet, sowie im Gebirge in felsigen Bereichen. Brütet in Nischen und Halbhöhlen.

WISSENSWERTES Hybridisiert gelegentlich mit dem Gartenrotschwanz. Männliche Hybride zeigen folgende Merkmale: Oberseite grau, Stirn weißlich, Gesicht, Kehle und Brust schwarz, mit zerfranstem Übergang zum orangen Bauch, der eine weißliche Mitte zeigt. Unterschwanzdecken hellorange bis weißlich. Ein weißes Flügelfeld ist manchmal ausgebildet.

Gartenrotschwanz, ♀

Hausrotschwanz , ♀

1A
V

2A
V

1B
IV

2B
V

1C
VII

2C
VI

1D
X

2D
IX

1 Braunkehlchen
— *Saxicola rubetra* Whinchat

302 | L 12–14 cm

MERKMALE Kurzschwänzig, in allen Kleidern mit auffälligem Überaugenstreif und mit (im Flug sichtbarer) weißer Schwanzbasis. ♂ im PK (**1A**) sind oberseits braun-schwarz gefleckt mit großen weißen Abzeichen auf Schultern und Handdecken. Der Überaugenstreif ist reinweiß, Wangen und Zügel sind dunkelbraun. Kehle und Brust orange, Bauch weiß. Bürzel braun, schwarz gefleckt. ♀ im PK (**1B**) sind weniger kontrastreich, mit beigem Überaugenstreif, helleren Wangen und hellem Zügel. Im JK (**1C**) stark gefleckt, Überaugenstreif und weiße Schwanzkanten aber bereits sichtbar. ♂/♀ im SK (**1D**) und 1. W ähnlich ♀ im PK, Alters- und Geschlechtsbestimmung meist schwierig. Sowohl ad. als auch 1. W können kleine schwarze Flecken auf der Brust zeigen. Ad. ♂ zeigen das weiße Flügelfeld auf den Handdecken. Singt eine variable Melodie aus flötenden, klaren und kratzenden Elementen, auch mit Imitationen anderer Arten. Ruft eine Abfolge aus flötenden und klackenden Tönen, z.B. „jü... jü-teck-teck-teck".
VORKOMMEN B, D IV–X 100–2100 m; Zugvogel, überwintert in Afrika südlich der Sahara. In Österreich nur noch spärlicher, an vielen Orten verschwundener Brutvogel. Besiedelt abwechslungsreiche, offene Wiesenlandschaften vom Tiefland bis in hohe Lagen. Als Durchzügler flächendeckend und recht häufig.

2 Schwarzkehlchen
— *Saxicola torquatus* Common Stonechat

303 | L 11,5–13 cm

MERKMALE Ähnlich dem Braunkehlchen, aber ohne deutlichen Überaugenstreif und mit schwarzem Schwanz. Bei ♂ im PK (**2A**) sind Kopf und Oberseite schwarz, dazu kontrastieren ein großer weißer Halsseitenfleck und weiße Schultern. Oberschwanzdecken und Bürzel sind meist braun, schwarz gefleckt, manchmal aber weiß. Brust, Bauch und Flanken ausgedehnt orange. Manche zeigen aber nur einen kleineren orangen Bereich auf der Brust und einen weißlichen Bauch. ♂ im SK und 1. W (**2D**) wie im PK, aber durch beige Federränder insgesamt stärker braun getönt. ♀ (**2B**) sind graubraun mit gefleckter Kehle und kleinerem weißen Schulterfleck. Unterseite mit rostbeigem Anflug. Im JK (**2C**) stark gefleckt, ohne Überaugenstreif und mit dunklem Schwanz. Der Gesang ist eine kurze, hohe, kratzig melodische Strophe. Ruft ähnlich verwandten Arten, aber rauer „is... is-trk-trk".
VORKOMMEN B, D, w II–XI 100–1000 m; Zugvogel, überwintert im Mittelmeerraum. Spärlicher Brutvogel trockener und wärmebegünstigter Gebiete. Besiedelt offene, strukturierte Kulturlandschaften mit Wiesen- oder Bracheflächen und Gebüschen, aber auch karge Ruderalflächen.
WISSENSWERTES Das „Sibirische Schwarzkehlchen" (*S. t. maurus*) wurde als Ausnahmeerscheinung ebenfalls in Österreich nachgewiesen. ♂ unterscheiden sich u.a. durch einen größeren Halsseitenfleck, weniger Orange und mehr Weiß auf der Unterseite, einen immer ungezeichneten Bürzel und schwarze Unterflügeldecken.

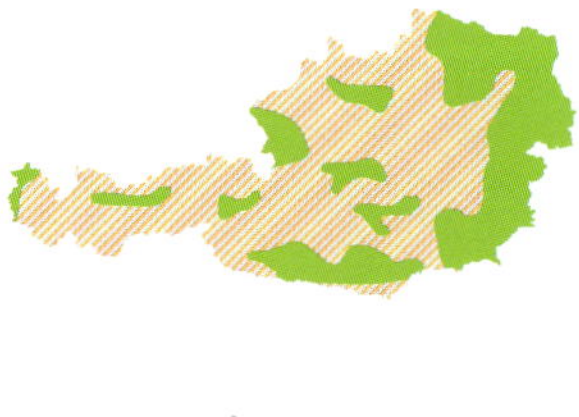

Braunkehlchen, ♂

Schwarzkehlchen, ♂

1A V

1B V

1C VI

1D IX

2A V

2B V

2C V

2D III

1 | Steinschmätzer — *Oenanthe oenanthe* Northern Wheatear

304 | L 14–16,5 cm

MERKMALE Schlank, mit sehr langen Flügeln (lange Handschwingenprojektion) und weißem Schwanz mit schwarzer Endbinde und schwarzen mittleren Schwanzfedern („T-Muster"). Ad. ♂ (**1A**) mit grauer Oberseite und warmbeiger bzw. weißlicher Unterseite. Augenmaske und Zügel schwarz, oben und unten weiß begrenzt. Flügel oberseits ganz schwarz. Nach der Mauser im frischen Gefieder (ab Spätsommer, **1E**) insgesamt hellbeige (manchmal dunkler braun, manchmal weißlich wirkend), nur kleine Augenmaske und Zügel kontrastieren schwarz. Die schwarzen Schwungfedern und Flügeldecken sind breit hell gerandet. Ad. ♀ (**1B**) ohne schwarze Maske und mit hellem Zügel, oberseits braungrau und mit braunen Flügeln. ♀ im frischen Gefieder und 1. W (**1D**) oberseits beige, mit braun gerandeten Schwungfedern und Flügeldecken. Im JK (**1C**) graubraun, durchwegs diffus gefleckt. Schwungfedern mit breiten braunen Säumen. Singt eine kurze, einigermaßen melodische Strophe mit knirschenden Lauten von einer Warte oder im Singflug. Ruft hoch „hiit", auch hart „tschak" (ähnlich Mönchsgrasmücke).

VORKOMMEN B, D III–X 100–2600 m; Zugvogel, überwintert in Afrika. Verbreiteter Brutvogel im Gebirge auf alpinen, mit Felsen durchsetzten Hängen. Daneben spärlicher im Tiefland (v.a. im Nordosten), auf trockenen, kargen Wiesen- und Ruderalflächen (z.B. Schottergruben). Tritt als Durchzügler regelmäßig auch abseits der Brutgebiete auf.

WISSENSWERTES Als Ausnahmeerscheinungen wurden in Österreich u.a. **Mittelmeersteinschmätzer** (*O. hispanica*, s.S. 342), **Isabellsteinschmätzer** (*O. isabellina*), **Nonnensteinschmätzer** (*O. pleschanka*) und **Wüstensteinschmätzer** (*O. deserti*) nachgewiesen, die weiter südlich bzw. östlich brüten.

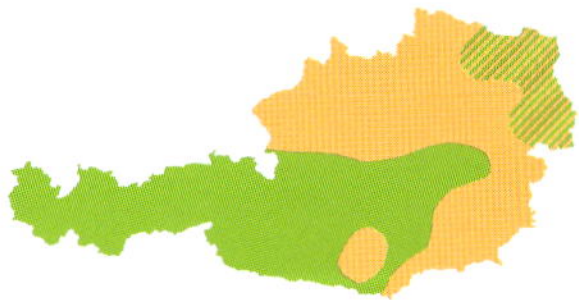

2 | Steinrötel — *Monticola saxatilis* Rufous-tailed Rock-thrush

305 306 | L 17–20 cm

MERKMALE Drosselartig, mit langem, spitzem Schnabel und sehr langer Handschwingenprojektion. Schwanz rostrot, zentrale Schwanzfedern dunkler. ♂ im PK (**2A**) sind unverwechselbar, mit oranger Unterseite, blaugrauem Kopf und Mantel, weißlichem Rücken und dunkelbraunen Flügeln. ♀ (**2B**), ♂ im SK und JK sind dunkelbraun, auf der Oberseite dicht hell gefleckt. Bauch und Flanken mit rötlichem Anflug und schuppig gemustert. Singt von einem Felskopf oder im Singflug kurz, amselähnlich flötend, etwas melancholisch. Ruft hoch „wit" oder hart mit rauem Unterton „tschk".

VORKOMMEN B IV–VIII 1600–2400 m; Zugvogel, überwintert in Afrika, südlich der Sahara. In Österreich recht seltener, lokaler Brutvogel auf steilen, warmen, kurzrasigen und felsdurchsetzten Hängen der Westalpen, v.a. südlich des Alpenhauptkamms. Andernorts nur sehr selten als Durchzügler.

WISSENSWERTES Die **Blaumerle** (*M. solitarius*) brütete im 19. Jahrhundert in den Karnischen Alpen (Kärnten) und wurde seither nur mehr als Ausnahmeerscheinung nachgewiesen. ♂ sind ganz graublau, mit schwärzlichen Flügeln. ♀ ähnlich Steinrötel ♀, aber nur unterseits gefleckt und ohne warme Farbtöne. Oberseite ungezeichnet graubraun. Beide Geschlechter zeigen einen einfarbig dunklen Schwanz.

Steinschmätzer, 1. W

1A
III

1B
IV

1E
IX

1D
IX

1C
VII

2A
V

2B
VI

1 Wintergoldhähnchen — *Regulus regulus* Goldcrest

307 | L 8,5–9,5 cm

MERKMALE Sehr klein, mit rundlichem Körper und „halsloser" Erscheinung. Das ungezeichnete, helle Gesicht mit den großen dunklen Augen verstärkt den niedlichen Eindruck. Die Oberseite ist graugrün, die Unterseite graubeige. Die Flügel sind dunkler und zeigen meist eine sichtbare, breite helle Flügelbinde, die in Verbindung mit den hellen Handschwingenbasen v-förmig erscheint. Die sehr kurze zweite Binde ist häufig von den Schulterfedern verdeckt. Die Schirmfedern zeigen große helle Spitzenflecken. Die Scheitelmitte ist bei ♀ (**1A**) gelb, bei ♂ (**1B**) orange (kann aber von gelben Federn weitgehend verdeckt sein) und wird von schwarzen Scheitelseitenstreifen eingeschlossen. Im JK (im Sommer, **1C**) noch ohne das kontrastreiche Scheitelmuster, mit grauem Kopf und hellerem Schnabel. Singt extrem hoch, etwa auf derselben Tonhöhe rhythmisch oszillierend und mit einem kurzen Trillerton endend. Ruft ähnlich fein, etwas rau und gedehnt „sri-sri-sri-sri" oder nur einfach „tsii".

VORKOMMEN B, D, W I–XII 100–2100 m; weit verbreiteter Teilzieher. Zu allen Jahreszeiten in Nadel- und Mischwäldern, v.a. im Hügel- und Bergland anzutreffen. Im Herbst zudem auch abseits der Brutgebiete auffälliger Durchzug von Vögeln aus nördlichen Populationen.

WISSENSWERTES Das Wintergoldhähnchen gilt mit etwa 9 cm Körperlänge und einem Gewicht von 5 g als der kleinste Vogel Europas. Das Sommergoldhähnchen ist allerdings nur unwesentlich größer und schwerer, gefolgt von Zilpzalp (6–9 g), Beutelmeise (8 g), Schwanzmeise (8 g) und Zaunkönig (8–10 g).

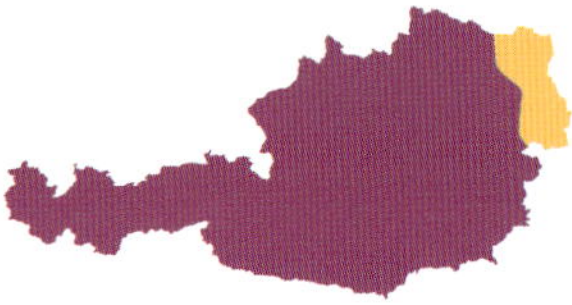

2 Sommergoldhähnchen — *Regulus ignicapilla* Common Firecrest

308 | L 9–10 cm

MERKMALE Ähnlich dem Wintergoldhähnchen und am besten durch das kontrastreiche Kopfmuster und am abweichenden Gesang unterschieden. Zeigt einen breiten weißen Überaugenstreif, einen dunklen Augenstreif und Zügel sowie einen hellen Fleck unter dem Auge. Die Wangen sind grau und werden zur Kehle von einer dünnen schwarzen Linie begrenzt. Die Halsseiten kontrastieren grünlich gelb zu den grauen Wangen. Die Schirmfedern zeigen an den Spitzen helle Ränder. ♂ (**2A**) zeigen eine orange, ♀ eine meist überwiegend gelbe Scheitelmitte (die Unterscheidung kann aber Schwierigkeiten bereiten). Die schwarzen Scheitelseitenstreifen treffen sich auf der Stirn. Im JK (**2C**) bereits mit kontrastreichem Gesichtsmuster, am Scheitel aber einfarbig grau. Schnabel vorerst heller als bei ad. Verwechslungsgefahr besteht v.a. mit dem Wintergoldhähnchen, besonders im JK eventuell aber auch mit sehr seltenen Laubsängern mit Flügelbinden (z.B. Gelbbrauenlaubsänger), die in der Regel aber im Herbst auftreten, wenn Goldhähnchen bereits in ihr Alterskleid gemausert haben. Singt mit ähnlicher Stimme wie das Wintergoldhähnchen, aber eine leicht ansteigende Strophe (bei Wintergoldhähnchen schwankt die Tonhöhe rhythmisch auf und ab). Ruft nur wenig tiefer als das Wintergoldhähnchen „zü-zü-zi".

VORKOMMEN B, D, w III–X 100–2100 m; Zugvogel, überwintert v.a. im Mittelmeergebiet, nur vereinzelt in Österreich. Weit verbreiteter Brutvogel, aber spärlicher als das Wintergoldhähnchen. Besiedelt v.a. Laub- und Mischwälder.

1A III

2A V

1B XII

2B IV

1C VII

2C VI

1 | Heckenbraunelle
— *Prunella modularis* Dunnock

309 | L 13–14,5 cm

MERKMALE Meisengroßer Singvogel, lebt versteckt und zeigt sich selten. Dunkel gefärbt mit schlankem, schwarzem Schnabel. Gefieder kaltbraun, auf Mantel und Flanken dunkel gestreift. Kopf, Brust und Bauch grau, kaum gezeichnet. Die braunen Ohrdecken setzen sich vom restlichen Kopf ab. Große Armdecken mit kleinen hellen Spitzenflecken. Beine und Iris graubraun. Im JK (**1B**) kräftiger gestreift, besonders auf Kopf und Brust. Singt eine sehr feine, hohe und kurze Melodie, gern von Buschspitzen (dann am einfachsten zu sehen). Ruft im Flug hoch, klingelnd „tilili". Am Boden noch feiner, meist einsilbig „thi".
VORKOMMEN B, D, W I–XII 100–2200 m; Teilzieher. Überwintert in Südeuropa, aber auch in Österreich. Außerdem starker Durchzug von Brutvögeln nördlicher Herkunft (III–IV/X). Häufiger und weit verbreiteter Bewohner verschiedener Waldtypen, bis über die Baumgrenze (gern in Latschengebüschen). V.a. während des Durchzugs auch in Hecken, Parks und Gärten.
WISSENSWERTES Mit 20 Jahren starb die älteste bekannte, freilebende Heckenbraunelle in einem, für eine so kleine Singvogelart, beachtlichen Alter.

2 | Alpenbraunelle
— *Prunella collaris* Alpine Accentor

310 | L 15–17,5 cm

MERKMALE Größer und kräftiger als die Heckenbraunelle und mit anderen Lebensraumansprüchen. Ad. (**2A**) sind überwiegend dunkel gefärbt mit braun gestreifter Oberseite. Kopf und Brust sind grau. Flanken rotbraun, Kinn und Kehle weiß gefleckt, Schnabelbasis gelb. Armdecken und Handdecken mit weißen Spitzen, bilden zwei lückige Flügelbinden. Im Flug mit dunklem Flügelfeld, das durch die dunklen, großen Armdecken gebildet wird. Der Gesang besteht aus relativ melodischen, kurzen, leicht trillernden Strophen und erinnert an eine Lerche. Ruft rollend „drrü", ähnlich Feldlerche, bei Erregung hart „dschrdschrdschr", manchmal auch glatt „dii".
VORKOMMEN B, W I–XII 500–3000 m; Standvogel. Im Alpenraum verbreiteter Brutvogel felsiger Hänge mit niedriger Vegetation, vorwiegend über 1500 m. Im Winter vereinzelt auch in tieferen Lagen, z.B. auf Felsköpfen oder Burgruinen. Ernährt sich von Insekten und Samen.

1A
IV

1B
VII

2B
VIII

2A
I

Sperlinge

1 Haussperling
— *Passer domesticus* House Sparrow

311 | L 14–16 cm

MERKMALE: Oberseits breit braun-schwarz gestreift. Im Gegensatz zum Feldsperling sind ♂ und ♀ leicht zu unterscheiden. ♂ im PK (**1A**) zeigen einen grauen Scheitel und graue Wangen sowie dunkelbraune Scheitelseiten, die in den braunen Nacken übergehen. Schnabel, Zügel, Kehle und Brust sind schwarz. Eine kurze helle Flügelbinde wird durch die mittleren Armdecken gebildet. ♂ im SK (**1B**) haben einen helleren Schnabel mit gelblicher Basis. Die Brust ist grau und nur Kinn und Kehle sind schwarz. Die dunkelbraunen Scheitelseiten zeigen helle Federspitzen. ♀ (**1C**) und JK zeigen einen braunen Kopf mit hellerer Kehle, eine hellbraune Unterseite und einen hornfarbenen Schnabel. Der deutliche beige Überaugenstreif liegt nur hinter dem Auge. Juv. ♂ zeigen ab Spätsommer die ersten, für das Geschlecht typischen Federn (z.B. an der Kehle). Ruft typisch „tschilp", als Gesang in Serie „tschilp tschew tschilp tschew...". Bei Erregung trocken „tschrrrrr-r-r-r".
VORKOMMEN: B, W I–XII 100–1900 m; häufiger und weit verbreiteter Standvogel, in Österreich an das menschliche Siedlungsgebiet gebunden. Kommt in Städten und Dörfern sowohl im dicht verbauten Gebiet als auch in mit Grünflächen durchsetzten Bereichen vor. Tritt häufig in kleinen Schwärmen auf. Brütet in Nischen und Hohlräumen an Gebäuden.
WISSENSWERTES: Der Haussperling hybridisiert gelegentlich mit dem Feldsperling (♂, **1D**). Die Nachkommen zeigen ein kontrastarmes Kopfmuster mit grauem Scheitel, weißlicher Wange und angedeutetem, schwarzem Wangenfleck.

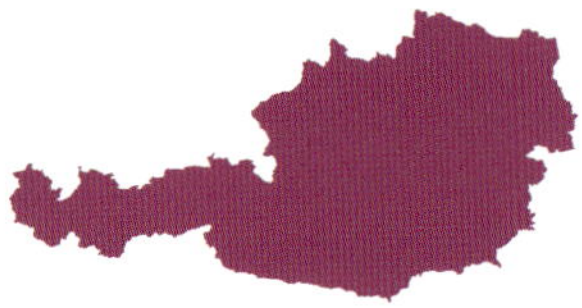

2 Italiensperling
— *Passer italiae* Italian Sparrow

L 14–16 cm

MERKMALE: Sehr ähnlich dem Haussperling, ♀ sind von diesem nicht zu unterscheiden. ♂ (**2A**) zeigen einen ganz braunen Scheitel (wie Feldsperling) und heller weißliche Wangen als Haussperlinge. Über dem schwarzen Zügel ist häufig ein schmaler weißer Überaugenstreif angedeutet. Hybride mit dem Haussperling (**2B**) zeigen eine gemischt grau-braune Kopfplatte, die sich weniger weit in den Nacken zieht als beim Haussperling. Vorsicht! Auch reine Italiensperlinge zeigen im SK (**2A**) hellbraune (nicht graue) Federspitzen am Kopf, die an einen Hybrideinfluss erinnern können. Ruft wie Haussperling.
VORKOMMEN: B, W I–XII 500–1900 m; Standvogel, in Österreich am nördlichsten Rand seines südeuropäischen Verbreitungsgebiets. Kommt spärlich im Tiroler Oberland, Osttirol und in den südwestlichsten Teilen Kärntens vor, hybridisiert aber durchwegs mit Haussperlingen.
WISSENSWERTES: Der Italiensperling wurde lange Zeit nicht als eigene Art angesehen. Auch heute ist sein Status umstritten und er wird ebenso als Unterart des Haussperlings bzw. des in Südeuropa verbreiteten Weidensperlings *(P. hispaniolensis)*, sowie als Hybridpopulation zwischen diesen beiden Arten betrachtet.

1A VI

1B XI

1C I

1D III

2A I

2B IV

1 | Feldsperling
— *Passer montanus* Eurasian Tree Sparrow

313 | L 12,5–14 cm

MERKMALE: Sieht auf den ersten Blick dem ♂ des Haussperlings ähnlich, ist aber kleiner und anhand der Kopfzeichnung zu unterscheiden. Ad. (**1A, B**) zeigen einen ganz braunen Oberkopf und weiße Wangen mit einem isolierten schwarzen Fleck in der Mitte. Das weiße Nackenband ist fast durchgängig und erreicht an den Halsseiten die weißen Wangen. Der schwarze Kehlfleck ist klein und reicht nicht auf die Brust. Der braune Mantel ist schwarz gestreift. Die mittleren Armdecken bilden eine weiße Flügelbinde, die weißen Spitzen der großen Armdecken eine weitere, schmalere Binde. Die Geschlechter sind gleich gefärbt. Zeigt zur Brutzeit einen ganz schwarzen Schnabel, sonst mit gelber Schnabelbasis. Im JK (**1C**) matter und kontrastärmer gefärbt. Wangen und Nackenband sind grauer, Stirn und Scheitelmitte sind grau getönt (kann an Hybride zwischen Haus- und Feldsperling erinnern, s. S. 307, **1D**). Ruft ähnlich dem Haussperling, aber zweisilbig und etwas höher „tsuwit" oder „tsüit". Auch „tett-ett-ett...".
VORKOMMEN: B, W I–XII 100–1300 m; weit verbreiteter und häufiger Standvogel. Besiedelt Siedlungsränder mit ausreichend Grünflächen und offenes Kulturland, aber auch lockere Wälder und Waldränder. Weniger stark an menschliche Siedlungen gebunden als der Haussperling, kommt aber häufig gemeinsam mit diesem vor. Brütet in Hohlräumen in Gebäuden, aber auch in Baumhöhlen und Nistkästen.

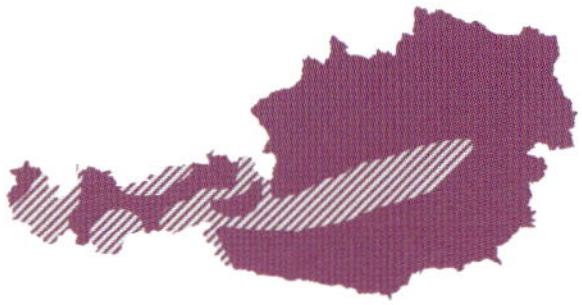

2 | Schneesperling
— *Montifringilla nivalis* White-winged Snowfinch

314 | L 16,5–19 cm

MERKMALE: Großer, langschwänziger und langflügeliger Sperling. Zeigt einen ungezeichneten, graubraunen Mantel, einen grauen Kopf und eine weißliche Unterseite. Im Flug mit weißen Armflügeln und überwiegend schwarzen Handflügeln (nur Handdecken oft ganz weiß). Schwanz weiß, mit schwarzem, zentralem Federpaar und schmaler dunkler Endbinde. Im PK (**2A**) mit bleigrauem Kopf, schwarzem Schnabel und schwarzem Kehlfleck. ♂ (**2A**) zeigen einen größeren Kehlfleck, dunkleren Schnabel und Zügel als ♀. Im SK (**2B**) ist der Schnabel gelb, die Kehle ist hell. Der Kopf ist braungrau. Im JK (**2C**) ähnlich SK. Singt von einer Warte oder im gleitenden Singflug eine unrhythmische Strophe mit kurzen, heiseren Trillern. Die verschiedenen Rufe umfassen z.B. hoch „ti ti zü" sowie aufgeregt „didididi" oder nasal „djä".
VORKOMMEN: B, W I–XII 1300–3000 m; Brutvogel in kargen, felsigen Alpenregionen, der zumindest teilweise das ganze Jahr im Hochgebirge verbleibt. Erscheint v.a. im Winter auch häufig in Menschennähe, z.B. in Skigebieten oder an Futterstellen. Brütet in Felsnischen, aber auch an hohen Gebäuden und in Stützen von Skiliften und Gondelbahnen.
WISSENSWERTES: Funde beringter Schneesperlinge zeigen, dass die Population in den Alpen mit jener in den Pyrenäen in regelmäßigem Austausch steht – zumindest manche Schneesperlinge also Zugbewegungen über größere Distanzen zeigen.

Schneesperling

Schneeammer, SK ♂ (s. S. 336)

1A
V

1B
X

1C
VII

2A
VI

2B
I

2C
VII

1 Brachpieper

— *Anthus campestris* Tawny Pipit

315 | L 15,5–18 cm

MERKMALE: Recht großer Pieper mit kräftigem Schnabel, sandbraunem Gefieder und ungezeichneten Flanken. Die Beine sind fleischfarben bis graurosa. Zur Unterscheidung von anderen Piepern s.a. S. 320. Ad. (**1A, B**) mit beiger Oberseite und etwas hellerer, weißlicher Unterseite. Die Schirmfedern und Flügeldecken sind dunkler graubraun und breit hell umrandet. Die Flanken sind ungestrichelt und leicht gelblich getönt. Die Brust zeigt höchstens an den Seiten wenige Strichel. Der Mantel ist recht einfarbig und nur sehr diffus dunkel gestreift. Der helle Überaugenstreif ist deutlich, der dunkle Kinnstreif sehr schmal, der Zügelstreif dunkel. Im JK (**1C**) ähnlich ad., aber mit dunkel geflecktem Mantel. Die Bruststrichelung ist kräftig und geht in einen deutlichen Kinnstreif über (manche auch mit prominentem Halsseitenfleck). Singt, häufig im Flug, eine zum Schluss manchmal beschleunigte Serie „tschilüi... tschilüi... tschilüi-tschilüi...". Ruft sperlingsähnlich „tschilp".

VORKOMMEN: B, D IV–IX 100–600 m; Zugvogel, überwintert in Afrika. Seltener Brutvogel in kargem Offenland (z.B. Trockenrasen, Brachflächen, Schottergruben) im Nordburgenland und in angrenzenden Regionen Niederösterreichs. Andernorts spärlicher Durchzügler, vorwiegend im Flachland und in Tallagen, meist auf Acker- oder Wiesenflächen.

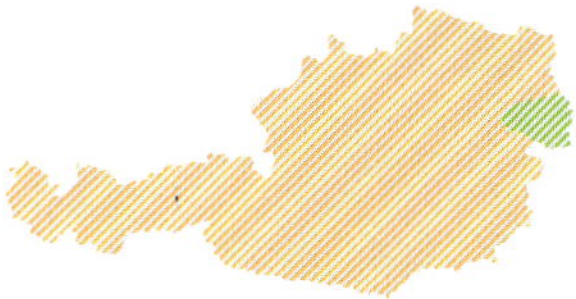

2 Spornpieper

— *Anthus richardi* Richard's Pipit

316 | L 17–20 cm

MERKMALE: Ähnlich dem Brachpieper, aber noch größer, langschwänziger und sehr langbeinig (s.a. S. 320). Steht aufrechter, manchmal mit gestrecktem Hals und kann wegen des sehr kräftigen Schnabels sogar an eine kleine Drossel erinnern. Die Hinterkralle ist sehr viel länger und weniger gekrümmt als beim Brachpieper. Wichtigste Gefiedermerkmale zur Unterscheidung sind der helle Zügel, der in allen Kleidern dunkel gestreifte Rücken und die deutlich beige getönten Flanken. Die auffällige Strichelung der beigen Brust geht an den Halsseiten meist in einen deutlich schwärzlichen Fleck über. In allen Kleidern sehr ähnlich, im JK sind die mittleren Armdecken weiß gerandet, bei ad. beige. Diesjährige Vögel im Herbst (1. W, **2A–C**) zeigen meist beide Federtypen. Ruft rau, laut und energisch „pschri", seltener sperlingsähnlich, glatter „pschiep".

VORKOMMEN: U; brütet in Südsibirien, überwintert in Indien und Südostasien. In Österreich sehr seltener Durchzügler im Herbst und Frühling. Rastet in offenen Lebensräumen, wie z.B. in Wiesengebieten, auf Schotterflächen o.ä.

1B VI

1A V

1C VIII

2A XII

2B XI

2C XI

1 Bergpieper

— *Anthus spinoletta* Water Pipit

317 | L 15,5–17 cm

MERKMALE: Kräftiger Pieper mit schwarzen Beinen und langem Schnabel. Im PK (**1A**) ist die Oberseite graubraun, der Kopf ist etwas heller grau als der kaum gezeichnete braunere Rücken. Der Bürzel ist wärmer braun. Kehle und Brust sind ab Frühling pink überhaucht, später weißlich. Der Bauch ist weiß, die Flanken zeigen eine spärliche Strichelung. Zeigt zudem einen breiten weißen Überaugenstreif und weißliche, eher unauffällige Flügelbinden. Der Schnabel ist schwarz. Im Flug mit deutlichen weißen Schwanzkanten. Im SK und 1. W (**1B, C**) sind Kopf und Rücken einheitlich graubraun und diffus dunkler gestreift, der Bürzel ist wärmer braun. Die Unterseite ist weiß mit dicker, aber weicher Strichelung, besonders auf der Brust, wo sie sich zu einem angedeuteten Halsseitenfleck verdichtet. Der Schnabel zeigt eine gelbliche Basis, die Beine sind in der Regel schwarz (manchmal aber heller bräunlich). Zur Unterscheidung von anderen Piepern s.a. S. 320. Singt über längere Strecken monoton, gern im Singflug und gegen Ende beschleunigt „zrü-zrü-zrü-zrü-zrü-zrü-zrü-zrü...“ (Motive aber variierend). Ruft unsauber „fwist“ oder „füist“. Meist einzeln oder in größeren Abständen und weniger klar als auffliegender Wiesenpieper.

VORKOMMEN: B, D, W I–XII 100–2700 m; Teilzieher. Verbreiteter Brutvogel im Alpenraum ab etwa 1000 m Seehöhe. Verlässt höhere Regionen im Winter und zieht teilweise nach Südeuropa und Nordafrika, überwintert aber auch in tieferen Lagen Österreichs. Brütet auf Almwiesen und alpinen Rasen. Als Durchzügler und Wintergast meist an Gewässern.

WISSENSWERTES: Der (v. a. im Winter) extrem ähnliche **Strandpieper** (*A. petrosus*, **2**) wurde als extreme Ausnahmeerscheinung nachgewiesen. 1. W/SK unterscheiden sich vom Bergpieper durch dickere, verwaschene Flankenstrichel, eine grünlich-graue Grundfärbung der Oberseite und gräuliche (statt weiße) Schwanzaußenkanten

.

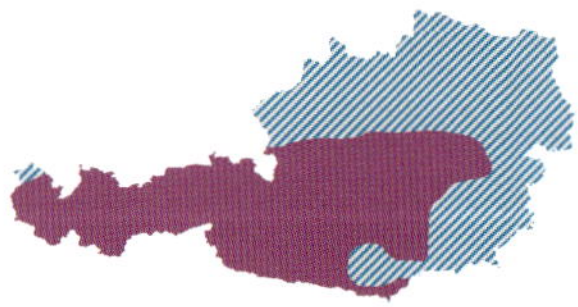

3 Rotkehlpieper

— *Anthus cervinus* Red-throated Pipit

318 | L 14–15 cm

MERKMALE: Kleiner Pieper mit kräftig gestreiftem Rücken. Ad. sind leicht an der rostroten Färbung von Gesicht, Kehle und Brust erkennbar. Im 1. W aber ähnlich anderen kleinen Piepern. Ad. PK (**3A–C**) zeigen eine recht dunkle Oberseite, mit kräftig schwarz gestreiftem Rücken und dunkel geflecktem Bürzel. Gesicht, Kehle und bei vielen auch Brust (meist ♂) rostbeige oder ziegelrot. Bauch und Flanken sind weiß, dick schwarz gestrichelt. Beim ♂-Typ sind die Strichel auf die untere Brust und/oder die Flanken reduziert. Im SK ist die Rotfärbung fahler und auf Gesicht und Kehle beschränkt (wie bei den meisten ♀ im PK). Im 1. W (**3D**) ohne Rotfärbung und daher ähnlich Wiesen- und Baumpieper. Die Unterseite ist aber reiner weiß, zeigt dickere Strichel auf Brust und Flanken und meist einen deutlicheren Halsseitenfleck. Der Rücken ist sehr kräftig gestreift und zeigt zwei weißliche Mantelstreifen. Die Schnabelbasis ist gelblich, der Bürzel dunkel gefleckt. Zur Unterscheidung von anderen Piepern s.a. S. 320. Ruft explosiv und langgezogen „pSII“, am Ende leicht abfallend und mit leicht rauem Unterton.

VORKOMMEN: D IV–V/IX–X 100–600 m; brütet in Nordskandinavien, überwintert in Afrika. In Österreich regelmäßiger Durchzügler im Frühling und Herbst. Wird häufig überfliegend rufend festgestellt. Rastet im Flachland auf Flächen mit schütterem Bewuchs (z.B. Gewässerufer, Brachen, Ackerflächen).

Bergpieper, PK

1A VI

1C III

2 III

1B I

3A IV

3B IV

3C IV

3D IX

1 Wiesenpieper
— *Anthus pratensis* Meadow Pipit

319 | L 14–15,5 cm

MERKMALE: Kleiner Pieper mit graubrauner, deutlich gestreifter Oberseite. Die Unterseite ist weißlich oder beige, Brust und Flanken gestrichelt. Der Schwanz ist dunkel mit weißen Außenkanten. Beine rosa. Sehr ähnlich dem Baumpieper, aber mit etwas schlankerem Schnabel und hellerem („freundlicherem") Gesicht mit schmalem, hellem Augenring und dünnerem, oft durchbrochenem Kinnstreif (s.a. S. 320, **1B, C, E**). Unterseite im frischen Gefieder (**1A**) recht einheitlich beige (bei Baumpieper deutlicherer Kontrast zwischen beiger Brust/Flanken und weißem Bauch), im abgetragenen Gefieder eher weiß (**1B, C**). Die Strichelung auf Brust und Flanken ist gleichmäßig breit. Der dunkle Schnabel zeigt meist eine gelbe Basis. Die Hinterzehe ist länger und weniger gekrümmt als beim Baumpieper (**1C**, im Feld aber schwer zu sehen). Im JK (**1D**) im Sommer oberseits noch kontrastreicher, Flanken kaum gestrichelt. Startet den Singflug von einer niedrigen Warte oder direkt vom Boden. Singt monoton, hoch „zi-zi-zi-zi-zi-zi-zi...", oft zum Ende beschleunigt, mit gelegentlichem Wechsel von Geschwindigkeit und Tonhöhe. Ruft im Flug einzeln oder mehrfach „ist", beim Auffliegen ähnlich, explosiv „ist-ist-ist".

VORKOMMEN: B, D, W I–XII 100–1800 m; Teilzieher. Spärlicher Brutvogel in den nördlichen Alpen und im Granit- und Gneishochland. Besiedelt offene, eher feuchte Graslandschaften vom Tiefland bis ins Gebirge. Überwintert im Flachland und in größeren Tälern, zieht aber auch bis nach Südeuropa und Nordafrika.

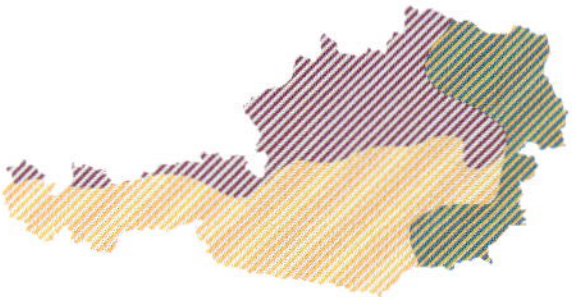

2 Baumpieper
— *Anthus trivialis* Tree Pipit

320 | L 14–16 cm

MERKMALE: Dem Wiesenpieper sehr ähnlich (aber meist in anderem Lebensraum und anhand von Lautäußerungen und Gefiederdetails unterschieden, s.a. S. 320). Ad. (**2A–C**) zeigen einen weißen Bauch. Flanken und Brust sind beige (im abgetragenen Gefieder aber sehr hell, **2B**), mit schwarzer Strichelung, die auf den Flanken deutlich dünner ist als auf der Brust. Schnabelbasis und Beine sind rosa. Zeigt einen deutlichen hellen Überaugenstreif und dunklen Kinnstreif, der manchmal in einen kleinen Halsseitenfleck mündet. Bewegt sich am Boden sanfter, geduckter und weniger ruckartig trippelnd als der Wiesenpieper. Der Gesang wird meist aus dem Singflug vorgetragen, der von einem Baum aus beginnt. Singt eine für Pieper eher melodische Abfolge mehrerer flötender Motive und Triller. Ruft im Flug langgezogen, heiser „tshiip".

VORKOMMEN: B, D IV–X 100–2100 m; Zugvogel, überwintert in Afrika. Teilweise häufiger Brutvogel, v.a. im Alpenraum, im Granit- und Gneishochland und spärlicher in den Tieflagen. Besiedelt überwiegend Waldränder in halboffenen Landschaften bis in hohe Lagen, im Flachland auch in Wiesengebieten mit kleinen Baumbeständen. Als Durchzügler flächendeckend häufig, wird meist überfliegend rufend festgestellt.

Wiesenpieper und Baumpieper sehen sich auch im Flug extrem ähnlich, können aber anhand der Flugrufe unterschieden werden.

1A X

2A VIII

1B VII

2B V

1C III

2C IV

1D VI

1E VI

1 | Schafstelze — *Motacilla flava* Western Yellow Wagtail

321 | L 15–16 cm

MERKMALE: Im Vergleich zu anderen Stelzen kurzschwänzig und mit eher gleichmäßigen Proportionen. Beine schwarz. Von den zahlreichen Unterarten treten mehrere regelmäßig in Österreich auf (und hybridisieren mitunter). „Wiesenschafstelze" (ssp. *flava*): ♂ im PK (**1A**) mit leuchtend gelber Unterseite, einschließlich Kehle. Kopf blaugrau, weißer Überaugenstreif deutlich. Häufig mit weißem Bartstreif. Mantel olivgrün. ♀ (**1B**) und ♂ im SK insgesamt matter gefärbt, mit graubrauner Ober- und hellgelber Unterseite (an der Kehle am hellsten) und graubraunem Kopf. Im JK (**1C**) ähnlich ♀, aber unterseits beige und mit dunklem Kinn- und Halsseitenstreif sowie fleckigem Brustband. Im 1. W ohne deutliche Brustzeichnung und noch ähnlicher dem ♀, aber Gelbfärbung weitgehend auf Unterschwanzdecken beschränkt oder nahezu ganz fehlend. Dann Verwechslungsgefahr mit Piepern oder anderen Stelzen, s. S. 321. „Thunbergschafstelze" (ssp. *thunbergi*): ♂ im PK (**1D**) mit ganz dunkelgrauem Kopf (Augenbereich dunkler) und ohne Überaugenstreif (manchmal kleiner weißer Fleck). ♀ wie bei *flava*. „Maskenschafstelze" (ssp. *feldegg*): ♂ im PK (**1E**) mit glänzend schwarzem Kopf. ♀ ähnlich dem von *flava*, aber Kopf dunkler grauschwarz, ohne oder mit nur angedeutetem Überaugenstreif. „Aschkopfschafstelze" (ssp. *cinereocapilla*): ♂ im PK ähnlich *thunbergi*, aber mit weißer Kehle und fehlendem oder angedeutetem Überaugenstreif. „Gelbkopfschafstelze" (ssp. *flavissima*) bzw. „Wolgaschafstelze" (ssp. *lutea*): Im Feld nicht sicher unterscheidbar, ♂ beider ssp. im PK mit überwiegend gelbem Kopf (auch Überaugenstreif gelb). Scheitel, Nacken und Ohrdecken variabel ausgedehnt olivgrün. Singt eine einfache Abfolge rauer Elemente, Betonung auf der zweiten Silbe „srii-sriiht... srii-sriiht...". Ruft glatt „psii" oder „psü". Ssp. *feldegg* und ssp. *cinereocapilla* rufen deutlich rauer, „psri" (ähnlich Zitronenstelze).

VORKOMMEN: B, D III–X 100–1100 m; Zugvogel, überwintert in Afrika. Die ssp. *flava* ist ein spärlicher, nur lokal häufigerer Brutvogel (z.B. Nordburgenland und östliches Weinviertel), sonst sehr sporadische Vorkommen. Brütet in feuchten, strukturierten Wiesenlandschaften. Als Durchzügler häufig auf Wiesen- und Ackerflächen. Ssp. *Thunbergi* (Skandinavien): häufiger Durchzügler. Ssp. *feldegg* (Osteuropa): seltener, aber regelmäßiger Durchzügler und vereinzelt Brutvogel. Ssp. *cinereocapilla* (Italien): tritt vereinzelt auf, sehr selten Brutvogel. Ssp. *flavissima* (Britische Inseln)/ssp. *lutea* (Russland): seltener Durchzügler.

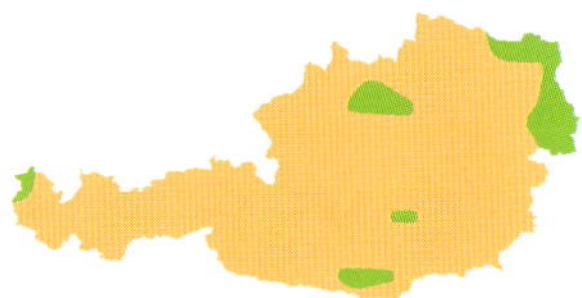

2 | Gebirgsstelze — *Motacilla cinerea* Grey Wagtail

322 | L 17–20 cm

MERKMALE: Sehr langschwänzig, aber mit kürzeren Beinen als andere Stelzen. Der Mantel ist immer grau (bei Schafstelze bräunlich) und kontrastiert zu den dunkleren Flügeln. Bürzel gelbgrün, Beine graubraun. Alters- und Geschlechtsbestimmung oft schwierig. ♂ im PK (**2A**) mit grauer Oberseite und zitronengelber Unterseite. Die Kehle ist ausgedehnt schwarz und wird durch einen breiten weißen Bartstreif vom grauen Kopf getrennt. Zeigt einen langen weißen Überaugenstreif. ♀ im PK (**2B**) und ♂ im 1. S mit schwarz gefleckter oder fast ganz weißer Kehle. Im SK/1. W (**2C**) ist die Gelbfärbung unterseits weitgehend auf den Steiß beschränkt (bei ad. ausgedehnter). Überaugenstreif und Brustseiten sind beige, die restliche Unterseite einschließlich der Kehle ist weißlich. Schnabelbasis rosa. Singt scharf, hoch „zi-zi-zi... zissississ...". Ruft schärfer als andere Stelzen, ähnlich Bachstelze zweisilbig „zi-zi" oder „zi-zü".

VORKOMMEN: B, D, W I–XII 100–2500 m; weit verbreiteter und häufiger Brutvogel, stärker an fließende Gewässer gebunden als andere Stelzen. Besiedelt Flüsse und (auch sehr kleine) Bäche, gern in bewaldeten Bereichen. Verlässt höher gelegene Regionen im Winter, dann vermehrt an großen, teilweise auch stehenden Gewässern. Teilzieher, überwintert zum Teil in Südwesteuropa.

1A
IV

2A
VI

1B
V

2B
III

1C
VI

2C
X

1D
V

1E
V

1 | Bachstelze

— *Motacilla alba* White Wagtail

323 | L 16,5–19 cm

MERKMALE: Häufigste Stelze. In allen Kleidern mit grauem Mantel, unterseits ohne Gelbfärbung und immer mit dunklem Brustlatz und grauen Flanken. Der Schwanz ist länger als bei der Schafstelze, aber kürzer als bei der Gebirgsstelze. ♂ im PK (**1A**) mit schwarzer Kopfkappe, die im Nacken scharf zum grauen Mantel begrenzt ist. Kehle und Brustlatz sind ausgedehnt schwarz, die Stirn ist weiß. Einige Ind. sind dunkler und zeigen schwarze Flecken am oberen Mantel und Flügelbug, erinnern an ♀ der britischen ssp. *yarrellii* („Trauerbachstelze", s.u.). ♀ im PK (**1B**) mit diffusem Verlauf zwischen Nacken und Kopfkappe (manchmal nur wenig reines Schwarz), kleinerem Brustlatz und oft weiß gefleckter Kehle. Ad. ♂ im SK (**1C**) wie im PK mit vollständiger Kopfkappe (Begrenzung zum Nacken allerdings diffuser, wie bei ♀), aber Kehle weiß. ♀ im SK und 1. W (**1D**) mit weißer Kehle und zumindest teilweise grauem Scheitel. 1. W oft mit deutlich gelblichem Gesicht. Im JK (**1E**) mit grauem Kopf (Scheitelseiten dunkler) und dunkelgrauem Brustlatz. Im 1. S mit brauneren und abgenutzten Handschwingen und einer Mausergrenze in den großen Armdecken – eine sichere Altersbestimmung im Feld ist aber schwierig! Zur Unterscheidung von anderen Stelzen s. S. 321. Der Gesang ist wenig melodisch, zwitschernd und wirkt wie eine Reihe von Einzelrufen. Ruft meist zweisilbig „zli-witt", manchmal dreisilbig „zi-ze-litt".

VORKOMMEN: B, D, W I–XII 100–2400 m; Teilzieher, überwintert großteils in Südeuropa und Nordafrika. In Österreich hauptsächlich März–Oktober, in kleinerer Zahl aber auch im Winter. Sehr häufig und weit verbreitet. Brütet in unterschiedlichsten offenen und halboffenen Lebensräumen, gern an Gewässern, aber auch in direkter Nähe zum Menschen.

WISSENSWERTES: Die dunklere „Trauerbachstelze" (*M. a. yarrellii*) brütet auf den Britischen Inseln und wurde in Österreich als sehr seltener Gast nachgewiesen. Die Bestimmung von ♀ und 1. W ist oft schwierig und am sichersten anhand des solide schwarzen Bürzels, der bis auf Höhe der mittleren Schirmfeder reicht, möglich (bei Bachstelze Bürzel grau, nur Oberschwanzdecken schwarz). ♂ im PK sind auffällig, oberseits ganz schwarz, mit leuchtend kontrastierenden weißen Flügelbinden und ausgedehnt rußgrauen Flanken.

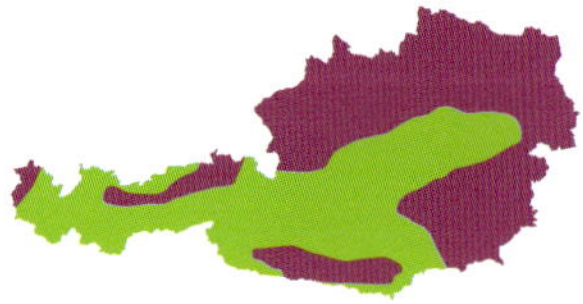

2 | Zitronenstelze

— *Motacilla citreola* Citrine Wagtail

324 | L 15,5–17 cm

MERKMALE: Etwas langschwänziger als die Schafstelze, mit immer grauem Mantel und zwei breiten weißen Flügelbinden. Beine und Schnabel sind schwarz. ♂ im PK (**2A**) mit gelbem Kopf und bis auf weiße Unterschwanzdecken ganz gelber Unterseite. Ein schwarzer Nackenfleck zieht sich auf die Halsseiten. ♀ im PK (**2B**) und ♂/♀ im SK mit grauem Scheitel und grauen Ohrdecken. Der Nacken ist grau, ohne Schwarz. Kehle und Überaugenstreif sind gelb, die Ohrdecken sind gelb eingerahmt. Die Unterseite ist weißlich gelb überhaucht. Im 1. W (**2C**) ohne Gelbtöne und daher ähnlicher Bach- und Schafstelze im JK/1. W. Unterschieden durch hell eingerahmte, graue Ohrdecken, hellen Zügel, weiße Unterschwanzdecken und breite weiße Flügelbinden. Die Unterseite ist weißlich grau, manchmal mit Resten eines dunklen Kehlbandes (aus dem JK), s. S. 321. Im 1. S mit stärker abgenutzten, brauneren Handschwingen als ad. sowie mit einer deutlichen Mausergrenze in den großen Armdecken. Eine sichere Altersbestimmung ist aber schwierig! ♂ im 1. S (**2A**) zeigen weniger Schwarz im Nacken und einen grauen Bereich am Scheitel. Einige ähneln aber ♀. Ruft meist rau „tsrip", aber auch sehr ähnlich Schafstelze „psiet". Singt eine einfache Abfolge rufähnlicher Töne (ähnlich Bachstelze).

VORKOMMEN: D IV–IX; brütet in Nordosteuropa, überwintert im Nahen Osten und in Asien. In Österreich seltener, aber alljährlicher Durchzügler, vereinzelt auch Brutversuche und -nachweise. Rastet an Gewässerufern und in feuchten Wiesen, seltener auf Äckern.

1A
IV

1B
VI

1C
X

1D
I

2A
IV

1E
VI

2B
V

2C
X

Wiesenpieper

Baumpieper

Rotkehlpieper, 1. W

Bergpieper, SK

Brachpieper

Spornpieper

Bachstelze, JK

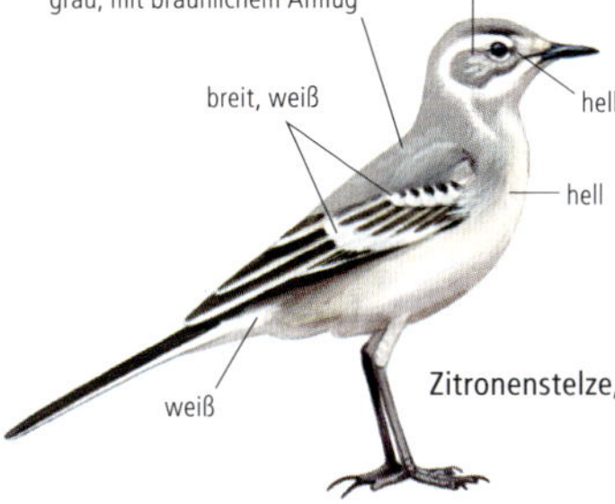

Zitronenstelze, 1. W

Schafstelze, 1. W
sehr blasses Ind.

Zitronenstelze, ♂ PK

Schafstelze, ♂ PK

Gebirgsstelze, ♂ PK

1 | Buchfink
— *Fringilla coelebs* Common Chaffinch

325 | L 14–16 cm

MERKMALE: Spatzengroßer Fink mit recht langem Schwanz. Zeigt besonders im wellenförmigen Flug eine breite weiße Flügelbinde und weiße kleine Armdecken („Schultern"), die stark zu den schwärzlichen Flügeln kontrastieren. Der dunkle Schwanz zeigt weiße Kanten, der Bürzel ist grünlich. ♂ im PK (**1A, B**) sind auf der Unterseite und im Gesicht braunrot und zeigen einen warmbraunen Mantel. Scheitel, Nacken und Schulterfedern sind blaugrau, die Stirn ist schwarz. ♂ im SK (**1C**) sind blasser gefärbt und durchwegs braun überhaucht. ♀ (**1D**) sind insgesamt graubraun, mit ungestreiftem braunen Mantel. Rotbraune und blaugraue Bereiche fehlen gänzlich. Die Unterseite ist weißlich, Brust und Flanken sind beige. Der Scheitel ist dunkler als die graueren Kopfseiten. Scheitelseitenstreifen ziehen sich bis in den Nacken – die Nackenmitte ist hell. Ähnelt z.B. Haussperling ♀, diese aber mit deutlichem Überaugenstreif, gestreiftem Mantel und nur einer (viel weniger auffälligen) Flügelbinde. Im JK (**1E**) wie ♀, die Geschlechter lassen sich nach der Jugendmauser (ab Herbst) unterscheiden. Singt eine typisch schmetternde Strophe, die zuerst abfällt und sich zum Schluss aufwärts überschlägt („Finkenschlag"). Verfügt über ein reichhaltiges Rufrepertoire (wie auch der Gesang mit lokalen Dialekten). Ruft häufig laut „pink" (sehr ähnlich Kohlmeise), im Flug weich „jupp" (ähnlich Grünfink) oder hoch „hiit". Der „Regenruf" klingt rollend „rrüü(i)".

VORKOMMEN: B, D, W I–XII 100–2100 m; sehr häufiger und weit verbreiteter Teilzieher. Besiedelt Wälder, aber auch kleinere Baumbestände in Parks und Gärten. Überwintert in Mittel- und Südeuropa sowie in Nordafrika. Im Herbst starker Zuzug nordöstlicher Populationen. Das Nest wird in Bäumen angelegt und enthält typischerweise helle Flechtenstücke und Moos.

WISSENSWERTES: Beim Buchfinken sind es v.a. die Weibchen, die im Winter südwärts ziehen. Während sich die Männchen in der kalten Jahreszeit von Sämereien ernähren, stehen den Weibchen im Süden auch (proteinreiche) Insekten zur Verfügung. Dadurch ist die Anlage von Eiern und eine baldige Eiablage nach der Rückkehr ins Brutgebiet möglich. Auf die „allein gebliebenen" Männchen spielt auch der wissenschaftliche Name an, der übersetzt „eheloser Fink" bedeutet.

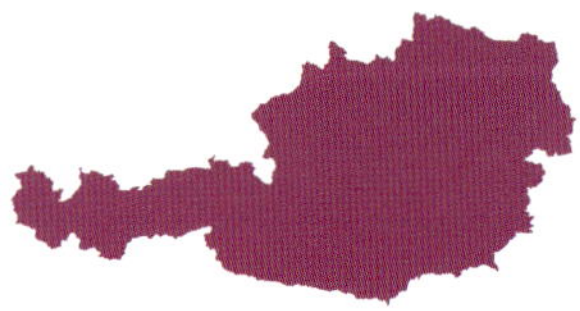

2 | Bergfink
— *Fringilla montifringilla* Brambling

326 | L 14–16 cm

MERKMALE: Nordische Schwesterart des Buchfinken. Diesem sehr ähnlich, aber immer mit orangen Bereichen auf Brust und Flügelbug sowie mit einer orangen Flügelbinde und schwarz geflecktem Mantel. Im Flug mit weißem Bürzel (bei Buchfink grünlich) und nur wenig oder ganz ohne Weiß an den Schwanzkanten. Der Bauch ist weiß, die hinteren Flanken zeigen schwarze Flecken. Im Winter ist der Schnabel gelblich, mit dunklerer Spitze. ♂ (**2A**) zeigen ausgedehnt schwarze Bereiche am Kopf (im PK im Frühling sind Kopf, Mantel und auch der Schnabel ganz glänzend schwarz). Flügel und Brust zeigen ein leuchtendes Orange. ♂ im 1. W zeigen oft einige dunkle Flecken auf den kleinen Armdecken. ♀ (**2B**) zeigen helle Kopfseiten (wie Buchfink) und schwarze Scheitelseitenstreifen, die sich bis in den Nacken ziehen. Die orangen Bereiche sind weniger intensiv gefärbt als bei ♂. Ruft sehr typisch, quäkend, nasal „wä-ät" und macht so häufig auf sich aufmerksam. Auch kürzer und härter „jäck". Der Gesang ist eine kurze, monoton schnurrende Strophe „rrreeeeeeh" (in Österreich üblicherweise aber nicht zu hören).

VORKOMMEN: D, W X–IV 100–1500 m; brütet in den Wäldern Nord- und Nordosteuropas und zieht im Winter nach Mittel- und Südeuropa. In Österreich verbreiteter und häufiger Durchzügler und Wintergast, in jahreweise wechselnder Zahl. Gern auch an Futterhäusern in Gärten.

WISSENSWERTES: In manchen Jahren kommen Bergfinken in riesigen Zahlen an Schlafplätzen im Winterquartier zusammen, wenn das Nahrungsangebot lokal sehr hoch ist (meist bei reichem Samenangebot der Rotbuche). In seltenen Fällen nächtigen dann mehrere Millionen Individuen über viele Wochen auf engstem Raum und sorgen für ein außergewöhnliches Naturschauspiel.

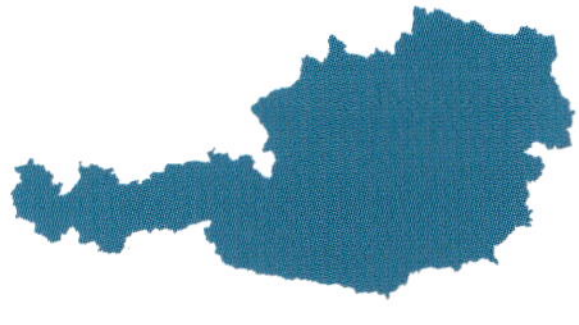

1A
V

2A
X

1D
V

2B
I

1C
I

1B
V

1E
V

1 Girlitz

— *Serinus serinus* European Serin

327 | L 11–12 cm

MERKMALE: Sehr kleiner Fink mit kurzem, zierlichem Schnabel und dichter Streifung auf Mantel und Flanken. Zeigt zwei schmale helle Flügelbinden und im Flug einen auffälligen, ungestreift gelben Bürzel (nur im JK braun und dunkel gestreift). ♂ (**1A, B**) zeigen viel Gelb am Kopf und auf der Unterseite. Die dunkleren Ohrdecken sind gelb eingerahmt und zeigen einen diffusen hellen Fleck unter dem Auge. Der Scheitel ist dunkel und fein gestrichelt. Kehle und Brustmitte sind ungezeichnet gelb. ♀ (**1C**) ähneln ♂, sind aber weniger intensiv gefärbt (manche mit nur sehr wenig Gelb) und zeigen eine stärker gestrichelte Brust. Die Stirn ist wie der Scheitel graubraun und gestrichelt (bei ♂ ungezeichnet gelb). Im JK ganz braun (ohne jegliche Gelbtöne, nur hintere Flanken stärker weiß) und rundum dicht, dunkel gestreift. Verwechslungsgefahr besteht v.a. mit dem Erlenzeisig, der im Flug breitere gelbe Flügelbinden zeigt, die sich auch auf die Handschwingen ziehen. Der Schwanz zeigt gelbe Seiten (beim Girlitz ist der Schwanz ganz dunkel). Der unverwechselbare Gesang klingt schrill, metallisch und wirr. Wird meist von einem Baumwipfel oder einer ähnlichen Warte bzw. im Singflug vorgetragen. Ruft trillernd, etwas hüpfend „zi-zi-rrl".

VORKOMMEN: B, D, w III–XI 100–1600 m; Zugvogel, überwintert in Südeuropa und Nordafrika (vereinzelt auch in Österreich). Weit verbreiteter Brutvogel, v.a. in wärmebegünstigten Regionen. Brütet in lockeren Gehölzen und an Waldrändern, gern auch in Gärten und Parks. Das kleine Nest wird hoch über dem Boden, oft in Nadelbäumen angelegt.

2 Zitronenzeisig

— *Carduelis citrinella* Citril Finch

328 | L 11,5–12,5 cm

MERKMALE: Kleiner Finkenvogel mit eher langem Schwanz und langem, spitzem Schnabel. Im Gegensatz zu ähnlichen Arten (Erlenzeisig, Girlitz) nur dezente Streifung auf Ober- und Unterseite. Die grüngelben Spitzen der dunkelgrauen großen Armdecken bilden eine breite Flügelbinde, die kleinen Armdecken bilden eine weitere, nur diffus zum grünlichen Flügelbug abgesetzte Binde. Sonst im Flug mit ganz dunklen Schwungfedern und dunklem Schwanz. Der gelbgrüne Bürzel setzt sich schwächer zum Rücken ab als bei ähnlichen Arten. ♂ (**2A**) zeigen einen grauen Hinterkopf und Nacken. Gesicht, Stirn und Kehle sind gelblich. Der Mantel ist graugrün und kaum gestreift. Die Unterseite ist ebenfalls ungestreift gelblich und geht direkt in die gelbe Kehle über. ♀ (**2B**) sind sehr ähnlich ♂, aber matter und grauer gefärbt und besonders im Gesicht weniger kräftig gelb. Die Streifung am Mantel ist etwas kräftiger als bei ♂ und die grauen Brustseiten vereinigen sich häufig zu einem breiten Brustband. Die Flügelbinden sind schmaler. Im JK (**2C**) kaum Gelb und auf Mantel, Brust und Flanken diffus gestrichelt. Die Flügelbinden sind beige. Singt fröhlich zwitschernd, mit Trillern und metallischen Elementen. Kann an Stieglitz erinnern. Ruft metallisch „teeh", oft zu stotternder Serie aneinandergereiht. Auch kurz „ziit".

VORKOMMEN: B III–X 800–2000 m; Zugvogel, überwintert wohl in Südwesteuropa, vereinzelt aber auch in den Alpen. Besiedelt lückige, hochgelegene Nadelwälder, meist entlang der Waldgrenze. Kommt im westlichen Alpenraum, ostwärts bis nach Salzburg bzw. zum Dobratsch in Kärnten, vor. Vereinzelte Brutvorkommen reichen aber bis in die Obersteiermark und das südliche Niederösterreich.

2A IX

2B VI

2C VII

1A VI

1C X

1B III

1 | Erlenzeisig — *Spinus spinus* Eurasian Siskin

329 | L 11–12,5 cm

MERKMALE: Sehr kleiner Fink mit kurzem Schwanz und langem, spitzem Schnabel. Zumindest die Flanken sind deutlich gestrichelt. Im Flug mit dunklen Flügeln und zwei gelblichen Flügelbinden, von denen eine auf die Basen der Handschwingen reicht. Bürzel und Schwanzseiten sind kräftig gelb gefärbt. ♂ (**1A, B**) zeigen einen schwarzen Scheitel und einen schwarzen Kinnfleck. Die grüngrauen Ohrdecken sind hellgelb umrandet, die Brust ist ebenfalls ungezeichnet gelb. Der Rest der Unterseite ist weiß, die hinteren Flanken sind dunkel gestrichelt. Mantel und Schultern sind grünlich, mit wenigen, diffusen Streifen. ♀ (**1C, D**) sind insgesamt graugrün, zeigen keinen schwarzen Scheitel und einen nur angedeuteten gelblichen Überaugenstreif. Die Strichelung der Unterseite reicht bis auf die Brust. Der graue Mantel ist deutlicher gestreift und der Bürzel schwächer gelb als beim ♂. Im JK ähnlich ♀, aber insgesamt farbloser, mit bräunlichem Mantel und durchwegs stärkerer Streifung. Singt hell und klar zwitschernd, mitunter mit Imitationen anderer Arten. Ruft typisch wehmütig, ansteigend „tui" oder „tlüi" oder abfallend „tilöh". Auch trocken „tetetete".

VORKOMMEN: B, D, W I–XII 100–2100 m; Teilzieher, überwintert in Mittel- und Südeuropa. In Österreich verbreiteter Brutvogel in Berg-Nadelwäldern, als Durchzügler und Wintergast aber auch im Tiefland häufig. Im Herbst starker Zuzug aus nördlichen Populationen. Tritt häufig in Schwärmen auf und besucht Futterhäuser. Baut sein Nest hoch in Nadelbäumen (häufig Fichten).

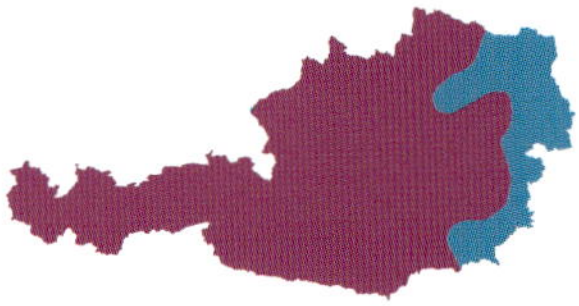

2 | Birkenzeisig — *Acanthis flammea* Redpoll

330 | L 11,5–14 cm

MERKMALE: Kleiner Fink mit graubraunem, dicht gestreiftem Gefieder ohne Gelbtöne. Zeigt einen roten Stirnfleck (kann manchmal schwer zu sehen sein), einen dunklen Zügel sowie einen schwarzen Kinnfleck. Im Flug mit zwei Flügelbinden. Bei ad. ♂ (**2A, D**) sind auch die Kehle, Brust und Teile der Flanken rot gefärbt. ♀ (**2B**) und 1. W zeigen nur am Vorderscheitel Rot. Im JK (**2C**) mit dick gestreiftem Mantel. In Österreich brütende Vögel („Alpenbirkenzeisig", ssp. *cabaret*) sind zierlich gebaut und im frischen Gefieder recht warmbraun gefärbt, besonders auf Mantel, Kopf und Flanken (wirken im abgetragenen Gefieder im Sommer aber grauer). Der Bürzel ist braun und gestreift (bei ♂ manchmal etwas rötlich) und hebt sich farblich kaum vom Rest der Oberseite ab. Die etwas größeren und in Österreich seltenen „Taigabirkenzeisige" (ssp. *flammea*, **2D**) aus Skandinavien und Sibirien sind insgesamt heller, weniger braun gefärbt und zeigen am Mantel auch weißliche Streifen. Der Bürzel ist meist deutlich heller als der Rücken, häufig gestreift, manchmal aber nahezu ungestreift weiß. Der Kopf ist meist grauer und heller als der Mantel. Die sichere Zuordnung von Durchzüglern abseits der Brutgebiete kann aber Schwierigkeiten bereiten. Der Gesang ist wenig melodisch und setzt sich v.a. aus verschiedenen Trillern zusammen, die häufig im Singflug geäußert werden. Ruft recht hart „tschetschetschet", auch weich ansteigend „jüih".

VORKOMMEN: B, D, W I–XII 100–2300 m; Standvogel im Alpenraum und im Granit- und Gneishochland („Alpenbirkenzeisig", ssp. *cabaret*). Besiedelt lockere Berg-Nadelwälder bis zur Waldgrenze. In manchen Wintern erreichen nordische „Taigabirkenzeisige" (ssp. *flammea*) Mitteleuropa und treten dann auch in Lebensräumen auf, die von heimischen Vögeln in der Regel nicht besucht werden.

WISSENSWERTES: Der „Polarbirkenzeisig" (ssp. *exilipes*) wurde als extreme Ausnahmeerscheinung im Winter nachgewiesen. Diese noch hellere Form wird mitunter auch als eigene Art betrachtet und ist vom „Taigabirkenzeisig" v.a. anhand von Gefiederdetails (z.B. ganz weißer Bürzel, schwach gestreifte, weiße Flanken und meist ungestreifte, weiße Unterschwanzdecken) zu unterscheiden.

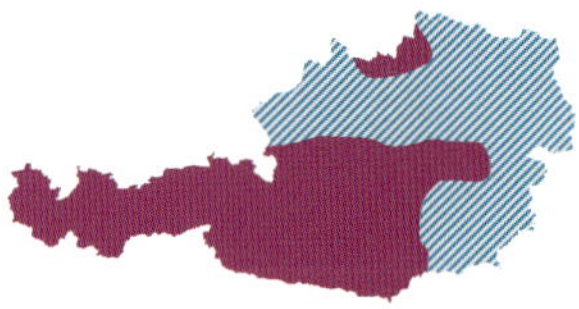

1A III

1B XII

1C XII

1D IV

2A VI

2B VI

2D VI

2C VI

Finken

1 | Grünling
— *Chloris chloris* European Greenfinch

331 | L 14–16 cm

MERKMALE: Kräftiger Fink mit großem hellen Schnabel und recht einheitlicher Färbung. Farblich auffällig sind das gelbe Flügelfeld, das durch die Außenfahnen der Handschwingen gebildet wird, und die gelben Schwanzseiten. ♂ (**1A**) sind ober- und unterseits gelbgrün, mit einigen grauen Bereichen u.a. auf den Kopfseiten und am Hinterkopf. Die gelben Bereiche in Flügeln und Schwanz sind ausgedehnter als bei ♀, und die Armschwingen, Schirmfedern und großen Armdecken bilden ein graues Feld. ♀ (**1B**) sind hell graubraun gefärbt, zeigen diffuse Streifen am Mantel und einen angedeuteten Überaugenstreif. Manche sind aber grünlicher und dann recht ähnlich ♂. Im JK (**1C**) wie ♀, aber ober- und unterseits stärker gestreift. Singt eine lange Serie unterschiedlicher Trillermotive. In einem zweiten Gesangstyp wird eines dieser Motive („hüIRRRRR") ständig wiederholt. Ruft „gip" oder in Serie, teils rapide zu Trillern zusammengezogen, „gip-gip-gip" oder „drrrr". Auch ansteigend „julT" oder etwas heiser, fragend „hrulT" (vgl. Birkenzeisig, Erlenzeisig).
VORKOMMEN: B, D, W I–XII 100–1800 m; weit verbreiteter und relativ häufiger Standvogel in lockeren Laubwäldern und kleineren Baumbeständen in halboffenen Landschaften (auch Gärten und Parks). Das Nest aus Grashalmen wird in Gebüschen oder Bäumen angelegt.
WISSENSWERTES: In manchen Sommern verenden zahlreiche Grünfinken an der Infektion mit dem Einzeller *Trichomonas gallinae* („Trichomoniasis"). Die Erkrankung wird für den Rückgang der heimischen Grünfinken-Bestände mitverantwortlich gemacht. Zur Verbreitung dürften auch Sommerfutterstellen und Vogeltränken beitragen, die in einem solchen Fall entfernt werden sollten.

2 | Stieglitz (Distelfink)
— *Carduelis carduelis* European Goldfinch

332 | L 12–13,5 cm

MERKMALE: Mittelgroß, mit spitzem hellen Schnabel. Unverwechselbar durch schwarze Flügel mit breitem gelben Flügelstreif. Die Schirm- und Schwungfedern zeigen weiße Spitzen. Im Flug (**2B**) sind, neben dem Flügelmuster, der weiße Bürzel und der schwarze Schwanz (zeigt kleine weiße Fenster) auffällig. Mantel und Schultern sind beigebraun. Die Unterseite ist weißlich, aber Brustband und Flanken beige. Ad. (**2A**) mit rotem Gesicht und schwarzem Scheitel (zieht sich bis auf die Nackenseiten). Die Kopfseiten sind weiß. Die Geschlechter sind einander sehr ähnlich, beim ♂ (**2A**) reicht das Rot über dem Auge aber weiter nach hinten als beim ♀. Im JK (**2C**) ohne das auffällige Kopfmuster der ad., dafür mit fein gemustertem beigen Kopf und heller Kehle. Auf Mantel, Brustseiten und Flanken fleckig gestrichelt. Singt lieblich zwitschernd mit verschiedenen Trillern. Der typische, sprunghafte Ruf „tickelit" (oder „telitt") ist auch ein ständig wiederkehrendes Motiv im Gesang.
VORKOMMEN: B, D, W I–XII 100–2000 m; verbreiteter und häufiger Teilzieher. Überwintert in Österreich, verlässt im Winter aber höhere Lagen. Besiedelt verschiedene Kulturlandschaften, aber auch Waldränder, Gärten und Parks. Brütet in lockeren Verbänden mehrerer Paare, wobei die Nester meist recht hoch in Bäumen angelegt werden. Sucht auch zur Brutzeit in kleinen Gruppen nach Nahrung. Nach Ende der Brutzeit bilden sich zum Teil große Schwärme.

Finken mit Gelb in den Flügeln

Girlitz ♂

Stieglitz ♂

Grünling ♂

Erlenzeisig ♂

1A IV

1C V

1B XI

2B I

2A XII

2C IX

1 | Bluthänfling
— *Linaria cannabina* Common Linnet

333 | L 12,5–14 cm

MERKMALE: Mittelgroßer Fink mit braunem Mantel, grauem Schnabel und relativ langem Schwanz. Der Bauch ist weiß. Zeigt ein weißes Flügelfeld auf den schwärzlichen Handschwingen, das vor allem im Flug auffällig ist (bei ♂ ausgedehnter), sowie weiße Schwanzseiten. Der Kopf ist kontrastarm, aber typisch gefärbt: Scheitel und Kehle sind fein gestrichelt, die Bereiche ober- und unterhalb der Augen sind leicht aufgehellt (angedeuteter heller Überaugenstreif). Ein diffuser heller Fleck sitzt unter dem Auge auf den sonst einfarbigen Wangen, die zur Kehle durch einen breiten, diffusen Bartstreif begrenzt werden. ♂ im PK (**1A, B**) haben einen roten Vorderscheitel und ausgedehnt rote Brustseiten. Der graue Kopf kontrastiert zum ungezeichneten, warmbraunen Mantel. ♀ (**1C**) zeigen keine roten Bereiche. Der Mantel ist diffus dunkel gestreift und stärker grau gefärbt als bei ♂. Brust und Flanken sind ebenfalls deutlich gestreift. Der Kopf setzt sich vom Mantel farblich kaum ab. ♂ im SK (**1D**) ähneln ♀, da die roten Bereiche noch ganz oder teilweise durch helle Federsäume des frischen Gefieders verdeckt sind. Im JK (**1E**) ähnlich ♀, aber mit stärker gestreiftem Mantel und deutlicheren hellen Spitzen auf Schirmfedern und Schwungfedern. Singt rasch und etwas einfallslos. Die Strophe klingt trocken zwitschernd, mit einigen hohen, flötenden Tönen. Ruft „tig-itt" oder „tett".

VORKOMMEN: B, D, W I–XII 100–2200 m; Teilzieher, überwintert in Mittel- und Südeuropa, aber auch in Österreich. Weit verbreiteter Brutvogel offener, gebüschreicher Landschaften. Besiedelt sowohl Kulturlandschaften in tiefen Lagen (u.a. auch Weingärten) als auch Gebirgsregionen. Zur Brutzeit meist paarweise zu sehen, ab Spätsommer in Schwärmen.

2 | Berghänfling
— *Linaria flavirostris* Twite

334 | L 12,5–14 cm

MERKMALE: Ähnlich dem viel häufigeren Bluthänfling und mit nur geringen strukturellen Unterschieden (geringfügig längerer Schwanz mit etwas tieferer Gabel, kleinerer Kopf). Im SK (**2A, B**) ähnlich Bluthänfling ♀, aber mit gelblichem Schnabel mit dunkler Spitze. Das Gefieder ist ockerbraun getönt und besonders auf Mantel, Brust und Flanken stärker gestreift. Die hellen Spitzen der großen Armdecken bilden eine deutlichere Flügelbinde als beim Bluthänfling. Die Kehle ist ungestrichelt beige. Im Flug (**2B**) mit etwas weniger auffälligem, weißem Flügelfeld als Bluthänfling (bei ♂ aber auch ausgedehnter als bei ♀). ♂ außerdem mit ungestreiftem rosa Bürzel (bei ♀ gestreift und meist ohne Rosa). Ähnelt auch dem Birkenzeisig (dieser auch mit klarer Flügelbinde), tritt aber nur selten im selben Lebensraum auf. Der Birkenzeisig zeigt stets Schwarz am Kinn, einen dunkleren Zügel und zumindest einen kleinen roten Stirnfleck. Ruft recht ähnlich dem Bluthänfling „jett", auch langgezogen, ansteigend „twiiht". Der schwätzende Gesang erinnert eher an einen Zitronengirlitz, ist in Österreich aber nicht zu hören.

VORKOMMEN: D, W XI–III 100–200 m; brütet in Nordwesteuropa, überwintert vorwiegend an Küsten in Nordeuropa und in Teilen Mitteleuropas. In Österreich seltener Wintergast. Regelmäßig nur im Seewinkel (dort in manchen Jahren auch in größeren Trupps an den Sodalacken). Andernorts in Nordostösterreich sehr selten, meist nur vereinzelt oder in kleinen Gruppen, manchmal mit anderen Finkenvögeln vergesellschaftet.

Bluthänfling, ♀

Berghänfling, SK

1A V

1B V

1C V

1D XI

1E VI

2A XI

2B I

1 | Fichtenkreuzschnabel

— *Loxia curvirostra* Red Crossbill

335 336 337 | L 15–17 cm

MERKMALE: Massiger Fink mit großem Kopf und eher kurzem Schwanz. Ober- und Unterschnabel überkreuzen sich an der Spitze. Ad. ♂ (**1A**) sind überwiegend mattrot gefärbt (Bürzel hellrot), Flügel und Schwanz sind dunkler braun. Bei ♂ im 1. W/1. S (**1D**) dominieren gelborange und teilweise graugrüne Farbtöne. Kleine graue und gelbliche Bereiche kommen aber auch bei ad. ♂ vor. ♀ (**1B**) sind recht grau aber v.a. auf Unterseite, Scheitel und Bürzel graugrün getönt. Im JK (**1C**) mit graubraunem, dicht und kräftig gestricheltem Gefieder. Singt recht verhalten, unregelmäßig zwitschernd und trillernd, stets mit eingeflochtenen Rufen. Ruft hoch „glipp" oder „gipp", häufig in Serie „glipp-glipp-glipp".
VORKOMMEN: B, D, W I–XII 100–2200 m; weit verbreiteter Standvogel, v.a. im Alpenraum und im Granit- und Gneishochland. Brütet in fichtendominierten Wäldern im Berg- und Hügelland, in jahreweise stark schwankender Zahl. Die Brutzeit richtet sich nach der Verfügbarkeit von reifen Fichtensamen und kann auch in den Winter fallen. Verstreicht außerhalb der Brutzeit auch in tiefere Lagen. Meist in Gruppen zu sehen.
WISSENSWERTES: Zwei nahe verwandte Arten aus Nord- und Nordosteuropa treten in Österreich als extrem seltene Ausnahmeerscheinungen auf. Der **Bindenkreuzschnabel** (*L. leucoptera*) ist etwas kleiner, mit schlankerem Schnabel und stets zwei breiten, rein weißen Flügelbinden sowie weißen Spitzen der Schirmfedern. Achtung! Manchmal zeigen auch Fichtenkreuzschnäbel angedeutete oder überraschend klar ausgeprägte, rosafarbene oder weißliche Flügelbinden. Beim Bindenkreuzschnabel sind diese immer breiter und reinweiß. Zur Bestimmung solcher Fälle ist eine gute Dokumentation wichtig. Ruft weicher und höher „gipp-gipp" oder „dschipp". Außerdem typisch nasal „twhit".
Der **Kiefernkreuzschnabel** (*L. pytyopsittacus*) ist etwas größer und kräftiger aber gleich gefärbt wie der Fichtenkreuzschnabel. Kennzeichnend ist der sehr kräftige, hohe und stärker gebogene Schnabel, der etwa so hoch wie lang ist. Unter- und Oberschnabel sind zudem fast gleich hoch (bei Fichtenkreuzschnabel ist der Unterschnabel schmaler). Ruft sehr ähnlich wie Fichtenkreuzschnabel, meist etwas voller und tiefer.

2 | Karmingimpel

— *Carpodacus erythrinus* Common Rosefinch

338 | L 13,5–15 cm

MERKMALE: Etwa so groß wie Buchfink, mit wuchtiger Kopf-Hals-Partie, recht langem Schwanz und dickem, kurzem Schnabel. Ad. ♂ (**2A**) sind auf Kopf, Brust und Bürzel himbeerrot. Auf Mantel und Flügeln dunkler graubraun mit zwei rosa Flügelbinden. Der Schwanz ist ganz dunkel. ♀ (**2B**) sind viel unscheinbarer, recht einheitlich graubraun mit etwas hellerer Unterseite und hervorstechendem, schwarzem Auge. Scheitel, Mantel, Brust und Kehle sind fein dunkel gestrichelt. Die Unterschwanzdecken sind weißlich. Auf den Flügeln mit zwei schmalen weißlichen Flügelbinden. Im JK (**2C**) sehr ähnlich ♀, aber mit frischem, etwas wärmer getöntem Gefieder und breiteren, beiger braunen Flügelbinden. Die meisten ♂ im 1. S sind optisch nicht von ♀ zu unterscheiden (singen aber). Manche zeigen einzelne rote Federn und wenige ähneln bereits ad. ♂ (dann mit schmalen weißlichen Flügelbinden). Singt eine sehr charakteristische, kurze Melodie aus mehreren zusammenhängenden Pfeiftönen. Ruft etwas nasal und rau, ansteigend „wüih".
VORKOMMEN: B, D V–VIII 100–800 m; Zugvogel, überwintert in Indien. In Österreich recht lokaler Brutvogel im Alpenraum und im Granit- und Gneishochland. Bevorzugt üppig wachsende Laubgehölze, gern in Gewässernähe und in Mooren. Brütet in dichten Gebüschen. Wird häufig erst anhand des auffälligen Gesangs entdeckt, sonst sehr unauffällig und leicht zu übersehen.
WISSENSWERTES: Der Karmingimpel stammt aus Nord- und Osteuropa und breitete sich im Lauf des 20. Jahrhunderts recht zügig nach Mitteleuropa aus. Die österreichischen Vorkommen liegen am westlichen Verbreitungsrand der Art.

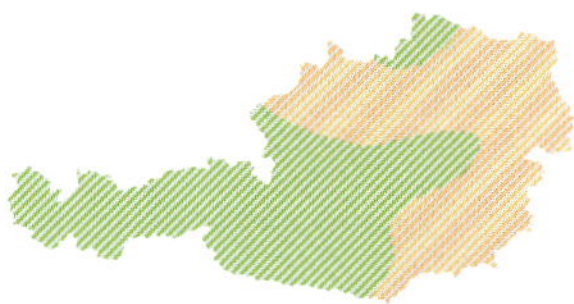

1A III

1D III

1B III

1C IV

2A V

2B V

2C IX

1 | Gimpel
— *Pyrrhula pyrrhula* Eurasian Bullfinch

339 | L 15,5–17,5 cm

MERKMALE: Großer, bulliger Fink mit kurzem schwarzen Schnabel und recht langem Schwanz. Der rundliche Körper, der kurze Hals und der große Kopf verleihen ein kompaktes Erscheinungsbild. Im Flug mit auffälligem weißen Bürzel, schwarzen Flügeln mit weißer Flügelbinde und ganz schwarzem Schwanz. Bei ad. (**1A, B**) sind Kopfkappe, Zügel und Kinn schwarz. ♂ (**1A**) sind unterseits überwiegend hellrot, nur der Steiß ist reinweiß. Mantel, Schultern und Nacken sind bleigrau. ♀ (**1B**) sind auf der Unterseite beigegrau, der Mantel ist braun überhaucht. Im JK (**1C**) ohne Schwarz am Kopf und mit etwas hellerem Schnabel, sonst wie ♀. Ruft weich und etwas wehmütig „pjüh", auch zurückhaltend „bütt". Singt verhalten und weich flötend. Die sog. „Trompetergimpel" treten bei uns im Winter auf und rufen namensgebend trompetend. Eine Unterscheidung anhand von Gefiedermerkmalen ist kaum möglich. Diese Vögel gehören der ssp. *pyrrhula* an und stammen wohl aus Nordosteuropa und Sibirien.

VORKOMMEN: B, D, W I–XII 100–2000 m; verbreiteter Standvogel in Misch- und Nadelwäldern. Im Winter auch abseits der Brutgebiete sowie Zuzug nordischer Populationen (u.a. „Trompetergimpel" aus Nordosten). Meist unauffällig, häufig paarweise oder in kleinen Gruppen. Besucht im Winter auch Futterstellen in Gärten.

2 | Kernbeißer
— *Coccothraustes coccothraustes* Hawfinch

340 | L 16,5–18 cm

MERKMALE: Sehr großer Fink mit mächtigem Schnabel, großem Kopf und kurzem Schwanz. Im Flug sind die breit weiße Schwanzendbinde und die weißen Flügelstreifen auf den schwärzlichen Handschwingen auffällig. Der Kopf ist warm orange-beige, der Nacken grau. Der Zügelbereich ist schwarz und entlang der Schnabelbasis dünn mit der schwarzen Kehle verbunden. Mantel, Schultern und Rücken sind dunkelbraun, der Bürzel warmbraun. Die weißlich beigen großen Armdecken bilden eine Flügelbinde, die auch am stehenden Vogel auffällig ist. Unterseite beige. Im PK (**2A**) mit dunkelgrauem, im SK (**2B, C**) mit hornfarbenem Schnabel. ♂ (**2A, B**) zeigen ganz schwarze, bläulich glänzende Armschwingen und sind etwas kontrastreicher gefärbt. ♀ (**2C**) mit grauem Flügelfeld, das von den grauen Außenfahnen der Armschwingen gebildet wird. Im JK (**2D**) matter gefärbt, mit kräftig gefleckter Unterseite und heller Kehle. Singt eine verhaltene, unauffällige und unrhythmische Serie verschiedener, rufähnlicher Laute. Ruft scharf „pix" (kann an Rotkehlchen erinnern), auch „zrii" oder „zi".

VORKOMMEN: B, D, W I–XII 100–1300 m; verbreiteter Standvogel in Laub- und Mischwäldern, besonders in Auwäldern, aber auch in großen Parks und Gärten. Hält sich überwiegend in den Baumkronen auf und ist zur Brutzeit daher recht unauffällig. Im Herbst außerdem wohl Zuzug aus Nordosten. Besucht im Winter Futterhäuser. Meist in kleinen Gruppen und recht scheu.

WISSENSWERTES: Mit seinem riesigen Schnabel vermag der Kernbeißer größere und härtere Samen zu knacken als andere Finken. So schafft er es sogar, Kirschkerne zu öffnen, um das Innere zu fressen.

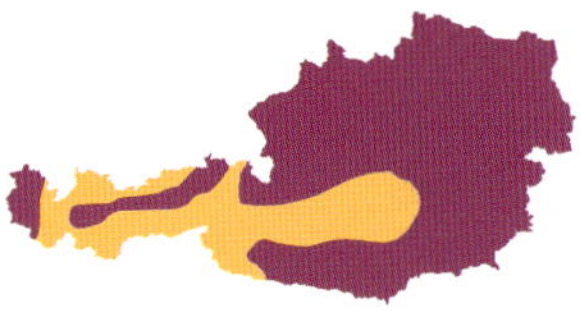

1C
VIII

1A
I

1B
I

2A
III

2B
II

2C
XII

2D
VII

1 | Schneeammer
— *Plectrophenax nivalis* Snow Bunting

341 | L 15,5–18 cm

MERKMALE: Große Ammer mit hellem Gefieder. Im Winter mit gelbem Schnabel mit kleiner schwarzer Spitze und typischer Kopfzeichnung: Scheitel, Nacken und der große Wangenfleck sind warmbraun. Die Unterseite ist überwiegend weiß, Brustseiten und Flanken sind braun. Die Oberseite ist braun und schwarz gestrichelt. Der schwarze Schwanz zeigt breite weiße Seiten. Die v.a. im Flug auffälligen weißen Bereiche im Flügel sind je nach Alter und Geschlecht unterschiedlich weit ausgedehnt. ♂ im SK zeigen einen überwiegend reinweißen Innenflügel (einschließlich Handdecken, aber mit dunkler Alula), die dunklen Handschwingen bilden eine große schwarze Flügelspitze. ♂ im 1. W (**1A**) ähnlich, aber mit dunklen Handdecken und teilweise dunklen großen Armdecken. ♀ im SK und 1. W (**1B**) zeigen weniger Weiß im Flügel, nur die inneren Armschwingen sind ganz weiß. Das sehr helle PK ist in Österreich in der Regel nicht zu sehen und wird durch Abnutzung des Schlichtkleids im Frühling sichtbar. Ruft rollend „pr-r-r-r", manchmal auch abfallend pfeifend „pjiu".
VORKOMMEN: D, W X–III 100–500 m; brütet in Nordeuropa. In Österreich seltener Wintergast in tiefen Lagen, v.a. im Nordosten. Bevorzugt offene Lebensräume wie z.B. kahle Ackerlandschaften.

2 | Spornammer
— *Calcarius lapponicus* Lapland Longspur

342 | L 14–15,5 cm

MERKMALE: Kräftige Ammer mit sehr langer Handschwingenprojektion. Ab Herbst z.B. der Rohrammer ähnlich. Zeigt aber breite, rotbraune Ränder der Schirmfedern und insbesondere der großen Armdecken. Die Beine sind dunkelbraun bis schwärzlich. Der Kopf ist hellbraun und wenig gezeichnet: Nur die Ohrdecken sind dunkel eingefasst und über einen schmalen Wangenstreif mit der Schnabelbasis verbunden. Der Zügel ist hell. Der graubraune Bürzel ist deutlich gestreift. Der Nacken hebt sich mehr oder weniger stark rotbraun ab. Die Geschlechts- und Altersbestimmung im Winterhalbjahr ist schwierig. ♂ (**2**) zeigen ein fleckiges Muster an den Brustseiten, schwärzere Scheitelseiten und einen deutlicher rotbraunen Nacken. Bei ♀ ist der Nacken grauer, Brust und Flanken eher gestreift als gefleckt. 1. W (**2**) zeigen schmalere Flügelbinden als ad. Im PK in Österreich in der Regel nicht zu sehen. Ruft im Flug ähnlich Schneeammer, trocken und rollend, aber härter „pr-r-r-t". Außerdem ebenso wehmütig „pjiü".
VORKOMMEN: U IX–II; brütet in der Tundra Skandinaviens. In Österreich sehr seltener Gast im Herbst und Winter. Bevorzugt Flächen mit niedriger Vegetation und hält sich meist am Boden auf.

3 | Rohrammer
— *Emberiza schoeniclus* Reed Bunting

343 344 | L 13,5–15,5 cm

MERKMALE: Gefieder überwiegend warmbraun und stark gestreift ohne Gelbtöne und ohne deutliche Flügelbinden. Zeigt im Flug weiße Schwanzkanten. Beine graurosa bis schwärzlich. Schnabel grau mit dunklerem First. ♂ im PK (**3A**) unverwechselbar, mit schwarzem Kopf und schwarzem Brustlatz. Nackenband und Bartstreif sind weiß. Mantel und Schultern zeigen eine lebhaft orangebraune Färbung. Bürzel und Oberschwanzdecken sind grau, der Schnabel schwarz. Bei ♂ im SK/1. W (**3B**) sind die schwarzen Gefiederpartien überwiegend von braunen Federsäumen überdeckt. Der Bürzel ist aber meist grauer als bei ♀ und im Lauf des Winters werden zunehmend ganz schwarze Federn auf Kehle und Kopf sowie das reinweiße Nackenband sichtbar. ♀ im PK (**3C**) ähnlich ♂ im Winter, aber mit sehr düsterem Kopf, diffusem Überaugenstreif, heller Kehle und gräulichem Nackenband. Der weiße Bart- und schwarze Kinnstreif sind auffällig. Der Bürzel ist braun und dicht schwarz gestrichelt. Manche ♀ ähneln ♂! ♀ im SK/1. W (**3D**) wie ♂ im Winter. Die braunen Federsäume auf Kopf und Kehle verdecken aber nur kleine schwarze Federzentren – diese Bereiche bleiben daher braun, während bei ♂ bald schwarze Flecken zum Vorschein kommen. Die ähnliche Zwergammer (**4**) tritt als Ausnahmeerscheinung auf (Beschreibung s. S. 338, unter Goldammer). Singt eine simple, kurze Strophe in langsamem Tempo. Gekennzeichnet durch spitze Töne und kurze Tiller, etwa „sripp-sripp-sisia-srisrisri...". Ruft spitz, aber abfallend „ziü", auch nur „zi".
VORKOMMEN: B, D, W I–XII 100–1100 m; weit verbreiteter Teilzieher. Brütet in Schilfgebieten und anderen Röhrichten, auch in verbuschten Verlandungszonen von Gewässern. Im Winter starker Abzug nach Südeuropa (v.a. Norditalien) und Zuzug nördlicher Populationen. Außerhalb der Brutzeit auch in anderen Lebensräumen.

1A XI

1B XII

2 IX

4 X

3A VI

3B XII

3C V

3D I

1 Zaunammer
— *Emberiza cirlus* Cirl Bunting

345 | L 15–16,5 cm

MERKMALE: Ähnlich der deutlich häufigeren und nur etwas größeren Goldammer. Im Sommer mit graugrünem Bürzel (bei Goldammer rotbraun). ♂ im PK (**1A**) zeigen ein charakteristisches Kopfmuster mit gelben Streifen ober und unter den Augen, einem schwarzen Augenstreif und schwarzer Kehle. Mantel und Schultern sind rotbraun. Brustband und Bürzel sind grünlich grau. Im SK (**1B**) matter gefärbt, der Bürzel ist bräunlich. ♀ im PK (**1C**) sind unterseits und an den Halsseiten klar dunkel gestrichelt. Der Bauch ist gelblich, die Brustseiten bräunlich getönt. Die Kopfzeichnung ist kontrastreicher als bei Goldammer ♀, mit dunklem Augen- und Wangenstreif und hellerer Wange sowie dunklem Kinnstreif. Der Bürzel ist grünlich grau, die Schulterfedern rotbraun (kontrastieren zu den grauen kleinen Armdecken). ♀ im SK (**1D**) sind braun überhaucht (auch der Bürzel). 1. W ähnlich ♀ im SK. Singt kurz, monoton klappernd „tetetetetete" oder rollender „sre-sre-sre-sre-sre". Ruft scharf „zit", auch abfallend „siü" (ähnlich Rohrammer).
VORKOMMEN: B, D, w II–XI 100–300 m; seltener Brutvogel in wärmebegünstigten Regionen (v.a. Wachau, Wiener Becken), vereinzelt auch andernorts revierhaltende ♂. Brütet in offenen Kulturlandschaften, v.a. in Weinbaugebieten.

2 Kappenammer
— *Emberiza melanocephala* Black-headed Bunting

346 | L 15,5–17,5 cm

MERKMALE: Recht große und langschwänzige Ammer mit langem, kräftigem Schnabel. ♂ im PK (**2**) mit schwarzer Kappe und gelber Unterseite. Mantel und Brustseiten rotbraun, Bürzel gelbbraun. ♀ zeigen dieselbe Farbverteilung wie ♂, die Kapuze ist aber grau, die Unterseite blassgelb und der Mantel graubraun. Singt kurz, rau trillernd (erinnert an Dorngrasmücke). Ruft vielfältig, u.a. „pit" oder „tschü".
VORKOMMEN: U V–VI; brütet in Südosteuropa, überwintert in Indien. In Österreich sehr seltener, aber zunehmender Ausnahmegast im Frühling. Brutnachweise bereits bis Deutschland.

3 Goldammer
— *Emberiza citrinella* Yellowhammer

347 344 | L 15,5–17 cm

MERKMALE: Häufigste gelbe Ammer mit recht langem Schwanz, rotbraunem Bürzel und stark gestreiftem Mantel. Im Flug mit weißen Schwanzkanten. ♂ im PK (**3A**) zeigen einen überwiegend zitronengelben Kopf mit gräulichen Streifen auf den Scheitelseiten und Ohrdecken. Die Unterseite ist gelb und v.a. auf Brustseiten und Flanken fleckig rotbraun gezeichnet. Hals- und Brustseiten sind grünlich grau. ♂ im SK ähneln ♀. Ad. ♀ (**3B**) sind auf Kopf und Unterseite weniger intensiv gelb, die Oberseite ist stärker grau gefärbt. Der Kopf ist gelblich grau. Die Unterseite ist diffus dunkel gestrichelt und zeigt kaum rotbraune Bereiche. Im 1. W ähnlich ad. SK. ♂ sind häufig bereits an den rotbraunen und graugrünen Bereichen an den Brustseiten und Flanken zu erkennen. ♀ im 1. W (**3C**) zeigen am wenigsten Gelb und können in manchen Fällen ganz grau erscheinen (dann ähnlich Fichtenammer), zeigen aber meist kleine gelbe Bereiche auf Unterschwanzdecken und Bauchmitte bzw. gelbe Handschwingensäume. Singt eine helle, leicht abfallende und am Schluss noch einmal ansteigende Strophe „si-si-si-si-si-si-SÜÜ". Verschiedene Rufe, u.a. rollend, aber recht weich „brüb", auch einfach „zit" oder „ziih".
VORKOMMEN: B, D, W I–XII 100–1800 m; weit verbreiteter Teilzieher in halboffenen Kulturlandschaften mit ausreichend Hecken und Gehölzen, auch an Waldrändern. Besonders im Winter häufig in Trupps. Nahrungssuche meist am Boden, z.B. auf Äckern und Wegrändern.
WISSENSWERTES: Die folgenden Arten treten als sehr seltene Ausnahmeerscheinungen, v.a. im Winter auf. Die **Fichtenammer** (*E. leucocephalos*) brütet in Sibirien, östlich des Urals. Zeigt niemals Gelb im Gefieder. ♂ (**4**) haben einen braunen Überaugenstreif und eine braune Kehle, der Wangenstreif ist weiß und dunkel eingerahmt. ♀ und 1. W ähneln der Goldammer sehr, sind aber gänzlich grau bzw. rotbraun gefärbt und zeigen eine weiße Unterseite mit grau oder rotbraun gestrichelten Flanken. Die **Zwergammer** (*E. pusilla*, S. 337, **4**) brütet in Nordosteuropa und Sibirien. Sie ähnelt der Rohrammer, ist aber kleiner und am Kopf (besonders auf den Wangen) lebhafter rotbraun gefärbt und zeigt einen schmalen hellen Augenring. Die Ohrdecken sind schwarz eingerahmt. Die Scheitelseiten sind dunkler und zeigen einen deutlicheren, hellen Scheitelstreif. Die Flügelbinden sind etwas auffälliger. Ruft scharf „zick".

2
V

1A
V

1C
IV

1D
XII

1B
XII

3C
I

3A
IV

4
XII

3B
III

1 | Zippammer — *Emberiza cia* Rock Bunting

348 | L 15–16,5 cm

MERKMALE: In allen Kleidern mit rotbrauner Unterseite, grauer Brust und auffälligem Kopfmuster: Die dunklen Augen- und Wangenstreifen umschließen die hellen Ohrdecken, darüber liegt ein breiter Überaugenstreif. Der Scheitel ist dunkel, mit hellem Scheitelstreif. Der Mantel ist rotbraun und schwarz gestreift. Die kleinen Armdecken sind grau und kontrastieren zur sonst braunen Oberseite (häufig aber von Flankenfedern verdeckt). Im Flug mit weißen Schwanzkanten. Schnabel grau, mit dunklerem Oberschnabel. Der Bürzel ist ungezeichnet rotbraun. ♂ im PK (**1A**) zeigen einen kontrastreichen Kopf mit hellgrauer Grundfärbung und schwarzem Muster. Kehle und Brust sind ebenfalls grau, die Flanken ungestreift. Ad. ♀ (**1B**) und ♂ im 1. W sind matter gefärbt. Singt eine kurze, sehr hohe und melodische Strophe. Ruft scharf „zi", mitunter auch gedehnter „ziii" oder abfallend „tsiü".

VORKOMMEN: B, D, W I–XII 200–1700 m; lokaler Standvogel an wärmebegünstigten Standorten im Hügelland und Gebirge. Besiedelt steile felsige Hänge mit Trockenrasen, aber auch Weingartenlandschaften. Ein beständiges Vorkommen besteht in der Wachau.

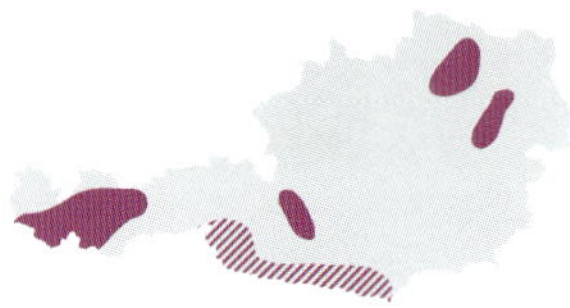

2 | Ortolan — *Emberiza hortulana* Ortolan Bunting

349 | L 15–16,5 cm

MERKMALE: Stets mit auffälligem hellem Augenring, hellem Bartstreif und schlankem graurosa Schnabel. Der Bürzel ist ungezeichnet graubraun, die Schwanzseiten sind weiß, Beine rosa. ♂ im PK (**2A**) sind auf Kopf, Nacken und Brust grüngrau. Kehle und Bartstreif sind blassgelb. Die Unterseite ist rotbraun, der Mantel braun und schwarz gestreift. Ad. ♀ (**2B**) und ♂ im SK sind weniger kräftig gefärbt, manche sind auf Brust und Kopf diffus dunkel gefleckt. Der graue Brustbereich ist schmaler als bei ♂ im PK. Im 1. W (**2C**) recht farblos und auf der Unterseite deutlich gestreift. Der Kinnstreif setzt sich deutlich dunkel ab. Singt kurz, relativ monoton klingelnd und leicht abfallend, z.B. „sie-sie-sie-sie-drü-dü-lü" oder „zie-zie-zie-drüü..." (erinnert an Goldammer, klingt aber voller). Ruft abwechselnd weich „sli-e" (angedeutet zweisilbig) und „tju". Auch „plütt".

VORKOMMEN: b, D IV–IX 100–900 m; Zugvogel, überwintert in Afrika. Besiedelt abwechslungsreiche Kulturlandschaften im Tiefland mit offenen Flächen und einzelnen Bäumen. Als Brutvogel in Österreich wohl ausgestorben. Als Durchzügler sehr selten in halboffenen Kulturlandschaften.

3 | Grauammer — *Emberiza calandra* Corn Bunting

350 | L 16–19 cm

MERKMALE: Ad. (**3A, B**) sind graubraun gefärbt und durchwegs kräftig schwarz gestreift. Die Unterseite ist heller weißlich, mit kräftiger Strichelung an den Kehlseiten (läuft auf den Brustseiten manchmal zu schwarzem Fleck zusammen). Der Kopf zeigt eine diffuse, zweigeteilte dunkle Zeichnung auf den Wangen. Lässt im Flug häufig die Beine hängen, sonst ohne auffällige Merkmale (weder weiße Schwanzseiten noch Flügelbinden). Im JK (**3C**) oberseits mit großen dunklen Federzentren. Die Strichelung der Unterseite konzentriert sich auf die Brust. Der Gesang ist eine sehr typische kurze Strophe, die stotternd beginnt und sich gleich in einen unstrukturierten metallischen Triller ausdehnt. Ruft gedehnt rollend „tsritt" oder kurz und hoch „bit", manchmal in Serie „bit-bit-bit-bit".

VORKOMMEN: B, D, w I–XII 100–600 m; Teilzieher. Brütet im Tiefland Ostösterreichs sowie spärlich verstreut im nördlichen Alpenvorland, in Kärnten und Vorarlberg. Besiedelt Brachen, Wiesen und Weiden in offenen, trocken-warmen Kulturlandschaften und ist dort auf einzelne Gebüsche oder andere Strukturen angewiesen, die als Warten genutzt werden.

1A II

1B I

2A V

2B V

2C IX

3B IV

3C VI

3A III

Weitere Ausnahmeerscheinungen

Die **Weißkopfruderente** (*Oxyura leucocephala*) brütet in Osteuropa, auf der iberischen Halbinsel und in Nordafrika. Bulliger Körperbau und großer Kopf sowie langer, häufig aufrecht getragener Schwanz. Großer Schnabel mit geschwollener Basis. Körpergefieder rotbraun, fein schwarz meliert. ♂ im PK (**1A**) mit hellblauem Schnabel, weißem Kopf und schwarzem Scheitel. ♀/JK (**1B**) mit schwarzbraunem Oberkopf und breitem Wangenstreif. Schnabel graubraun. 023

Die **Nordamerikanische Pfeifente** (*Mareca americana*, **2**) ist die nordamerikanische Schwesterart der Pfeifente. ♂ im PK (**2**) zeigen graurosa Flanken und einen grauen Kopf mit weißlicher Stirn und großer, grün schillernder Maske. ♀ sehen denen der Pfeifente sehr ähnlich, haben aber einen stärker grau gefärbten Kopf und zeigen rein weiße Achselfedern (bei Pfeifente grau und gemustert).

Die **Ringschnabelente** (*Aythya collaris*, **3**) brütet in Nordamerika. Etwas kleiner als die sonst ähnliche Reiherente, allerdings ohne Schopf, sondern mit typisch zugespitztem Hinterkopf. Ad. mit breiter weißer Binde vor der schwarzen Schnabelspitze. ♂ im PK (**3**) zeigen graue Flanken, die durch einen weißen Keil von der schwarzen Brust getrennt sind. ♀ mit recht hell warmbraunen Flanken und dunklerem Rücken. Kopf hell, verwaschen graubraun, mit hellem Augenring und großem hellem Fleck an der Schnabelbasis.

Der **Gleitaar** (*Elanus caeruleus*, **4**) ist ein kleiner Greifvogel der u.a. in Südfrankreich und Spanien brütet. Größe ähnlich Turmfalke. Gefieder bei ad. (**4**) unterseits weiß, nur Handschwingen schwarz. Oberseits grau, mit schwarzen Armdecken. Augen rot, Schnabel gelb mit schwarzer Spitze.

Der **Häherkuckuck** (*Clamator glandarius*, **5**) brütet in Südeuropa. Größe ähnlich Kuckuck aber mit etwas längerem Schwanz. Im JK/1. S (**5**) oberseits dunkel schwarzbraun, grob weiß gefleckt. Handschwingen im JK rostrot. Schwarze Kopfkappe mit kleiner Federhaube. Unterseite weiß, Kehle cremefarben. Ad. wie JK, aber mit heller grauer Oberseite und Kappe.

Der **Mittelmeersteinschmätzer** (*Oenanthe hispanica*, **6**) brütet in Südeuropa. Ähnlich Steinschmätzer, aber mit schmalerer Schwanzendbinde und teilweise schwarzen Schwanzkanten. ♂ im PK (**6**) mit schwarzem Gesicht und schwarzer Kehle (manche mit heller Kehle) sowie einfarbig schwarzen Flügeln. Scheitel und Mantel weißlich, im Frühling mit deutlicher beiger Tönung. Unterseite weiß, Brust beige. ♀ insgesamt dunkler graubraun als ♀ des Steinschmätzers, unterseits nicht weißlich sondern beige, Brust etwas dunkler braun. Ohne auffälligen Überaugenstreif.

Die **Waldammer** (*Emberiza rustica*, **7**) brütet in Nordosteuropa. Im SK/1. W (**7**) ähnlich Rohr- und Zwergammer, aber mit weißem Bauch, kräftig rotbraun gestrichelten Flanken und zwei schmalen, weißen Flügelbinden (gebildet durch spitzen der mittleren und großen Armdecken). Überaugenstreif und Bartstreif beige. Ohrdecken braun, breit dunkel eingefasst und mit weißem Fleck am hinteren Rand. Bürzel rotbraun. Schnabelfirst gerade, Unterschnabel rosa getönt. 351

1A
VI

1B
XII

2
XI

3
II

4
XII

5
III

6
III

7
XI

Service

Nützliche Adressen

BirdLife Österreich – Gesellschaft für Vogelkunde
www.birdlife.at

Online-Beobachtungsarchiv
www.ornitho.at

Avifaunistische Kommission
www.birdlife-afk.at
Auf dieser Webseite findet sich auch die vollständige Artenliste der in Österreich nachgewiesenen Vogelarten.

Österreichische Vogelwarte (AOC)
www.vetmeduni.ac.at/de/klivv/oesterreichische-vogelwarte

Naturhistorisches Museum Wien, Vogelsammlung
www.nhm-wien.ac.at

Haus der Natur, Salzburg
www.hausdernatur.at

Biologiezentrum Linz – Oberösterreichisches Landesmuseum
www.landesmuseum.at/de/standorte/biologiezentrum-linz.html

Universalmuseum Joanneum, Graz
www.museum-joanneum.at/naturkundemuseum

Tiroler Landesmuseen – Fachbereich Zoologie
www.tiroler-landesmuseen.at

inatura – Erlebnis Naturschau Dornbirn
www.inatura.at

Zum Weiterlesen

BARTHEL P. H., DOUGALIS P. Was fliegt denn da?
Stuttgart: Kosmos; 2019
Kompaktes, mit Zeichnungen illustriertes Buch, das einen guten Überblick über alle Vögel Europas gibt.

CHANDLER R. Shorebirds of the Northern Hemisphere.
London: Bloomsbury Publishing Plc; 2009
Fotoband, der bei der Bestimmung schwieriger Limikolen sehr hilfreich ist.

VAN DUIVENDJK N. Advanced Bird ID Handbook: The Western Palearctic.
London: Bloomsbury Publishing Plc; 2011
Ein schlichtes, unbebildertes Handbuch der Bestimmungsmerkmale aller Vogelarten der Westpaläarktis.

FORSMAN D. Flight Identification of Raptors of Europe, North Africa and the Middle East.
London: Bloomsbury Publishing Plc; 2016
Das neue Standardwerk zur Greifvogelbestimmung, mit zahlreichen Fotos.

GEJL L. Die Watvögel Europas.
Bern: Haupt; 2017
Ein prächtiger Bildband über eine der charismatischsten Vogelgruppen.

KHIL L. Handbuch Vögel beobachten.
Stuttgart: Kosmos; 2021
Das „Wie, wo und wann?" des Vogelbeobachtens. Mit umfangreichem Teil zur Bestimmung schwieriger Arten

MALLING OLSEN K. Gulls of Europe, Asia and North America.
London: Bloomsbury Publishing Plc; 2004
Umfangreiches Werk, das sich mit Fotos und Zeichnungen einer der (was die Bestimmung angeht) schwierigsten Vogelgruppen widmet – den Möwen.

MEBS T., SCHERZINGER W. Die Eulen Europas.
3. Aufl. Stuttgart: Kosmos; 2020
Informatives Werk zur Ökologie der Eulen.

MEBS T., SCHMIDT D. Die Greifvögel Europas, Nordafrikas und Vorderasiens.
2. Aufl. Stuttgart: Kosmos; 2014
Ähnlich dem oben genannten Werk werden in diesem Buch Ökologie und Lebensweise der Greifvögel und Falken beleuchtet.

SVENSSON L., MULLARNEY K., ZETTERSTRÖM D. Der Kosmos Vogelführer.
Stuttgart: Kosmos; 2017
Das beste Bestimmungsbuch für die gesamte Westpaläarktis (Europa, Nordafrika, Vorderasien). Viele der in Österreich auftretenden Seltenheiten, die im vorliegenden Buch nur am Rande vorkommen, werden hier mit Zeichnungen eingehender vorgestellt.

Quellen

ADRIAENS P., BOSMAN D., ELST J. White Wagtail and Pied Wagtail: a new look. Dutch Birding 2010: 32

ALBEGGER E., KHIL L. Nachweise seltener und bemerkenswerter Vogelarten in Österreich 2012–2014. 9. Bericht der Avifaunistischen Kommission von BirdLife Österreich. Egretta 2016: 54; 118–144

BAUER HG., BEZZEL E., FIEDLER W. Das Kompendium der Vögel Mitteleuropas. Wiebelsheim: Aula-Verlag 2012

BECKER P. Kennzeichen und Kleider der europäischen kleinen Rallen und Sumpfhühner *Rallus* und *Porzana*. Limicola 1990: 3; 93–144

BIRDLIFE INTERNATIONAL. Handbook of the Birds of the World and BirdLife International digital checklist of the birds of the world. Version 9.1. 2017. Im Internet: http://datazone.birdlife.org/species/taxonomy. Stand: 21.03.2018

BIRDLIFE ÖSTERREICH Vogelkrankheit bei Grünfinken. Haben Sie tote Grünlinge in Ihrem Garten? Jetzt ist schnelles Handeln gefragt! Wien: BirdLife Österreich; 2018. Im Internet: http://www.birdlife.at/blog/unsere-arbeit-1/post/vogelkrankheit-bei-grunfinken-7. Stand: 21.03.2018

BIRDLIFE ÖSTERREICH Ornithologisches Monitoring – Berichte über die Jahre 2009–2016. Nationalpark Neusiedler See – Seewinkel. Im Internet: http://www.parcs.at/npns/mmd_data_by.php?searchval=4002. Stand: 22.06.2018

BOT S., VAN BEMMELEN R., EGGENHUIZEN A., GROENENDIJK D. Invasion of White-headed Long-tailed Tits in the Netherlands in 2010–11. Identification. Dutch Birding 2012: 34; 151–159

BROUGHTON R. Separation of Willow Tit and Marsh Tit in Britain: a review. British Birds 2009: 102; 604–616

BRUDERER D. Brutversuche und Brutnachweise eines Mischpaares Fluss- *Sterna hirundo* × Küstenseeschwalbe *Sterna paradisaea* im Vorarlberger Rheindelta in den Jahren 2010 bis 2013. Elanus 2014: 7; 48–53

CHANDLER R. Shorebirds of the Northern Hemisphere. London: Christopher Helm; 2009

DEMONGIN L. Identification Guide to Birds in the Hand. Eigenverlag; 2016

DUDZIK K., POLAKOWSKI M. The cases of mixed broods and identfication of Syrian Woodpecker *Dendrocopos syriacus* and Great Spotted Woodpecker *Dendrocopos major* hybrids in Poland. Chrońmy Przyr. Ojcz. 2011: 67 (3); 254–260

VAN DUIVENDIJK N. Advanced Bird ID Handbook: The Western Palearctic. London: Bloomsbury Publishing Plc; 2011

DVORAK M., RANNER A., BERG HM. Atlas der Brutvögel Österreichs – Ergebnisse der Brutvogelkartierung 1981–1985 der Österreichischen Gesellschaft für Vogelkunde. Wien: Bundesministerium für Umwelt, Jugend und Familie; 1993

FEIGE N., VAN DER JEUGD HP., VAN DER GRAAF AJ. ET AL. Newly established breeding sites of the Barnacle Goose *Branta leucopsis* in Northwestern Europe – an overview of breeding habitats and colony development. Vogelwelt 2008: 129; 244–252

FORSMAN D. The Raptors of Europe and the Middle East: A Handbook of Field Identification. London: Bloomsbury Group, A&C Black; 1998

FORSMAN D. Flight Identification of Raptors of Europe, North Africa and the Middle East. Helm Identification Guides. London: Bloomsbury Publishing Plc; 2016

FRANSSON T., JANSSON L., KOLEHMAINEN T. ET AL. EURING list of longevity records for European birds. Im Internet: https://euring.org/data-and-codes/longevity-list. Stand: 21.03.2018

GLUTZ VON BLOTZHEIM UN (Hrsg.). Handbuch der Vögel Mitteleuropas. 17 Bände in 23 Teilen. 2. Auflage. Wiebelsheim: Aula-Verlag; 1966ff

VAN GROUW H. What colour is that bird? The causes and recognition of common colour aberrations in birds. British Birds 2013: 106; 17–29

KHIL L., ALBEGGER E. Nachweise seltener und bemerkenswerter Vogelarten in Österreich 2010–2011. 7. Bericht der Avifaunistischen Kommission von BirdLife Österreich. Egretta 2014: 53; 10–28

LABER J. Die Limikolen des österreichisch/ungarischen Seewinkels. Egretta 2003: 46; 1–91

LABER J., PELLINGER A. Populations of migrating and wintering geese of the genera *Anser* and

Branta in the National Park Neusiedler See – Seewinkel. Egretta 2008: 49; 35–51

LABER J., RANNER A. Nachweise seltener und bemerkenswerter Vogelarten in Österreich 1991–1995. 2. Bericht der Avifaunistischen Kommission von BirdLife Österreich. Egretta 1997: 40; 1–44

MAILING OLSEN K. Gulls of Europe, Asia and North America. London: Bloomsbury Publishing Plc; 2004

MALMHAGEN B. Ring Ouzel Photo Guide. Birdwatch Magazine 2013: 249; 37–42

MEININGER P., HOOGENDOORN W., FLAMANT R. Proceedings of the 1st International Mediterranean Gull Meeting, Le Portel, Pas-de-Calais, France, 4–7 September 1998. Vlissingen: Melano; 1999

MOURONVAL JB. Guide to Sex and Age of European Ducks. Office national de la chasse et de la faune sauvage, Paris: 2016 Im Internet: http://www.ducksg.org/resources/field-techniques. Stand: 15.06.2018

NATIONALPARK NEUSIEDLER SEE – SEEWINKEL Vogelsteckbriefe. Im Internet: http://nationalpark-neusiedlersee-seewinkel.at/Arteninfos.html. Stand 15.06.2018

OFFEREINS R. Identification of eastern subspecies of Western Jackdaw and occurrence in the Netherlands. Dutch Birding 2003: 25; 209–220

PROBST R., STRUWE-JUHL B. Die Kleider des Seeadlers *(Haliaeetus albicilla)* unter dem Einfluss individueller und geografischer Variation. Denisia 2009: 27; 159–172

PÜHRINGER N., STADLER S. Der Einflug nordöstlicher Gimpel *(Pyrrhula pyrrhula pyrrhula)* („Trompetergimpel“) in Oberösterreich in den Wintern 2004/05, 2005/06 und 2006/07. Vogelkundliche Nachrichten aus Oberösterreich – Naturschutz aktuell 2007: 15; 1–16

RANNER A. Nachweise seltener und bemerkenswerter Vogelarten in Österreich 1999–2000. 4. Bericht der Avifaunistischen Kommission von BirdLife Österreich. Egretta 2003: 46; 109–135

RANNER A. Artenliste der Vögel Österreichs. Im Internet: http://www.birdlife-afk.at. Stand: 16.09.2021

RANNER A., KHIL L. Nachweise seltener und bemerkenswerter Vogelarten in Österreich 2001–2006. Fünfter Bericht der Avifaunistischen Kommission von BirdLife Österreich. Egretta 2008: 50; 51–75

RANNER A., KHIL L. Nachweise seltener und bemerkenswerter Vogelarten in Österreich 2007–2009. 6. Bericht der Avifaunistischen Kommission von BirdLife Österreich. Egretta 2011: 52; 13–32

RANNER A., LABER J., BERG HM. Nachweise seltener und bemerkenswerter Vogelarten in Österreich 1980–1990. 1. Bericht der Avifaunistischen Kommission von BirdLife Österreich. Egretta 1995: 38; 59–98

RESANO-MAYOR J., FERNÁNDEZ-MARTÍN A., HERNÁNDEZ-GOMEZ S., TORANZO I., ESPANA A., GIL JA., DE GABRIEL M., ROA-ÁLVAREZ I., STRINELLA E., HOBSON KA., HECKEL G., ARLETTAZ R. Integrating genetic and stable isotope analyses to infer the population structure of the White-winged Snowfinch *Montifringilla nivalis* in Western Europe. Journal of Ornithology 158: 395–405.

SCHMIDT M., VOGL W., WINKLER H. Grundlagen zur Erforschung des Vogelzuggeschehens in Österreich. Teil I – Allgemeine Ergebnisse und Artauswertungen. Endbericht des Projekts 100103 der Bund/Bundesländer-Kooperation (BBK) erstellt im Auftrag des Bundesministeriums für Land- und Forstwirtschaft, Umwelt und Wasserwirtschaft und der Bundesländer. Wien: 2014

VAN DER SPEK V., MARTINEZ N. Identification and temporal distribution of hybrid redstarts and Eastern Black Redstart in Europe. Dutch Birding 2018: 40; 141–151

SVENSSON L., MULLARNEY K., ZETTERSTRÖM D. Der Kosmos Vogelführer. 3. Auflage. Stuttgart: Kosmos; 2017

TEUFELBAUER N., ADAM M., NEMETH E. Analyse der Bestände überwinternder Wasservögel in Österreich 1970–2014. BirdLife Österreich mit Unterstützung des Bundesministeriums für Land- und Forstwirtschaft, Umwelt und Wasserwirtschaft. Wien: 2015

WHITE S., KEHOE C. Difficulties in determining the age of Common Terns in the field. British Birds 2001: 94; 268–277

Register der Artnamen

F

G

H

I

J

K

L

U

V

W

X

Z

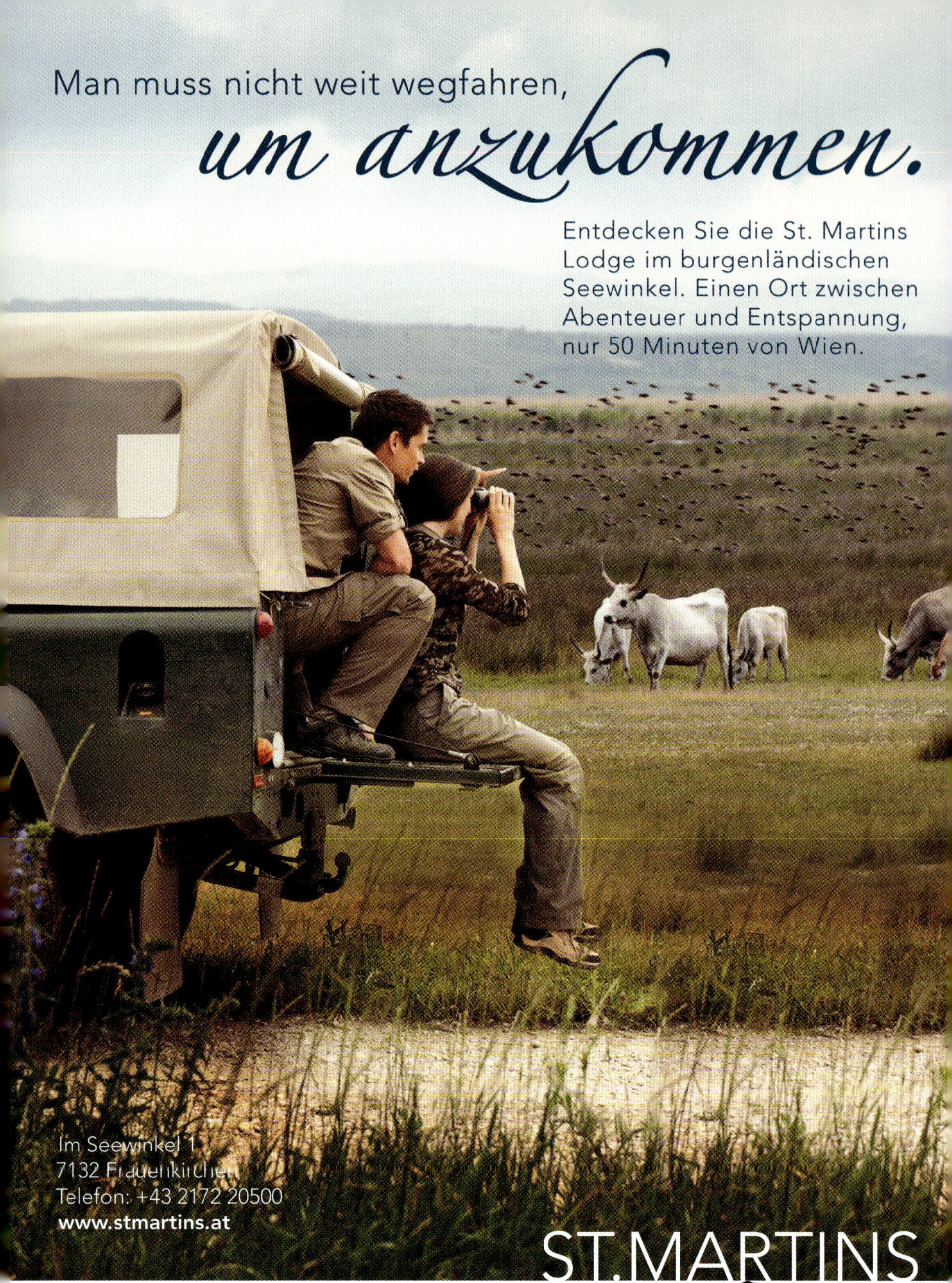
Man muss nicht weit wegfahren,
um anzukommen.
Entdecken Sie die St. Martins Lodge im burgenländischen Seewinkel. Einen Ort zwischen Abenteuer und Entspannung, nur 50 Minuten von Wien.
Im Seewinkel 1
7132 Frauenkirchen
Telefon: +43 2172 20500
www.stmartins.at
ST.MARTINS

Interview mit dem Autor

Leander Khil

Herr Khil, wie sind Sie zum Vogelexperten geworden? Gab es einen besonderen Auslöser?
Meine Eltern schreiben einem Unfall an meinem ersten Tag im Kindergarten eine Rolle zu. Während des langen Spitalaufenthalts wurde ich mit Tierbüchern bei Laune gehalten. Seit damals haben Wildtiere und die Beschäftigung mit ihnen mein Leben bestimmt. Meine Eltern haben mich stets sanft weiter in diese Richtung gelenkt und großartig unterstützt. Der Berufswunsch „Naturforscher" hat sich dadurch schon im Volksschulalter in meinem Kopf festgesetzt. Bald hat sich ein besonderes Interesse für die Vogelwelt herauskristallisiert.

Welchen Weg haben Sie eingeschlagen, was machen Sie heute?
Ich habe Biologie beziehungsweise Naturschutz studiert. Dass für mich kein Weg an der Ornithologie vorbeiführt, war zu diesem Zeitpunkt bereits klar. Seit der Schulzeit genieße ich das Glück, die Dinge zu tun, die mir die größte Freude bereiten. Ich arbeite an vielen vogelkundlichen Themen und Projekten. Naturvermittlung in Form von Führungen und Reisen, Vogelbücher und Naturfilme spielen derzeit große Rollen.

Sie haben ein Vogelbuch speziell über die Vogelwelt Österreichs geschrieben. Was ist das Besondere dort – die Arten sind ja nicht grundlegend anders als allgemein in Mitteleuropa? Was hat Sie gereizt?
Für ein so kleines Binnenland kann Österreich eine erstaunliche Vielzahl spektakulärer Lebensräume aufweisen. Vom Gipfel des Großglockners bis hinunter in die Pannonische Tiefebene kommen zahlreiche Vogelarten vor. Es gab bislang kein Vogelbestimmungsbuch, das sich speziell mit den Arten in Österreich beschäftigt. Ich sehe sehr häufig, dass vor allem Anfänger mit der Artenfülle in den Büchern über die Vögel Europas überfordert sind. Angesichts der unzähligen abgebildeten Arten, die in Österreich zu einem guten Teil gar nicht vorkommen, geben viele Vogelinteressierte schnell auf und kommen dann zu keiner korrekten Bestimmung. Ich wollte ein Buch machen, das die richtige Artenauswahl enthält und in Texten und Verbreitungskarten ganz konkret auf die Verbreitung und das Auftreten in Österreich eingeht.

Gibt es eine Vogelart, die ganz besonders für Österreich steht?
Die Vogelwelt unterscheidet sich zwischen den Bergregionen und den Tieflagen deutlich. Ich denke, es ist nicht möglich, den typisch österreichischen Vogel auszuwählen. Berge bedecken einen großen Teil des Landes, aber die meisten Menschen leben in den Tälern beziehungsweise abseits der Alpen. Der Neusiedler See beherbergt international bedeutende Bestände, z.B. vieler Schilfvögel, aber die sind auf ein vergleichsweise kleines Gebiet beschränkt. Als Titelbild haben wir den Mornellregenpfeifer gewählt. Dieser Watvogel ist ein sehr seltener, aber charakteristischer Brutvogel des Alpenraums. Spärlich, aber regelmäßig kann man ihn als Durchzugsgast im Frühling und Herbst auch im Flachland finden. So verbindet er die Lebensräume und Höhenstufen in gewisser Weise und repräsentiert damit ganz Österreich.

Haben Sie eigentlich einen Lieblingsvogel?
Mit dem Galapagosalbatros verbinde ich eine abenteuerliche, reiseintensive Zeit. Unter den Vögeln, die ich bislang sehen durfte, hat mich keiner so überrascht und berührt. Mich faszinieren sein Verhalten und seine Lebensweise am offenen Meer. In Österreich einem Albatros zu begegnen ist aber ziemlich ausgeschlossen. Hier schätze ich den Halsbandschnäpper besonders. Ich bin in einer Buchdruckerei aufgewachsen, vielleicht finde ich deshalb klare Designs in Schwarz und Weiß besonders ansprechend. Das Halsbandschnäpper-Männchen ist für mich der schönste Vogel im Land.

Vögel beobachten macht Freude. Was ist Ihr bisher schönstes Erlebnis?
Ich glaube, kein Vogelbeobachter kann sich der Aufregung entziehen, einen seltenen Vogel oder sogar eine Art zu beobachten, die man selbst noch nie zuvor gesehen hat. Da habe ich viele, wunderbare Erinnerungen. Die spannende und erfolgreiche Suche nach dem allerletzten lebenden Schneekranich der Westpopulation im Iran war erleichternd und zugleich bedrückend. Die Wiederentdeckung der ausgestorben geglaubten, ägyptischen Population des Braunbauch-Flughuhns war ermutigend. Ganz besonders kann ich mich aber für Beobachtungen von besonderen Verhaltensweisen begeistern. Wenn man sich die Zeit nimmt und Vögel über einen längeren Zeitraum beobachtet und den kleinen Details ihres Verhaltens Aufmerksamkeit schenkt, stößt man auf atemberaubende Dinge. Was ich beispielsweise während der zweijährigen Dreharbeiten an einem Turmfalkenfilm bei dieser häufigen Art gesehen habe, hat mich wirklich überrascht.

Gibt es etwas, das Sie den Vogelbeobachtern ans Herz legen möchten?
Vögel zu beobachten erfreut sich zum Glück wachsender Beliebtheit. Diese Entwicklung lässt mich hoffen, dass dadurch mehr Menschen wieder einen Bezug zur heimischen Artenvielfalt und ein Gefühl dafür bekommen, wie schutzbedürftig viele Tier- und Pflanzenarten mittlerweile geworden sind. In manchen kleinen Gebieten, die oft die letzten Rückzugsräume vieler Arten sind, steigt der Druck auf die Lebewesen aber gerade durch die vielen Besucher und Interessierten noch weiter. Die Verwaltungen von Schutzgebieten sind hier gefordert und müssen für eine gute Besucherlenkung sorgen, die gleichzeitig ein Erlebnis und einen Kontakt mit der Natur ermöglicht. Aber es müssen die Naturinteressierten, auch Vogelbeobachter und insbesondere Naturfotografen, noch mehr Rücksicht nehmen und darauf achten, dass Tiere, Pflanzen und Lebensräume durch ihre Aktivitäten nicht gestört oder geschädigt werden.

Herzlichen Dank, Herr Khil!

Bildnachweis

Mit 1157 Farbfotos:

2 von **Barbara Aichner** (339/4),

3 von **Tormod Amundsen** (113/2C, 117/3A, 123/1D),

5 von **Hannah Assil** (221/2C, 245/1D, 277/2A, 277/2B, 305/1B),

4 von **Hans-Martin Berg** (181/2E, 225/2C, 307/1B, 311/1C),

1 von **Klaus Bjerre** (189/1I),

16 von **Gebhard Brenner** (31/1A, 105/1A, 107/2D, 129/2A, 191/1D, 207/1A, 231/2C, 249/2A, 255/2C, 271/2A, 293/1B, 299/2D, 333/1D, 333/2B, 341/2A, 341/2B),

1 von **Peter Buchner** (27/3),

1 von **Simon Carrington** (119/2A),

2 von **Liliana und Klaus Cerjak** (187/1G, 327/1D),

1 von **Paul Cools** (79/3A),

2 von **Klaus Dichmann** (25/2C, 167/1B),

17 von **Michael Dvorak** (25/2D, 45/2C, 49/1C, 55/2C, 65/2A, 131/4, 149/1C, 157/2A, 159/1D, 189/1F, 203/2C, 255/1B, 257/2B, 301/2B, 339/1C, 343/1A, 343/2),

16 von **Steffen Fahl** (33/2A, 39/2C, 43/1C, 43/2A, 49/1D, 51/2C, 95/3B, 109/2D, 155/1D, 167/2B, 201/1B, 201/1C, 207/2E, 217/2A, 279/2B, 291/2A),

1 von **Matthias Feldhoff** (209/1C),

1 von **Johann Frießer** (217/1C),

54 von **Peter Frießer** (29/2A, 35/2A, 37/1C, 51/2B, 63/1D, 63/2B, 79/1A, 91/1D, 95/1A, 95/2B, 101/2C, 107/1C, 111/1B, 113/2A, 115/2B, 117/2A, 117/2C, 121/1A, 123/1C, 125/2B, 127/1A, 127/2A, 127/2B, 127/3A, 157/2B, 163/1D, 165/2A, 169/2A, 177/2C, 179/1A, 179/1B, 179/1D, 183/1D, 185/1C, 191/1B, 196/1B, 207/1E, 209/1A, 209/1B, 209/2B, 231/1C, 231/2B, 247/2B, 247/3A, 265/1A, 283/1D, 289/2D, 295/2B, 301/1E, 315/1C, 323/1B, 325/1C, 335/1A, 337/3C),

29 von **Michael Gerber** (25/1C, 29/1A, 49/4B, 69/2C, 77/1A, 79/2A, 93/3C, 101/1B, 109/2B, 131/2, 131/6, 171/1A, 177/1A, 177/1B, 177/1C, 185/1A, 191/2C, 196/1D, 196/1E, 209/2A, 209/2C, 255/1A, 257/1B, 271/1A, 271/2B, 301/1B, 315/1A, 317/1E, 325/2A),

1 von **Thomas Hempelmann** (337/4),

19 von **Thomas Hochebner** (81/2A, 173/2B, 183/1B, 219/2C, 223/1A, 223/2C, 227/1A, 227/2A, 233/2A, 233/3A, 241/1A, 241/2A, 269/1B, 277/2C, 293/1A, 293/2A, 317/2B, 329/2A, 339/3A),

6 von **Johannes Hohenegger** (163/2B, 163/2C, 187/1H, 309/1C, 329/1C, 335/1C),

2 von **Hannu Huhtinen** (303/2C, 341/3C),

1 von **Klaus Kastl** (329/2C),

12 von **Richard Katzinger** 179/2C, 181/1C, 181/1D, 191/1C, 191/1E, 191/2B, 191/2D, 197/2G, 203/2A, 207/1B, 211/2B, 211/2D),

516 von **Leander Khil** (2/3, 4, 7, 8, 9, 10, 12, 14/li., 14/Mitte, 14/re., 16/li., 16/re., 17, 22_23, 29/3A, 29/3B, 29/3C, 31/1B, 31/1C, 31/1D, 31/2A, 31/2C, 33/1A, 33/1B, 33/1C, 33/1D, 35/1A, 35/1B, 35/1C, 35/1D, 37/1A, 37/1B, 37/2B, 37/2C, 37/3A, 37/3B, 39/2A, 39/3B, 43/1A, 45/1A, 45/1B, 45/1C, 45/1D, 45/2A, 45/2B, 45/3A, 47/1A, 47/1B, 47/1C, 47/1D, 47/2B, 49/1A, 49/3A, 49/3B, 51/1A, 51/1B, 51/1C, 51/1D, 51/1E, 53/1A, 53/1B, 53/2A, 53/2B, 55/1A, 55/1B, 55/1C, 55/1D, 55/2A, 55/2B, 55/2D, 57/1A, 57/1B, 57/1C, 63/1A, 63/1C, 65/2B, 67/1A, 67/4, 69/1A, 69/1B, 69/1C, 69/2A, 69/3, 73/1A, 73/1B, 73/2A, 73/3A, 73/3B, 73/3C, 75/1A, 75/1B, 75/2A, 75/2B, 77/1C, 77/2A, 77/3, 79/2D, 79/3B, 81/1C, 83/1B, 83/1A, 83/1C, 83/1D, 83/2A, 83/2C, 83/2D, 85/1A, 85/1B, 85/1C, 85/1D, 85/2C, 87/1A, 87/1B, 87/1C, 87/1D, 87/2A, 87/2C, 87/2D, 89/1A, 89/1B, 89/1C, 89/2A, 89/2B, 89/2C, 89/4, 91/1A, 91/1B, 91/1C, 91/2A, 91/2C, 91/2D, 91/3A, 91/3B, 93/1A, 93/1B, 93/1C, 93/1D, 93/2A, 95/1B, 95/1C, 97/1B, 97/2C, 97/3., 99/1A, 99/1B, 99/1C, 99/2A, 99/2B, 99/3A, 99/3B, 101/2A, 101/2B, 103/1A, 103/1B, 103/1C, 103/1D, 103/2A, 103/2D, 105/1B, 105/1C, 105/1D, 105/2A, 105/2B, 107/1A, 107/1B, 107/2A, 107/2B, 109/1B, 109/1C, 109/2A, 109/2C, 111/1A, 111/1C, 111/2A, 111/2B, 111/2C, 111/3A, 111/3B, 113/1A,

113/1C, 113/1D, 113/2D, 115/1A, 115/1B, 115/1C, 115/1D, 115/1E, 115/1F, 115/1G, 115/2C, 117/1B, 117/1C, 117/3B, 119/1B, 121/1B, 121/1C, 121/2A, 123/1A, 123/1B, 125/1A, 125/1B, 125/1C, 125/1D, 125/2C, 125/2D, 127/1B, 127/1C, 127/2C, 127/3B, 127/3C, 129/1C, 129/2B, 129/2C, 129/2D, 129/3, 131/1, 131/3B, 131/7, 137/li.o., 137/re.o., 137/re.u., 139/1A, 139/1B, 139/1D, 139/2A, 139/2C, 143/1A, 143/1C, 143/1D, 143/2A, 143/2B, 143/2C, 143/2D, 143/2E, 145/1A, 145/1B, 145/1C, 145/1D, 145/1E, 145/1F, 145/1G, 145/2D, 147/1A, 147/1D, 147/1E, 147/1F, 149/1A, 149/1B, 149/1D, 149/1E, 149/2A, 149/2B, 149/2C, 151/2, 151/4A, 151/4B, 151/5B, 153/1B, 153/1C, 153/2A, 153/2B, 153/2C, 153/2D, 153/3A, 153/3B, 153/3C, 155/1B, 155/1C, 155/2A, 155/2B, 155/2D, 157/1D, 157/2C, 157/2D, 159/1A, 159/1B, 159/1C, 159/2A, 159/2B, 159/2C, 159/2D, 163/2D, 165/1C, 165/1D, 169/1A, 169/1B, 169/1C, 169/2B, 169/2C, 173/2A, 175/3A, 175/3C, 177/3A, 177/3B, 179/1C, 179/2A, 179/2D, 181/2A, 181/2C, 181/2D, 183/1C, 185/2B, 185/2C, 187/1E, 189/1B, 189/1D, 189/1H, 191/2E, 196/1C, 196/2C, 197/2I, 199/1A, 199/1B, 199/1C, 201/2B, 201/2C, 201/2D, 201/3, 203/2B, 203/2E, 207/1D, 207/2A, 207/2B, 207/2D, 209/2D, 211/1A, 211/1B, 215/1C, 215/1D, 215/2C, 215/2D, 217/1A, 217/1B, 217/2B, 217/2C, 221/1B, 221/2B, 225/1A, 225/1B, 225/2A, 225/2B, 229/1C, 229/1D, 229/2B, 231/2A, 231/2D, 233/3B, 235/1A, 235/1B, 235/2A, 235/2B, 235/2C, 237/1C, 237/2B, 237/2C, 239/1A, 239/1B, 239/1C, 239/1D, 239/1E, 239/2A, 239/2C, 241/1C, 241/2B, 243/1A, 243/1B, 243/1C, 243/2A, 243/2B, 245/1A, 245/1B, 245/1C, 245/2A, 245/2B, 245/2C, 247/1B, 249/1D, 251/1A, 251/1B, 251/2B, 253/1A, 253/1B, 253/1C, 253/3, 255/2A, 255/2B, 257/1A, 257/1C, 257/2C, 259/1B, 259/1C, 259/2A, 259/2B, 261/4, 263/1A, 263/1B, 263/1C, 263/2A, 263/2B, 265/1C, 265/1D, 265/2A, 265/2D, 265/3, 267/3, 267/5, 269/1A, 269/2B, 269/2C, 269/2D, 271/1B, 273/1C, 273/2B, 273/2C, 277/1A, 277/1B, 277/1C, 279/3A, 281/1A, 281/1B, 281/1C, 281/1D, 281/1E, 283/1A, 283/1B, 283/1C, 283/2A, 285/1, 285/2B, 287/1A, 287/1B, 287/2A, 289/1A, 289/2C, 291/1A, 291/1B, 291/1C, 291/2C, 293/1C, 293/2B, 295/1A, 295/1C, 295/2C, 295/2D, 297/1C, 297/1D, 297/2A, 297/2C, 297/2D, 299/1A, 299/1D, 299/2A, 301/1C, 301/1D, 303/1A, 303/1B, 303/2A, 305/2B, 307/1A, 307/1C, 307/2A, 307/2B, 309/1A, 309/1B, 309/2A, 309/2B, 311/1B, 313/1A , 313/1B, 313/1C, 313/2, 315/1B, 315/1D, 315/1E, 317/1A, 317/1B, 317/1C, 317/1D, 319/1A, 319/1B, 319/1C, 319/1D, 319/1E, 323/1A, 323/1D, 323/1E, 323/2A, 323/2B, 325/2C, 327/1B, 327/1C, 327/2D, 329/1B, 329/2B, 331/1A, 331/1B, 331/1C, 331/1D, 331/1E, 335/2B, 335/2C, 337/3A, 337/3B, 337/3D, 339/1B, 339/1D, 339/2, 341/3A, 341/3B, 343/3, 343/4, 344/345),

1 von **Andreas Kirchner** (297/1C),

1 von **Steve Klasan** (131/3A),

2 von **Samuel Knoblauch** (267/4, 297/1D),

1 von **Barbara Kofler** (185/2D),

2 von **Heinz Kolland** (311/2C, 341/2C),

2 von **Franz Kovacs** (85/2B, 85/2D),

9 von **Robert Kreinz** (25/2A, 75/3B, 79/3C, 89/5, 185/2A, 219/1A, 247/1C, 299/1C, 335/2D),

3 von **Johannes Laber** (181/1A, 181/1B, 331/2B),

1 von **Ruben Lippuner** (151/3),

4 von **Merijn Loeve** (145/1H, 147/1C, 147/1G, 147/1H),

45 von **Gerhard Loidolt** (39/3A, 41/1B, 41/1C, 41/3D, 43/1B, 43/3A, 43/3B, 75/3A, 77/1B, 81/1A, 83/2B, 85/2A, 91/2B, 95/3A, 99/2C, 105/2D, 111/3C, 117/1A, 121/2C, 139/1C, 141/2C, 175/3B, 185/1D, 189/1C, 189/1F, 199/2A, 199/2C, 203/2D, 211/1C, 219/2A, 229/1B, 233/1A, 233/1D, 247/3B, 257/2A, 259/3, 261/1A, 261/3, 265/2C, 267/2A, 267/2B, 273/3A, 273/3B, 281/1F, 339/3C),

8 von **James Lowen** (139/2B, 167/1A, 209/2F, 269/1C, 279/1C, 283/2D, 293/2C, 333/2C),

20 von **Mateusz Matysiak** (25/1A, 27/2B, 35/2B, 43/2C, 73/1C, 73/2B, 119/1A, 119/2B, 157/1C, 173/1B, 181/1E, 183/2B, 233/1C, 255/3, 271/3A, 303/2B, 311/2A, 313/3D, 333/1A, 333/1B),

1 von **Jonathan Meyrav** (201/1A),

1 von **Jozef Mihok** (211/2A),

3 von **Eva Artlieb** und **Klaus Mühlböck** (75/3D, 93/3B, 121/1D),

4 von **Ewald Neffe** (25/1B, 25/2B, 27/1E, 27/2A),

22 von **Daniel Pettersson** (27/1B, 31/3, 33/3, 35/3B, 39/1B, 53/3, 53/4, 97/1C, 97/2A, 113/2B, 115/2A, 141/1A, 157/1A, 163/1A, 163/2A, 165/2C, 177/2A, 191/1A, 249/2C, 297/1A, 315/2B, 331/2A),

13 von **Norbert Pühringer** (25/1D, 27/1D, 37/2A, 63/2D, 73/2C, 89/3A, 129/1A, 141/1B, 141/1C, 165/1A, 165/1B, 211/2C, 239/1F),

4 von **Reto Ricci** (183/2C, 203/1A, 203/1B, 203/1C),

11 von **Christoph Roland** (27/1A, 41/1A, 41/2A, 63/2A, 65/1A, 141/2A, 165/2B, 247/2C, 267/1B, 285/3, 343/7),

1 von **Johannes Salcher** (281/2B),

81 von **Otto Samwald** (29/2B, 31/2B, 41/3A, 41/3B, 47/2C, 49/4A, 51/2A, 75/3C, 75/3E, 77/2B, 77/2C, 81/2B, 93/2B, 95/3C, 97/2B, 101/1A, 103/2C, 105/2C, 105/3A, 107/2C, 119/2C, 123/2A, 139/2D, 155/2E, 165/1E, 167/2A, 171/1C, 171/2A, 173/1A, 175/1A, 175/2B, 177/4, 179/2B, 183/2D, 185/1B, 187/1C, 187/1I, 191/2A, 196/1A, 196/2A, 197/2J, 199/2B, 201/1D, 203/1D, 203/2F, 207/2C, 221/1C, 221/2A, 225/1C, 227/2B, 229/2A, 231/1A, 233/2B, 239/2B, 241/1B, 247/2A, 247/3C, 253/2A, 259/1A, 261/2B, 265/1B, 267/1A, 273/2A, 275/1A, 279/3B, 281/2A, 285/2A, 291/2B, 295/1B, 301/2A, 305/2A, 307/1D, 311/1A, 319/2C, 325/1A, 327/2C, 329/1A, 333/1C, 335/1B, 337/1A, 337/2),

1 von **Renate Samwald** (183/2A),

4 von **Anton Slepicka** (119/1C, 233/1B, 243/2C, 295/1D),

1 von **Swarovski Optik** (362),

3 von **Andreas Tiefenbach** (41/2C, 153/1A, 343/1B),

22 von **Michael Tiefenbach** (57/1D, 79/2B, 81/1D, 93/2C, 97/1A, 101/1C, 175/2A, 187/1A, 187/1B, 189/1A, 215/1B, 215/2A, 215/2B, 223/1B, 231/1B, 247/1A, 249/1A, 297/1B, 299/1B, 319/2A, 319/2B, 337/1B),

167 von **Wolfgang Trimmel** (27/1C, 27/4, 29/1B, 29/2C, 31/2D, 33/2B, 33/4, 35/3A, 39/2B, 39/3C, 41/2B, 41/3C, 43/2B, 45/3B, 47/2A, 47/2D, 49/1B, 49/2A, 49/2B, 53/2C, 53/2D, 57/2A, 57/2B, 57/2C, 57/2D, 63/1B, 63/2C, 65/1B, 65/1C, 65/3A, 65/3B, 65/3C, 67/1B, 67/1C, 67/2A, 67/2B, 67/3A, 67/3B, 67/3C, 69/1D, 69/2B, 69/2D, 79/2C, 81/1B, 87/2B, 89/3B, 93/3A, 95/2A, 95/3D, 101/1D, 101/2D, 103/2B, 105/3B, 105/3C, 107/1D, 109/1A, 109/1D, 113/1B, 117/2B, 121/2C, 123/2C, 125/2A, 129/1B, 131/5, 141/1D, 141/1E, 141/2B, 143/1B, 147/1B, 151/1B, 151/5A, 155/1A, 155/2C, 157/1B, 163/1C, 167/1C, 167/2C, 171/1B, 171/2B, 171/2C, 173/3, 175/1B, 177/2B, 183/1A, 183/2E, 187/1D, 189/1E, 189/1G, 196/2B, 196/2D, 196/2E, 197/2F, 197/2H, 197/2K, 197/2L, 197/2M, 207/1C, 209/2E, 209/2G, 215/1A, 219/1B, 219/1C, 219/2B, 221/1A, 223/2A, 223/2B, 227/1B, 229/1A, 235/1C, 237/1A, 237/1B, 237/2A, 241/2C, 243/1D, 249/1B, 249/1C, 249/2B, 251/2A, 253/2B, 159/3, 261/1B, 261/2A, 263/1D, 265/2B, 269/1D, 269/2A, 273/1A, 273/1B, 275/2A, 275/2B, 279/1A, 279/1B, 279/2A, 283/2B, 283/2C, 287/2B, 289/1B, 289/2A, 289/2B, 295/2A, 297/2B, 299/2B, 299/2C, 301/1A, 303/1C, 305/1A, 309/2C, 311/2B, 313/3A, 313/3B, 313/3C, 315/2A, 315/2C, 317/2A, 317/2C, 323/1C, 325/2B, 327/1A, 327/2A, 327/2B, 333/2A, 335/2A, 339/3B, 341/1A, 341/1B, 343/5, 343/6),

5 von **Magnus Ullman** (123/2D, 137/li.u., 181/2B, 201/2A, 271/3C),

1 von **Allan Kjaer Villesen** (39/1A),

3 von **Daniel López Velasco** (151/1A, 163/1B, 169/1D),

1 von **Markus Varesvuo** (121/2B),

1 von **Jessica Winter** (123/2B),

5 von **Tobias Zimmermann** (263/2C, 263/2D, 271/3B, 275/1B, 325/1B).

Die Bildbeschaffung aller Fotos, der Zeichnungen von **Szabolcs Kókay** und der Verbreitungskarten lag in den Händen des Autors.

Impressum

Mit 1157 Farbfotos (siehe Bildnachweis); 264 Illustrationen: 92 von **Paschalis Dougalis/ KOSMOS** (6, 15, 58/59, 102, 134 fliegende, 137, 218, 220, 222, 224 (außer Hybrid), 226, 234 Alpenkrähe, 236, 242, 250, 276, 288, 292, 298, 308, 312, 314, 328, 363), alle anderen 187 von **Szabolcs Kókay**; 174 Verbreitungskarten von **Norbert Teufelbauer** und **Birgit Forthuber, BirdLife Österreich**; 67 Vogelsilhouetten von **Wolfgang Lang**.

336 Vogelstimmen auf der KOSMOS-PLUS-App von **Jean C. Roché**.

Umschlaggestaltung von **Walter Typografie & Grafik**, Würzburg, unter Verwendung einer Aufnahme (Bekassine) von **Leander Khil** und einer Zeichnung (Sakerfalke) von **Szabolcs Kókay**. 7 Illustrationen auf den Klappen von **Paschalis Dougalis**, 1 Verbreitungskarte von **Norbert Teufelbauer** und **Birgit Forthuber, BirdLife Österreich**.
Mit einer Karte auf der hinteren Umschlagsklappe von **KOSMOS Kartografie, Stuttgart, Annette Wrobel**.

Die Bilder auf den Doppelseiten zeigen: 2/3 Rotschenkel; 22/23 Graureiher; 344/345 Kolbenente, Weibchen.

Gedruckt auf chlorfrei gebleichtem Papier

2. überarbeitete und aktualisierte Auflage

Pfizerstraße 5–7, 70184 Stuttgart
kosmos.de/servicecenter

ISBN: 978-3-440-17418-0
Projektleitung: Stefanie Tommes
Satz: Walter Typografie & Grafik, Würzburg
Satzkorrekturen: Michael Grätzbach, Text + Bild, Kernen
Lektorat: Susanne Drosihn, Stefanie Tommes, Lisa Hummel
Produktion: Markus Schärtlein
Druck und Bindung: Printer Trento
Printed in Italy / Imprimé en Italie

Naturräume und Beobachtungsgebiete

Österreich verfügt über viele unterschiedliche Lebensräume und eine hohe Artenvielfalt entlang eines großen Höhengradienten. Zwischen dem tiefsten Punkt im nördlichen Burgenland bis zur höchsten Erhebung Österreichs, dem Gipfel des Großglockners, liegen mehr als 3600 Höhenmeter. Die drei großen Naturräume des Landes sind das Gebiet der Alpen (rund 63 % der Fläche), das Granit- und Gneishochland (11 %) im Norden und die Vorländer und Becken (26 %) an den Rändern der Alpen. Wichtige Beobachtungsgebiete sind in der Karte vermerkt (s. auch S. 7).

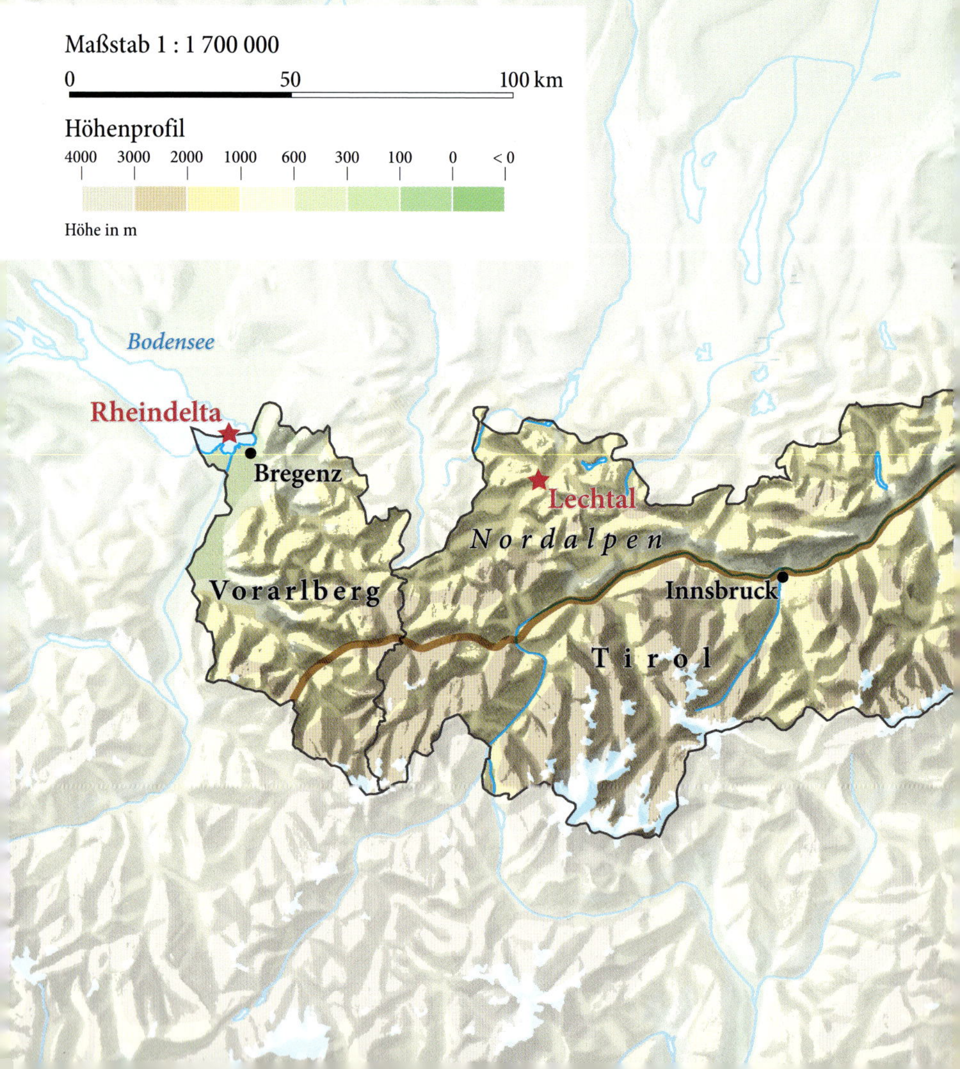